海軍の日中戦争

アジア太平洋戦争への自滅のシナリオ

Tokushi Kasahara
笠原十九司

平凡社

海軍の日中戦争◉目次

海軍の日中戦争

黒龍江（アムール川）
黒龍江
「満州国」
ハイラル
満州里
チチハル
松花江
ハルビン
ウランバートル
共和国
長春（新京）
吉林
吉林
遼寧
察哈爾《チャハル》
熱河
瀋陽（奉天）
朝鮮
日本海
綏遠
張家口
承徳
帰綏
包頭
北平
山海関
平壌
鮮
京城
旅順
大連
天津
河北
寧夏
山西
華北
太原
陝西
山東
青島
済南
延安
蘭州
黄河
黄海
徐州
開封
江蘇
西安
河南
安徽
南京
上海
湖北
華中
四川
武漢
安慶
杭州
寧波
東シナ海
長江
宜昌
成都
重慶
浙江
南昌
長沙
遵義
湖南
江西
貴州
福州
貴陽
瑞金
福建
台北
桂林
厦門
台湾
華南
広西
珠江
広州
広東
高雄
南寧
香港
南シナ海
インドシナ
海口
三亜
海南島

地図1　日中戦争関係中国全図

図１　九六式陸上攻撃機（中攻）部隊（絵：山口勇）

はじめに

〝知能犯〟だった海軍の日中戦争

【証言A】　海軍は常に精巧な考えを持ちながら、その信念を国策に反映させる勇を欠き、ついに戦争・敗戦へと国を誤るに至ったことである。陸軍は暴力犯。海軍は知能犯。いずれも陸海軍あるを知って国あるを忘れていた。敗戦の責任は五分五分である。——豊田《とよだ》隈雄《くまお》元大佐(1)

豊田隈雄（一九〇一～一九九五）は、海軍兵学校第五一期卒業、海軍大学校第三四期卒業。一九三六年海軍航空本部員兼海軍省軍務局（第一課）局員、一九三八年八月に第一連合航空隊参謀として中国戦線に出征、成都爆撃などの作戦に従事。一九四〇年一一月、日独伊三国同盟が締結された直後のドイツへ、駐独日本大使館付武官補佐官として赴任、敗戦時まで勤務。太平洋戦争中、ドイツに駐在して連合国との戦闘や作戦に参加していないことで戦犯として起訴される恐れがないことから、日本の敗戦直後に、海軍の極東国際軍事裁判（東京裁判）対策の中心になった。豊田は、海軍中央の戦争責任追及を回避し、海軍トップの極刑を回避するために組織をあげて裁判工作をおこない、相当程度に成功を収めた。

一九八〇年三月から九一年四月まで一三一回にわたり、旧日本海軍軍令部の参謀たちが水交会(海軍士官の親睦団体)に集まって「海軍反省会」と題する座談会をおこなった。同会は「主な発言者が生きているうちは公表しない」という方針で、「死ぬ前に本音を語って胸のつかえを晴らしておく」ためにもたれた。最近になって録音テープ(全二二五巻)およそ四〇〇時間におよぶ座談会の内容が公表されるようになった。[2] これにもとづいて、NHKスペシャル番組「日本海軍400時間の証言」が制作され、二〇〇九年八月に三回にわたって放送された。「第一回 開戦 海軍あって国家なし」「第二回 特攻 やましき沈黙」「第三回 戦犯裁判 〝第二の戦争〟」であった。

「海軍反省会」に参加して発言しているのは、旧海軍の軍令部や艦隊など各部局において指導的立場にあった海軍高級士官だった人たちである。膨大な発言記録の中から注目される証言は、NHKスペシャル取材班『日本海軍400時間の証言――軍令部・参謀たちが語った敗戦』から知ることができる。貴重な全発言記録は、戸高一成編『[証言録]海軍反省会』のシリーズで刊行を続けている。

筆者は『日中全面戦争と海軍――パナイ号事件の真相』において、盧溝橋事件をきっかけに華北で戦闘が開始された「北支事変」を第二次上海事変により華中・華南へと拡大させ、「支那事変」と当時いわれた日中全面戦争にまで拡大したのが、海軍であったことを明らかにした。そして、南京爆撃をおこなった海軍航空隊がひきおこしたパナイ号撃沈事件が、アメリカでは「真珠湾攻撃の序曲」「日米戦争の序曲」とまで見なされる衝撃を政府と国民に与えたことを紹介した。[3] 海軍が日中戦争を全面化し、それが日米戦争、アジア太平洋戦争への前史になったという筆者の視点が歴史事実であることを確信したのが、「海軍反省会」における諸証言であった。これらは、本書が「自

写真１　豊田隈雄

滅のシナリオ」と題して解明する「海軍の日中戦争」の分析視点の柱となるものである。そこで、本書各章の分析視点にかかわる【証言A】から【証言H】を各章の冒頭に掲載する。

本章冒頭の豊田隈雄の【証言A】は、前述のNHKスペシャル番組の第三回（二〇〇九年八月一日放送）の冒頭において紹介されたが、この証言は本書全体の分析ならびに執筆の視点となるものである（本書では、煩雑になるので敬称は省略させていただく）。豊田は略歴に記したように、敗戦直後の連合国による極東国際軍事裁判（東京裁判）に際して、海軍トップの極刑を回避するための工作を「第二の戦争」と位置づけておこなった中心人物である。本書の「おわりに」にやや詳しく記すように、豊田隈雄を中心にした軍令部の参謀たちは、東京裁判において、証人予定者を事前に呼び出して偽証の口裏合わせをおこない、陸軍の東条英機について開戦責任があった嶋田《しまだ》繁太郎《しげたろう》の死刑判決を免れさせることに成功したのである。さらに、東京裁判に合わせて、「海軍は陸軍に引きずられて太平洋戦争に突入した」のであり、海軍は本来「平和的・開明的・国際的」であったという「海軍善玉論イメージ」を海軍関係者から意図的に流布して宣伝した。また、天皇の信任厚い米内光政《よないみつまさ》元海軍大臣が連合国軍最高司令官のマッカーサーと会い、天皇の免責と海軍の免責の打診をおこない、マッカーサーも占領政策を容易にするために、陸軍の東条らに全責任を負わせることで「談合」が成立した。まさに「知能犯」であった海軍のなせる業であった。

豊田は東京裁判が終わった後、引揚援護庁復員局第二復員局残務処理部法務調査課長を経て法務省参与となり、長期にわたり戦争裁判の記録収集や歴史編纂に関する業務にたずさわった。その体験記録と関連資料を『戦争裁判余録』という大著にまとめているが、(4)同書には、【証言A】のような海軍の本質を反省した記述はない。【証言A】をした時、豊田は八五歳であり、「死ぬ前に本音を語った」のだと思われる。豊田ら海軍軍令部参謀たちの東京裁判対策については本書の「おわりに」で述べるが、豊田自身も「知能犯」ぶりを発揮し、それらが「成功」して今日におよぶ「海軍善玉論イメージ」形成の一つの原点になったことがわかる。

本書では、【証言A】に言う、「敗戦の責任は陸軍、海軍ともに五分五分である」という視点に立ち、日本海軍全体が、国の命運や国家利益さらには国防よりも組織的利益を優先させた強いセクショナリズム集団であり、国防という本来の任務から乖離し、組織を肥大化させることを自己目的にした、海軍あって国家なしだったという歴史事実を明らかにする。海軍首脳部は、陸軍に対抗していかに多くの海軍軍事費を獲得し、軍備を拡張するか、海軍組織のことばかり考えていて、国家の存亡や国民の命は二の次に考えていた。その当然の結果として、仮想敵国であったアメリカおよびイギリスとの関係を「仮想敵」から「現実敵」に転換させるはめになり、海軍首脳部自身が「やりたくなかった」日米開戦へと追い詰められ、未曾有の惨禍をもたらしての敗戦となった「自滅のシナリオ」を歩んだのである。

本書では海軍が「知能犯」であったがゆえに、今日でも国民が「騙されている」あるいは「気づくことができないでいる」海軍の「謀略」「戦争犯罪」を究明して歴史の記録に留めておきたい。その代表的なものが、第二次上海事変そして日中戦争の全面化の導火線になった「大山《おおやま》事件」（一九三七年八月九日）が、現地海軍が仕掛けた謀略であったことである。その事実を歴史学的に追及したのは、筆者が初めてであり、それを体系的に論じたのは本書が最初であろう。(5)「知能犯」たる海軍がおこなった「謀略・大山事件」が、「完全犯罪」で終わるのを阻止しようとしたのが本書である。

しかし、本書は「陸海軍五分五分」といわれる海軍の戦争責任を究明して追及するのが本来の目的ではなく、海空会編『海鷲の航跡――日本海軍航空外史』の「反省の章」に「亡霊供養」と題して武田秋雄元海軍大尉が述べた「今日生きている人間の大課題」に筆者なりに答えようとしたものである。海空会は一九六九年に航空史編纂委員会を設置し、大部の四巻にわたる労作『日本海軍航空史』を刊行したあと、『海軍航空年表――「海鷲の航跡」別冊』と前掲書を出版した。(6)武田秋雄は、海空会の編集委員の一人である。本書の「はじめに」に相応しい内容なので、やや長くなるが、以下に引用する。

この両戦争(日清、日露戦争)の結果、日本には「戦争は軍が指導するもの」という芽が出て来て、一方海軍には「艦隊決戦主義」という考え方が根をおろして来た。(略)やがて「戦争は軍がやるものだ。軍にまかせておけ。軍のことには干渉するな」という考えにまでなって、戦争は政治から独立し、軍は陸海軍が各々独立し、それぞれがそれぞれの戦略を立てて軍備をすすめるような状態にまでなった。このような状態の国家を人に例えて言えば、○○分裂症という病気にかかったようなものであり、健康な国家の全力を挙げてもなお困難な戦争を、病人が戦うということが土台無理なことであった。(略)

歴史上で国家の滅亡の原因を見ても、国家の要員が国を忘れて権力を争い、派閥を作って自分達の繁栄のみを計ったことに起因するものが大部分であり、大東亜戦争の日本の敗因の大きな要素も、この功利主義であったのではなかろうか。国家や国民のことを考えるよりも、自分の立身出世を計ることを考えることは、はるかに受け入れられ易いことなのである。そのために、派閥を作って権力を握ろうと夢中になるのも、また人情の常かも知れない。（略）

大正以降の海軍の教育と人事は本物指揮官を養成したであろうか。今の官僚養成と似たエリート主義の教育があったのではあるまいか。エリート主義はある点で点取り主義につながって来る。そしてこれは功利主義を生んで来る……エリート主義の中には、目立つことといわゆるスタンドプレーや、世評を気にする気持ちが生まれて来る。そのような者が集まると、目的や目標とかけ離れた意味のない行動をするようになって来る。大東亜戦争における各戦闘や艦隊の行動を見ても、何故そのような戦闘行動をしたのか、理解できないものが相当ある。（略）

最後に日本人の責任の取り方について反省すると、日本軍人はその散り際のいさぎよさを「よいこと」としてきた。職を辞するか、職に死すればよいと考えていた。このような思考が何時何処で生まれたかは知らないが、昔の城主の争いのように民百姓に関係のない時代のことなら別であるが、国民から成り立っている近代国家の政府や軍の指導者が、間違ったらやめたらよい、死んだらよいというような逃避とも言える責任の取り方をされては、国民は迷惑至極である。ことの始めから終わりまで、その責任を果たすことが指導者の役目ではなかろうか。大東亜戦争で、果たして幾人がこのような責任の取り方を全うしたであろう。（略）

「戦争が悪いことである」ことに異論を唱える人は少ないと思う。「悪いこと」はなくするように、また避けるようにするのは当たり前である。しかし、大声で「戦争反対」と叫んでも、戦争は消えるものでもない。「どうして戦争が起こるのか、どうしたら戦争をなくすることができるのか、少なくとも避けて通ることはできないか」。この問題を、自分の利害から離れて、純粋に研究して対策をしてゆくことが、今日生きている人間の大課題ではなかろうか。

昨今は、靖国神社始め戦死戦没者の慰霊が多く行われて来た。それはそれなりに結構なことと思われる。しかし、戦いで亡くなった戦友達が、私達生き残っている者に果たして何を望んでいるのであろうかと静かに問いかけてみることも必要なのではあるまいか……それと一緒に、日本が加害した他国の人々をお祀りすることも日本人の責任ではなかろうか。自国民の霊のみを弔うというような偏狭な考えは、また戦争の芽になるかも知れない。

……私は、戦没英霊の真の鎮魂のために、我々のなすべきことは、敗戦の原因と戦後の世相を深く反省し、同じ過ちを将来再び繰返さないように、そのなにがしかの結論を後世のために残すことであると考えるので、敢えてこの一文を記した。(7)(傍点は引用者)

武田秋雄の「海軍の反省」が本書の「はじめに」に相応しいといったのは、特に傍点を付した、「戦没英霊の真の鎮魂」のためには、「敗戦の原因」すなわち、無謀なアジア太平洋戦争を「どうして起こしたのか」を究明して、「同じ過ちを将来再び繰り返さないように」歴史の教訓として「後世のために残すことである」という「今日生きている人間の大課題」を提起しているからである。ついでながら、「自国民の霊のみを弔うというような偏狭な考えは、また戦争の芽になるかも知れない」という反省は、昨今の日本政府の首相、閣僚の靖国神社参拝の思想と政治姿勢を問うものである。

本書は武田秋雄の言う「今日生きている人間の大課題」への私なりの挑戦として、海軍を主語にして、海軍がどのようにして日中戦争からアジア太平洋戦争へと戦争を全面化し、「自滅のシナリオ」を歩むようになったのか、その歴史的要因を明らかにしてみたい。そのために、戦争を開始するに至る歴史過程と展開、別な言い方をすれば時代の潮流、歴史の流れについて「歴史の歯車」という比喩を用いて説明していきたい。戦争に向かい、そして実際に戦争が起こる「歴史の歯車」は、最初は小さな動きであるが、それがしだいに大きな歯車となり、さらに横軸を通して拡大、連動した大きな「歴史の歯車」に発展していき、好戦的ナショナリズム、戦意高揚ポピュリズムに増幅され、肥大化した「歴史の歯車」のうねりとなり、もはや政府、軍部の指導者たちにも制御不可能な状況にまでいたり、「開戦不可避」ゆえに「開戦突入」となるのである。本書では、海軍のロンドン海軍軍縮会議への反発から始まり、満州事変に連鎖した第一次上海事変の発動、盧溝橋事件を好機とばかりに利用した第二次上海事変の発動と日中戦争の全面化、臨時軍事予算を利用しての英米特にアメリカを仮想敵とする海軍軍備の増強、「大東亜共栄圏の確立」をスローガンにした「南進政策」の強行、そして「ABCD包囲網突破」という危機意識を煽動してのアジア太平洋戦争突入、という海軍の「自滅のシナリオ」の歴史について、「歴史の歯車」が大きく転換した事件と時代に焦点をあてて叙述していきたい。

「どうしたら戦争をなくすることができるのか、少なくとも避けて通ることはできないか」、それは戦争に向かう「歴史の歯車」がまだ小さいうちに発見して、動きを止めたり、他の歯車に連動、拡大することを阻止する英知を多くの国民のものとすることである。その英知とは、本書のように、日本海軍の「自滅のシナリオ」への「歴史の歯車」が、何時の時代にどのようにして動き始め、どのような政治状況の中で巨大化していったかを学ぶことによって得られるのではないだろうか。

本書では、戦争の呼称について、戦争当時使用された「大東亜戦争」を「アジア太平洋戦争」、同じく「支那事変」を「日中戦争」と呼称するが、アメリカとの直接の戦争を強調する場合は「太平洋戦争」あるいは「日米戦争」という呼称も使う。「アジア太平洋戦争」という呼称を使うのは、「大東亜戦争」は日本が東南アジアへの侵攻、占領、統治を目指した戦争であり、日本軍の「南進政策」の強行の結果開始された戦争であったからである。「太平洋戦争」の呼称ではアメリカとの戦争の側面のみが強調され、東南アジアの占領と支配を目指した戦争であり、中国もふくめて戦場にされた東アジア・東南アジアの膨大な民衆が侵略と加害の犠牲にされた侵略戦争であったことの認識が欠落してしまう。

なお、将校、士官の軍職位・階級について、事典類では生涯の最高位の職位を付すが、本書では引用した年次の当時の職位を付して記すことにする。また本書では、引用文の文脈にそって「敵機」「敵国」「敵側」とか、「支那」「支那人」「北支」「中支」「南支」、「満州」「満州国」などの用語を「　」を付さないで使用しているが、筆者がそれらを肯定して使用しているのではないことは、ご理解いただきたい。

本書では、カタカナ、旧漢字、旧仮名づかいの戦時中の文献史料から引用するさいは、歴史書として読みやすくするために、ひらがな、新漢字、新仮名づかいに改めたり、当て字的な漢字はひらがなに改めたり、また原文にない句読点を付したり、明らかな誤字は直すなどした。また、難しい読みには振り仮名を付した。しかし、これらにより史料的価値は全く損ねていない。また、本書で引用する中国語文献史料の日本語への翻訳はすべて筆者による。

第1章

海軍が仕掛けた大山事件

【証言B】海軍が、なぜああいうことをやって、戦争まで日本を持って行ったか。私はそこに、海軍側の大きな責任があると思うんですよ。（略）だから私は、海軍が悪いとか陸軍が悪いとか、要するに責任のなすりあいをしたって仕方ないんで、それよりも海軍が悪かったと、自分が悪かったと。要するに私は、大正、昭和における日本の軍部は徹底的に悪かったと、これを反省しなきゃいかんと思うんですよ。——鳥巣《とりす》建之助《けんのすけ》元中佐(1)

鳥巣建之助（一九〇八～二〇〇四）は、海軍兵学校第五八期卒業。伊一六五潜水艦長を経て、海軍大学校学生、第六艦隊参謀兼第一特別基地参謀を務めた。『日本海軍　失敗の研究』『太平洋戦争終戦の研究』『日本海軍潜水艦物語』など多数の著書がある。

1　盧溝橋事件と海軍の作戦始動

一九三七年七月七日、北京（当時、北平）郊外の盧溝橋《ろこうきょう》付近で夜間演習中の日本軍と中国軍との間で発生した衝突事件（盧溝橋事件）は、行方不明になった、それも後に無事帰隊した一人の兵士をめぐって発生した偶発的なものであり、一一日には現地軍の間で停戦協定が成立した。これにたいして、日本の陸軍中央（参謀本部と陸軍省）は、日本軍の華北派兵をめぐって、拡大派と不拡大派が対立した。拡大派の先鋒は参謀本部第一部作戦課長の武藤《むとう》章《あきら》大佐で、「愉快なことが起こったね」と言ったと河辺《かわべ》虎四《とらし》郎《ろう》大佐は回想応答録で述べている。(2)河辺は参謀本部第一部の第二（戦争指導）課長のポストにあり、武藤の同僚であったが、不拡大派であった。いっぽう、陸軍省軍務局軍事課長の田中新一大佐、参謀本部第二（情報）部支那課長の永津佐比重《ながつさひしげ》大佐らは拡大派で、強大な兵力で一撃を加えれば中国は簡単に屈服し、華北分離工作の懸案が一挙に解決するという「中国一撃論」を唱えていた。歴史を先取りして言えば、武藤章はこの後、日中戦争の全面化、とくに参謀本部の統制を無視して南京攻略作戦を強行させて南京大虐殺事件（南京事件）の原因をつくり、さらにアジア太平洋戦争へ日本を引きずり込んでいく直接的な契機になった南部仏印進駐の推進者となった軍人で、最後は東京裁判において絞首刑に処せられた。武藤のような強硬論を唱える軍人が、「下剋上」的に出世をとげて軍部の指導者的地位にのぼりつめ、本書でいう戦争拡大への「歴史の歯車」の中軸を回しつづけることになる。

これにたいして不拡大派は、参謀本部第一（作戦）部長の石原莞爾《いしはらかんじ》少将や陸軍省軍務局軍務課長の柴山兼四郎《しばやまけんしろう》大佐らで、柴山は「厄介なことが起こったな」と言ったと河辺虎四郎は回想している。石原は関東軍参謀であったときの一九三一年九月一八日に、謀略により柳条湖事件を引き起こし、陸軍中央と政府の不拡大方針を無視して満州事変を発動、拡大させて傀儡の「満州国」を建国した経歴をもっていた。盧溝橋事件に際して石原は、対ソ戦準備を第一義とし、中国の民族意識の成長をそれなりに認識して、日本軍の華北派兵による武力行使には消極的な態度をとった。

武藤章は石原莞爾の部下であったが、「下剋上」的に拡大派の攻勢を強めて石原に華北派兵を承認させた。このとき、武藤を批判した上官の石原部長にたいして「私は石原部長がかつて満州事変でやったことと同じことをやっているにすぎません」と反論すると、石原は何も言えなかったというエピソードがある。石原部長も承認した結果、七月一〇日、陸軍中央は関東軍二個旅団、朝鮮軍一個師団、内地三個師団の華北派遣を決定した。

翌一一日の近衛文麿《このえふみまろ》首相、広田弘毅《ひろたこうき》外相、杉山元《すぎやまはじめ》陸相、米内光政海相、賀屋興宣《かやおきのり》蔵相の五相会議は、内地師団の動員は状況によるという留保を付して、陸軍の提案を承認した。同日、近衛内閣の閣議も同様な決定をおこない、事態を「北支事変」と命名した。こうして七月二八日、日本軍は華北で総攻撃を開始、「北支事変」といわれた戦争が開始された。「北支事変」の対応をめぐって、陸軍中央内部では、拡大派と不拡大派すなわち強硬派と慎重派とのかなり深刻な対立があり、内地からの派兵の動員を一時見合わせたり、成り行きによって急遽動員を決定するなど、作戦方針にも動揺するところがあった。

当時、陸軍参謀総長は皇族の閑院宮載仁《かんいんのみやことひと》親王元帥であったが、すでに七三歳の老齢であり、軍令部総長の伏見宮と違って実権はなかった。参謀次長の今井清中将と第二(情報)部長の渡久雄中将も病臥中だったので、事実上の陸軍統帥の最高責任者は石原莞爾であった。その石原は、戦争を華北にとどめ、それも早期の事変解決をめざして思いきった華北撤退論まで主張していた。(3) 盧溝橋事件の一ヵ月前に内閣を組織したばかりの近衛文麿首相も、「北支事変」の早期解決を願っていた。動員や派兵および武力行使の方法をめぐって参謀本部内部でも鋭い対立があり、動揺していた陸軍にたいして、海軍の対応は異なっていた。

八月一五日に長崎の大村基地から飛び立って南京への渡洋爆撃を敢行した九六式陸上攻撃機(中型爆撃機、中攻と略称)の搭乗員となった木更津航空部隊の土屋誠一は、盧溝橋事件の翌日に出撃準備の命令を受けたと回想録に書いている。それから二週間かけて、爆弾投下器の取り付け、無線帰投装置の装備、機体の迷彩塗装、機銃や銃架の整備、航空図や敵機識別写真の習得などおおわらわで準備を整えた後、射撃爆撃訓練をおこない、八月八日には木更津から大村基地に移動、渡洋爆撃に備えて待機したと記している(『海軍中攻史話集』[4])。

次章で述べるように、海軍中央(軍令部と海軍省)は、一九三七年一月には、海軍航空隊に「爆弾を抱えて」臨戦態勢をとらせて、盧溝橋事件のような事件に乗じて出撃する機会を待っていたのである。

軍令部は盧溝橋事件による非常事態に備えるために七月一一日に以下のように「特設連合航空隊」二隊を編成した。事件の現地北京では日中両軍の間に停戦協定が成立した日である。

第一連合航空隊
司令官:戸塚道太郎大佐　参謀:菊池《きくち》朝三《ともぞう》中佐　参謀:河本広中少佐
木更津航空隊(司令:竹中龍造大佐)　鹿屋《かのや》航空隊(司令:石井芸江大佐)
第二連合航空隊
司令官:三並貞三《みつなみていぞう》大佐　参謀:小田原俊彦少佐
第一二航空隊(司令:今村脩大佐)　第一三航空隊(司令:千田貞敏大佐)

八月一五日の南京渡洋爆撃の木更津航空隊第二中隊長をつとめた田中次郎大尉は、上記の土屋誠一と同じように盧溝橋事件直後に出撃命令を受けて、八月八日には、木更津航空隊五個分隊は大村基地に進出して、出撃待機をしていたと、回想している。

以上からわかるように、陸軍中央と異なり、海軍軍令部は、盧溝橋事件を好機として、大村の陸上基地から発進して南京を空襲する渡洋爆撃の作戦準備を命令し、八月八日にはすでに出撃態勢をとっていたのである。このことは、八月九日に大山事件が起こる重要な伏線となる。

鹿屋航空隊員として中国戦場における航空戦と空爆の「実戦訓練」を経て、太平洋戦争における主要な作戦に参加した巖谷二三男《いわやふみお》は、著書『中攻──海軍中型攻撃機 その技術発達と壮烈な戦歴』のなかで、第一連合航空隊の「この編制方式こそ、後に戦略航空部隊として七個航空隊三百機の陸攻を以って、太平洋戦争に突入した陸攻隊の原型となったものである」と書いている。(5) 鹿屋航空隊も、木更津航空隊と同様に、基地前進命令を受けて八月八日に可動全力の一八機を率いて台北基地へ移動、渡洋爆撃への出撃態勢に入った。

「特設連合航空隊」を編成した翌日の七月一二日、軍令部（総長伏見宮博恭《ふしみのみやひろやす》大将、次長嶋田繁太郎中将）は以下のような「対支作戦計画内案」を策定した。

一 作戦指導方針

（1）自衛権の発動を名分として宣戦布告はおこなわず、ただし彼より宣戦する場合または戦勢の推移によりては宣戦を布告し、正規戦となす

二 用兵方針

（1）時局局限の方針に則り、差当り平津（北京─天津）地域に陸軍兵力を進出、迅速に第二九軍膺懲の目的を達す。海軍は陸軍輸送護衛ならびに天津方面において陸軍と協力するほか対支全力作戦に備う（第一段作戦）

（2）戦局拡大の場合おおむね左記方針により作戦す（第二段作戦）

（ロ）中支作戦は上海確保に必要なる海陸軍を派兵し且主として海軍航空兵力を以て中支方面の敵航空勢力を掃蕩す
（ホ）封鎖線は揚子江下流および浙江沿岸その他我が兵力所在地付近に於いて局地的平時封鎖を行い支那船舶を対象とし……ただし戦勢の推移いかんによりては地域的にも内容的にもこれを拡大す
（ヘ）支那海軍に対しては一応厳正中立の態度および現在地不動を警告し、違背せば猶予なくこれを攻撃す
（ル）上海陸戦隊は現在派遣のものの外二ヶ大隊を増派し、青島には特別陸戦隊二ヶ大隊を派遣す、何れも其れ以上に陸戦隊を必要とする場合は一時艦船より揚陸せしむ
（ヲ）作戦行動開始は空襲部隊のおおむね一斉なる急襲をもってす。第一、第二航空戦隊をもって杭州を、第一連合航空隊をもって南昌、南京を空襲す。爾余の部隊は右空襲とともに機を失せず作戦を完了す。第二連合航空隊は当初北支方面に使用す。空中攻撃は敵航空勢力の覆滅を目途とす(6)

計画内案全体の紹介は省略したが、軍令部は、中国沿岸海上封鎖、中国海軍艦船への攻撃、杭州、南昌、南京への渡洋爆撃など、北支事変を北京―天津地域に限定するという政府・参謀本部の不拡大方針にもとづく作戦（第一段作戦）を当初からこえて、全面戦争（第二段作戦）にそなえた作戦準備を進めた。第一連合航空隊が七月一一日に編成され、渡洋爆撃への出撃準備を開始したことはすでに述べたとおりである。

（ル）の陸戦隊の増派についても、上海海軍特別陸戦隊の中隊長であった岩沢一郎大尉の回想によれば、彼が所属した呉海兵団では、盧溝橋事件が発生するとすぐに「呉鎮守府第二特別陸戦隊」が編成された。同隊は大隊編制で約五〇〇名二個中隊を基幹とし、岩沢は第二中隊長となった。「隠密行動」とされたので、周辺に知られることのないよう呉海兵団の「裏門」から出発して呉駅に向かい、佐世保から乗艦して上海へ渡ることになった。しかし、佐世保では一ヵ月待機となり、毎日市内で市街戦訓練をした後、大山事件が八月九日の夕方に発生した翌一〇日の正午に出航し（事件の調査もされない段階での出動に注意）、一一日に上海上陸、一二日夜陣地を構築、一三日から第二次上海事変の戦闘を開始した。[7]

右の「対支作戦計画内案」にたいして、第三艦隊司令長官長谷川清中将は、さらに次のような意見書を海軍中央（軍令部と海軍省）に具申した。当時の日本艦隊は、連合艦隊（第一艦隊と第二艦隊よりなる）と第三艦隊より編制され、第三艦隊が主要に中国作戦に配備されていた。

武力により日中関係の現状を打開するには、現中国の中央勢力を屈服させる以外道なく、戦域局限の作戦は期間を遷延し、敵兵力の集中を助け、作戦困難となる虞大である。故に作戦指導方針に関し「支那第二十九軍の膺懲」なる第一目的を削除し、「支那膺懲」なる第二目的を作戦目的として指導されるを要し、用兵方針についても最初から第二段階作戦開始の要がある。

更に中国の死命を制するためには上海、南京を制するを最重要とし、中支作戦は上海確保及び南京攻略に必要な兵力とし、中支那派遣軍は五コ師団を要する。また開戦当初の空襲作戦の成否いかんはその後の作戦の難易遅速を左右するかぎであるから、使用可能の全航空兵力をも

ってし、第二航空戦隊も当然これに含ませる要がある。(8)

長谷川長官は、右にもとづき、一九日、第三艦隊作戦計画内案を作成して内示した。こうして、軍令部ならびに中国現地の第三艦隊司令部は、盧溝橋事件を機に、「北支事変」を全面戦争へと拡大させるために、全航空兵力を動員しての開戦当初の空襲作戦の決行を企図し、出撃準備を命令していたのである。ついで、軍令部と海軍省は七月二七日に協議をもち、以下のような「時局処理および準備に関する省部協議覚書（要旨）」を決定した。

一　方針

事態不拡大、局地解決の方針は依然堅持するも、今後の情勢は対支全面作戦に導入の機会大なるをもって、海軍としては対支全面作戦に対する準備を行うこととす(9)

海軍は、局地解決をめざす政府と陸軍中央の不拡大方針に従う姿勢を見せながら、実際には「対支全面作戦」の準備を発動させた。それは、翌日の七月二八日、軍令部が、第四水雷戦隊を編成して第二艦隊に編入し、新編の第九戦隊および第三水雷戦隊と連合艦隊附属の第十二戦隊の三個戦隊を第三艦隊に編入して、艦船戦力を大幅に増強したことに示される。

海軍と対照的に、陸軍参謀本部は局地解決をはかるために次のような「対支作戦計画の大綱」を策定した。

作戦方針
平津地方の支那軍を撃破して同地方の安定をはかる
作戦地域はおおむね保定（北京の南西約一五〇キロ）、独流鎮（北京の南東約二〇〇キロ）の線以北に限定す。状況により一部の兵力をもって青島および上海付近に作戦することあり[10]

「北支事変」の早期収拾をめざした参謀本部石原作戦部長は、七月三〇日、この大綱をもって軍令部を訪れ、次長の嶋田繁太郎中将にたいして「これは陸軍大臣にも説明したが、参謀総長はこれを上聞に達したい（天皇に申し上げたい）意向を有しているので、軍令部の御意見を伺いたい」と伝え、「海軍部内には対支全面作戦をおこなうべきであるとの強硬論が多いが、このようなものは作戦の本質を知らないものである」と申し入れた。これにたいして、海軍首脳部から「上聞に達せられることに異存なし」と回答があったので、参謀総長は「対支作戦計画の大綱」を天皇に奏上した。天皇からは「どこまで行くつもりか」と御下問があり、総長は「作戦上の見地から保定の線まで前進する」と答えた。翌三一日、石原作戦部長が参謀次長代理として天皇に「対支作戦計画の大綱」による局地解決の作戦計画を説明すると、天皇はうなずいたという[11]。天皇も「北支事変」の段階で局地解決にすることを望んでいたのである。

当時参謀本部の作戦課員として石原作戦部長の下にいた井本熊男大尉は、石原が、盧溝橋事件以後の軍令部と第三艦隊司令部の動向を察知し、「海軍はきっと上海で事を起こす。その場合、陸軍は派兵しない方針である。やむを得ない状況が起きても、居留民保護のため、せいぜい一、二師団の派遣に止める」と言明していたと『支那事変作戦日誌』に記している[12]。謀略により柳条湖事件を起こし、「満州事変」を発動させた石原にとって、海軍が上海で謀略事件を起こし、第二次上海事変となる戦闘を開始、全面戦争化をはかろうとしているのが、手に取るようにわかっていたのであろう。

2　船津和平工作を破綻させた大山事件

盧溝橋事件に対応した陸軍中央の派兵決定を受けて、近衛文麿首相は、中国側の計画的な武力抗日にたいしては、日本は満州国および華北の治安維持のため、そして中国に反省を促すため「重大決意」をもって華北に派兵する、という政府声明を発表（七月一一日）した。それが中国政府と国民を挑発した結果、蔣介石国民政府行政院院長は「最後の関頭にいたれば抵抗するだけである」と盧山談話を発表（七月一七日）して、対日抗戦の決意表明をせざるを得なくなった。しかし近衛自身は、北支事変の早期解決を願っていた。

近衛が「重大決意」声明をおこなった日に、参謀本部第一部（作戦）の第二課（戦争指導）は、課長は不拡大派の河辺虎四郎中将であったが、事変解決の緊急措置として「速やかに近衛首相、やむを得なければ広田外相が聖旨（天皇の趣旨）を奉戴し、危局に対する日支和戦の決定権を奉じ、直接南京に至り国民政府と最後的折衝を行う」旨の献言をおこなった。これを受けて石原第一部長も風見《かざみ》章《あきら》内閣書記官などを通じて近衛首相に申し出がおこなわれ、近衛も直接交渉に乗り気であった。七月一七日夜に近衛を訪ねた元老西園寺公望の秘書の原田熊雄にたいして、「広田外務大臣をこの場合南京へやって、日支両国間の外交の急転換をやりたい」としきりに言い、「もし広田が行けなければ自分がみずから行ってもいい」とまで言って、非常な決心の様子であった(13)。

しかしながら、肝心の広田外相は、和平工作には消極的で、事変の早期解決のための外交折衝に動く気配は見せず、大事な場面でも発言しなかった。ある日風見章内閣書記官が広田の私邸を訪ねて、近衛首相から依頼された南京行きの打診をしたところ、気がなさそうに「サア、そういうことをやってみても、どうかね」と、ポツリと一言もらしたきりだったという(14)。

こうした広田外相にたいして、当時和平解決に奮闘していた外務省の石射《いしい》猪太郎《いたろう》東亜局長は、日記に次のような怒りと嘆きを書いた。

(七月一七日)広田外務大臣がこれほどご都合主義な、無定見な人物であるとは思わなかった。いわゆる非常時日本、とくに今度のような事変に、彼のごとき外務大臣を頂いたのは日本の不幸であるとつくづく思うのである。

(八月一八日)広田外相は時局に対する定見も政策もなく、まったくその日暮らし、イクラ策を説いても、それが自分の責任になりそうだとなるとニゲを張る。頭がよくてズルク立まわるという事いがいにメリットを見いだしえない。それが国士型に見られているのは不思議だ(15)。

天皇もこの段階では和平工作に非常な関心をはらい、七月三〇日には近衛首相にたいして「永定河(盧溝橋の河)東北地区を平定すれば、軍事をやめてよろしいのではないか」と意見を述べ、近衛も「速やかに時局収拾を図ります」と答えている。天皇はさらに、八月五日に首相にたいして、六日には軍令部総長にたいして、一〇日には参謀総長にたいして、それぞれ外交解決による時局収拾策を望む意向を伝えている。[16]

こうした天皇の意向を受けるかたちで、首相、陸相、海相、外相の合意のもとに本格的な和平工作が検討された。この工作は、強硬派、拡大派にもれると横車が入るので、関係主務者だけの絶対秘密とし、まず民間人を派遣して、国民政府外交部亜州司長高宗武を上海に引き出し、話し合ったうえで、正式の外交ルートに乗せるという順序を踏むことになった。

八月六日に「日支国交全般的調整案要綱」が作成され、七日には外務省東亜局第一課が起案した「日華停戦条件」が陸軍側の改定意見によって何度か修正されたのち、成案が決定され、これに外相、陸相、海相の花押が印された。近衛首相は暑気あたりで体調がすぐれず、六日から一一日まで、永田町邸に引き籠っていた。近衛首相が、日中戦争の大事な政治局面にもかかわらず、体調を崩して引き籠ることは、この後にも繰り返される。

両案は、盧溝橋事件が発生するそもそもの前史となった、関東軍と支那駐屯軍が強行した華北分離工作によって拡大した権益を大筋において清算し、日本は満州国の維持を最重要の条件としたことにおいて、日本側の大きな譲歩が提示されていた。これらは前述した、石原参謀本部作戦部長が北支事変の早期収拾をめざして七月三〇日に嶋田軍令部次長に面会して説明した、事態収拾案と重なるものであった。そして、両国政府が交渉のテーブルにつき得る案であった。「蔣介石日記」を解読した中国人研究者の楊天石は、「廬山談話」を発表して対日抗戦の決意を表明した蔣介石は、いっぽうでは和平解決も考えていたと記している。[17] 何よりも国家の経済建設と国防建設、社会建設を第一に考えていた指導者とすれば当然であろう。

和平工作の使者には、在華日本紡績同業会総務理事の船津《ふなつ》辰一郎《たついちろう》が派遣された。船津は天津、上海、奉天などの領事館の外交官を長くつとめ、卓越した中国語と温厚な人柄で、中国の政界・財界に多くの知友をもっていた。船津は夫人の病状が重態になったため、帰国したところであったが、石射東亜局長の説得を受けて、八月四日に上海へ向かった。

今回の和平・停戦交渉に骨身をけずって尽力した石射東亜局長は、「これが順序よくはこべば、日支の融和、東洋の平和は具現するのだ。日本も支那も本心に立帰り得るのだ、崇い仕事だ」と八月四日付の日記にその期待を書いた。おりから国民政府の軍事委員会委員長兼行政院の蔣介石と前行政院院長汪兆銘《おうちょうめい》（汪精衛）の意を受けた呉震修（日本陸軍士官学校卒業、中国銀行南京支店経理）が、上海満鉄事務所の西義顕に、蔣介石は満州国承認の腹があると伝えてきていた。後述するように、蔣介石は、列強の権益が交錯する上海・南京地域に日本軍を引きずり込んで抗日戦争を展開して列強からの干渉と援助を引き出そうという戦略のもとに、上海・南京地域の陣地構築と軍備増強を強化し、全国から部隊兵員の動員をはかる一方で、抗日全面戦争への突入はできるだけ回避ないし延期させようと和平・停戦交渉にも応ずるという和戦両用の対策をとっていた。したがって、大山事件が発生しなければ、船津和平工作が効を奏し、北支事変を局地戦争段階で解決する可能性はかなり高かったといえる。

和平工作の経緯とそれが大山事件によって破綻させられたことについては、船津が「平和工作失敗日記抜粋」(18)により堀内謙介外務次官・石射東亜局長宛に八月二九日付で報告しているので、その中から節録する。

八月七日　午后四時半上海着、直ちに岡本総領事に面会種々打合わせを為す。此日午後五時頃川越大使青島より帰滬（滬《こ》は上海の別称）、夜に入り同大使の希望により同大使に面会、同様の打合せを為す。

　同業会理事堤孝君昨夜出発、南京に赴き、今夜十一時帰滬、其の復命によれば都合よく高亜州司長に面会、八日晩若しくは九日朝、高司長より小生の私宅を来訪することに約束したる由。

八月九日　朝七時高司長着滬、十時頃来訪。（以下、船津と高司長の長い会談内容は略して、最後の部分を節録）

（船津曰く）北支問題に対する我朝野の意見は中々強硬で、今や殆ど挙国一致の状態で、恰も日露戦役当時と同様な感がある。然し政府の方針は飽迄不拡大、現地解決であるから、貴国政府の出様次第では案外容易に局部的に解決できると思う。

　私が申す迄もなく、貴国は蔣介石氏十年間の辛苦経営により不完全ながらも稍統一の形が出来、之れより愈建設的方面に向け、邁進せんとする最も重大時期である。此際万一日本と全面的衝突を起す様なことになりたれば、それこそ貴国は一敗地に塗みれ、到底再起の望みなかるべし。

（高司長曰く）日本の要求希望は、果たして如何なる程度のものなるや、蔣介石氏は同氏が国民に対して申し訳が出来、顔が立つ程度なれば必ず我慢して、日本の要求に応ずるならんと思う。その辺の御見込如何。

（船津曰く）日本の要求は中国側で想像する如き苛酷なるものでないと確信す。菟も角至急川越大使に面会し、腹蔵なき意見の交換をなし打診を試みては如何。若し話が都合よく進むようなれば、自分も及ばずながら、民間側より一臂《いっぴ》の力を添うることあるべし。

(高君曰く)今日午後川越大使に会見することとする。尚其上にて今一度貴下に面会致したし。

八月十日　早朝高君より電話あり。昨夜川越大使と会見、極めて好都合に行きたるが、偶々昨日夕方、大山中尉斎藤水兵被害事件あり、旁々《かたがた》急遽南京に引返す。莵に角日華国交の調整は、此際最も至急を要するに付、此上共日本民間有志として其促進方に就き、側面的より援助あらんことを切望すと述べたるに付、小生は快諾を与え全然同感なる旨答え置けり。

然るに他方、当地に於ける日支両国間の空気は、急転直下に悪化の形勢あり。

八月十二日　大山事件の為、万一当地にて日支の衝突を起す如きことあらんか、愈全面的大衝突となり、例の重大なる国交調整問題も総て水泡に帰し、遂に収拾すべからざるに立至るやも計り難きを憂慮し、小生は差当り上海に於ける日支間の衝突を避くることが絶対必要なるを痛感し、予め岡本総領事の了解を得、周作民、徐新六、銭永銘、杜月笙等諸氏の間を奔走し(後略)。

(船津は、大山事件が第二次上海事変にならないように、上記の中国人の有力者の協力を得て、南京政府に「大山事件は飽迄外交交渉に依り解決すること」を通電し、岡本季正総領事をとおして日本海軍陸戦隊が軽はずみな行動をとらないように申し入れるとともに、兪《ゆ》鴻鈞《こうきん》上海市長と面会したり、楊警備司令と交渉しようとするなど、一三日の夜まで不眠不休で奔走した。)

八月十四日　支那軍は今朝来陸上空中共に猛烈なる勢を以て日本軍に対し全面的攻撃を開始した。上海に於ける局部的平和的工作も愈絶望に陥れり、噫。

船津は兪鴻鈞上海市長と面会したが「何故か兪上海市長の態度極めて冷淡」であり、交渉しようとした「楊警備司令の如きは其居処さえ不明にて遂に不得要領にて終りたり」となったのは、次節で述べるように、軍令部は八月一一日、岡本季正総領事を通じて、兪上海市長に宣戦布告に等しい大山事件に対する「要求事項」を突き付けていたからである。そのことは、岡本総領事から船津には伝えられなかったのである。そのため、船津は最後まで戦闘回避のために徒労の奮闘をつづけていたのである。

和平・停戦交渉の成功を心待ちにしていた石射東亜局長は、八月一〇日の日記に「昨夜上海で陸戦隊の大山中尉、斎藤水兵がモニュメント路で支那公安隊から殺される。またにぎやかになった。一波未平一波又起。モニュメント路なんて余慶（計）なところへ行ったものだ」と悔やんだ。それでも、石射は広田外相から川越大使宛に、上海の危急を救うために、至急南京に赴き、あらゆる努力を尽くすように何度も訓電を打たせたが、川越は、動こうとしなかった。石射は「川越、日高（日本大使館参事官）、岡本（上海総領事）にしきりに訓電を出すのであるが、川越はウデをこまねいているのではあるまいか」と八月一二日の日記に記した。出先機関の訓令無視は陸軍だけではなくなったのである。

これまで述べてきたことから、大山事件を仕掛けた海軍の「謀略の構図」が明らかになったと思うが、盧溝橋事件発生直後の七月一二日、「作戦行動開始は空襲部隊のおおむね一斉なる急襲をもってす。第一、第二航空戦隊をもって杭州を、第一連合航空隊をもって南昌、南京を空襲す」という「対支作戦計画内案」を策定し、八月八日には、長崎の大村基地、台湾の台北基地から渡洋爆撃をする出撃態勢に入っていた海軍としては、国民政府と停戦協定を締結する可能性が大きかった船津和平工作を破綻させる必要があったのである。次章で述べるように、前年九月の「北海事件」と上海での第三艦隊の軍艦出雲の水兵射殺事件を口実に、第十一航空隊を台北基地から渡洋爆撃させるために出撃準備をとらせ、呉鎮守府特別陸戦隊を上海へ派遣、第三艦隊を戦闘準備態勢に入らせたが、陸軍側の反対で実行できなかった前例があった。そこで今度は、上海で戦闘を開始させるための口実となる事件がどうしても必要だったのである。そのため、第三艦隊司令長官らが周到に仕掛けたのが大山事件であった。

3 謀略・大山事件の真相

大山事件は現地海軍が仕掛けた謀略事件であったことの証明は、拙稿「大山事件の真相――日本海軍の「謀略」の追及」に詳述したので、ここでは、大山事件の経緯だけを記してみたい。[19]

中国支配をめぐり、日本の陸軍と海軍は、管轄区域（縄張り）を華北と満蒙（「満州」と内蒙古）は陸軍、華中と華南は海軍と大きく棲み分けていた。それは、北清事変（義和団事変）以後、艦隊を擁する海軍が上海を拠点とする長江流域の警備、福建や厦門《アモイ》地区の警備を担当したという歴史的経緯からである。陸軍は、朝鮮半島を経由して、鉄道を使った軍と物資の輸送が可能な満州、内モンゴル、華北を管轄することになっていた。鹿山譽編著『海軍陸戦隊』に、日露戦争後、南清艦隊が編成され、揚子江流域、南清、台湾の沿岸警備の任にあたったとある。

一九〇九年に南清艦隊は第三艦隊に改編され、一九二五年の五・三〇事件に際して日本人居留民

地図２　大山事件関係上海地図（筆者作製）

保護を理由に海軍陸戦隊が上海に上陸、一九二六年七月に蒋介石が率いる国民革命軍による北伐が開始され、二七年になって同軍が長江流域に進撃すると、同じ理由で陸戦隊を上海に上陸させ、本部を設置したのが上海海軍特別陸戦隊の発祥となった。三〇年から上海特別陸戦隊は常駐するようになった。三二年の第一次上海事変（後述）において、増派された海軍陸戦隊とともに中国第十九路軍と日本海軍は初めての市街戦を展開した。同年「海軍特別陸戦隊令」が制定され、上海海軍特別陸戦隊として上海に司令部を置き、第三艦隊所属となり、陸戦用の組織、編制、装備、訓練をした総勢約二〇〇〇名の戦闘部隊となった。[20] 海軍が上海海軍特別陸戦隊の半永久的な兵営を構築したのは、第一次上海事変以後である。

　大山事件が発生したとき、上海特別陸戦隊司令官は大川内《おおこうち》伝七《でんしち》少将で、大山勇夫《おおやまいさお》中尉は同隊西部派遣隊長（第一中隊長）であった。地図２

にあるように上海は列強が行政権をもつ租界区域（共同租界とフランス租界）と中国人が行政権をもつ当時華界といわれた中国人居住区域とに大きく区分されていた。日本人居留民の多くは、共同租界の北に隣接する虹口《こうこう》地域にも居住し、同地域は「日本租界」とも呼ばれた。虹口地域の西隣りが中国人街の閘北《ザホク》地域で、第一次、第二次上海事変の主戦場となった。上海特別陸戦隊は、虹口に本部を置き、共同租界の区分に準じて、北部、中部、東部、西部、八字橋の各部隊に分かれ、北部警備隊長を第一大隊長がつとめ、西部派遣隊は第一大隊から独立して同大隊第一中隊長の大山勇夫中尉が隊長をつとめ、大川内陸戦隊司令官の直接指揮を受けていた。大山の第一中隊は上海共同租界区域の西区の警備を担当していた。

西部派遣隊本部は、地図2の当時の呼称は戈登路《ゴードンロ》、現在の江寧路の内外棉紡績工場の水月クラブにあった。当時、上海西部日本小学校の二年生だった矢崎栄一が二年後に「大山大尉と貴志中尉と斎藤一水さん」という作文を書いているので、抄録で紹介したい。

今、戈登路《ゴードンロ》の内外棉水月クラブには、事変前は日本の陸戦隊が駐屯して居た。此の陸戦隊は、第一大隊の一中隊と二中隊で、凡そ九十名余りで、一中隊長は、大山大尉、二中隊長は、貴志中尉でした。大山大尉も貴志中尉も、とても子供が好きで、よく僕等と遊んだり、時には、カステーラや、ようかんをいただいて、一緒に食べたこともあった。特に弟の欽司は貴志中尉と仲良しで、中尉がテニスをされる時は、帽子や軍刀を借りて、喜んでとび廻り、又芝生の上で、演習をして居られる時、行って軍刀にぶら下がったりして居たが、何時も、中尉は、ニコニコして、「欽坊、欽坊」とかわいがって居られた。又、斎藤一水（一等水兵、斎藤与蔵《よぞう》のこと）さんには、良くクラブの前をサイドカーに乗せてもらって、喜んでいた。

ところが、昭和十二年八月九日の夕方、「大山中尉と斎藤一水さんが支那兵にやられた」と、言う知らせが社宅にあった。僕は、そのとき夕御飯を食べて居たが、お父さんに「一体本当でしょうか。朝の中は二人とも元気でいらっしゃったのだが」というとお父さんも「うそのようだ。一つ本社に行ってきいてみよう」と言って心配そうな顔をして出て行かれた。

僕はすぐお父さんに「何うでした」と尋ねた。「やっぱり本当だったよ」と重く口を開かれて「今日大山中尉が虹橋《こうきょう》飛行場の様子を調べに行かれたところを、其処に居た支那兵がうったのだそうだ。そしてその死がいは、無茶苦茶につかれたり、切られたりして草むらの中においてあったそうだ。陸戦隊の人達は、涙を流して二人のかたきをうとうと言って居られた」。僕はそこまできくと涙がぽとぽと落ちて、あのやさしい大山大尉の顔や、サイドカーに何回も乗せてくれた斎藤一水さんの顔が浮かんで来た。又支那兵が、しゃくにさわってたまらなかった。「特に貴志中尉は大山中尉の死がいにだきついて、大山きっと仇はおれが討つぞと泣いて居られるそうだ」。欽坊が「貴志中尉がやるぞ」とさけんだ。(21)

図2　内外棉水月クラブの位置（上海西部日本小学校・矢崎栄一の作文に基づく）

右の作文で最初は大山大尉、後半は当時の「大山中尉」という呼び方に戻っている。「今日大山中尉が虹橋飛行場の様子を調べに行かれた」というところは、事実として重要である。このことは、歴史書の多くが、たとえば、防衛庁防衛研修所戦史室『戦史叢書　中国方面海軍作戦〈1〉』のように

「大山勇夫中尉は、一等水兵斎藤与蔵の運転する陸戦隊自動車で付近地区の視察及び陸戦隊本部への連絡の途中」に中国保安隊の射撃により殺害された、というように、通常の視察勤務中に殺害されたようになっているからである。

大山中尉が「様子を調べに行かれた」虹橋飛行場が当時、どのような緊迫した状況にあったか、同じく当時の上海居留民団立日本尋常高等小学校三年生の佐藤恭彦の「小弟々と支那飛行家」という次に抄録する作文からうかがうことができる。(22)

ぼくは、戦争前に、上海フランス租界の西愛咸斯路《シエイスロ》（現在の永嘉路）という所に住んで居ました。そこは近くに日本人はだれもいないで、西洋人と支那人ばかりでした。となりにいた支那人の男の子は、いつの間にかぼくと仲よしになってしまいました。その子は、李光明という名で、ぼくより一つ年が上だということもわかりました。とても、日本語をおぼえるのが上手で、しまいには大てい日本語ばかりでしゃべれるようになりました。ぼくはその子をいつも小弟々（ぼっちゃん）と呼んでいました。

その家にいつもあそびに来るおじさんに、支那の飛行将校の人がありました。この人は小弟々とぼくを大そう可あいがってくれて、龍華や虹橋や呉淞《ウースン》の砲台のある方へも連れてってもらいました。虹橋の飛行場に行った時は、ぼくに日本人と分かるといけないから、口をきいてはいけないといって、ぼくだけが自動車の中に待たされて小弟々達は飛行機の中に入りました。ぼくも支那の飛行機を見たいのに、なぜぼくだけ見せてくれないのかと思いました。それでも自動車で方々連れて行ってもらうのがうれしくてたまりませんでした。

小弟々はそれからも時々あそびに来たりしていましたが、今度の戦争でぼくが一年ぐらい日本へかえっていましたので、とうとうそれきりあえません。あのやさしかった飛行家のおじさんは日本の飛行機におとされたのではないかと何だか心配です。小弟々はどうしているでしょう。戦争がおしまいになったらまた一しょにあそびたいと思っています。

右の作文から、個人的にはまったく怨みも憎しみもない国民どうしが兵士となって殺しあうのが戦争であるということが子どもの偏見のない眼をとおしてよくわかる。ここでは、前の作文にあった大山中尉が「様子を調べに行った」という虹橋飛行場が、子どもでも「日本人と分かるといけない」中国の軍事基地であったことを確認しておきたい。

作文に書かれていることから、ついでに触れておきたいのは、前の作文で、弟をとても可愛がってくれた貴志中尉は、大山中尉と海軍兵学校同期（第六〇期）で、大山が海軍陸戦隊の第一中隊長、貴志金吾中尉は第二中隊長で、「大山中尉の死がいにだきついて、大山きっと仇はおれが討つぞと泣いて」いたように、八月一五日の戦闘で手兵を率いて中国軍陣地に攻撃をかけ、戦死したのである。「武功」ということでいえば、貴志中尉の戦死こそそれに相応しいといえるが、大山中尉のように表彰はされていないし、大山勇夫が「軍神」扱いまでされたのとは大違いである。また、子どもをサイドカーに乗せてくれたやさしかった斎藤与蔵一等水兵は、自動車運転手として大山中尉とともに射殺されたが、大山勇夫のような破格の顕彰や補償を得ていない。同じ犠牲死でも、軍階級の下位の者には「冷淡」「冷酷」な海軍の組織体質を物語っているといえる。

話が先に進んでしまったが、元にもどして、筆者が明らかにした大山事件の経緯を述べていきたい。

「北支事変」の停戦を実現するための使命をもって船津辰一郎が八月七日に上海に到着、和平工作を開始し始めた頃、上海海軍特別陸戦隊司令官大川内伝七少将に密かに呼ばれた大山勇夫第一中隊長は、口頭秘密命令として「お国のために死んでくれ、家族のことは面倒を見るから」と、八月九日の夕刻、中国軍の飛行基地となっている虹橋飛行場へ強行突入して、射殺されるよう告げられた。その際、こちらから攻撃したと見られないように、つまり一方的に、不法に殺害されたと見なされるように、拳銃は携帯するな、という注意も受けた。

盧溝橋事件以後、蔣介石は、第一次上海事変で第八十七師長兼第五軍長として日本軍と抗戦して「抗日英雄」となった張治中を京滬《けいこ》（南京と上海）警備総司令に任命し、張は、上海市内に中国正規軍は駐屯できず、「保安隊」（治安のための地方警備部隊）のみが許されるとした第一次上海事変の停戦協定（一九三二年五月五日上海で署名）に反して、秘密裏に中国軍を上海へ送り込み、「保安隊」名義で虹橋飛行場に配備していた。[23] 陸戦隊司令部はその情報をすでに得ていたと思われる。したがって、「保安隊」が厳重に警備する虹橋飛行場の門へ大山中尉の車を突入させれば、射殺されることを見通していたにちがいない。

大川内司令官が大山勇夫を選んだのは、当時二六歳であった彼は、仲間や周囲から「童貞中尉」と風評されていたように、独身で妻子がなかったこと、大山家についていえば、彼は三男で、父はすでに死去して長兄が家を継いでいたので一般にいう「後顧の憂い」が少なかったこと、『大山勇夫の日記』に収録された「純情堅忍の日記」（ノート二四冊の日記からの抜粋）を読むとわかるように、カリスマ的な右翼浪人で国家主義者であった頭山満《とうやまみつる》に心酔する国粋主義的な思想をもち、「国のために殉ずる」のを潔しとする「忠勇至誠」の壮士タイプの軍人であったことなどが考えられる。さらには、「射殺される」現場としては虹橋飛行場がもっとも可能な条件があり、陸戦隊の部隊のなかで西部派遣隊が一番近かったので、「巡察中殺害される」という辻褄合わせには、その隊長である大山中尉が好都合であったとも思われる。

秘密厳守のため、何よりも証拠を残さないための「口頭命令」による「密命」は、すでに戦闘、出撃に備える態勢をとるよう各部隊に命じていた第三艦隊司令長官長谷川清中将から上海海軍特別陸戦隊司令官大川内伝七少将を通じて、同西部派遣隊長の大山勇夫中尉に伝えられたと思われる。

「密命」を受けた八月八日夕方の大山の様子について、大山の護衛兵をつとめていた宮崎政夫海軍一等水兵は「夕食をすまして書類整理をして居られました。いらない書類は何時も焼いて置けと言われたのです（が）あの日は自分で焼いて居られました。終わるとバスに行き、腰上だけ拭って居られました。終わって外に出て手を腰にして空を眺めて居られました。そして自分の室へ帰られ襦袢と褌をかえられた」と手紙に書いている（大山日記刊行委員会『上海海軍特別陸戦隊殉職海軍大尉　大山勇夫の日記』、以下に引用する大山中尉の部隊関係者の回想や手紙、家族の手記なども同書からの引用である[24]）。

写真２　長谷川清第三艦隊司令長官

事件前日の夕方に、書類整理をして、自分で書類焼却をしていたのは、翌日の「死」を覚悟して身辺整理をしたからである。最後に、風呂にはいった後、襦袢と褌を新しく着替えたのも、翌日の「死」を考えてのことと理解できよう。

大山勇夫は日記をつけていたが、八月八日の最後の文章は「夜非常警戒教練を行いて出動時の検討をなす。大隊長整備状況の視察あり」で終わっている。日記は、後日遺品として大山家に送られたが、長兄の大山半平が開いてみると、八月八日の頁に、大山中尉の「遺髪」とお母さんが送った半紙大の絹布でつくった千人針が半紙に包まれて挟まれており、表に「家人曰く忠義を尽せ」と書いてあった。事件の前日に「遺髪」を日記の最後に挟んだのは、翌九日には「命」がなくなることを覚悟しての行為であり、大山が「お国のために死んでくれ」という「密命」を受けていたことを証明する決定的な証拠である。さらに、お母さんが、「虎は千里行って千里帰る」の言い伝えどおり、息子が無事に生還できるように「武運長久」を願って集めた千人針を母親に返すのは、明日死ぬべき自分には、もうその「お守り」は必要なくなったという意味である。「家人曰く忠義を尽せ」という表書には、家人が軍人の自分に常に言っていたこと、あるいは出征の際の激励に言ったことを、自分は今「国のために死ぬ」ことで、立派に果たすのであるという惜別の報告の意味が込められていたように思える。

日記の八月八日の頁にはさらに客船上海丸の絵葉書が挿入され、写真3にあるように、裏に「断」という字が大きく書かれ、下半分に「自戒　一、戦場なり隙あるべからず　一、雑念を去れ敵を見詰めよ　一、女性事に関し気を向くる勿れ　一、士魂　一、体を鍛え之を気に従わしめよ　一、任務は力なり　一、大丈夫は丹田の力のみ　一、戦斗一般の目的は敵を圧倒殲滅して速に戦捷を得るに在り　九日」（カタカナ文をひらがなに直した）と書かれている。

絵葉書の最後には九日の日付が記され、日記の八月八日の箇所に挟まれていた。八日の夜かあるいは九日に書かれた「絶筆」である。「断」という大文字は、「国のために死ぬ」という「任務」を「断行」するという意味と、そのために己の命を「断つ」という両方の含意があるととれる。「思い出の記」と題してこの絵葉書の箇条書き文を紹介した長兄の大山半平は、「九日以外の字形は勇夫の字とは思われぬ位であるが、勇夫が書いた字であることは保証する」と書いている。おそらく「死」を覚悟して絶筆を書いている気の昂り、または動揺、錯乱した心理状態から、「勇夫の字とは思われぬ」字形になったことは容易に想像できる。

箇条書き文の意味であるが、「戦場なり隙あるべからず」は、保安隊の警備網を突破して虹橋飛行場に突入して「射殺」される「目的」を達成するのであるから、捕捉、逮捕されてしまうような「隙」があってはならない、ととれる。

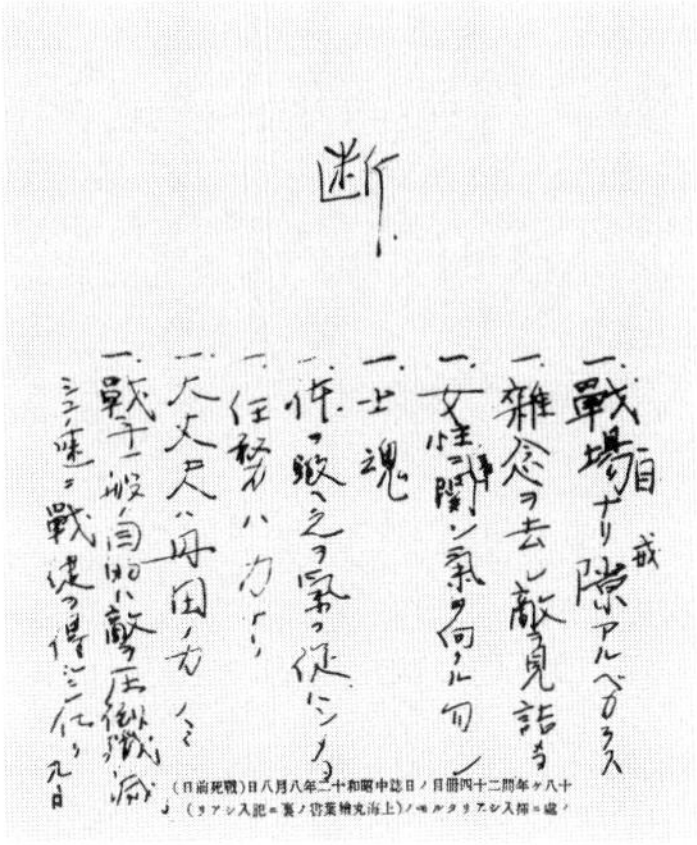

写真３　大山勇夫中尉の「絶筆」（『大山勇夫の日記』より）

「雑念を去れ敵を見詰めよ」の言葉からは、己の命を惜しむような雑念を去り、ただ射殺されるために敵（中国軍）を正面に見詰め、胸をはって車を走らせた大山中尉が想起される。「女性事に関し気を向くる勿れ」と、上記の「雑念を去れ」と重なって、「女性事に未練を感じるな、と己に言い聞かせるように書いたのは、当時相愛関係になった女性がいたからであろう。その女性は、上海の「三幸」で働いていた麻崎和幾子という女性で、後日、大山家が受け取った手紙が「一女性よりの手紙」と題して『大山勇夫の日記』に掲載されている。

「士魂」「体を鍛え之を気に従わしめよ」「任務は力なり」「大丈夫は丹田の力のみ」などの言葉は、幼少時から剣道や柔道の道の教えを受け、鍛錬を積んできたことを思い起こし、気力を集中して「死地に赴く」という「任務」を果たすべく、自分の心身を発奮させようとしたのであろう。最後の「戦斗一般の目的は敵を圧倒殲滅して速に戦捷を得るに在り」は、大山が「お国のために死ぬ」のは、彼が中国保安隊に殺害されたことをきっかけに、第三艦隊はただちに戦闘行動を開始、「中国軍を攻撃して圧倒殲滅、戦捷を得る」ためであると、上官から「密命」の「目的」を説明され、自分はその「任務を遂行するのだ」という決意だったのではなかろうか。

いよいよ事件当日、「八月九日朝中隊長は、起床後浴室に於いて冷水を以て身を清めて居るのを認めました」と大山第一中隊麾下の小隊長であった池田忠太郎は回想している。前夜に新しい襦袢と褌に着替え、朝冷水で「斎戒沐浴」した大山の行動は、武士道でいえば、「死」を覚悟して「出陣」しようとしていたことに相当する。

その日の午前、大山は中隊全員を集めて、次のような最後の講話をおこなったと小隊長の池田忠太郎は書いている。

「総員目を閉じろ」と令す。約一分にして「皆は今、戦死をしても何の心残りのない者は手を上げ」、「良し卸せ」。総員目を開け、今見て居ると一人残らず全員が思い切り良く元気に手を挙げたのである。中隊長は「感謝に耐えない、それでこそ立派な御奉公ができるものである」。その処迄話さるるや中隊長は感極ってか暫く言葉なく目は異様に光って居たのであった。我々一同も其瞬間瞼の熱くなるのを覚え、一同一死奉公の念を一層深からしめたのであった。

（引用にあたり、適宜句読点や「　」を付した）

右の大山中隊長の講話は、「密命」によりその日に「お国のために死ぬ」ことを避けられなくなった彼が、自ら「最後の覚悟」をするためのものであったと理解できる。「感極ってか暫く言葉なく目は異様に光って居た」というのは、死を前にした大山の精神状況がわかるリアルな表現である。同じ講話について、陸戦隊員の村田廉平は「其日の午前中は中隊長の精神講話にて、軍人勅諭を奉読され、軍人は死所を選ぶことが大切と一同の緊張をうながし、前の上海事変の話もされ、有益な話を承り、二時間にして講話は終わった様な次第です」と書いている。上海ではまだ戦闘が始まっていない段階で、「軍人は死所を選ぶことが大切」という話は、「密命」を受けて死地に赴く自分を納得させるものであったと理解できよう。

その日の夕食後、大山中尉はいつもとは異なる特別な服装で、また通常とは異なる行動をとった。

写真４　大山勇夫中尉の戦死当時の服装（『大山勇夫の日記』より）

「当時は平常私服にて小隊長若しくは下士官一名が連れられて出て行かれて居られましたが、其日に限り軍服の儘、長剣を持って運転手と只二人視察に行かれたものでした」

（村田廉平）

「何時も租界外に出られる時は私服にて出られるのでした。又どこに行くと言われるのですが、あの日は何とも言われなかった。多分軍服で出られるから本部方面に行かれるのだろうと思って私も尋ねも致しませんでした。後から衛生伍長に聞いたら租界外に視察に行かれたと言われたので、軍用（服）で行かれたがあぶないなーと思っていたのです」（宮崎一等水兵）

大山中尉は、平常の租界外の視察は、日本軍人であることがわからないように私服で、小隊長や下士官を連れて出かけ、その際は外からわからないようにして密かに拳銃を携帯するのが常であった。写真4は『大山勇夫の日記』のグラビアに「戦死当時の服装」とキャプションが付けられたものである。八月九日に「射殺」されに出かける前に、記念に撮影し、遺品として大山家に送るようにしておいたのであろうか。「射殺」されたときの大山中尉は、このように陸戦隊将校であることがわざとわかるような軍装で、軍刀を持ち、しかも拳銃は携帯しなかったのである。

このような軍服を着て、八月九日のしかも夕方、運転手の斎藤与蔵一等水兵だけを連れて、行く先も告げずに出かけたのは、「大山中尉が視察中に中国保安隊に射殺された」と歴史書や歴史事典類に書かれているような「視察」ではなかったのである。

『大山勇夫の日記』に収められた「母の礼状　大山セイ」にはこう書かれている。

昭和十二年八月九日午後六時半頃上海虹橋飛行場に添うた碑《（ママ）》防路上で斎藤三等兵曹と共に戦死をしました勇夫が、其朝冷水で身を清め軍人に賜った御勅諭を奉読し、意味ありげな講話をしたり、書類の整理をし、「断」の字を書いたり、その日に限って軍服を着て武装せずに出発しました事は、変のあろう事の虫の知らせか、覚悟したものか遺品として帰って来た手紙は、状袋を除いた中身丈けを、四袋に分けてあったり、頭髪が残してあったりしてありました。

母親には、八月九日に息子が「戦死」（実際には戦闘はまだ始まっていなかったので「射殺」されること）を「覚悟」して出かけたことがわかっていたのである。

こうして、物や人は見えるが、遠くからははっきりは見えない、全景が見通せない、という「射殺」事件が発生するのに適した夕刻をわざわざ選んで、大山中尉は、中国軍用の高度な機密の場所である虹橋飛行場へ、斎藤一等水兵の運転する車で向かったのである。走行した虹橋路および飛行場の周辺がどのような緊迫した状況にあったか、斎藤水兵が事件の直前の八月二日に父親宛に出した、手紙の次の文面からも想像できる（『大山勇夫の日記』に収録）。

（八月）二日夕方無武装にて、（大山）中隊長下士官二名小生の運転する乗用車に乗り、状況視察に出ました。上海事変で戦跡となる、各所を見て来ましたが、突角陣地の手前迄行くと敵の陣地はものすごい程です。道路は自動車の通れない位土嚢や鉄条網等、又は畠の中を見ると、大きな土で築き上げた機関銃陣地、道路の端には一人ずつ入れる塹壕が築かれた各陣地陣地には哨兵二人三人ずつ立って居り、又道路の四角の家とか学校お寺等の中には何万という保安隊員が駐屯して居ります。その敵陣へ元気にも自動車に乗って各陣地を一回一回下りて見て来ました。哨兵はただぼんやりと見とれて居りました。ある陣地を見て居ると哨兵がおこって我々が自動車に乗って出んとする時我等に射撃せんとした。其時中隊長なる人が降りて日本刀を持って、何この野郎と言ったら、たまげて半町程にげて行きました。

再び自動車に乗って出んとした時、こん度は本当に打ちました。空砲かと思ったら実弾です。幸いあたりませんでした。支那兵の鉄砲はあたる心配はありません。処々便衣隊も出て居ります。支那軍としては、何時でもやって来いと言うように陣地を築いております。我等陸戦隊びくともせず平時と変わらず外出も許され、居留民保護の任に従事して居ります。併し今度は一寸したことで直ぐチャンバラが始まる事でしょう。

斎藤水兵の手紙からは、事件一週間前の状況視察の様子であるが、中国軍と日本海軍陸戦隊が、「直ぐチャンバラが始まる」という一触即発の危険な状況にあったことがわかる。大山中尉は、さらに臨戦態勢が強まった八月九日に、日本海軍陸戦隊の軍装を着て、虹橋路を中国軍機が配備された虹橋飛行場の門をめざして車を走らせたのである。虹橋路は、その名のとおり、虹橋飛行場に通じる道路で、飛行場の東南ゲートを通って飛行場内に入れるようになっている。したがって道路としては、ゲート前が終点である。虹橋飛行場までに、途中、中国側の防衛線は複数あって鉄条網が張られ、土嚢が積みあげられ、塹壕が掘られていたが、地図3のように虹橋路上には検問所が置かれ、保安隊員が通行車をチェックしていた。大山中尉の車は第一阻止線の検問所と第二阻止線を強行突破し、虹橋飛行場の東南のゲートは鉄条網のバリケードが置かれ（バリケードは左右に移動させて車が通過できるようになっていた）、飛行場内には進入できないので、ゲート前を碑坊路へ右折したところで、第三阻止線の中国軍から集中射撃を受けたのである。

大山中尉と斎藤一等水兵はどのような状態で「射殺」されたのか、中国側と日本側の一次史料にもとづいて歴史現場を再現してみたい。中国側では、兪鴻鈞上海市長が八月九日の夜の内に、国民

政府軍事委員会・軍政部長何応欽《かおうきん》に次のように密電で報告をした。(25)

今日午後五時ごろ、虹橋飛行場付近で、日本軍将校二人が自動車に乗って我が警戒線を越えて侵入、飛行場方向へ向かって直進した。制止命令に服さずに、かえって我が守備兵に向かって発砲した。守備兵は最初反撃しなかったが、該車が曲がって碑坊路に進入、該処の保安隊が銃声を聞いて振り向くと、日本軍将校は再び発砲したので、保安隊はついに反撃した。一度に四回の銃声がおき、その車の前輪が側溝に落ちて停止した。車内の一人の将校は車から降りて畑に逃げ込んだところで斃れた。別の将校は車外で斃れた。身品を調べると名刺二枚があり、海軍中尉大山勇夫と印刷されてあった。我が方も兵士一人が斃れた。

日本側の記述には午後六時三〇分ごろ、中国側の記録に午後五時ごろとあるのは、中国と日本は時差が一時間あるので、だいたい同じ時刻と見てよい。次に日本側の史料は、当時、「軍令部出仕兼部員第三艦隊司令部付（上海駐在）」という辞令により上海海軍武官府に勤務していた重村実の「大山大尉事件の真相」と題する、事件直後の現場に行ったときの回想記であるが、一次史料に準ずるものとして、以下に引用する。(26)

八月九日の事であった。私は一人で補佐官室に居たが夕方の五時過ぎであったろうか、電話がかかって来た。淞滬《しょうこ》警備司令部の陳副官からであった。

「今虹橋飛行場で日本兵と中国側と小銃の撃ち合いが始まった。日本軍をすぐ引かせてくれ」

という意外の内容であった。不慮の挑発行為を極力警戒して居る陸戦隊の部隊が、配備区域以外に出勤して居る事はあり得ないので、私は即座に「それは間違いではないか。日本軍は其処には絶対に行って居ない。調べ直して再度電話して欲しい」と答えたが、時が時であり重要な意味を持って居る電話の内容なので、武官に報告をすませると共に、陸戦隊の山内参謀に電話して確かめたが、勿論部隊が出て居る事実はないと言う返事である。そこへ折りよく沖野少佐が出て来られたが又電話で「まだ弾の音がする」と言う、二、三回電話の応答があったがそのうち揚（楊）虎警備司令自身が電話をかけて来て「まだ銃声がする。早くやめさせてくれ」と依頼して来た。

こちらもいささか狐につままれたようではあるが、とにかく、何かの事件が発生したのには違いない。沖野少佐と私が警備司令部に事実を調べに行く事にした。グラッチ路（現在の多倫路）の武官府を出て閘北の中山路に入り車を走らせたが、路の両側には鉄兜で小銃武装の保安隊が数間置きに立って居て警戒して居る……幸、地雷にもかかからず司令部に着いたが何となく緊張の空気が見える。やがて陳副官が出て来て「もう戦闘は終わりました。日本兵が一人死にました」という。「それはおかしい。日本の軍隊は虹橋方面には出て居ないが、貴君が日本兵が死んで居るというのなら事実を確かめ度い。現場に案内をして欲しい」と申し入れた。結局中国側も同意をして二台の自動車で陳副官と現場に急ぐことになった。

上海の西の郊外に虹橋（ホンジャオ）と言う所がある。飛行場とゴルフコースで有名であるが、そのゴルフコースに通じる路が虹橋路で所謂エクステンション（西部越界築路区域）である。つまり北西川路などと同じく、租界から出た路であるが、路だけが租界と同じ性質を持ち、中国の土地であって中国の土地で無いようなもので、中国の警察権の及ばない土地である。勿論武装した中国軍隊は足を踏み入れる事は出来ない。

車は……虹橋路を飛行場の方に進む、途中に程家橋という小さな橋があるが此処でストップをかけられた。橋の手前にも向こう側にも歩哨が十数名宛立って居る。陳は「此の先へは行けません」と言う。「それでは話が違うではないか。連絡がつかないと言うが、淞滬警備司令が警備して居る区域で副官の貴君が行けない場所がある訳はないではないか」と執拗に食い下がった。やっと連絡がついたらしく、再び同道して進む。がもう此の頃はさすがに長い夏の日もとっぷり暮れて、時々ヘッドライトでキラリと光る歩哨の銃剣が無気味である。道の正面が飛行場であるが、突き当たるようにして右に折れると碑坊路である。第一次世界大戦の休戦記念碑に通じる路で、英米人はモニュメント・ロードと呼んで居るが、此の路を四百米も行ったであろうか、路の右側にある豆畑につっこむような恰好で陸戦隊の自動車がとまって居る。其の傍に陸戦隊の軍服を着た士官が仰向けに大の字になって倒れて居るのが見えた。ヘッドライトで照らして見ると全身蜂の巣のような銃痕で、其の上に頭部其の他に刀で斬りつけたあとがある。

車はと見ると前后部のウィンドグラスとも弾が貫通し、座席も一面血の海で脳漿が散乱して居て目も当てられない。当然居るべき筈の運転兵の姿が見えないので質すと「一名は逃亡した」という返事である。が周囲の状況や血の痕から見て遠くへは動ける状態ではないと思ったが、一先ず此の死体が帝国海軍士官である事を確認するにとどめ「此の死体は確かに日本の将校である。本日の事件については直ちに調査の要があると思うが、先ず遺体を引き取りに来るからそれまで現場に丁重に保管しておいてもらい度い」と申し入れをし、陳と別れて引き返す事にした。今来た道を今度は仏租界から共同租界の明るい路を抜けて帰ったが、愈々発火点に達したなとの感慨が深かった。

武官府に帰った時は十時に近かっただろうか。事態を案じてか本田武官と要談中の大河（川）内陸戦隊司令官にも今現認してきた状況を報告する。（中略）

大山事件は即刻外交交渉に移される事になり既に夜も遅かったが、岡本総領事が兪市長の来訪を求めて交渉が始まった。私は総領事館で陸戦隊の山内参謀、有馬軍医少佐等と落ちあい、中国側の上海市参事と同道して死体の引き取りに行く事になったが、事件の真相を明らかにする為、内外の記者団をも同行する事にした。これは中国側の反対が強かったが押し切って連れて行ったが、之は国内外の与論《ママ》に大いに好影響を与えたと考えている。もう此の頃は深夜であった。

上海租界の中こそ夜の無い世界であるが、はるかに租界のネオンライトを眺める郊外の虹橋路のあたりは街灯一つない暗黒さで、あわただしい自動車の往来におどろく村々の野犬がけたたましく吠えるのが無気味である。前回のときと同様程家橋で小一時間待たされた後、今度は武装した保安隊が道案内についた。大山中尉の遺骸のある方へ行こうとすると、此方へ来いと別の方向へつれて行く。中国兵の死体を見せる為だった。背から胸に二発、通貫銃創がある。中国側を有利に見せる為の演出である事は明らかであった（後にわかった事だが当日大山中尉は拳銃を携行して居なかった。従って此の中国兵は味方撃ちで死んだものでもあろうか）。

ついで大山中尉の死骸の所に行く。毛布がかけてあったが、其の上から更に銃剣で突いた痕がある。又靴やバンドが奪われて居る。非礼な事は申すまでもないが、これで中国兵の教養の程度もわかると言うものである。前回のときは判らなかったが、運転兵斎藤一水の死体は此の場所から更に三百米離れた畑の中にあった。之亦惨状目を覆うばかりである。おそらくは惨殺後死体を運んだものと覚しく、靴等が奪われて居るのは大山中尉同様であった。

有馬軍医少佐の検死の後収容し陸戦隊へ遺骸は送られたが、もうその頃は夏の短い夜は東の空が白みかける頃であった。十日の午后は事件の真相を調べる為の日中両国の実地検証が行われ、私も之に立ち合った。

私の観た所では、自動車の状体《ママ》、死体の傷、等から見ておそらく地方から虹橋飛行場警備に増強された部隊が、越界路の性質を知らないで、陸戦隊の自動車を見て周章して射撃したように思われる。大山中尉はハンドルを右にとって碑坊路を全速で遠ざかろうとしたが、後方からの一弾が運転兵に命中し、自動車は道路の端に激突して停止したものであろう。瀕死の大山中尉は更に車外にひき出されてとどめの弾を撃たれたものであろうと推察される。陳副官が程家橋から先に進めないと言った事実が越界路上での此の事件の真相を明白に物語っている。*

＊　影山好一郎「大山事件の一考察——第二次上海事変の導火線の真相と軍令部に与えた影響」（『軍事史学』通巻127号、一九九六年一二月）は、同じ重村実の回想記を使って、「大山中尉らはこの日、平常どおりの巡察を平常どおりに実施していた」ところを、停戦協定に違反した現地中国軍によって一方的に不法殺害された、と筆者と相反する結論を述べている。影山は『大山勇夫の日記』も見ているので、筆者と同じ史料にもとづきながら、まったく異なる考察をしている。筆者の考察が歴史学的であることは、本書を読めば理解していただけよう。

以上やや長く引用したのは、まさに事件当日の夜に現場に駆け付けただけあって、事件発生の虹橋飛行場へ向かう虹橋路の状況と、二人が射殺された現場の状況をよく理解することができるからである。重村の回想から明らかなように、事件現場は、「平常どおりの巡察を平常どおりに実施していた」所ではなく、虹橋路の程家橋で歩哨にストップをかけられたように、検問所があり、それを突破しなければ、虹橋飛行場へ向かって「先に進めない」厳重警戒状況にあったのである。「郊外の虹橋路のあたりは街灯一つない暗黒さ」とあるように、飛行場は市街から離れた農村地域にあって周辺は農家と畑だけであり、大山中尉の車が検問を突破して向かったのは、虹橋飛行場以外になかったのである。

重村の回想に、大山中尉の遺体を引き取りに有馬軍医と再度現場に行ったときに、内外の記者団も同行させたとあったが、そのとき随行した読売新聞の記者が『読売新聞』（一九三七年八月一一日付夕刊）に「滅多斬して所持品掠奪　惨虐目を蔽う現場　宛然血に狂う鬼畜の所業」という新聞1の見出しで、以下のような報告を書いていた。

大山中尉、斎藤一等兵の死体引取りの一行に従って記者（西里・岩村両特派員）は十日午前零時半総領事館を出発、自動車を駆った車が租界を出外れたエキステンション・ロードにかかると暗夜の道路の両側には保安隊が塹壕を掘り、土嚢を築き機関銃を据えて戦場のような混乱を極めていたが、一行の自動車を目撃するや突然保安隊はバラバラと飛び出し拳銃を擬して猛り立って立ちふさがる姿がヘッドライトに浮かび出た。

上海支局 本社間國際電話（十日）
滅多斬して所持品掠奪
慘虐目を蔽ふ現場
宛然血に狂ふ鬼畜の所業
冷靜な我陸戰隊
支那自らが危局を招

新聞１　大山事件を報ずる『読売新聞』（1937年８月11日付夕刊）

彼らの形相を見ればいずれも眼を血走らせ手榴弾を胸にかけて動けばぶっぱなすぞと怒号する。当方としてはあらかじめ市政府及び警備司令部に死体引取りに赴く旨通報してある筈だが、何等命令が徹底していないのだ。ここにも支那側の無統制が暴露される。途中かくして三回阻止されピストルの包囲下に誰何をうける有様であったが、保安隊の周参謀が遅ればせながら途中まで迎えに来たため、それ以後は阻止を受けることなく同一時四十分現場に駆けつけることができた。

見れば大山中尉の自動車は飛行場と反対側の豆畑の中に急カーブで乗込み転覆している。運転台の硝子窓は真ッ正面から機関銃の一斉射撃をうけたもののごとく粉砕され、後方座席の硝子も粉砕、車体にも数十発の弾痕があり、陸戦隊の錨のマークはふっとんで、シートは血の海の惨憺たる残骸を横たえていた。あたりは血臭ぷんぷんとして我等を思わず慄然たらしめた。傍らには大山中尉の死体が放置されてあった。

右の『読売新聞』記事は、リアルタイムで現場の状況が報告されている。租界を出外れたエキステンション・ロード（虹橋路）が人家、街灯もない暗闇の道路で、両側に保安隊が塹壕を掘り、土嚢を築き機関銃を据えて戦場のように緊迫した状況にあり、一行の自動車が三回、保安隊に立ちふさがれて阻止されたとある。このような虹橋路を海軍軍装の大山中尉が陸戦隊の自動車で、保安隊の制止を振り切って、飛行場へ突進して行けばどうなるか、想像できるルポ記事である。

次は、重村とはちょうど逆の中国軍の部署にいた劉勁持《りゅうけいじ》の回想記である。[27] 劉は一九三六年春に陸軍大学第一一期を卒業した後、淞滬警備司令部の参謀の任にあった。

八月九日、日本軍将校大山勇夫が自動車に乗って、虹橋飛行場に向かって走行してきた。我が側の歩哨に阻止されたので、大山勇夫の車は大きく曲がり、飛行場の正門に向かって直進した。我が方の守衛部隊は敵が襲撃してきたと認識して、発砲し、射殺した。このとき、夕暮れが近かったことがあり、形勢は相当緊張した。敵の後続部隊がまだ発見できないので、警備司令部に電話で報告した。朱俠《しゅきょう》参謀処長はただちに車で駆けつけて対応した。私はすぐに各地に情報を通報し、警戒するように注意した。このとき、鐘桓《しょうかん》科長が日本領事館に電話して、「今日午後、あなたがたのところで、軍人が自動車に乗って外出、（租界外の）中国地域に進入したものはいないか」と尋ねたが、「いない」という返答であったので、我が方は再度詳しく調査するように依頼した。

約三〇分後、領事館から電話があってまだはっきりわからないということだった。我が方から大山勇夫という人物がいるかどうか尋ねると、日本側は慌ててすぐに車で警備司令部に来て、事態を了解した。そして、「大山勇夫は酒が好きなので、酒に酔ってかってに外出した可能性がある」と言った。鐘桓科長は日本側が彼を中国地域に来させたのは、日本側の違反行為であるという立場を堅持して、大山勇夫が大きな誤りを犯したのだと告知した。

今日はもう夜で暗く処理することはできないので、明朝を待って一緒に現地に行って解決することにし、事故とその発生地点についてはしばらく告知しないことにした。日本領事館員は自分の方に理がないことを知っているので、帰って待機する以外に方法はなかった。

翌日（十日）朝、日中双方が数人を派遣して、虹橋飛行場のゲート前に行き、合同検証をおこなったが、互いに言い争って解決がつかなかった。午後、上海市政府の秘書と日本領事が市政府で会って談判した。警備司令部からは陳毅《ちんき》副官などを派遣して参加させ、日本軍司令部も数人を派遣して参加させたが、双方の言い合いは激烈となった。ただし、まだ和平解決を考える雰囲気にあった。

その後、日本側が提出した条件の主要な一条は、我が方に「各街路上の一切の××××を撤退すること」とあった。市政府の通訳は軍事用語が分からないので、××××を「守備部隊」と訳した、陳毅副官は「防御工事」と訳した。この相違は重大な意味をもったが、陳副官は敢えて訂正させることをせず、市政府通訳の訳語で南京の政府に報告させた。当時、閘北や虹口の各大通りは、尖ったバラスがまかれ、鉄条網などのバリケードが設けられ、簡単な陣地が構築され、歩哨が林立している状況にあったので、日本側の要求は当然受け入れられなかった。一一日の午後、蔣介石はついに上海への進軍を下令した。

上記の重村実と劉勁持の回想は、事件当時、日本軍側と中国軍側にいた軍人の回想として重要である。事件発生時の両者の回想は完全に符合している。つまり、夕刻、大山中尉の車が警戒線を突破して虹橋飛行場に向かって直進してくるのを見た現場の保安隊員が大山中尉の車に先導されて日本軍の部隊が飛行場を急襲してくると予想して、淞滬警備司令部に緊急電話をかけ、すぐに日本軍の進撃を止めさせるように要求したのである。それで、最初の淞滬警備司令部の陳毅副官が上海海軍武官府に電話してらちが明かず、ついで、今度は楊虎警備司令自身が「まだ銃声がする。早くやめさせてくれ」と電話をかけてきたのである。

劉勁持は、淞滬警備司令部参謀処の朱俠処長および鐘桓科長の下で、もっぱら日本領事館員を相手に対応していたので、重村実が事件当時の夜、淞滬警備司令部の陳毅副官とともに、虹橋飛行場の現場へ行ったことは知らない。翌一〇日、劉勁持の回想では早朝実地検証、午後協議、交渉、重村実の回想では午後となっているが、日中双方責任者の実地検証の現場には二人とも立ち合っていた。

もう一つ貴重な一次史料は、海軍省特設写真班が撮影したフィルム資料である。『戦記映画№11復刻版シリーズ　支那事変海軍作戦記録』(日本映画新社、一九五五年)である。原版は、海軍省海軍軍事普及部が一九三九年に制作した戦意高揚のためのプロパガンダ映画である。制作といっても海軍特設写真班が撮影したフィルムを年代も不揃いに寄せ集めただけであるが、それがかえって記録映像資料として貴重なものとなっている。大山事件現場、大山中尉の葬儀、第二次上海事変勃発前の陸戦隊の陣地と戦闘配置、渡洋爆撃の戦果の宣伝など、本章と次章の叙述の信憑性を証明するうえでの貴重な映像資料が収録されている。また、戦闘を前に避難で混乱する中国人、上海丸や長崎丸に乗って日本へ引き揚げてゆく日本人居留民など、戦争に巻き込まれた民衆の状況を知るうえでも貴重な映像が撮影されている。以下に『海軍作戦記録』と略称して引用する。

それでは、以下に中国側の密電と重村実の回想、劉勁持の回想ならびに『海軍作戦記録』を照合して、大山中尉と斎藤水兵がどのように射殺されたか、考察してみよう。地図3を参照されたい。

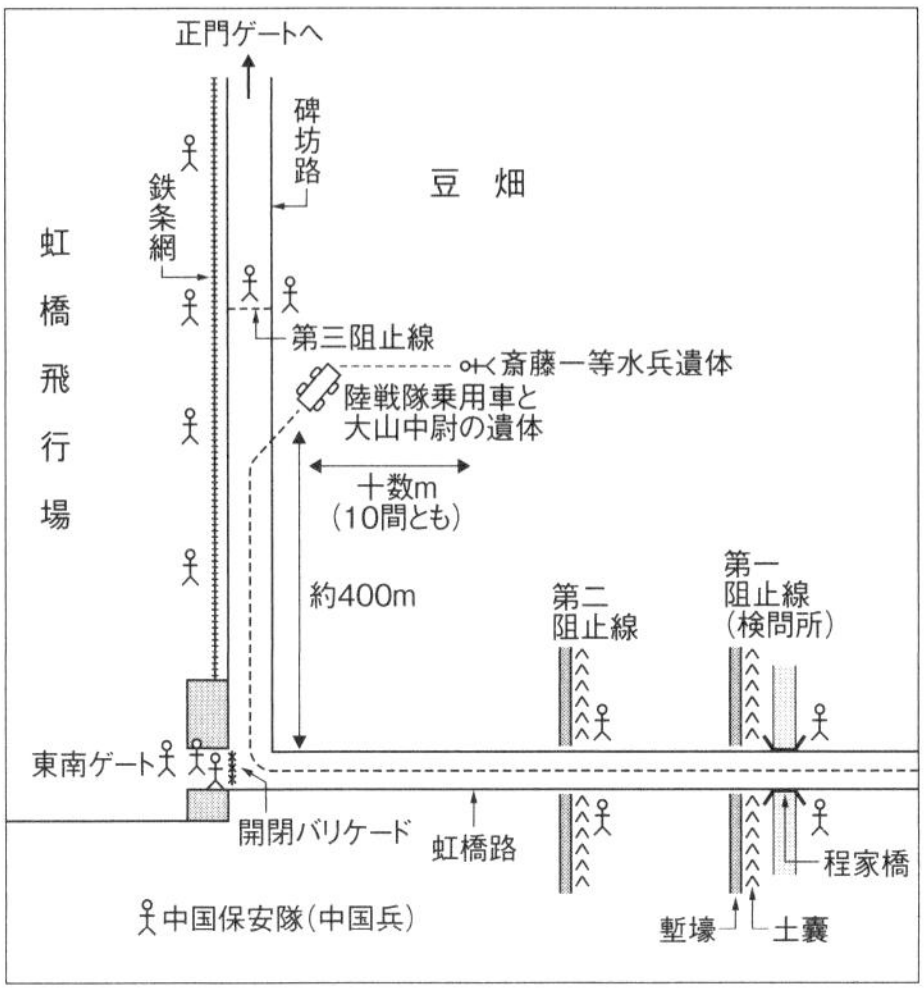

地図３　大山中尉の射殺現場地図（筆者作製）

斎藤与蔵一等水兵が運転する陸戦隊自動車は、中国保安隊の警戒線上に設けられた虹橋路の程家橋の検問を「制止命令に服さずに」強行突破し「虹橋飛行場へ向かって直進した」。ただし、「中国守備隊に向かって発砲した」というのは、中国側が正当防衛を口実にしたいためのウソで、大山中尉は拳銃を携行せず、斎藤水兵は軍服の上に襷状にかけたベルトに拳銃を携行していたが、運転中で発砲はできなかった。何よりも大山中尉は「こちらから攻撃するな」と「密命」

されていた。大山が家族へ遺書代わりに書き残した「断」と記した絵葉書にあったように「雑念を去れ敵を見詰めよ」と自分に言い聞かせ、「任務は力なり」という力を「大丈夫は丹田の力のみ」とばかりお腹の丹田に集中して、虹橋飛行場の東南ゲートに向かって車の走行正面を見据えていたと思われる。車はさらに、阻止線を突破して虹橋路を飛行場へ向かって直進したが、正面に見えた東南ゲートは鉄条網のバリケード（検問用で開閉できるもの）が設置され、警備兵が検問に立っていたので飛行場内にそのまま車では進入できず、ゲート前を碑坊路に右折してすぐに、前方の阻止線を警備していた中国兵が日本軍車の急襲と思って、いっせいに射撃したのである。東南ゲートを守っていた警備兵も車の後方を射撃した可能性もある。重村の回想に「前后部のウィンドグラスとも弾が貫通」というのは、前方からだけのものか、後方からの弾もあったのか、この表現からは不明確であるが、もし前後から撃ったのであれば、中国兵の死体は同士撃ちの可能性はある。

『海軍作戦記録』は事件翌日の白昼に日中合同現場調査をしたときのフィルムであるが、東南ゲートは現在のものと変わらないほど、鉄筋コンクリートの立派なものである。ただし、飛行場のフェンスはなく、牧場の柵のようにあまり高くもない木柵に鉄条網をはっただけの簡単なものであった。調査当日は、碑坊路に面した飛行場内に保安隊が一列横隊に立って、飛行場を守っていた。この現場の状況から、飛行場内の保安隊員からも大山の車をめがけて射撃した可能性がある。大山の車に蜂の巣のような弾痕があったというのは、前後および飛行場内からも射撃されたからであろう。

写真5のように、陸戦隊の車のハンドルのある右下側のフロントガラスを銃弾が貫通しているので、斎藤運転手は負傷し、運転不能となって碑坊路の右側にある豆畑に突っ込んで自動車は停止した。座席は「一面血の海で脳漿が散乱して居た」というから大山中尉は座席に座ったまま即死状態

であったことがわかる。いっぽう負傷した運転手の斎藤水兵は、運転席から転げ落ちたが、「死を覚悟していなかった」ので豆畑の中を逃げようとした。斎藤水兵は拳銃を携行していたので、追ってくる中国兵に向けて発砲し、双方撃ち合いになった可能性はある。楊虎淞滬警備司令自らが「まだ銃声がする。早くやめさせてくれ」と武官府に電話をかけてきたのは、このときの斎藤水兵と中国兵との撃ち合いか、あるいは中国兵が逃げる斎藤水兵を狙って撃ったときの銃声であろう。中国兵の死体は、逃げようとした斎藤水兵が撃った可能性もある。斎藤水兵は車から逃げたところの豆畑の中で射殺されたのである。

写真5　銃弾を受けた事件現場の大山中尉の車

　大山中尉、斎藤水兵の死体とも、蜂の巣のような銃痕があり、軍刀で斬りつけた跡もあったというのも、日本軍の襲撃とみなして、敵対心を激昂させた結果の嗜虐的行為と理解できる。大山中尉の車に先導された急襲部隊が攻撃してくるかどうか、遠くまで見通せない夕暮時であったことが、保安隊員の警戒心と敵愾心を増幅させたともいえる。黎明時や日没時の急襲作戦はよくおこなわれたので、ゲートに向かって突進してくる海軍陸戦隊の車を見て、中国保安隊が、日本軍部隊が飛行場の襲撃、占拠に来たと思ったのも無理のない話である。

以上、大山中尉と斎藤水兵が射殺される状況を再現的に考察してみたが、一次史料に相当する中国側と日本側の史料と、重村らが二度目に現場に行ったときに同行したカメラマンが撮影したと思われる現場写真、翌日撮影された『海軍作戦記録』の合同調査現場の状況とも符合するのではなかろうか。

翌八月一〇日午後には、上海駐在武官田尻穣海軍中佐、上海特別陸戦隊参謀山内英一少佐、領事の吉岡範武と福井淳、共同租界の最高行政機関である工部局警察の上原総監、上海市政府秘書長、淞滬警備司令部副官ら日中双方の関係責任者による死体現場の実地検証がおこなわれた。日本側は以下のことが判明したとしたが、中国側は容認する態度を示さなかった(28)。

一　両名とも機銃弾が頭部を貫通して致命的打撃を受け、その他の弾こん及び外傷は、中国側が苛虐的に行ったものである。

二　保安隊一名の死亡は機銃弾によること、及び当時大山中尉は拳銃を携帯せず、斎藤水兵もまた拳銃を肩に掛けたまま自動車を運転していたことに照らし、中国側同志の味方打ちの結果であることは明白である。

三　したがって中国側の主張するように、日本側から先に射撃した事実なく、中国側が遠近から乱射し、あまつさえ軍装の両死体に対し残虐な侮辱を加えたこと明白である。

斎藤水兵が保安隊と撃ち合ったことは、『東京日日新聞』(一九三七年八月一一日付夕刊)に「悪虐無道、保安隊の暴状　致命傷に屈せず死闘　斎藤水兵、壮烈な最期　惨・目を覆う現場検証」と題した新聞2の記事に以下のように記されている。

夕刊

東京日日新聞

悪虐無道、保安隊の暴状

致命傷に屈せず死闘

齋藤水兵、壯烈な最期

慘目を覆ふ現場檢證

兩氏遺骸・陸戰隊に收容

新聞2　斎藤与蔵一等水兵の最期を伝える『東京日日新聞』（1937年8月11日付夕刊）。写真の人物は斎藤水兵

九日上海で保安隊の襲撃を受け即死の大山中尉と共に、自動車内に大量の血痕を残し、行方不明となった斎藤与蔵一等水兵は、身に数弾を受けるや血達磨になって運転台から転げ落ち、勇敢にも立ち上がって悪虐無道の保安隊の包囲陣の中に突入反撃戦闘したが、遂に力尽きて現場から十間ぐらい離れたところに倒れ、壮烈な最期を遂げたことが判明した。（以上、リード記事、以下は、重村大尉らに随行して午前一時半ごろ現場に行った記者の報告記事の一部）

斎藤一等水兵の死体はそれより東方十数メートルの豆畑の中に哀れにも仰向けに放り出されてあった。斎藤水兵は後から身に数弾を受け運転台から転げ落ちながらもなお敵に応戦したらしいが、幾つもの残酷な傷があり、両名とも身ぐるみ全部掠奪されている。四方から一斉に撃たれた模様であたり一面は文字通り血の海である。午前四時過ぎ、ようやく詳細な検証を終えた。

車から離れたところで発見された斎藤水兵の死体があった距離が重村の回想は三〇〇メートルとあったが、右の記事では一〇間、十数メートルとなっている違いがある。記事の方がリアルタイムなので事実に近いと思われる。斎藤水兵が携帯していた拳銃で応戦した形跡があったことは、筆者の推定のとおりである。中国兵の死亡が斎藤水兵の拳銃によるのか、中国軍の機関銃による同士撃ちによるものなのか、死亡中国兵の銃弾の検証が報告されていないので不明である。いずれにせよ、中国側が主張するような日本側から攻撃の意図をもって発砲することはなかった。

4 「密命」の証明

ここまで、大山中尉は上官の大川内陸戦隊司令官から「お国のために死んでくれ、家族のことは面倒を見るから」という口頭命令による「密命」を下令されたことを前提に話を進めてきた。この「密命」の存在によって、大山事件がなぜ引き起こされたのかが、整合的に説明できるのではないかと思う。そこで決定的に重要となるのが、「密命」が下令されたことの証明である。ところが、「密命」を知っている少数の海軍関係者は、誰もそれを「告発」「告白」することなく、また追及されるような「失言」「失態」もせず、「秘密」を守りとおした。海軍は「知能犯」であったことの証明である。

筆者は、拙著『日中全面戦争と海軍』では、前述の船津和平工作について触れた最後に「あたかも和平工作を粉砕するための謀略であるかのように大山事件が発生した」という記述にとどめていた。[29] ところが、父親が輜重兵第九連隊の兵士として第二次上海事変の戦闘に参加したことから同事変に興味をもっていた長谷川順一さんは、ブログ「葵から菊へ」（二〇〇八年八月二三日）に「「大山中尉射殺事件」で衝撃的な証言が」という記事を掲載、元都立戸山高校の数学の教員で「早稲田九条の会」代表委員の武藤徹さんから、大山中尉事件は謀略によるものであったという話を聞いて、その衝撃的な証言を紹介した。筆者はある集会において長谷川さんからその話を伺い、早速武藤さんにインタビューをして以下に紹介するような重要な証言を得たのである。

武藤徹さんは、一九二五年に神戸に生まれ、一九四四年秋に東京帝国大学理学部数学科に入学した。翌四五年五月、学徒徴用により、数学科一学年二〇名が教員とともに長野県上諏訪に行き、諏訪湖畔の旅館・鷺湖荘と茅野の風呂屋・上川湯の二階に分かれて宿泊、昼は逓信省の保養用の寮をつかって、暗号解読の作業に従事、敗戦の日の八月一五日まで続いた。武藤さんらが上諏訪に行ったのは、檜山良昭『暗号を盗んだ男たち――人物・日本陸軍暗号史』によれば、以下のような事情によるものであった。

陸軍参謀で暗号解読を担当した参謀本部第十八班は、アジア太平洋戦争に対応して一九四三年八月に組織を拡充して、名称も陸軍中央特殊情報部（秘匿のため一般には中央通信調査部と呼ばれた）と改称し、アメリカ、イギリス、ソ連、中国などの暗号解読をおこなっていた。なかでもアメリカ、イギリスの暗号解読を担当した研究部は、東京帝国大学などの数学者を参加させて陸軍数学研究会を四四年四月に発足させ、釜賀一夫少佐*を中心にアメリカ軍の暗号の解析をおこなっていた。しかし、四五年三月一〇日の東京大空襲以後、東京での作業が危険となったので、参謀本部は、数学研究会の在京学者や門下生、学生を上諏訪に疎開させて、研究と作業をつづけさせることにした。教授と学生たちは、東京帝国大学や東京文理科大学の数学生、東京女子高等師範の英語学生が主体であったが、大学別に一般民家に宿泊し、午前は暗号の基礎を学び、午後から夜にかけて、暗号解読の作業に取り組んだ。釜賀少佐も、時々東京からやってきて、学生たちに講義をおこなった。

六月ごろ、午前の講義を終えて、武藤徹さんら学生たちが昼飯を食べ、休憩していた部屋に、釜賀少佐がやってきて、学生相手に雑談をした。そのとき釜賀少佐は「日本では外務省と海軍と陸軍が互いに暗号を傍受、解読し合って喧嘩している、そんなことで戦争ができるか」と批判的に話をした後に、大山事件について、次のように語ったのである。

「大山勇夫中尉は、上官からお国のために死んでくれ、家族のことは面倒を見るからと言われて出かけた。こちらからは攻撃するなと言われ、武装せずに出かけた。中国側の防衛線は三線あって、第一線と第二線は無事突破し、第三線目で射殺されたのだった」

武藤さんは、当時、中国軍の不法行為によって大山中尉が犠牲になったと美談風に語られていたので、釜賀少佐の話を聞き、「これは重大な話で、とんでもない話だ、海軍陸戦隊の陰謀だったのか」と驚きと反発をおぼえたので、はっきりと記憶していたのである。神戸生まれの武藤さんは、両親が敬虔なクリスチャンだったので、子どものときからキリスト教を信仰、そのため天皇崇拝の強制にはなじめず、日本の戦争を賛美、礼賛するようなことはできなかったのである。そのため釜賀少佐の話に衝撃を受けたのだった。

釜賀少佐は、陸軍、海軍、外務省が暗号を解読し合って喧嘩している話の流れから、陸軍参謀本部暗号班が傍受、解読していた海軍の暗号電報の情報を、相手が学生であるという気安さから、ぽろっと洩らした可能性がある。以下、釜賀少佐の証言を「釜賀証言」ということにする。下記の経歴のように、陸軍参謀本部の暗号班の第一人者であった釜賀少佐は、海軍の暗号電報の傍受、解読によって得た情報にも熟知していたと思われる。

ただし、釜賀一夫が陸軍士官学校を卒業したのは、一九三七年一二月であり、参謀本部第十八班の班員となって本格的に暗号解読の勤務をするのは、三九年四月以降である。したがって、釜賀少佐の情報は、大山事件発生当時に得たものではなく、釜賀が参謀本部の暗号班の幹部内で密かに話されていた暗号解読情報を聞いたものか、あるいは釜賀が暗号解読勤務をするようになって以後、大山事件の処理をめぐって海軍関係者に遣り取りされた暗号電報を釜賀自身が傍受して解読したものか、いずれかであろう。

いずれにせよ、「釜賀証言」で重要なのは、情報の入手時や入手経路ではなく、後述するように内容の信憑性である。

＊ 釜賀一夫は一九三七年陸軍士官学校（五〇期）卒業、暗号解読で才能を発揮、三八年一〇月留守第十二師団司令部付暗号班長となる。三九年四月、陸軍参謀本部暗号班の幹部となることを期待されて、同参謀本部第十八班の班員となった。同年八月末、ノモンハン事件のさなか、ハイラルに駐屯する航空兵団司令部の暗号係となって、暗号作成の指導をおこなった。四一年七月参謀本部第三部通信課暗号班の部員となり、アジア太平洋戦争開戦のための、暗号書の配布、管理などの準備作業をおこなった。四二年末、陸軍参謀本部暗号班の命令で陸軍科学学校へ入学、さらに東京帝国大学の大学院に員外学生として入学、数学を学び、大学の数学者たちとの関係強化に尽力し、四四年四月、陸軍の暗号関係者と数学者との共同による暗号学理の実戦的研究プロジェクト「陸軍暗号学理研究会」を発会させ、名称秘匿のため表向きには「陸軍数学研究会」と名乗った。釜賀はアメリカ軍暗号の解析をするチームを作成して、

解読に努めた。

四四年八月参謀本部第十一課暗号班（自国暗号開発）兼陸軍中央情報部付（通信情報・対米英暗号解読）となった。釜賀の業績として、アメリカ陸軍の機械式暗号M―209を解読（当時はZ暗号と称していた）、武官用暗号を仮名文字からローマ字式に変更、外務省の用いる機械式暗号、九七式欧文印刷機の弱点を指摘したことなどがある。また、陸軍参謀本部暗号班の第一人者として暗号解読、暗号作成の要員指導、育成にもあたった。

釜賀は戦後陸上自衛隊で暗号解読に従事、七〇年に退官後、内閣調査官・海外事情調査所参事をつとめた。「加藤正隆」のペンネームで、『基礎暗号学I――情報セキュリティのために』『同II』（サイエンス社、一九八九年）等、暗号学関係の著作がある。（檜山良昭『暗号を盗んだ男たち――人物・日本陸軍暗号史』[30]より）

「釜賀証言」の「上官からお国のために死んでくれ」と「密命」され、「こちらからは攻撃するなと言われ、武装せずに出かけた。中国側の防衛線は三線あって、第一線と第二線は無事突破し、第三線目で射殺されたのだった」ということは、そのとおりであったことは、本書でこれまで明らかにしてきたとおりである。ただし、本書では防衛戦を阻止線と称することにした。そうすると「家族のことは面倒を見るからと言われて出かけた」という上官の約束がどうなったかということである。

八月一〇日午前三時二〇分発電済で、海軍省人事局長より福岡県朝倉郡安川村の実家に兄の大山半平宛に次の至急電が送られた。


大山中尉昨九日午後六時三十分頃上海ニ於テ戦死ヲ遂ゲラレシ旨公電アリタリ取リ敢ヘズ

午前三時段階というあまりにも早い段階で電報が送られているのに驚くが、電報史料には間違いなく「八月十日午前三時二十分（有線）発電済」のゴム印が押されている。ついで八月一〇日の朝七時五七分に次の電報が、上海陸戦隊司令官より海軍省人事局長宛に打電された。

大山（二五三七）昨九日一八三〇時頃偵察ノ為一水斎藤ヨゾウ（呉鎮水二五八六七）ノ運転セル自動車ニ乗車上海西部虹橋碑坊路附近ヲ進行中保安隊ノ為包囲射撃ヲ受ケ両者共死亡
本件遺族ニ転電方並ニ弔電ノ件取リ計ハレ度

ついで八月一〇日付で海軍省人事局長・第一課長・局員より米内光政海軍大臣宛に「海軍中尉従七位大山勇夫」の「海軍大尉」への「進達案」が上奏され、それを承認した海軍大臣から同じく八月一〇日付で内閣総理大臣宛に「大山海軍中尉進級の件、海軍武官進級令第十八条第二号に依り別紙上奏書進達す、追て同人は上海海軍特別陸戦隊附として勤務、昨九日重要任務に従事中、支那保安隊の襲撃を受け殉職したるものに付、本件八月九日附を以て発令相成度」と上奏された。そして、同日午後七時五〇分発電済で次の電報が海軍省人事局長より福岡県朝倉郡安川村の実家に兄の大山半平宛に打たれた。

大山中尉九日附大尉ニ進級正七位ニ叙セラル

大川内上海特別陸戦隊司令官からは同日午後九時五〇分発信で海軍省人事局長宛に次の電報が打

電された。

大山（二五三七）ノ特進級並ニ叙位ノ件家族ニ伝ヘラレ度

さらに同日午後九時五五分発電済で、米内光政海軍大臣から実家の兄の大山半平宛に弔電が送られた。

大山海軍大尉名誉ノ殉職ヲ遂ゲラレシ候痛惜ニ耐ヘズ謹ミテ弔意ヲ表ス　海軍大臣米内光政

八月一〇日の内にこれだけのことが迅速に遂行されたのである（以上の八月一〇日付の電報はすべて国立公文書館アジア歴史資料センターからのインターネット検索による）。しかも、上記のように、八月一〇日の午後は、日本側と中国側の責任者が事故現場において、どちらが先に発砲、攻撃したかを解明すべく、検証をおこなっていたのである。上記の上海陸戦隊の大川内司令官からの「特進級」と「叙位」を「家族ニ伝ヘラレ度」という電報には、「家族のことは面倒を見るから」という「密命」の約束を早急に果たそうとしたものであるという推測が可能である。

米内光政海相が早くも大山について「名誉の殉職」という弔電を送っているのも、まだ事件翌日であり、本来ならば（中国側の抗議する、日本側発砲、攻撃説もふくめて）事件の真相が解明された後になされるのが筋であることを考えれば、あまりにも手回しが良すぎたといえよう。それに、現地海軍の一中隊長が「偵察中に射殺された」ことにたいして、海軍大臣が「名誉の殉職」と即断することは通常ならば有り得ないことである。ついでにいえば、このときの海軍次官が、第三艦隊司令長官に転出した長谷川清中将の後任の山本五十六中将であったから、山本も、大山事件にたいする海軍省の素早い対応について、関知していたはずである。

大山中尉とともに「射殺させられた」斎藤与蔵一等水兵の家族にたいしては、海軍大臣や海軍省人事局からこのような丁重な弔電が即刻送られた史料はないので、先に触れたように、海軍の組織体質は、下位の者にたいしては冷酷極まりないのである。

「釜賀証言」の「家族のことは面倒を見るから」というのは、「家族への補償は国が十分にする」という上官の約束であったが、『大山勇夫の日記』に付された「海軍大尉大山勇夫年譜」を見ると、以下のように、その約束は十分に果たされたことがわかる。

(1) 昭和一二(一九三七)年八月九日、内閣より海軍大尉に任じられる。宮内省より正七位を叙勲される。海軍省より職務勉励に付特に金二百四十五円を賞賜す。天皇陛下、皇后陛下より祭祀料金二十円、海軍省より死亡賜金七百六円、埋葬料金六十七円五十銭。

(2) 昭和一二(一九三七)年一二月一日、厚生省より扶助料第四一四一九号年額千九百八十円。

(3) 昭和一五(一九四〇)年五月一〇日、論功行賞国債第一号千円、第二号二百円。但し昭和二〇年八月十五日終戦と同時に無効となる。

大山勇夫は、明治四四(一九一一)年三月生まれであるから、事件当時二六歳であった。父親はすでに死亡、実家には六四歳の母と長兄の半平(四一歳)夫妻とその子女数人が住んでいた。次兄(三二歳)は教師であったが他家に入婿し、姉(三八歳)は村内に嫁していた。勇夫は三男でまだ独身であった。

写真6　大山中尉の胸像（『大山勇夫の日記』より）

「釜賀証言」にあった「家族のことは面倒を見る」と上官が約束した家族とは、老母と家長である長兄とその妻子となる。巡査の初任給が昭和一〇（一九三五）年～昭和一九（一九四四）年まで四五円、小学校教員の初任給が昭和八（一九三三）年四五～五五円、昭和一六（一九四一）年五〇～六〇円であった時代に、海軍省から賞賜された二四五円、天皇・皇后からの死亡賜金七〇六円、国から支給された年額一九八〇円の扶助料ならびに論功行賞国債計一二〇〇円等の補償金の総額を考えると、上官の約束は十分に果たされたといってよかろう。

表彰については、八月二五日に佐世保水交社で上海戦での戦死者一六柱の海軍合同葬がおこなわれた前日、大山大尉遺族のみ三人（母と長兄夫妻）が参列して、万松寺で葬儀がおこなわれ、軍令部総長伏見宮博恭王の名代として海軍大臣米内光政が弔問、佐世保鎮守府長官塩沢幸一中将が弔問するという破格な待遇がなされた。また戦時中は「海軍七勇士」の一人として靖国神社の遊就館内に胸像が陳列され、近衛文麿首相、米内光政海相、連合艦隊司令長官永野《ながの》修身《おさみ》大将、大山勇夫が傾倒した右翼の頭山満から寄せられた色紙が展示されていた。大山の胸像は、写真6のように戦後になって遊就館から実家に移された。

このような、軍神なみの破格の表彰ぶりにたいして、母親の大山セイは、前掲の「母の礼状」の最後に「武功のなかった者へ深く御同情して下さいます皆様へ厚く御礼申します」と書いている。

母親が率直に「武功のなかった者」と書いているように、たしかに大山中尉は「武功」をあげてはいない。それなのになぜ海軍首脳は「軍神」ぶりの表彰と補償をしたのか、「密命」の存在なしには考えられないことである。

5　第二次上海事変——日中戦争の全面化

大山事件の翌日八月一〇日、軍令部は以下のような大山事件対処方針と時局処理方策を決定した。[31]

要旨

大山事件の解決は将来この種事件の根絶を期する方針とし、左記要求事項の充足を目途として交渉するを要す。而して支那側当事者に於て解決実行に対し誠意を示さざるに於ては、実力を以て之を強制するも敢えて辞せざる決意あるを要す。

要求事項

一、事件責任者の陳謝及処刑
二、将来に対する保障
(一) 停戦協定地区内に於ける保安隊員数、装備、駐屯地の制限
(二) 右地区内に於ける陣地の防御施設の撤去
(三) 右の実行を監視すべき日支兵団委員会の設置

(四) 排抗日の取締励行

大山事件が八月九日の夕方に発生し、一〇日の午後、日中の関係者によって現地調査がおこなわれようとしている段階で、軍令部は早くも、事件責任者の処刑、上海の中国軍防御陣地の撤去、中国保安隊の縮小と駐屯地の制限など、国民政府がとうてい受け入れることのできない「要求事項」を作成し、八月一一日には、岡本季正《おかもとすえまさ》上海総領事をつうじて正式に兪鴻鈞上海市長に提出した。中国側がこれを受け入れて実行しなければ、実力行使をするというのであるから、上海戦を挑発する最後通牒または宣戦布告に等しい内容であった。

事件後一日も経過せずして、このような重大な「対処方策」が決定され、実行されたことは、大山事件は海軍軍令部が関与した「謀略」であることの手の内を明かすようなものである。盧溝橋事件が事件そのものは偶発的であり、現地で停戦協定が結ばれ、陸軍中央においても、参謀本部内では陸軍部隊の華北派兵をめぐって拡大派と不拡大派との間で相当激しい対立があったことと比較すれば、その違いは明らかである。

南京では日本側からの「要求事項」を受けて、八月一二日に国民党中央常任委員会を開催、何応欽軍政部長から「虹橋機場事件」(大山事件の中国側呼称、虹橋飛行場事件という意味である)について、日本側の要求が報告され、蔣介石軍事委員会委員長は、「承認することは不可能である」と拒否、同時に「戦闘の準備を命令した」のである。(32)

蔣介石の対日戦争の構想と軍備については拙稿「国民政府軍の構造と作戦――上海・南京戦を事例に」で詳細に論じたことがある。(33) 満州事変と満州国建国にたいして蔣介石は不抵抗主義をとり、華北分離工作にたいしても対日宥和政策をとったが、以後、ドイツ政府・軍の援助を受けながら、近代的な国防軍の強化と軍備増強に全力を傾注、アメリカ、イギリスなどの援助を受けて空軍も建設した。蔣介石の対日戦略は、中国単独では日本に勝利することはできないので、「日中戦争を世界戦争へ発展させる」ことであった。それは日本軍を上海・南京を中心とした欧米列強の権益が錯綜する華中に侵攻させ、アメリカやイギリスの武力干渉を引き起こすか、ソ連の対日戦争発動を促すことであった。蔣介石はドイツ軍事顧問団の指導を受けて、上海地域から南京にかけて防衛陣地を構築、日本軍の主力をもっとも防衛態勢と防衛力の強固な上海・南京地域に引き寄せて消耗戦を強いて、日本の速戦即決作戦を挫折させて長期持久戦に引きずりこむ戦略を考え、その間に日本の中国をめぐる「九ヵ国条約」（後述）さらには「不戦条約」（後述）に違反した侵略行為にたいしてアメリカやイギリスさらにはソ連を武力制裁としての対日参戦に踏み切らせることを構想していた。

以上のように、蔣介石の対日戦略は、対日開戦を回避する外交努力はするが、開戦が不可避となれば、上海・南京地域へ日本軍の主力を引き寄せて近代戦を展開することであった。したがって、次章で詳述するように、華中、華南が縄張りと考えて、戦争を起こし、海軍の軍備拡大、とくに航空兵力の拡充をはかろうと目論んでいた海軍首脳部との思惑が「一致」して、第二次上海事変の開始となったのである。

八月一二日には軍令部総長伏見宮から長谷川第三艦隊司令長官に次の指示が機密電報により伝えられた。[34]

一、第三艦隊司令官は敵攻撃し来らば上海居留民保護に必要なる地域を確保すると共に機を失

　　せず航空兵力を撃破すべし
　二、兵力の進出に関する制限を解除す

この機密指示を受けて長谷川第三艦隊司令長官は南京等への空襲命令を発令し、第三艦隊所属の第一連合航空隊、第二連合航空隊は一二日夜から出撃待機に入ったが、おりから強力な台風が発達しながら東シナ海を北上中で、航空母艦からの発進も、台北、大村の基地からの発進も不可能なため、一三日の出撃は「悪天候のため中止」となった。そして一三日、第三艦隊司令長官より、左記の命令が発令された(35)。

　明十四日空襲を実施する場合空襲部隊の任務行動を左の通予定す。
　一、敵情
　　第三艦隊機密第五五八及第五六一番電の通
　二、空襲部隊は全力を挙げて敵航空基地を急襲し、敵航空兵力を覆滅すべし。此の場合飛行機隊の行動は特に隠密を旨とし、高高度天象の利用に務るものとす。
　三、空襲目標
　第二空襲部隊　第二航空戦隊　南京・広徳・杭州
　第三空襲部隊（台北部隊）第一連合航空隊鹿屋隊　南昌
　第八・第十戦隊及第一水雷隊飛行機　虹橋
　第一空襲部隊　第一航空戦隊及第三空襲部隊（大村部隊）第一連合航空隊木更津隊を使用

し得る場合は追って令す。
四、飛行機隊の進発及攻撃時期は特令す。

軍令部第一部長（近藤信竹中将）から八月一二日発電で、第三艦長参謀長宛に左記の機密電報が打たれているのは、上記の空襲命令とともに、軍令部が一二日にすでに第二次上海事変の発動を命令していたことの証左である。(36)

陸軍出兵は未決定なるも出兵の場合は二個師団同時派兵のことに協定しあり。但し陸軍の前進攻撃行動開始は概ね動員二十日後なるに付、其の間海軍陸戦隊の戦闘正面は成るべく之を拡大することなく、陸軍派兵を待つ如く考慮あり度。

海軍陸戦隊は、陸軍の二個師団が上海に派兵されてくるまで、戦闘正面を拡大しないようにして耐えるようにという命令である。このことからも、大山事件は、船津和平工作を粉砕し、出撃態勢にあった大村、台北、航空母艦加賀から海軍航空部隊を出撃させるために仕掛けられた謀略であったことが理解できよう。こうして、八月一三日の午前一〇時ごろ、すでに戦闘命令を受けていた海軍陸戦隊と中国軍第八十八師の部隊が、中国人街の閘北と日本人租界といわれた虹口の境界付近の宝山路と北四川路で戦闘を開始、第二次上海事変に突入した。

『海軍作戦記録』には、八月一二日の午後、海軍陸戦隊本部で大山中尉と斎藤水兵の葬儀を挙行し、「大山中尉、斎藤水兵の仇を討つ」という復讐心を煽って、陸戦隊員の戦意高揚をはかったのち、整然とかつ迅速に攻撃陣地配置に就いて、戦闘準備を完了、あとは中国軍陣地を攻撃するのみ、という状況が撮影されている。第二次上海事変は海軍陸戦隊側から攻撃を仕掛けたことがわかる記録フィルムである。

当時、上海海軍特別陸戦隊は、総員二四〇〇名、これに漢口陸戦隊三〇〇名を加えても二七〇〇名であった(37)。陸戦隊はその後八月一八日に横須賀鎮守府、呉鎮守府から一四〇〇名、翌一九日佐世保鎮守府から一〇〇〇名の増派部隊が加わり、陸軍の上海派遣軍(八月一五日編組、司令官松井石根大将)二個師団が八月二三日に上海に上陸するまで、優勢の中国軍との戦闘に耐えることになった。

しかし、上海派遣軍が投入されても、上海戦は決着がつかなかった。それでも対ソ戦への軍備体制が弱体化することを恐れた石原莞爾作戦部長は、華中への戦線拡大には反対し、先に海軍は「きっと上海で事を起こす」が、陸軍の出兵は「せいぜい一、二師団の派遣に止める」と言明していたとおり、それ以上の陸軍増派を認めようとしなかった。しかし、日本の軍部、政府そして国民の間で、後述するように「暴戻《ぼうれい》なる支那を膺懲《ようちょう》せよ」という強硬論が大勢をしめるようになって、不拡大派は軍部の内外で孤立するようになった。九月二日の閣議で「北支事変」の呼称を「支那事変」と改称することを決定し、盧溝橋事件により開始された戦争は、第二次上海事変によって全面的な日中戦争となった。

拡大派の急先鋒の武藤章作戦課長らは、石原の反対を押し切って九月七日、大部隊の上海派遣を参謀本部に決定させた。これを機に、参謀本部の作戦の重点は華北から上海攻略戦へ移行することになったが、そのため、不拡大を主張していた石原部長は、更迭されるかたちで関東軍参謀副長に転出していった(九月二八日)。石原は、河辺虎四郎課長ほか不拡大派の部員が多い戦争指導課に転

暴戻！鬼畜の保安隊
大擧包圍して亂射
運轉員の水兵も拉致
帝國海軍中尉・上海で射殺さる
陸戰隊出動・非常警戒
現地へ急行
支那の不誠意
度し難し
戰時的配置を强化
政府けふ對策を協議
北支事變とは不可分
海軍・愼重方針堅持

新聞3　大山事件を報ずる『東京朝日新聞』（1937年8月10日付）

任の挨拶に来たときに、「遂に追い出されたよ」と言って去っていった。石原部長の追い出しには武藤作戦課長が一役くわわっていたといわれる（『軍務局長武藤章回想録』(38)）。まさに「下剋上」といえた。

この後、武藤章作戦課長が、第十軍による杭州湾上陸作戦を成功させ、ついで「中国一撃論」を「実証」するために、上海派遣軍と第十軍を南京攻略戦へと駆り立て、日中全面戦争、長期泥沼戦へと「歴史の歯車」を大きく回転させていくことになる。

いっぽう、大山事件は、マスメディアをとおして、日本国民の中国にたいする憎悪、敵愾心を煽るために操作、宣伝された。新聞3の『東京朝日新聞』（一九三七年八月一〇日付）は、「帝国海軍中尉・上海で射殺さる」「暴戻！　鬼畜の保安隊　大挙包囲して乱射　運転員の水兵も拉致」という大見出しで一面全紙をつかって大きく報道した。中見出しには「支那の不誠意　度し難し　戦時的配置を強化」「共同租界のテロ　帝国軍人に挑戦　憂慮の事態・保し難し」「保安隊なお密集　昨深更・海軍省発表」「陸戦隊出動・非常警戒」

「上海・死の街」「南京政府に対し厳重要求を提出　川越・日高両氏協議」「斎藤水兵も殺害　上海市長、謝意を表明」「引揚後の権益侵害　海軍・容赦せず　支那側態度を凝視」などとあり、見出しからだけでも中国保安隊の排日、侮辱の不法、暴挙事件にたいして、日本海軍は自衛のために、断固戦わなければならない、という戦意昂揚のための報道になっていることが理解できよう。

同紙面のトップ記事は、【上海特電九日発】＝日本海軍特別陸戦隊午後九時四十五分発表として、以下のようになっている。

陸戦隊第一中隊長海軍中尉大山勇夫は一等水兵斎藤要蔵《ママ》の運転せる自動車により本日午後五時頃上海共同租界越界路のモニュメント路（碑坊路）通行中、道路上にて多数の保安隊に包囲せられ次いで機銃、小銃等の射撃を受け、無念にも数十発の弾丸を受けて即死した。現場を検視するに頭部腹部には蜂の巣の如くに弾痕があり、自動車は前硝子が破壊せられ、車体は数十発の機銃弾痕あり、無法鬼畜の如き保安隊の行為を物語っている。

右の陸戦隊発表に、さらに大山中尉の「担任地区視察中」あるいは虹口にある「陸戦隊本部」への連絡途上という説明がつけられて、「上海共同租界越界路のモニュメント路（碑坊路）通行中に射殺された」というのが、これまでの、大山事件についての日本の歴史書や歴史事典類の説明とされてきた。

ついで新聞4の『東京朝日新聞』（一九三七年八月一一日付夕刊）は、一面トップに「神人倶に許さぬ悪虐　然かも恬然責任回避　残忍目を蔽う現場――上海本社支局十日国際電話」という大見出

東京朝日新聞 夕刊

神人倶に許さぬ悪虐
然かも恬然責任回避
大山事件の眞相を聽く

殘忍目を蔽ふ現場
—上海本社支局十日國際電話—

○○を守る我が歩哨 本社特派員撮影

事態豫測

協定違反

陸戰隊

斷乎たる

海・陸

海軍も

新聞4　大山事件をセンセーショナルに報ずる『東京朝日新聞』（1937年8月11日付夕刊）

しのセンセーショナルな報道をおこない、リード記事に以下のように記した。

> 飽くなき支那側の不法行為は帝国の隠忍自重にも拘らず又々上海における大山中尉、斎藤一等水兵襲撃事件を惹起した。忍ぶに忍び得ざるこの暴虐に国民は朝野挙げて憤激の坩堝に叩き込まれた。本社は今この不法極まる大山中尉襲撃事件により極度に憤激せる空気の中にある上海本社支局と国際電話で連絡、事件の経過、支那側の不法極まる態度、邦人の活躍ぶり、市中の緊張せる実況を聞くことを得た。

つづいて記事は、「大山事件の真相を聴く」と題して、上海支局長の話を掲載、大山中尉がいかに残酷な殺害のされ方をしたかを強調したうえで、「虐殺の現場は非常に大切な問題なんですが、それはフランス租界のエキステンションで、何処の国の人でも自由に通行の出来る街道なんです。もう一つそこはこの前の上海事変のときの停戦協定で軍隊なんかを駐在させることは出来ないのです。それでそういうフランス租界のエキステンションであり、停戦協定の区域に土嚢を築いたり、鉄条網を作ったり、明白に停戦協定違反をやっているんです。そう云う点から見ても、支那保安隊の計画的犯行と云うことが判るのです」と断定する話を載せている。

エキステンションとは extension のことで、共同租界・フランス租界を延長あるいは拡張した区域という意味で、当時日本側では「西部越界築路区域」と呼んでいた。日本語のとおり、租界の西方に租界区域の境界を越えて外国人専用の道路を建設できる区域という意味である。大山中尉の車が飛行場に向かって走行していった虹橋路は、フランス租界の西端の徐家匯《じょかかい》から虹橋飛行場の東南ゲートまで延びているが、「西部越界築路区域」の南端で、中国人区域との境界を走っている道路である。外国列強は上海西郊外に広大なゴルフ場を造成し、そこにつうじる、中国の警察権がおよばない特権的な虹橋路を築いたのである。大山中尉が射殺された碑坊路（モニュメント路）も第一次世界大戦の戦没兵士記念墓地へつうじる道路で、同じく「西部越界築路区域」にあった。

ただし、虹橋路の両側は中国人区であるので、そこに中国保安隊が駐在することにたいして、不法、不当と糾弾することはできない。また、日本では、当時の上海が盧溝橋事件以後の戦争状況にあり、虹橋飛行場に面した虹橋路や碑坊路が「西部越界築路区域」にあるといっても、日本の海軍陸戦隊の将兵が「自由に通行できる」状況ではなかったことは報道せず、日本国民に、中国保安隊の不法性、無法性への怒りを誘導、激発させるように報道操作をしたのである。

新聞5の『東京日日新聞』（一九三七年八月一〇日付）は「暴戻・上海保安隊の挑戦」「大山陸戦隊中尉を包囲　猛射を浴びせ即死せしむ」の大見出しで「保安隊大挙出動　停戦協定無視の暴挙」「無法鬼畜の如き保安隊の行為」（リード記事）とセンセーショナルに報道した。おなじく『読売新

暴戻・上海保安隊の挑戰

大山陸戰隊中尉を包圍
猛射を浴せ即死せしむ
運轉の齋藤水兵は拉致

海軍省副官談

齋藤水兵も殺害さる
今曉兩氏の遺骸引渡し

保安隊大擧出動
停戰協定無視の暴擧

寸隊なき皇軍の警備

新聞5　大山事件を報ずる『東京日日新聞』（1937年8月10日付）

聞』（一九三七年八月一一日付夕刊）も「滅多斬して所持品掠奪　惨虐目を蔽う現場　宛然血に狂う鬼畜の所業」と大山事件発生直後に現場に行った記者の目撃談を大きく報道した（新聞1）。こうした新聞の報道ぶりからもわかるように、大山事件報道をつうじて、日本国内では「国民は朝野挙げて憤激の坩堝に叩き込まれた」結果、中国にたいする報復、制裁が声高に叫ばれるようになっていった。

そうした国民的激情をさらに煽るように近衛内閣は、八月一五日に「支那軍の暴戻を膺懲し、もって南京政府の反省を促すため、今や断乎たる措置をとるのやむなきにいたれり」という声明を発表した（次章に詳述）。この日、陸軍は第三師団と第十一師団よりなる上海派遣軍（軍司令官松井《まつい》石根《いわね》大将）の「編組」（意味については後述）を発表した。近衛首相が声高に叫んだ「支那軍の暴戻《ぼうれい》を膺懲」という言葉は、メディアによって「暴支膺懲《ぼうしようちょう》」（暴戻なる支那を膺懲せよ）というスローガンとして、国民の好戦意識と熱狂を煽動するのに利用された。「暴支膺懲」は軍部によって、日中戦争の目的として掲げられるようになり、本書で詳述していくように、日中戦争の目標を絶えず拡大させていくことになった。

いっぽう、蔣介石政府は近衛内閣の「暴支膺懲」声明にたいして、日本政府が不拡大方針を放棄して日中全面戦争を宣言したものと受け止め、中国側の全面抗戦体制の構築を急いだ。八月二一日、南京において中ソ不可侵条約を調印してソ連と同盟的関係を結び、これを契機にソ連からは、戦闘機を中心とする軍事援助が供与されるようになった（後述）。八月二二日は中国共産党の紅軍を国民政府の国民革命軍第八路軍（通称、八路軍）に改編し、革命をめぐって敵対関係にあった共産党と国民党の間に第二次国共合作が成立し、抗日民族統一戦線が成立した。

しかし、近衛首相には、七月一一日の「重大決意」声明といい、八月一五日の「暴支膺懲」声明といい、自分の声明の重大さがわかっていなかった。近衛自身は、もっぱら国内の軍部・政界さらにメディア、国民向けに強硬姿勢をアピールするためであったが、それが中国などの相手国の政府や国民さらには国際社会にたいして、どのような作用、反作用を惹起させるかという複雑な力関係や影響については、おそるべき単純な認識しか持ち合わせていなかった。多様で複雑な国際関係にも無知であった。

手書きの「近衛日誌」によると、七月一一日の「重大決意」声明を発表し、各界代表に挙国一致の協力を要請したその日の夜から同月二〇日まで腸カタルで静養、八月六日から同月一一日までは暑気あたりで引き籠り、前述した八月七日に成案がなった「日華停戦条件」には近衛首相の花押だけがなかった。[39] したがって八月九日に大山事件が発生したときに、首相官邸にいて、旺盛に情報を収集し、陸海相や外務省など関係機関の要人と会って、より的確、合理的な情勢判断を下そうという努力などしていない。

それにもかかわらず、引き籠りから出てくると「暴支膺懲」声明を発表、首相として、日中戦争を全面化する役割を担ったのである。しかも、近衛本人は当時まだ、戦争不拡大、局地解決の思惑をもっていたのである。そんな近衛首相を石射猪太郎は「彼はダンダン箔が剝げて来つつある。門地以外に取柄のない男である。日本は今度こそ真に非常になって来たのに、コンな男を首相に仰ぐなんて、よくよく廻り合わせが悪いと云うべきだ。これに従う閣僚なるものは何れも弱卒、禍なるかな、日本」と日記（八月二〇日）に記した。

本書の第5章で述べるように、近衛内閣の「爾後国民政府を対手《あいて》とせず」声明（一九三八年一月一六日）および第二次近衛内閣のときの「大東亜新秩序建設」声明（一九四〇年七月二六日）は、日本がアジア太平洋戦争へ向かって大きく「戦争の歯車」を回転させるターニング・ポイントとなった。「禍なるかな、日本」という石射の嘆きは歴史の現実となっていくのである。

話が先にいってしまったが、本章を締めくくるにあたって、一九三七年八月二九日、大山中尉の郷里の福岡県朝倉郡安川村で村葬がおこなわれた日に、大山中尉の上官である大川内伝七陸戦隊司令官から届けられた墓碑文を記しておきたい。(40) なお、謀略により大山事件を仕掛けた海軍が、船津和平工作を粉砕して、八月一四日から強行した海軍航空隊の渡洋爆撃については、次章で詳述する。

君は……（昭和）十二年八月九日上海特別陸戦隊西部派遣隊長として担任地区視察中虹橋飛行場前方道路に於て暴戻なる支那兵の凶弾に斃る悼哉雖然君ヶ死徒爾ならず為めに帝国の蹶起

を促し暴支膺懲の端を為せり依て功大尉に任し勲六等に叙せらる君以て瞑すべし
上海海軍特別陸戦隊司令官海軍少将　大川内伝七撰書

大山中尉の死は、「帝国の蹶起を促し、暴支膺懲の端を為す」ため、つまり「暴支膺懲」をスローガンとした第二次上海事変そして日中全面戦争のきっかけを作ったのであるから、その「手柄」にたいして大尉に昇格させ、勲六等を与えるから「安心して往生するように」という意味である。大山中尉に「国のために死んでくれ」と口頭で「密命」したのが、大川内陸戦隊司令官であったことを暗示する碑文面である。

第2章

南京渡洋爆撃——「自滅のシナリオ」の始まり

【証言C】 予算獲得の問題もある。……それが国策として決まると、大蔵省なんかがどんどん金をくれるんだから。軍令部だけじゃなくてね、みんなそうだったと思う。それが国策として決まれば、臨時軍事費がどーんと取れる。好きな準備がどんどんできる。……軍人であってもヒト、モノ、カネを取れる人が出世していたのが実態ですよ。武人としてのプライドがあるので自分から話しませんが、そこは今の官僚と同じなんですよ。——高田利種元少将（「反省会」における発言ではなく、ある海軍士官のインタビューに答えたもの）(1)

高田利種（一八九五～一九八七）は、海軍兵学校第四六期卒業で、一九三七年一二月支那方面艦隊兼第三艦隊参謀、四〇年九月に海軍省軍務局に出仕、軍務局第一課長のとき、太平洋戦争が開始された。連合艦隊参謀副長、海軍省軍務局次長をつとめ、四五年には、軍令部第二部長兼大本営海軍部戦備部長を兼務した。高田利種は本書第4章で詳述するパナイ号事件が発生したとき、支那方面艦隊の首席参謀で、事件の対応、処理にあたった。

1 不首尾だった八月一四日の渡洋爆撃

大山事件の発生する前日八月八日に台北基地に移動し、渡洋爆撃への出撃待機の態勢をとっていた第一連合航空隊鹿屋航空隊にたいして、一三日の午後一一時五〇分、第三艦隊司令長官の長谷川清中将から翌一四日の攻撃命令が出された。同命令は、第二空襲部隊にたいしては南京、広徳、杭州、第三空襲部隊にたいしては南昌、第八、第十戦隊および第一水雷戦隊飛行機にたいしては上海の虹橋飛行場をそれぞれ急襲して爆撃するよう命令したものであった。しかし、八月一四日の渡洋爆撃は東シナ海に台風が停滞していたため、長崎大村基地で出撃待機をしていた木更津航空隊の先制爆撃は中止された。台北基地の鹿屋航空隊も、一四日朝の出撃は、天候回復まで見合わせとなった。航空母艦加賀の第一航空戦隊も「八・一四　杭州蘇州虹橋方面の攻撃命令に接するも天候険悪にして飛行機の使用不可能なり」と「第一航空戦隊戦闘ノ大要」(2)に記されているように、高波に揺れる甲板からの爆撃機の発進は不可能だった。長崎の大村基地で出撃待機をしていた木更津航空隊も発進を諦めた。

ところが、一四日の午前中に中国空軍延べ四〇機が、上海の呉淞沖に碇泊中の第三艦隊旗艦の出雲と上海特別陸戦隊本部などへ爆撃をおこなった（後述）。中国空軍に先制攻撃をされたかたちになった長谷川長官は激昂し、天候の回復を待たずに、可動航空兵力の出撃を命令した。命令を受けた台北基地の鹿屋航空隊は午後二時四〇分、一八機の九六式陸上攻撃機を二隊に分け、一隊は浙江省の杭州、一隊は安徽省の広徳を爆撃するために出撃した。中国大陸に入るころから天候は次第に険悪となり、雨雲中は視界がきかないため、雲下の低空高度の飛行をやむなくされ、編隊飛行は困難となったので、単機に分散した。杭州空襲隊は飛行場の発見に苦労したあげく、ようやく筧橋《けんきょう》と喬司《きょうし》飛行場を爆撃し、広徳空襲隊も広徳飛行場を高度五〇〇メートルから爆撃して、台北に帰投した。

しかし、悪天候のため、二機が消息不明となり、一機は低空飛行により地上砲火を受けて燃料タンクを射ち抜かれて燃料漏れを引き起こしたが、辛うじて帰還、台湾の基隆港内に不時着した。しかし、結果的には三機を失った。

八月一四日、軍令部は、以下のような海軍声明を発表した。

本十四日午前十時頃、支那飛行機十数機は我艦船、陸戦隊本部及総領事館等に対し爆撃を加うるの不法を敢えてし、暴戻言語に絶す。帝国海軍は今日迄隠忍に隠忍を重ね来りしが、今や必要にして且有効なる有らゆる手段を執らざるべからざるに至れる。(後略)(3)

そして同日、軍令部は大海令第十三号を発令、「一、帝国は上海に派兵し、同地に於ける帝国臣民を保護すると共に当面の支那軍を撃破するに決す。二、第三艦隊司令長官は……所要の地域を確保し、同方面における敵陸軍及中支那に於ける敵航空兵力を撃破すると共に所要海面を制圧し、必要に応じ敵艦隊を撃破すべし」と命じたのである。(4)これにより、海軍は陸軍や政府に先んじて不拡大方針を放棄し、「対支作戦計画内案」(七月一二日策定)の第二段作戦、すなわち中国との全面戦争の作戦の発動を命じたのである。第三艦隊が当初から第二段作戦の発動を準備したことは前述したとおりである。したがって、大山事件は、第一段作戦で終結させる可能性のあった船津和平工作を粉砕して、第二段作戦へ突入するために、海軍が仕掛けた謀略であったことがわかる。

さきの軍令部の声明のように、日本側が中国軍機の攻撃を、「不法」「暴戻」と糾弾できる立場になかったことは、第三艦隊もこの日の渡洋爆撃を命令していることから明らかで、ただ台風のために不首尾に終わっただけだった。それどころか、大山事件の前の八月七日、長谷川司令長官は、軍艦神威《かもい》に、先制攻撃にそなえて中国航空部隊の偵察を命じていた。悪天候のため神威の飛行機が偵察飛行をおこなったのは、一一日になってからであったが、隠密偵察のつもりが、中国側に察知さ

東京日日新聞

昭和十二年八月十五日 號外

疾風迅雷・鬼畜を徹底膺懲

我海空軍の威力發揮 敵空軍根據地大爆撃

空中戰も交へ數十機潰滅 杭州、廣徳等を相次ぎ空襲

【上海本社特電】（十五日發）わが海軍航空隊は十四日夕刻颱風區域を突破して敵空軍根據地杭州並びに廣徳（南京の南方約七十マイル）を爆撃した殊に午後六時半より七時にかけ廣徳飛行場を守らんとする敵機と猛烈な空中戰闘を演じ遂に敵機四機を撃ち落し慌て、離陸せんとする廿機及び格納庫を完全に爆破、多大の効果を收め午後十一時〇〇に歸還した、この空襲において我方は遺憾なく爆撃、虹口一帶を襲つた敵機に致命的打撃を與へてその任務を完全に遂行した、恐らくこの爆撃によつて敵空軍は襲撃不能になつたと見られる

【上海十五日發同盟】わが空軍は十五日未明杭州の支那空軍根據地筧橋飛行場を爆撃し敵機廿機を爆破した

兩空中戰で十四機撃墜

虹橋、南翔飛行場も空襲 更に廿數機を見事爆破

【上海十五日發同盟至急報】軍艦〇〇並に〇〇の艦載機〇機は十五日午前五時四十分折からの惡天候を冒して冒險的な低空飛行を敢行し敵の高射砲攻撃を物ともせず虹橋飛行場に爆彈を投下し出動準備中の敵の爆撃機二台及び戰鬪機一台に致命的損害を與へ終つて機關銃の猛射を浴びせ十分の成果ををさめて歸還した

【上海十五日發同盟】わが空軍別動隊は十四日午後八時南翔（上海西方約廿キロ）飛行場上空に飛び果敢な爆撃を斷行して敵飛行機廿機を爆破した

今朝・翼を連ね閘北空爆

上海市政府完全に破壊

新聞6　縦7段抜きの大見出しで渡洋爆撃を書き立てた『東京日日新聞』（1937年8月15日付号外）

れ、杭州飛行場では中国軍機に追跡されたりした。この隠密偵察の不手際が中国側を刺激し、一四日の中国空軍機の先制攻撃の原因になったことは第三艦隊司令部でも認めている。(5)

不首尾に終わった一四日の渡洋爆撃であったが、新聞6のように『東京日日新聞』（一九三七年八月一五日付号外）は、「疾風迅雷・鬼畜を徹底膺懲」という横一面の大見出しに「我海空軍の威力発揮　敵空軍根拠地大爆撃　空中戦も交え数十機潰滅　杭州、広徳等を相次ぎ空襲」という縦七段抜きの大見出しをつけ、「恐らくこの爆撃によって敵空軍は襲撃不能になったと見られる」とその「戦果」を大々的に書きたてたのである。

ここで、米内光政海軍大臣が閣議において、不拡大方針から拡大方針へと態度を一変させたことについて、触れておきたい。

生出寿『【不戦海相】米内光政』によれば、盧溝橋事件直後の七月九日の臨時閣議において、杉山元陸相が内地三個師団をただちに派兵するように要請したのにたいし、米内海相は「事件を拡大せず、すみやかに局地的に解決を図るべきである」と強く反対した。他の閣僚も「内地からの派兵の時期ではない」という意見で杉山の提議は見送られることになった。七月一一日の五相会議で華北派兵を決定したとき（前述）も、米内は、「平和交渉と兵力の行使を同時におこなうごときはこの際とるべき途ではなく、要は平和交渉を促進することを第一としなければならない。陸軍大臣は出兵の声明のみで、問題はただちに解決すると考えているようだが、諸般の情勢を観察すると、陸軍の出兵は全面的対支作戦の動機となる恐れがある」と述べ、繰り返し和平解決の促進を強調したのである。

大山事件の翌一〇日、軍令部は海軍省が陸軍二個師団の上海派遣を閣議で提案するように要求した。伏見宮軍令部総長からも、「大山中尉射殺事件にたいする支那側の態度は不遜である。いまや陸兵を上海に派遣して、治安維持を図るべきだ。陸兵派遣は外交交渉を促進させるものと認める」と米内に督促がなされた。これにたいして、米内海相は、進行中の外交交渉が今日明日中にその成果が期待できると思われるから陸軍派兵決定は待ちたいという態度を表明した(6)。この段階での米内は、自分も「日華停戦条件」に花押を印した船津和平工作がまだ進行中であり、大山事件が和平工作を粉砕するために仕掛けられたことは知らなかったと思われる。

ところが、八月一二日に、長谷川第三艦隊司令長官から、中国軍の第八十八師が上海北停車場付近と呉淞方面に進出しているので、陸軍を派遣するように緊急要請がなされると、米内海相はその日の夜に、永田町邸で静養中の近衛首相を訪れ、杉山陸相、広田外相の参集をもとめて、緊急に四相会議を開催させ、陸軍上海派兵の方針を承認させた。そして軍令部より「本十三日陸軍派兵決定せり、派遣時機兵数等に就いては追って通知す」という電報が現地上海に打電され、前章で述べたように、その日のうちに第二次上海事変の戦闘が開始されたのである。

八月一三日の夜に臨時閣議が開かれ、四相会議の決定を受けての陸軍の上海派兵の閣議決定がはかられた。その夜の閣議は深夜の一時五〇分ごろまでつづけられた。このとき、米内海相は非常に興奮していて、上海派兵にともなう財政上の問題をもちだした賀屋興宣大蔵大臣を怒鳴りつけた。「あれ以来海軍が非常に強くなった」と近衛首相は、原田熊雄に語ったという(7)。

生出寿『【不戦海相】米内光政』は、八月一四日の中国軍機の攻撃と鹿屋航空隊の渡洋爆撃を受けて、「この情況のなか、強硬な不拡大主義者であった米内が、八月十四日夜の閣議において、態度を一変させ、「かくなるうえは事変不拡大主義は消滅し、北支事変は日支事変となった。国防方針は当面の敵をすみやかに撃滅することである。日支全面作戦となった上は、南京を撃つのが当然ではないか」と、敵撃滅を主張するに至った」と記している(8)。

写真7　米内光政

米内海相の態度一変について石射東亜局長は、「上海では今朝九時過ぎからとうとう打ち出した。平和工作も一噸（頓）挫である。……海軍もだんだん狼になりつつある」（八月一三日）、「海軍は南京を空爆すると云う。とめたが聴き相もない。陸戦隊は日本人保護なんかの使命はどこかに吹きとばして今や本腰に喧嘩だ。もう我慢ならぬと海軍の声明」（八月一四日）、「豊田軍務局長も事態を知るが故に停戦を欲して居るのだが、（海軍）部内の昂奮に手が出ない形だ」（八月一六日）と日記に書いている。「もう我慢ならぬと海軍の声明」というのは、八月一四日に軍令部が発表した前述の声明である。

米内海相は、一四日の段階で、翌日決行される南京渡洋爆撃の必要を主張、そのために近衛内閣による支持態勢をつくるために「態度を一変」させたことがわかる。後述するように、米内海相を支えた山本五十六海軍次官も、南京渡洋爆撃の成功に涙を流したことや、前章で述べたように米内海相がわざわざ大山中尉の葬儀に参列したことから、長谷川第三艦隊司令長官と米内海相、山本海軍次官の間に、大山事件の「密命」をめぐる機密情報が八月一三日の段階ですでに共有されていた可能性がある。

不拡大から拡大へと態度を一変させた米内海相の奮闘により、一四日も夜に閣議がもたれ、近衛内閣声明案の内容などが検討された。そして「午前一時半政府発表」という常軌を逸した時間に、以下のような近衛内閣の「帝国政府声明」が発表された（新聞7）。

事変発生いらいしばしば声明したるごとく、帝国は隠忍に隠忍を重ね事件の不拡大を方針とし、つとめて平和的かつ局地的に処理せんと企図し……（しかるに南京政府は）兵を集めていよいよ挑戦的態度を露骨にし、上海においてはついに、我に向かって砲火を開き、帝国軍艦に対して爆撃を加わうるにいたれり。

かくのごとく支那側が帝国を侮辱して不法暴虐いたらざるなく、全支にわたる我が居留民の生命財産危殆に陥るにおよんでは、帝国としてはもはや隠忍その限度にたっし、支那軍の暴戻を膺懲し、もって南京政府の反省を促すため、今や断乎たる措置をとるのやむなきにいたれり。(9)

〝不擴大方針〟遂に一擲
國民政府膺懲のため
わが方・斷乎獨自行動
愈々臨時議會召集せん
自衛發動も已むなし
昨夜緊急閣議で決定
聲明書
支那空軍の暴威
各國遭難者救護
夜半砲戰
午前一時戰況

新聞7　近衛内閣の「帝国政府声明」を報ずる『東京日日新聞』（1937年8月15日付）

これは国民の間に「暴支膺懲」熱を煽動する声明となったが、強引といえる一五日午前一時三〇分という発表時間を考えると、それは、この日早朝に基地発進を命令していた中国の首都南京への渡洋爆撃に大義名分を与えるための御膳立てであったと思われる。一四日の夜中一一時三〇分に、鹿屋航空隊（台湾・台北基地）と木更津航空隊（長崎・大村基地）にたいして「明早朝発進、それぞれ南昌、南京を空襲せよ」という命令が出されていた[10]。

近衛内閣の「暴支膺懲」声明を受けて陸軍も一五日に第三師団と第十一師団よりなる上海派遣軍（軍司令官松井石根大将）の「編組」を発表した。「編組」というのは、同派遣軍の任務が上海地区の日本人保護という限定された小範囲の一時的派兵であり、純粋の作戦軍ではないという意味で、天皇の命令による「戦闘序列」である「編制」という正式用語をわざわざ避けた。参謀本部がまだ戦局不拡大方針でのぞんでいたことの現れである。

2　八月一五日の南京渡洋爆撃

八月一四日深夜に出された第三艦隊命令は以下のとおりであった。

空襲部隊は全力を挙げて敵航空基地を急襲、敵航空兵力を覆滅すべし。此の場合、飛行機隊の行動は特に隠密を旨とし、高々度天象等の利用に務るものとす

これを受けて第一連合航空隊司令より木更津航空隊にたいして以下の命令が出された。

1、明十五日木更津部隊は其の全力を挙げて南京を空襲すべし
2、空襲の時期は台風の情況に依り司令の所信に一任す

上記命令は「昭和十二年八月十五日　南京攻撃戦闘詳報　木更津航空隊」（防衛省防衛研究所図書館所蔵）によったが、以下の戦闘経過は同詳報からまとめたものである。

八月一五日午前九時一〇分、木更津航空隊の九六式陸上攻撃機（中攻機）五中隊二〇機が長

崎の大村基地を発進、東シナ海の台風圏を突破、南京に向けて進撃した。大陸に入る頃から雨雲低く垂れ、視界狭小となったので、中隊ごとに分離行動し、蘇州及び南京では中国空軍戦闘機の要撃を受けながら午後三時ごろ二〇〇～五〇〇メートルの低高度で爆撃し、格納庫数棟を爆破炎上、地上飛行機二〇数機を爆砕した。我が方は地上砲火を冒し、低高度で強襲し、一部爆撃のやり直しもあり空中戦闘も加わり計四機を失い、朝鮮半島の南の済州島の飛行場に帰投、最後の第五中隊の帰着は午後九時二〇分であった。第二中隊四機は、南京を発見できず攻撃することなく帰還した。被弾機も多数で翌日使用可能は半減し一〇機となり、作戦基地は済州島基地に移動した。

台北基地にあった鹿屋航空隊は、前日の杭州、広徳爆撃で損傷し、保有九六式陸上攻撃機一八機のうち、可動一四機で南昌爆撃に向かった。天候依然悪く、南昌附近雲低く雨を伴い、おまけに河川はん濫の為、飛行場の発見に約一時間を要し、内八機だけは飛行場を発見爆撃した。この間敵戦闘機約一〇機と交戦大半を撃墜し、我れに被害はなかった（『海軍中攻史話集』収録の河本広中「中攻隊緒戦時の憶い出」より）。

八月一五日の南京渡洋爆撃がどのようなものであったか、土屋誠一の体験記があるので、少し長くなるが、紹介してみたい(11)。

渡洋爆撃（大村から済州島へ）

いよいよ準備万端ととのった頃、北支事変は中支上海方面に波及する様相となり、八月八日に全機大村に進出した。（中略）

十三日の夜半過ぎに即時待機の命があって、二百五十キロ爆弾二発を積んだ。文字通りの人海戦術で、寄ってたかって爆弾箱を運び、木箱をたたきこわして各機に搭載した。手元は暗いし作業は不慣れで、全機準備完了は明け方近くなった。（八月一四日の出撃は台風のため延期）

八月十五日いよいよ出撃命令が下り、九時十五分大村空を隊長機に続いて二番目に離陸しました。目標は大校場《ママ》飛行場で、地上の飛行機又は格納庫で、攻撃終了後は済州島に着陸と定められた。

海水が次第に濁りはじめて大陸に近づくにしたがって天候は悪化し、花長山あたりの島影を発見した頃からは雨がますますはげしくなり、大陸に進入してからは高度は三百米となり、一路南京を目ざして四機編隊を固く組んでつき進んだ。後続中隊は既に視界外に分離してしまい、地上を見るに楊柳の枝は横なぐりに吹き荒れて、民家は固く戸を閉ざして人っ子一人見あたらない。

江蘇平野を過ぎ丘陵地帯にかかると、が然一番機の運動が烈しくなり、山頂を雲が覆っている為め谷間をはって行く。遅れてなるものかと懸命に隊形を守って続行した。そのうち片舷エンジンが爆音異状となり、回転も低落して来て甚だ不調な状態となったが、ここで遅れをとっては一生の不覚とばかりに、軍歌「如何に強風」を叫びながら片舷飛行も辞せずと進みました。整備分隊士の平野整曹長が、操縦席にのしかかってエンジンの調子をみていました。それ以上は悪化せず続行可能の様で、豪雨のため点火系統の湿気が原因だったと思います。

隊長機を、急激な運動のあと雲中に見失ってしまった。私の前方の山腹すれすれにかわした直後、その次の山の中腹に白い巨大な建物を発見した。それは中山陵だと思った瞬間、機長の鹿野空曹長から「飛行場を爆撃する大きく左」の修正があり、左前方に飛行場が見えたので南京へ来たと思いました。南京上空だけは雲高がやや高く、雨も止み、空中には味方機は全然見えず、敵戦闘機らしい小型機が二機見えた。飛行場は黒々とぎっしり並んだ兵舎と、格納庫列線付近に敵の飛行機が不規則に並んでいるのが見えた。小さな修正数回で投下の合図となり、弾着爆風で飛行姿勢も崩れる程の衝撃を受けた。高度三百五十米で、時刻は一四五〇、南京上空はやや明るく雨も止んで居た。地上を見ると左の一番大きな格納庫に一発直撃して、屋根から黒煙の吹き出すのが見え、城壁では群がる様に小銃で我々の飛行機を打ち上げているのが、手に取る様に見えた。城内の故宮飛行場に超大型機が一機あった。

弾着は地上滑走中の小型機三機の中央付近に一弾、後の一弾はオーバーして格納庫の直前だ。急上昇して雲中に飛び込めと云う機長の合図で、一旦雲に入ったが、あの小型機を打ち落とそうと雲下に出ると、前方相当距離に一機を発見、あれだと指差すと機長に怒鳴りつけられて再び雲中にとび込んだ。この敵機は我が機を発見すると直ちに反転して後方に占位しようとして、正横を反航する時の機影をはっきり確認した。車輪を胴体横に抱え込む様な特徴をもっている、カーチスホークであった。雲中をぐんぐん上昇して四千米で雲上に出ると、その頃には不調だった爆音も何時の間にか順調となり、雲上は快晴で帰投進路に向けてから、みんなで昼飯の弁当を開いた。「敵地上空で単機戦闘機を落とそうなぞと盲蛇におじずも甚だしい」と、機長から注意を受けた。機長鹿野空曹長は第一次上海事変に参加して金鵄勲章も持っている歴戦の古強者です。暫く雲上飛行を続けている間に天候も次第に回復して快晴の済州島に一八三〇着陸した。

私達が列線に誘導されて機外に降りると、林田如虎隊長が待ち構えていて、「どうだった、おれの処は太田がやられた、防弾チョッキに鉄兜が必要だ」と、言われた。攻撃参加機の半数は帰っている様でした。報告を終わってそれぞれの戦況を聞き、空戦を交えなかったのは私の機だけだと分かった。小谷雄二分隊長は猛烈の空戦の結果、偵察の太田兵曹は機上死、タンク被弾により機体内にガソリンが流れ込んで一時は呼吸も出来ない程で、無線の電源を切って来た為連絡がとれなかった由。機体は銃弾で穴だらけでした。しかし敵機も何機か撃墜したと、電信の木村弥一郎兵曹が言った。火災となって自爆した僚機の話や、機上戦死、重傷や、片舷飛行で帰った組等惨憺たるあり様でした。

出撃までの私達の常識では、中攻は全金属製のうえ、性能優秀で、国民政府軍の戦闘機位は物の数ではなく、追尾の銃弾等は三十度以下の交角では跳弾となり、全然被害は起きないだろうと言われていた。それが全然予想もしなかった敵戦闘機の追尾攻撃によって、後続機攻撃専門の戦法で来たため我が防禦銃火は死角に入り、四機のひし形隊形の四番は絶好の鴨番機であったと、空戦経験者達は話していた。

上記のように、木更津航空隊は、八月一五日の南京渡洋爆撃で、四機が「火災墜落」で四組の搭乗員を失い、六機が敵弾の被弾により機体の修理が必要とされたので、出撃二〇機のうち、半分が作戦不可能という大きな損害を受けたのである。九六式陸上攻撃機の一組の搭乗員は、操縦者主・

副二人、偵察者一人ないし二人、上部後方射手・電信員・垂下筒射手二人、上部前方射手・搭乗発動機員一人ないし二人で、計七人から八人である。木更津航空隊の戦闘詳報によれば、撃墜された四機の搭乗員は二八名で、さらに空中戦により二人が機上死しているので、計三〇名が犠牲になったのである。

このような大きな損害を出したことについて、木更津航空隊戦闘詳報は、次のように厳しい「所見」を記している。

(一) 支那沿岸付近に到達するに従い天候意外に不良にして、各中隊分離単独行動せざるべからざるに至りしは予期せざりし所にして、止むを得ず低空爆撃を強行せざる可らざるに至り、地上銃砲火並に敵戦闘機の為犠牲機を多数出したるは、当時一般の戦況上、天候回復を俟つの暇なかりしとは言え、遺憾とする所なり。

(二) 敵南京附近の防空施設は、予想以上に完備せられあり。通報機関、防空指揮法等々閑視すべからず。

(三) 此の度の低空爆撃敢行は当時諸種の状況上止むを得ざりし物ありしとは言え、この種の大型の攻撃機としては常道に非ざること明白なり。

(四) 本機の性能は実際の最高速力一五〇節《ノット》附近にして現有の支那戦闘機のそれに比する時は、極めて低性能なることを銘記するを要す。本機の燃料「タンク」は敵弾に対し極めて脆弱にして一個の燃料「タンク」の火災が致命的なることは一発動機の停止が致命的ならざるに比すれば、その意義極めて大にして速やかに対策を講ずるを要す。

軍令部と第三艦隊司令部が、開戦初頭に、中国の首都南京を渡洋爆撃して、海軍航空兵力の実力を喧伝するために、「大型の攻撃機の常道に非ざる」作戦を命令したことへの抗議の姿勢がうかがわれ、戦闘詳報の「所見」としては珍しい。飛行機にとっては天候、気象条件が良好であることが絶対条件であるのに、「暴支膺懲」声明に合わせ、功を焦って、台風の影響が残っている八月一五日に強行したために、雲下の低空飛行による爆撃とならざるを得なかったこと、さらに中国空軍戦闘機の力をあなどって戦闘機の護衛なしの渡洋爆撃を敢行したこと、南京の対空砲力をあなどって白昼低空爆撃をおこなったことなどへの批判ならびに反省である。そしてさらに九六式陸攻機が燃料タンクの鉄壁が強固になっていないため、タンクが撃ち抜かれて燃焼、「火災墜落」機を四機も出したことへの構造的欠陥についても指摘していた。これは、日本の戦闘機、爆撃機が攻撃性を重視して、パイロットの生命防護を軽視した構造になっていることによる。

渡洋爆撃は一六日も続行され、台北から鹿屋航空隊は六機が南京近郊の句容をめざし、七機が揚州をめざした。句容攻撃隊は約二〇機が戦闘をしつつ爆撃、地上飛行機十数機爆破、戦闘機一三機を撃墜したが、飛行隊長の新田慎一少佐機をふくむ二機を撃墜された。揚州攻撃は悪天候で視界不良のためほとんど単機の強襲攻撃となった。この間中国機五機と空戦、二機を撃墜したが攻撃隊も一機火災を起こし自爆した。(12)

済州島を基地とした木更津航空隊は前日に大きな被害を受けて可動機数は半分以下の九機となっていた。この日も南京爆撃に向かったが、天候不良のため、攻撃目標を蘇州に変更して爆撃、一機が地上からの高射砲の猛射を受けてタンクを撃ち抜かれた。六機は済州島に帰着するも、三機は帰途方角を失い、二機が長崎の大村基地に帰着、一機が午前二時現在で大村に向け飛行中と戦闘概報に記録されている(13)。

一四日、一五日、一六日の渡洋爆撃の強行により、鹿屋航空隊は五組、木更津航空隊は四組の搭乗員、一組七人として六三名もの犠牲者を出したため、海軍中央は大西瀧治郎《おおにしたきじろう》航空本部教育長を台北基地に派遣して、長谷川第三艦隊司令長官に強襲緩和を申し入れさせた。これを受けて、長谷川長官も八月二〇日に、悪天候の強襲は取りやめるよう指示した。爆撃も白昼を避け、黎明または薄暮と変更された。

大西瀧治郎は八月二一日、渡洋爆撃視察のため、木更津航空隊の揚州黎明攻撃に同乗した。済州島基地から出撃した六機は、揚州付近で中国軍機と空中戦を展開、大西の同乗した二番機は無事であったが、六機中四機が撃墜されるという被害を受けた(14)。九死に一生を得た大西にとっては、衝撃的な体験となり、後の航空兵力の改造、強化に執念を燃やす契機となった。

新聞などでは報道されなかったが、八月一五日は、海軍航空隊関係者に衝撃をあたえた、もう一つの戦闘があった。「第一航空戦隊戦闘の大要　軍艦加賀」(防衛省防衛研究所図書館所蔵)の一九三七年八月一五日の記録に「於舟山島沖筧橋、喬司、並紹興各飛行場を爆撃す。此の戦斗に於て敵機九機を撃墜す。岩井少佐以下二十九名戦死す」とのみ簡単に記されているが、搭乗員二九名の戦死はただごとではない。さらに「第二航空戦隊第二次X方面作戦梗概」の「戦果比較(飛行機のみ)」の表の八月一五日に、戦闘名「第一次杭州攻撃」の「味方」の欄に墜落七機、不時着三機、計一〇機とある。さらに一六日の「第一次蘇州攻撃、江湾上空戦」に同じく墜落一機、不時着一機、計二機と記されている。

一五日、上海近海を作戦行動中であった空母加賀から、崎長嘉郎大尉ひきいる九四式艦爆隊一六機が蘇州飛行場を、楠本幾登少佐の九六式艦攻隊一二機は南京飛行場を、岩井庸男少佐の八九式艦攻隊一六機は広徳飛行場をそれぞれ爆撃する予定で、一機、一機と飛び立っていった。岩井少佐隊機は広徳飛行場に向かったが、密雲のため、発見することができず、第二目標の杭州の筧橋飛行場へ向かい、格納庫に投弾し、爆破させたが、待ち受けていた中国空軍のカーチスホークⅢ戦闘機と空中戦となり、八機が撃墜されたのである。上記の「第二航空戦隊第二次X方面作戦梗概」にあるように、一五日の作戦だけで、空母加賀の第二航空戦隊は、一〇機が撃墜され、三機不時着で戦死二九名という大きな被害を受けたのである。後に重傷者一名が死亡したので計三〇名が犠牲になった。

渡洋爆撃当時、第二連合航空隊参謀として、大連郊外にある司令部幕僚室で、第三艦隊旗艦出雲から発進する電報によって、状況を承知していた源田《げんだ》實《みのる》少佐は、戦後自衛隊航空幕僚長時代に書いた『海軍航空隊始末記――發進篇』のなかで、「八月十四日、十五日両日の戦闘において、約二十機近くの犠牲を出したことは、海軍全般にたいして相当の衝撃であった。昭和七年の上海事変の感覚をもって、日華事変に臨んだ者はすべて予期せぬ強烈な敵の抵抗と、凄烈なる航空戦の実体に、心の準備を立て直さなければならなかった。今まで図上演習とか兵棋演習とか、机上の戦闘のみに現われていた犠牲率が、現実の血の流れを伴って出現したのであった」とその衝撃ぶりを記している。(15) 源田少佐は、大西瀧治郎とともに、「航空主兵論」の急先鋒で、当時は巷で「源田サーカス」といわれた編隊特殊飛行、今でいう「アクロバット・チーム」の指揮官として名を馳せていた。本書の第4章で述べるパナイ号事件では、爆撃した第二連合航空隊の航空参謀であった。何よりも、真珠湾攻撃において、連合艦隊司令長官山本五十六に任されて、航空作戦を立案、準備したのである。

さきの渡洋爆撃の損失と空母加賀の損失を合わせて、八月一五日の一日で、およそ六〇名の搭乗員が犠牲になった。

3　中国空軍「八一四空戦」勝利の記念

渡洋爆撃において、中攻機が中国軍の地上砲火によって撃墜されたのは、首都南京を中心に、また中国軍の飛行場にも、ドイツ軍事顧問団の指導のもと、ドイツ製の高射砲を備えた高射砲陣地が構築されていたためである。拙稿「国民政府軍の構造と作戦」で詳述したように[16]、蔣介石はドイツ国防軍をモデルにして、第一次世界大戦後の「ドイツ国防軍の父」といわれたハンス・フォン・ゼークト将軍を軍事顧問団長として招聘（一九三三年）、その後任のアレクサンダー・フォン・ファルケンハウゼン軍事顧問団長のもと、七〇名を超える軍事顧問団の指導と、ドイツ人兵器商人のハンス・クラインの仲介による多量のドイツ製近代兵器を輸入して、短期間で強固な防衛陣地体制を築いたのである。ヒトラーも一九三六年に日独防共協定を結んだ際に、「日本と同盟を結ぶがドイツ製武器は秘密裏に中国に売り続ける」と指示したのであった。

一九三八年以降、ヒトラーも本格的に日独同盟重視政策に転換するが、それまでの日中戦争の初期は、国民政府軍は、ドイツのプラント工場でつくられた兵器で武装し、それをダイムラー・ベンツのトラックで輸送し、ファルケンハウゼンを団長とするドイツ軍事顧問団の強力な軍事指導下に作戦を展開、ドイツはカモフラージュしながら大量の軍需物資を香港経由で送ったのである。さながら第一次世界大戦につづく「第二次日独戦争」の性格をおびていたのである。

ここで、日本の海軍航空隊機と空中戦を展開、少なからぬ日本軍機を撃墜した中国空軍について、簡単に紹介しておきたい。

中国国民政府の空軍は、一九二八年一〇月に南京の中央陸軍軍官学校に設立した航空隊に始まる。空軍に関する軍政は、同年一一月に成立した軍政部所属の航空署が所轄した。三一年七月、南京に航空学校が創設され、飛行士と機械技師の養成をめざした。同校は、三二年五月に組織を拡充して、中央航空学校と改称、蔣介石が校長に就任し、本校を杭州の筧橋に移し、洛陽と広州に分校を設立、さらに中央航空機械学校も創設して、空軍に必要な多分野にわたる人材の育成を開始した。三四年五月には、それまで軍政部に所属した航空署を軍事委員会所属の航空委員会に改組した蔣介石は、自ら航空委員会委員長を兼任した。また、蔣介石夫人の宋美齢が航空委員会秘書長となり、中央航空学校教育長の周至柔《しゅうしじゅう》が宋美齢の助手となった。宋美齢は、長くアメリカで暮らし、名門女子校で教育を受けてクリスチャンとなり、堪能な英語力により、アメリカ社会で「マダム・チャン（蔣介石夫人）」として知られていた。彼女の知名度を利用して、航空機購入と空軍建設に必要な財源を「中米飛行公司借款」などアメリカからの借款により確保したり、在米華僑の抗日支援組織、救国会組織から飛行機購入費を供出させるための宣伝活動などに活躍、「中国空軍の母」ともいわれた。

蔣介石は、「空軍が国を救う」をスローガンに掲げて、専門員を海外に派遣して飛行機の購入や飛行機製造工場の視察に努めさせ、国内には飛行機製造・修理工場を建設し、飛行場の建設を推進、また防空訓練を実施し、重要な鉄道や鉄橋には防空施設を設置し、中国空軍の兵力の強化に努めた。

三六年一〇月、杭州中央航空学校の第五・六期生の卒業式に出席し、空軍部隊を閲兵し、演習を視察した蒋介石は、中国空軍の発展に満足を覚え、当日の日記に「五年以内に倭国（日本の蔑称）の空軍に追いつき、我が国の安全を保つことができる」と書いていた。

三七年の何応欽軍政部長の報告によれば、日中戦争直前の段階で、中国空軍の部隊は、合計三五の中隊、大隊を有し、所有飛行機は大小六〇〇機、発着可能な飛行場は、全国で二六二ヵ所にまで拡充した(17)。実際に作戦可能な飛行機は三百余機であったが、飛行機のほとんどは、アメリカやイギリス、イタリアなどの外国機を航空借款で購入したものである。三六年に購入した航空機一〇二機のうち、九〇機がアメリカ製であったように、多くをアメリカから購入した。また中央航空学校にはアメリカ人飛行士を顧問に招聘して、戦闘飛行技術の指導を受けた。

三七年の初頭、宋美齢は、アメリカ陸軍航空隊の第一九戦闘機中隊長を経験し同陸軍航空戦術学校の訓練教官であったシェンノート（Claire Lee Chennault、一八九〇〜一九五八、中国名陳納徳）に手紙を書き、中国空軍の訓練教官・顧問として月給一〇〇〇ドル、通訳、運転手付の破格の条件で招聘することに成功した。シェンノートは、三七年五月に着任した。『抗戦飛行日記』の著者の龔《きょう》業悌《ぎょうてい》は、さきの蒋介石が卒業式に出席した杭州中央航空学校（筧橋航空学校）の第六期生（当時の校長は周至柔）で、一年間半にわたり、アメリカ人を教官として、ダグラス機、ボーイング機、カーチスホーク型機などをつかって空中戦の技術を習得した。卒業後、盧溝橋事件の七月中旬、洛陽と南昌などの航空基地において、シェンノートから直接、カーチスホーク型戦闘機をつかった爆撃訓練を受けている(18)。シェンノートは、後述するように、一九四〇年に、「フライングタイガー」として名を馳せたアメリカ人義勇航空隊を組織、宋美齢がその創設・管理の外交・政治活動にあたった。

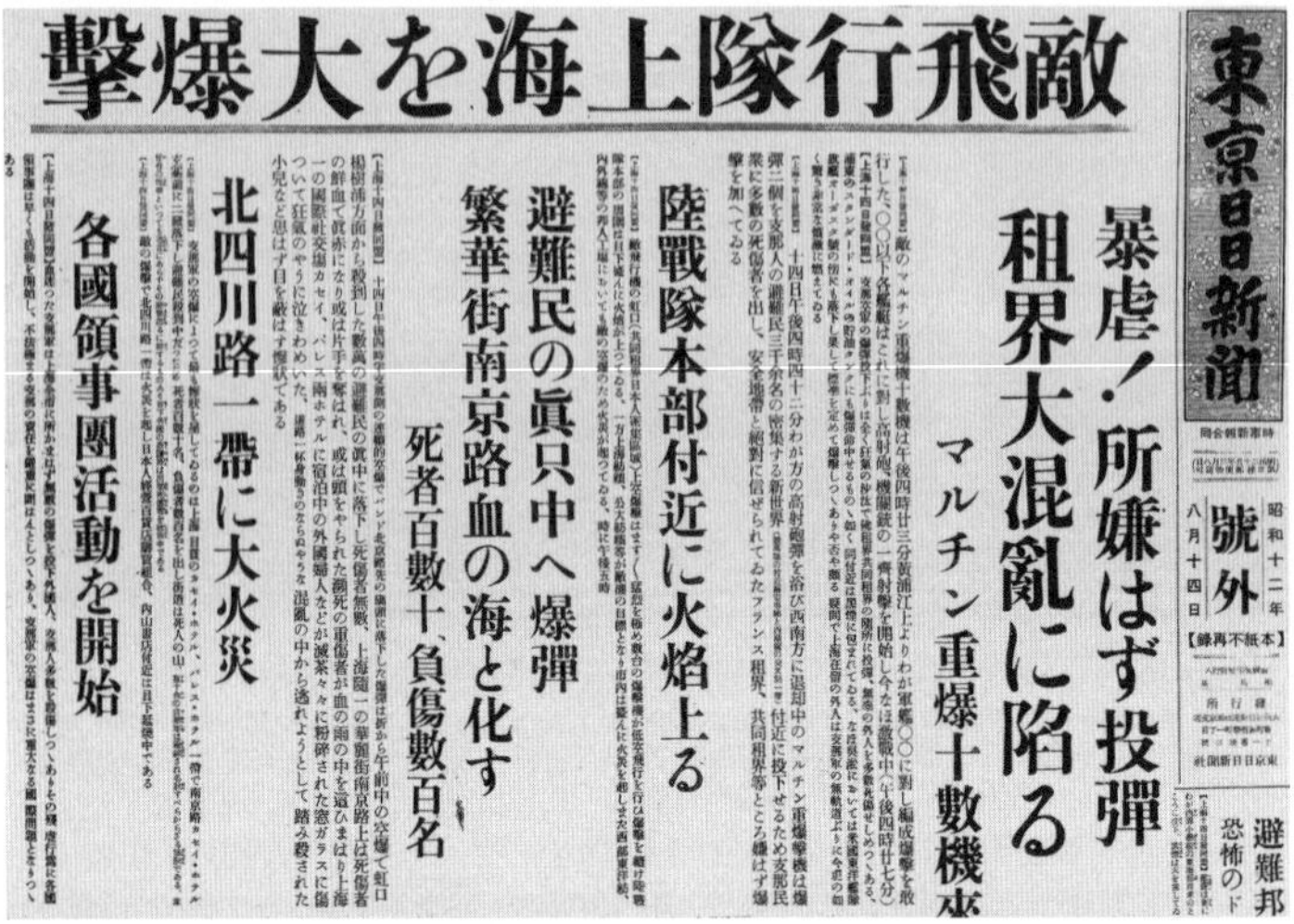

新聞８　中国空軍の上海爆撃を報ずる『東京日日新聞』（1937年８月14日付号外）

襲業悌は、八月一四日に、日本軍機を四機撃墜して「中国空軍の撃墜王」として「空の英雄」になった高志航の指揮した第四大隊に属して、一四日は杭州筧橋の上空で渡洋爆撃に来襲した鹿屋航空隊機と空中戦を展開、一五日には、南京渡洋爆撃をおこなった木更津航空隊機を迎撃し、日本軍機五機を撃墜、三十余人を戦死させたと、日記に記している。

日本海軍航空隊は、アメリカ航空兵力を仮想敵に想定して、国産の爆撃機、戦闘機の開発、生産に努力を傾注したのと対照的に、中国空軍は、アメリカ製の戦闘機、爆撃機を購入、またアメリカ人を顧問に招聘して、航空戦の技術を習得した。そして、さきの三六年一〇月の杭州中央航空学校の第五・六期生の卒業式に出席し、空軍部隊を閲兵し、演習を視察した蔣介石が中国空軍の発展に満足を覚えたように、日本の海軍航空隊とある程度の航空戦を展開できるほどの空軍になっていたのである。

その中国空軍は、淞滬会戦（第二次上海事変）が開始された八月一三日午後二時、空軍総指揮周至柔・副総指揮毛邦初の名で「空軍作戦命令第一号」を発令し、翌一四日の出撃準備を命令した。一三日夜には、航空委員会委員長の蔣介石から出撃航空部隊に電話で直接に爆撃目標が指示された。一四日、杭州の筧橋飛行場から出撃した中国空軍機は、上海の日本海軍特別陸戦隊本部ならびに黄浦江上の日本海軍第三艦隊旗艦出雲を爆撃し、さらに台北を飛び立ち渡洋爆撃を敢行した鹿屋航空隊とも空中戦を展開し、三機を撃墜した（新聞8参照）。これを、中国空軍の戦果と喜んだ蔣介石は、早くも一六日、戦死した航空隊員二〇名に栄誉の勲章と遺族に賞金を与えるよう、直接命令を出した。[19]

八月一四日は日本の海軍航空隊の渡洋爆撃や航空母艦加賀からの爆撃機の出撃は、悪天候のため不首尾に終わったのに比し、中国空軍は、地の利を生かして、上述のような爆撃をおこなった。中国ではこれを、「八一四空戦」と称して、「中国航空史上の新紀元を画したものであり、この大勝利は中国空軍将士を鼓舞し、全民族的な抗戦に決起した中国人民に大きな自信を与え、中国人民が永遠に記念すべき日となった」（『中国的天空――中国空中抗日実録』）、「中国空軍の光輝な勝利記念日」（『抗日空戦』）などと高く評価するようになった。[20]

4　山本五十六の涙

「航空が実力を実績をあげてみせる」（山本五十六の言葉、後述）機会到来とばかり、功を焦って戦闘機の護衛をつけることなく、渡洋爆撃、長距離爆撃を強行した海軍航空兵力派首脳が八月一五日に受けた大損失の衝撃が、本書で明らかにする「日中戦争の軍事費を利用しての対米航空決戦に備えた海軍航空兵力の大強化、大増強計画」を本格化させる契機になったことは間違いない。

日本海軍航空兵力の「生みの親」といわれた山本五十六は当時海軍次官であったが、彼が渡洋爆撃から帰還した搭乗員の報告を受けて滂沱したことを井上成美《しげよし》は、海軍兵学校校長の講話のなかで、つぎのように語っている。一九四三年六月五日、「故山本元帥国葬」にさいして講話したものである。(21)

支那事変当初の渡洋爆撃隊の指揮官が内地へ帰還し、(海軍)大臣室で任務の報告があり、若い飛行機搭乗員奮戦の状況をつぶさに報告あり、誠に感激ふかき報告であったが、報告終って山本次官は次官室へ退がられ、後につづいて私も次官室へ退がったところ、山本次官は涙を滝のごとくに流され、拳でそれを払っておられた。その処へ只今報告を終わった航空部隊指揮官が入り来たり、これを見て指揮官も共に涙を流し、次官の手を堅く握り、「有難う御座います。これを知ったら死んだ部下も満足するでしょう」と云ったのであった。私はこの時、「この山本次官の涙こそは正に部下をして喜んで水火に飛びこませる将軍の涙だな」と感じた次第である。

当時、海軍次官の山本五十六中将が、「涙を滝のごとく」流したのは、井上が感動したような部下の死にたいする気持ちだけではなく、もっと複雑な心理的背景があったことは容易に想像される。

山本は航空本部技術部長時代（一九三〇年～三三年）、海軍の仮想敵であるアメリカ海軍にたいし、空母等の随伴航空兵力をふくむ艦隊の戦力よりも、陸上基地発進の爆撃機によりアメリカ艦隊を攻撃し、日本海軍の任務である西太平洋における制海権を獲得する構想を打ち出した。そのため、陸上基地から敵艦隊を攻撃するための攻撃機の開発を急がせた。一九三四年ごろから、海軍の飛行将校の間に「航空主兵、戦艦廃止論」が高まったことがあるが、これにたいして「戦艦主兵、艦隊決戦思想」の海軍主流が猛反発をした。このとき第一航空戦隊司令官であった山本少将は、「頭の固い鉄砲屋（海軍の俗語で砲術関係者のこと。巨艦主義者、戦艦主兵論者なども指す）の考えを変えるには、航空が実績をあげてみせるほか方法はない」と青年士官に語った。[22] その山本が一九三五年から中将に昇進して航空本部長に就き、航空軍備の強化と飛行部隊の育成に尽力したのである。その甲斐あって、一九三六年に航続距離四三八〇キロにおよぶ新鋭爆撃機・九六式陸上攻撃機（中型攻撃機、中攻）が完成した。中攻は、本書第5章冒頭の【証言F】が述べているように、対米戦に備えて、対米劣勢の航空母艦からではなく、陸上基地から発進した長距離爆撃機でアメリカ艦隊を攻撃できる飛行機の開発を急がせていた。それがいよいよ完成したのである。

写真8　山本五十六

　本書において、何度か言及することになる当時の海軍内の「航空主兵論」の急先鋒であった源田實は、九六式陸上攻撃機の出現について「西太平洋における我勢力下の島々に、この飛行機の有力なる基地を整備するならば、米国の艦隊が西太平洋海面に侵攻するとしても、この行動は極めて制限せられたものになるであろう。これは邀撃《ようげき》作戦を立て前とする我海軍の作戦を容易にするものであり、潜水艦の配備から、艦隊の行動範囲等を、広汎な海面に分散する要はなく、まったく偉大なる効果を期待し得るものであった」と著書のなかで述べている。(23) 実際の対米戦争に言及すると、中攻機部隊は、一九四一年一二月八日に台湾南部の基地を発進し、フィリピンの米軍基地を急襲、爆撃したのである。

この新鋭機を早く実戦に使用して、その戦力を試そうとして、一九三六年に台北から出撃する態勢をとったことはすでに触れたが、改めて後述する。

第三艦隊司令部が大山事件を口実にして発動させた渡洋爆撃が、九六式陸攻の恰好の実戦演習の機会であると山本が思ったことは想像に難くない。現に、渡洋爆撃の第一連合航空隊（木更津航空隊・鹿屋航空隊）の司令官・戸塚道太郎大佐が前年一二月に館山航空隊司令に任命されたとき、本人は艦長になりたかったために不服として人事局にねじ込みに行ったところ、山本航空本部長に聞けといわれて行くと、「良く聴け戸塚。今海軍で陸奥・長門の威力をはるかに凌駕する、九六式陸上攻撃機が着々として完成して、目下館山航空隊で秘密裏に実験研究中なのだ。九六式陸攻の威力を発揮させる事のできる者は、貴様が最も適任者だとおれが見込んだのだ。解ったか戸塚」と、懇々と航空界の趨勢を諭したという。この話は今川福雄の回想「第一聯合航空隊の思い出」によるが、今川は「山本さんが危惧された通り、半年後の八月には日支の風雲急を告げ、海軍大佐でありましたが一連空司令官の大命を拝し、開戦へき頭日頃の実力を発揮して、いわゆる海の荒鷲の渡洋爆撃になったのです」と述べている。(24)

その戸塚道太郎大佐は、八月一四日から一六日の三日間にわたる渡洋爆撃が終わった後の第一連合航空隊の戦闘詳報に「往年の二〇三高地にも等しい心境をもって」作戦を指導したと述懐している。[25]すなわち、対米戦のための艦隊決戦即短期決戦を想定、しかも天候に左右される飛行機は戦力としての価値に劣るという海軍内の艦隊派からの批判を覆すために、被害を顧みず、悪天候下の連続渡洋爆撃をあえて強行したということである。日露戦争において、戦死体の山を築きながら戦った「二〇三高地にも等しい心境」とは、なみたいていの決意ではなかったことがわかるが、それは当時海軍次官であった山本五十六中将から託されたものであったと想像がつく。そう考えると、「二〇三高地」同様に大きな犠牲を出しながら渡洋爆撃を「成功」させて生還した搭乗員の報告を聞いて、山本が滂沱の涙を流した心理がわかるような気もする。

以上のことは、航空本部長であった山本が、新鋭機として開発させた九六式陸上攻撃機の性能を実戦的に証明して宣伝するために、渡洋爆撃敢行の機会を狙っていたことをうかがわせる話である。

また、渡洋爆撃を実行した鹿屋航空隊司令部の参謀であった河本広中は「中攻隊は、米国を相手とする太平洋作戦に備えて準備訓練をされていた優秀な部隊であることを承知していたが、この移動で案の定搭乗員の技量、中攻の性能ともに優秀にして、信頼度一段と増し、近く予想される作戦に充分な自信を持つことができた」と回想している。[26]これは、大山事件が起きた前日の八月八日に、鹿児島の鹿屋基地から渡洋爆撃に備えて、鹿屋航空隊九六式陸攻一八機を全機無事台北基地に移動し終わったときの感慨である。「近く予想される作戦」とは、一四日に決行された渡洋爆撃のことである。この渡洋爆撃を決行するために大山事件が仕掛けられたことは前章で詳述したとおりである。

本書の主旨は、海軍が仮想敵としたアメリカ海軍に勝てる航空兵力を増強、訓練する絶好の機会として日中戦争を全面的に利用、軍事費を獲得することによって航空機の開発と量産につとめ、そのうえで実戦演習・訓練に邁進したことを明らかにすることにある。さらにいえば、海軍首脳は、総力戦におけるアメリカの絶対的優位を知り、アメリカとの戦争はできないことを知っていたので、本心ではアメリカとの戦争を回避したいと考えていながら、海軍の軍備、勢力を拡張したいという海軍セクショナリズムから、対米戦決戦に勝つことを公言し、そのプロパガンダに努めた果てに、対米開戦不可避の状況に追い込まれていった「自滅のシナリオ」を解明することにある。

その「自滅のシナリオ」を象徴的に体験することになったのが、八月一五日に長崎の大村基地を発進して南京渡洋爆撃をおこなった木更津航空隊の第四中隊長の入佐《いりさ》俊家《としいえ》大尉である。「入佐は渡洋爆撃以来、中攻の戦訓を体得の上知り尽くしている」(高橋勝作「入佐俊家言行録」)、「八月十五日緒戦における、木空中攻の荒天を冒しての南京強襲の渡洋爆撃以後、ほとんど連日にわたって出撃を続けられた入佐さんの敢闘ぶりには、全く感服し、心からの敬意と賞賛を払っていた」(金子義郎「入佐隊長」)など、本書で多くを引用している『海軍中攻史話集』に、何人かが敬愛、思慕をこめて思い出を書いている。入佐大尉は、渡洋爆撃以後、南京占領までの連日の南京爆撃、その後の重慶爆撃、成都爆撃、昆明爆撃、さらに海南島進出など、本書で後述する航空作戦のほとんどに参加している。とくに重慶爆撃においては、大隊長として漢口基地から連日の爆撃を指揮した。そして日中戦争の戦場を利用して「中攻の戦訓を体得の上知り尽く」すほど実戦を重ね、戦闘技量を高めた入佐は、アジア太平洋戦争において、鹿屋航空隊司令、第六〇一航空隊司令兼大鳳飛行長などをつとめた後、一九四四年六月、マリアナ沖海戦に参戦して、戦死したのである。

真珠湾奇襲作戦の実際の作案者であった源田實第一航空艦隊航空参謀は入佐と海軍兵学校の同期

であり、「最も相許した戦友」であったと、『真珠湾作戦回顧録』に記し、「入佐大佐はいわゆる渡洋爆撃の立役者であり、大陸の航空戦から太平洋戦争の航空戦にかけ、陸上攻撃隊を指揮させて、彼の右に出るものはいないと言われたほどいくさ上手であった」と記している。源田はさらに、真珠湾攻撃をおこなった第一、第二航空戦隊の艦爆隊の一元的指導にあたった第二航空戦隊母艦蒼龍の飛行隊長の江草《えぐさ》隆繁《たかしげ》少佐は、飛行学生を出てすぐに入佐大佐の中攻機の偵察員となり、入佐の指導を直接受けて鍛えあげられたのであると記している。[27]その江草少佐も、入佐と同じくマリアナ沖海戦で、戦死している。

なお、八月一五日の出撃で大きな被害を出した第一航空戦隊の航空母艦加賀にも、「自滅のシナリオ」の歴史が秘められている。加賀は当初、「八八艦隊計画」（一九二七年度完成をめざした戦艦八隻、巡洋艦八隻の建造計画）の戦艦として建造されたが、ワシントン海軍軍縮条約締結により廃棄されることになり、標的艦となって処分されることが決まっていた。しかし、関東大震災が発生、同条約で保有可能であった空母に改造する予定であった巡洋戦艦天城が関東大震災で大破、進水不能になったため、急遽、加賀が空母に改造されることになり、処分を免れたのである。空母加賀（全長×全幅＝二四八・六×三二・五メートル）が最初に出撃したのは一九三二年一月の第一次上海事変であった。正規空母が実戦に参加したのは、このときが世界最初であった。

以後、加賀は第三艦隊、支那方面艦隊の空母として活躍したのち、一九四一年一二月八日の真珠湾攻撃に、第一航空艦隊空母六隻の一つとして出撃した。さらにアジア太平洋戦争緒戦のラバウル攻撃、カビエン攻撃などに参加したが、四二年六月五日、ミッドウェー海戦において、米艦上機の急降下爆撃により大火災となり、沈没したのである。

森史朗『海軍戦闘機隊』はその「まえがき」の冒頭に「昭和十二年八月十五日——この日、東支那海を作戦行動中の空母加賀で起こった悲劇的な事件は、従来の用兵思想を一変させた。この物語は、その日を起点として生み出された一戦闘機の栄光と悲惨の歴史をたどるものである。一戦闘機とは、日本海軍の栄光とたたえられた《零式艦上戦闘機》である」と記している。[28] つまり、アジア太平洋戦争の緒戦において、対米航空戦の主力戦闘機となった零戦の設計が本格的に開始された契機が、前述の八月一五日に航空母艦加賀の第二航空戦隊の爆撃機が、中国空軍機に撃墜された事件だったというのである。筆者には、実戦に投入した新鋭機・九六式陸上攻撃機が中国空軍の戦闘機により撃墜されたことの衝撃が大きかったと思われる。渡洋爆撃前は、九六式中攻の出現と、急降下爆撃戦法の採用によって、海上航空戦における攻撃側の優位が高まるので、戦闘機無用論まで飛び出していたが、「日華事変が始まるや、単なる幻想として消え去ってしまった。日華事変の戦訓は、航空戦実施の上に数知れない貴重なものを与えてくれたが、その最も貴重なものの一つは、戦闘機の持つ有形無形の戦力が予想よりもはるかに大なることであった」と源田實が前掲書に書いている。[29]

零戦の主任設計者であった堀越二郎は著書『零戦——その誕生と栄光の記録』において、一九三七年一〇月六日に海軍省から三菱重工名古屋航空機製作所へ「十二試艦上戦闘機計画要求書」が交付され、それが零戦の設計と完成のスタートとなったが、その戦闘機の要求は「苛酷」であったと記している。[30]「敵地深く進入できるだけの長い航続力と、敵の戦闘機に打ち勝つに十分な速度と空戦性能が要求」されたのだった。その背景として堀越は「長大な航続力の要求は、この夏に起こった日華事変の華中戦線における教訓によるものにちがいなかった。つまり、華中戦線へ戦闘機の護衛なしで、はだか同然に出動をした日本海軍自慢の新鋭攻撃機が、甘い予想に反して、迎えうつ敵の戦闘機にばたばたと落とされるという事態が起こったのだ」と書いている。[31]

森史朗の指摘するとおり、八月一五日の渡洋爆撃の衝撃が、零戦の誕生の契機となり、本書で後述するように、零戦の登場と中国戦場における無敵の活躍ぶりに「自信」を得た山本五十六連合艦隊司令長官が、近衛首相に日米戦となった場合の海軍の見通しについて質問され、「それは、是非やれと言われれば、初め半年や一年はずいぶん暴れて御覧にいれます」(阿川弘之『新版 山本五十六』新潮社、二〇五頁)とある意味で「保証」するにいたったことを考えると、八月一五日がアジア太平洋戦争への「自滅のシナリオ」のひとつの開幕であったともいえる。八月一五日は、八年後のアジア太平洋戦争敗北の日となることでも、歴史の歯車の宿命を感じる。

八月一九日から再開された南京渡洋爆撃は、地上砲火を避けての三〇〇〇メートル上空からの高々度爆撃と戦闘機の追撃を受けない夜間空襲とに作戦変更された。南京爆撃は、南京の兵器・火薬工場、軍官学校、国民政府参謀本部、大校飛行場、南京警備司令部、憲兵司令部、兵器廠などの「軍事施設」が爆撃の目標とされたが、高々度爆撃、夜間爆撃のため誤爆による南京市民の犠牲者が多く出た。

5 「世界戦史空前の渡洋爆撃」

大きな損失をもたらした八月一五日の南京渡洋爆撃であったが、海軍部内では、軍令部、海軍省、

「航空主兵派」「艦隊無用論者」など部局により思惑は異なりながら、海軍省は、この日と前日の渡洋爆撃を「世界航空戦史上未曾有の渡洋爆撃」と喧伝した。海軍は国民と陸軍・政府にたいして、いっぽう海軍部内では海軍航空部隊が艦隊派、巨艦主義者にたいして、渡洋爆撃の戦果を最大限宣伝しようと企んでいたことは、前章で紹介した海軍省特設写真班が撮影し、海軍省海軍軍事普及部が制作したフィルム『支那事変海軍作戦記録』から明らかである。海軍次官であった山本五十六中将の指示があったことが予想されるが、八月一四日と一五日の渡洋爆撃の出撃場面を映像に記録したのである。これは計画的に事前から制作準備をしていなければできないことであった。

『海軍作戦記録』には、「八月一四日午後、海軍航空部隊が出動、この日支那海は台風」というキャプションをつけて、渡洋爆撃出撃前の正装の飛行服に身を固めた搭乗員が整列し、大勢の水兵、航空兵たちが見送るなか、九六式陸上攻撃機に搭乗、飛行場を飛び立ち、四機編隊で大陸へ向かっていく様が撮影されている。ついで「八月一五日、長駆渡洋爆撃、敵空軍根拠地爆撃」というキャプションをつけて、南京、蘇州、杭州、広徳、南昌と爆撃した地点の地図が示され、最後に「支那軍損害　8／14→8／15 飛行機　確実なるもの52機、その他20機、格納庫17棟」という戦果の一覧が表示される。

つづいて、「敵空軍の潰滅をめざし、連日昼夜を分かたず出動」というキャプションをつけて、中攻編隊が中国上空を飛び、市街へ向けて爆弾を投下、爆煙があがる様子を撮影、爆撃した都市を地図で示したあと「支那軍損害　8／14→8／25 飛行機　地上爆破110機、撃墜66機　計176機　格納庫約25棟　わが軍損害16機」という戦果の一覧が表示される。

海軍省特設写真班がこれらの映像フィルムの撮影を計画、準備していたことからも、本書で縷々

荒天の支那海を翔破・敵の本據空爆

長驅・南京、南昌を急襲
敵空軍の主力粉碎
勇猛無比・我が海軍機

首都南京を震撼し
壯絶・大空中戰を展開
空前の戰果收めて歸還

新聞9　南京大爆撃を大々的に報ずる『東京朝日新聞』（1937年８月16日付）

述べてきたように、周到に準備された渡洋爆撃を決行するためには、船津和平工作をぶち壊す必要があり、そのために大山事件を仕掛ける必要を考えた関係者の思惑が想像できる。

海軍当局の意向を受けて、新聞メディアもセンセーショナルな報道を開始し、『東京朝日新聞』は一五日のうちに号外を発行し、「我海軍機長駆南京へ　空軍根拠地を爆撃す　敵に甚大の損害を与う」という大見出しで、「我海軍機は長駆南京を襲撃、午後二時から三回にわたり南京附近支那空軍根拠地に多大の損害を与えた」と報じた。しかし、木更津航空隊の戦闘詳報によれば、南京爆撃は「一四五〇より一五三〇の間」であり、済州島に帰還できたのは、夕方になってからである。したがってこの号外の内容は、海軍報道当局が宣伝のために記事を作成準備していたものと思われる。

翌一六日付の『東京朝日新聞』は新聞9のように「荒天の支那海を翔破・敵の本拠空爆」と

横段抜きの大見出し、「長駆・南京、南昌を急襲　敵空軍の主力粉砕　勇猛無比・我が海軍機」「首都南京を震撼し　壮絶・大空中戦を展開　空前の戦果収めて帰還」と縦五段抜きの大見出しで、南京爆撃を大々的に報じた。リードには「午後我が海軍〇〇空襲部隊は、往復数千キロの支那海を突破し、敵の首都南京飛行場を空襲し、多大の損害を与えたり。敵は無電台を通じてSOSを発し、各地に応援を求めていたが、情報によれば蔣介石は周章狼狽《しゅうしょうろうばい》し、首脳部と首府移転を謀議中と伝えらる。なお我が飛行機は全部帰還せり」と報道をおこなった。戦果のみを誇大に報道し、損害については「我が飛行機は全部帰還せり」と虚偽の報道をしているのは、後の「大本営発表」を思わせる。

当時「開戦に関する条約」（一九〇七年ハーグにて署名、日本も中国も批准、締約国は四三ヵ国）があり、「開戦宣言を含む最後通牒の形式を有する明瞭かつ事前の通告なくして、その相互間に、戦争を開始すべからざること」と第一条【宣戦】に規定されていた。海軍航空隊は、この条約をまったく無視し、宣戦布告もしていない中国の首都南京をいきなり爆撃し、「北支事変」「第二次上海事変」とそれまで局地的であった戦闘を一挙に全面戦争へと拡大したのである。日本の軍部はもちろん、政界もメディアも国民も、南京渡洋爆撃が戦時国際法に違反する不法行為であったという認識を持ち合わせていなかったことが、この間の新聞報道からうかがえる。

南京渡洋爆撃の「戦果」に歓呼の喝采をあげた国民の反応は、軍部、政府内の不拡大派に大きな打撃となり、以後、拡大派が戦争を主導するようになった。こうして近衛内閣も一七日、「一、従来執り来たれる不拡大方針を抛棄し、戦時態勢上必要なる諸般の準備対策を講ず。二、拡大せる事態に対する経費支出の為、来九月三日頃臨時議会を召集す」と、海軍につづいて、不拡大方針放棄の決定をおこなった。[32] これにより、章の冒頭に紹介した高田利種元少将の【証言C】にあったように、九月の臨時議会において海軍の思惑どおり、海軍航空関係の「臨時軍事費がどーんと取れる」ことになったことは後述する。

渡洋爆撃をおこなった鹿屋航空隊司令部の参謀であった河本広中が「国内では、海軍はこんな飛行機を準備していたのかと驚き、皆斉しく感奮し飛行機の増産に励んでもらった。やがて渡洋爆撃隊という軍歌まで生まれ、国民に親しまれたことは今でも懐かしい憶出である」と回想しているように（『中攻史話集』一〇八頁）、渡洋爆撃は、国民に海軍航空隊の存在をアピールするために最大限利用された。

「皆斉しく感奮し飛行機の増産に励んでもらった」とあるのは、国民が献金して飛行機の購入、製造資金を拠出する軍用機献納、軍用機献金の国民運動のことである。満州事変における陸軍機の錦州爆撃や、第一次上海事変で日本の海軍機と中国の空軍機が初めての空中戦をおこなったことなどから、国民が戦力としての航空機に注目し、航空軍備の充実が焦眉の急であるとして、国民からの献金を集めて、軍用機を献納する運動が開始された。国民の献金により献納された陸軍機は「愛国号」と命名され、海軍機は「報国号」と命名された。

八月一五日の南京渡洋爆撃は国民を「皆斉しく感奮」させ、宣伝運動にいっそうの拍車がかけられた。『東京朝日新聞』（一九三七年八月二一日付）は早くも「軍用機献金　征け征け空へ　工場の汗・児童の貯金」と報道し、学校や職場、青年団、婦人会などのさまざまな団体組織・個人により、「銃後の支援」「銃後の赤誠」をスローガンにした献金運動が大々的に展開された。各新聞社も競って「銀翼献納」運動を宣伝し、たとえば『東京朝日新聞』は「軍用機献納資金」の欄を設け、かなり大きなスペースに、献金した団体・個人名と金額を記し、その日の集計とそれまでの総合計が掲載された。

軍用機献納運動は、財源的な効果よりは、国民に航空戦力に注目させ、その必要性を宣伝し、以後の国家予算において、航空兵力関係の軍事費を大幅に増加させる世論を醸成していくうえで大きな成果をおさめた。雑誌『日の出』（新潮社、一九三八年新年特別号）は第一付録『海陸軍大空爆戦記』（後述）の最後にこう書いている。

空を制するもののみが国家の安きを保ち得ることである。
航空力を充実せしめよ！　航空国防を完全ならしめよ！
これは国民の一大義務であり、子孫への重責であることを、全国民が本当に覚悟すべきときが来たのだ。

日中戦争を利用して、海軍航空兵力の一大増強をもくろんだ海軍の意図そのままが書かれている。また、さきの河本広中の回想にあった、国民に親しまれた「渡洋爆撃隊の歌」とはつぎのようなものだった。(33)

・八月今日は十五日　いよいよ命令下ったぞ
　おれも行くから君も行け　何の遠かろ二千粁
・あらしの海も一つ飛び　来たぞ二度目の上海へ

銀翼数十武者振い　ぬかるな敵もさる者ぞ
・先ず上海を血祭に　杭州南京南昌と
やったぞ二十の格納庫　撃ったぞ敵機百五十
・木葉みじんの敵の陣　友よやったな見事なり
俺もやるぞと立ち上がる　勇士の気はく天をのむ
・敵の根拠地打払い　手柄話をみやげにと
僚友集まるその中に　八つの友の姿なし
・聞こえて来るぞ海に陸　あれは味方の歓声だ
さらば行くぞと亡き友に　男子一度の血の涙

右の歌詞の「来たぞ二度目の上海へ」は、第一次上海事変（一九三二年）につづいて、第二次上海事変で二度目にまた上海へ来た、という意味である。「八つの友の姿なし」とは九六式陸攻一機の搭乗員が八名であったので、一機が撃墜されて、僚友八名が犠牲になったという意味である。

軍歌とともに、南京渡洋爆撃についての軍国美談がつくられ、新聞、雑誌、映画、ラジオなどで宣伝され、国民に「海の荒鷲」といわれた海軍航空隊の戦力を国民にアピールするために最大限利用された。その一例が、この年の一一月末日に印刷された雑誌『日の出』の新年特別号の第一付録の『海陸軍大空爆戦記』に収録された「世界戦史空前の渡洋爆撃」の物語である。執筆者は東京日日、読売、同盟、報知の各新聞社従軍記者である。

世界戦史にもかつてなかった視界ゼロの渡洋爆撃行に輝かしい凱旋をとげた猛鷲部隊は、さらに息をつく間もなく再び、「十五日午前×時、基地出発、南京の要点を渡洋爆撃すべし」との命令を受け、意気まさに天を衝くの概があった。(中略)

敵機を初陣の血祭りにあげて(蘇州上空での中国空軍戦闘機との交戦をさす)気をよくしたわが空襲隊は、南京に入る郊外約五キロの上空で、編隊を整形し、ここに正々堂々、いよいよ敵国首都の空に、果敢な王師の陣を進めたのであった。

ここで、わが空襲部隊は二手に分かれ、一隊は故宮飛行場に、一隊は光華門外の大校飛行場を目標に、約五百メートルの高度で、一番機の露払いに続々爆弾の雨を降らした。この時、すでに敵の戦闘機四十八機は小賢しくも我を邀撃すべく舞い上がって、しきりにわが行動を阻むいっぽう、下関《シャカン》や紫金山の防空砲台、あるいは飛行場から射ち出す高角砲の炸裂は、さながら気も狂ったかと思われるばかり、滅多やたらの乱射乱撃、その凄烈さは説明の言葉もない。

この砲弾の幕をくぐりつつ、敵の戦闘機をあしらいながら、三回にわたり目標の上空を旋回して、全機この時とばかり爆撃の真っ最中、ふと異様な電波が激しくわが機上の無電に感受された。注意して聴くと、意外にもそれは敵の軍首脳部から発する付近各地飛行場への「SOS」だ。「もう悲鳴をあげてやがる!」

勇士たちの間の面《おもて》には、思わず快心の微笑が湧きあがった。市街の模様ははっきり見届けられないが、敵の枢要部がいかに狼狽しているか、いかに顫《ふる》え上がっているか、想像にあまりある。

格納庫、兵舎、地上の敵機など、一通り爆撃を終わってから、執拗につきまとう敵の戦闘機を、機銃掃射でI隊が二機、H隊が三機撃墜したが、わが編隊にもこの時、I隊の指揮官機(一番機)と四番機は敵弾をうけて、無念にも発動機の一個はぴたりと止まってしまった。(中略)

この爆撃隊を守って、敵戦闘機の駆逐にあたったわが快速部隊のうちに貴い犠牲者が出た。中でももっとも壮烈な戦死を遂げたのは梅林中尉で、愛機が猛火に包まれ、これが最後と知るや、僚機の戦友たちに向かって白いハンケチを振り、決別を告げながら一塊の炎となっておちていったのである。

また同時に南京上空に散った山内中尉の最後も、壮烈を極めたものだが、中尉戦死の公報をうけて海軍当局に送った母堂の手紙は、「軍国の母」のうるわしく健気な覚悟を表したものとして、ひとたび新聞紙上に発表されるや、全国民の熱涙をさそうに十分だった。かくて大暴風中に敢行された南京空襲は、未曾有の成果と数々の美談をもたらして「渡洋爆撃」の名のもとに、わが海軍航空隊の声価をとみに高からしめたのである。

梅林中尉の美談は、『東京朝日新聞』(一九三七年八月二一日付)に掲載された「豪胆無比　空の軍神　僚機さらば燃落つる機上　ハンカチを振り決別　南京に散った梅林中尉」という記事がもとになっている。ニュースは八月二〇日に海軍省軍事普及部が新聞社に提供したものである。記事は「十五日から始まった南京爆撃の第二次空襲に起こった壮烈な物語である」として「密雲低く垂れ、視界ほとんど無い荒天のため、我が海軍機は極度の低空飛行を行って……南京上空を六回にわたって連鎖爆撃を決行したのである。たまたま不幸にも梅林中尉は敵弾を受けてエンジンは燃え上がり、機首はグッと下降してしまった。万策尽きて僚機の活躍に決別をする時が来たのを知った梅林中尉は、火炎に包まれて墜落し行く機の中で僚友達の安全と僚機の活躍を祈りつつハンカチーフを打ち振りながら永久の別れを告げて行ったのであった。この壮烈鬼神をも泣かしめる空の決別を知った僚友達は、壮烈な感激と共に層一層無敵空軍として、梅林機の復讐戦に燃えていくのである」と書かれてあった。

「軍神」「軍国美談」は作り話かあるいは意図的な誇張、虚飾によるものが多い。『日本海軍士官総覧』によれば、梅林孝次中尉の戦死は一九三七年八月一六日となっているので(34)、八月一五日ではなく、一六日の南京近郊の句容爆撃のときかと思われるが、このとき、撃墜されたのは飛行隊長の新田慎一少佐機をふくむ二機(前述)である。八月一五日に南京渡洋爆撃をおこなった木更津航空隊の戦闘詳報にその名前はない。また、本書の基本文献にしている『戦史叢書　中国方面海軍作戦〈1〉』や『日本海軍航空史(4)戦史篇』、『海軍中攻史話集』の比較的詳細な南京渡洋爆撃の記述のなかに、「梅林中尉」への言及はない。しかも、実際に爆撃機が撃墜されていく様は、以下『中攻史話集』から紹介する二人の実見の体験記からすれば、ハンカチを振れるような状況になかったことがわかる。いずれも八月一五日の南京渡洋爆撃のときの話である。

突然四番機が操縦席から火を吹きだした……心配していた急所の集合槽をやられている。炎のため全員が前席に集まってきている。熱さのため、苦しまぎれに天蓋が開けられた。トタンに火は紅れんの炎となって、天蓋を押し上げている操縦者の腕をくるむようにして外へ飛び出して行く。正に焼熱地獄だ。機長の二見兵曹外皆んなが炎の中でこちらを見ている。救けを求めるかのように。なんとかしてやりたいのだが、なんともしてやる事ができない。そのうちに、とうとう敵地に突っ込んでいった。思わず機銃の手を放し敬礼した。又やられた。今度は三番機だ。やはり集合槽をやられている。四番機と同じ状態で火は前席一杯に広がっている。苦しさに操縦者は矢張り天蓋を開け……機長の紺野兵曹長が、大きな腕で全員を抱きかかえるようにしてかばい、火の中に立っている。まるで仁王様だ。火は天蓋から太い炎となって外へ出ている。数秒にして四番機と同様に火ダルマとなって敵地に突っ込んで行った（木更津航空隊・下川一「第一回南京爆撃と蘭州爆撃」）。

空戦の末火災となった僚機が猛烈な火炎を吹きながら懸命に離れずに続行し、果ては天がいから半身を乗り出して足で操縦輪をけりながらも尚も離れずについて来る同僚の炎でゆがむ苦痛の顔はとても正視できなかった。手を差し出せば届く距離にありながら、どうしてやることも出来なかったもどかしさ。遂には力つきて地上目がけて突っ込んで行った……」（木更津航空隊・土屋誠一「支那事変発生」）。

南京渡洋爆撃は、少年向けの軍国美談にもなり、『支那事変少年軍談・南京総攻撃』のなかに「海陸の荒鷲大暴れ・大活躍の海軍航空隊」と題して、次のように書かれた(35)。

南京総攻撃に忘れてならないものがある。それは、この抗日支那の首都に膺懲の第一弾を放って以来、たえまなく鬼神のごとき大活躍をつづけ、全世界の人々の度肝を抜いている無敵海の荒鷲、我が海軍航空隊であります。

八月十五日、支那海には七百二十三《（ママ）》ミリという低気圧があって、南京は大あらしの真っ最中です。その前日、どこからとも知れずとんできた日本の飛行機の一隊が、上海付近を暴れまわったのを知っている敵も、よもやと思って油断していた折柄、午前九時半ごろ、俄かにサイレンがけたたましく響きわたって、

「飛行機の空襲あるぞ。空襲だッ！」

取りわけ驚いたのは、まさか南京まではとんでこまいとたかをくくっていた市民たちで、そのあわて方といったら例えようがない。土龍《もぐら》のように防空避難壕の中に逃げ込むより早く、低くたれさがったあらし雲をぬって、一機また一機、一隊また一隊と姿を現したのは、銀色の鵬翼に日の丸のマークを付けた無敵の我が荒鷲隊だ。先頭の一機が、城門の瓦とすれすれに、大校飛行場の建物目がけて鮮やかな急降下をしたとみるや、さっと爆弾が投げ出されて、

ドガーン！

と、天に轟く大爆音！　たちまち格納庫が木端微塵にケシとんでしまいました。これぞ永久に歴史に残る第一弾、南京へ向けて放たれた最初の我が攻撃の矢でありました。

この我が荒鷲隊は、あらしの真っただ中の支那海をものの見事に突ききって、はるばる日本の基地からとんでいった、いわゆる渡洋爆撃隊であります。敵も南京を取りまく堅固な防空陣地から、死物狂いの乱射乱撃をあびせかけ、十数機の戦闘機もとびあがってきて防戦に努めたので、土砂降りの雨の中で壮烈きわまる大空中戦が行われました。

その結果、我が荒鷲は敵機九機を撃ちおとし、地上にいた八機をめちゃめちゃに壊し、格納庫と軍事施設に大損害を与えましたが、われにも多少の損害がありました。梅林中尉が火達磨

となって、焼け落ちる機上からハンケチを打ちふりふり、僚機の戦友にわかれを告げたのや、渡辺航空兵曹長が死の凱旋をしたことなぞ、この日に起こったあまりにも有名な話であります。

翌十六日、この渡洋爆撃隊は、またしても南京のじきそばの句容飛行場や、嘉興、虹橋、南昌等の飛行場を襲って、撃墜十八機、地上爆破三十二機、合計五十機という敵の飛行機をやっつけた。その中の一機、山内中尉の乗ったのはとうとう帰らずじまいになって、

――あれよあの機、達雄永えに生きてあるよ。

と、お母さんのヤス子刀自にいわせて、日本中の人々を泣かせました。それがこの十六日の句容飛行場の爆撃の出来ごとであります。

山内中尉の母親が息子の戦死を誇りにして「軍国の母・山内ヤス子」と讃えられたのは、当時、政府の国民精神総動員・挙国一致政策を推進するために作曲された軍国歌謡の「軍国の母」（島田磐也作詞・古賀政男作曲、歌は浅草の芸妓で人気歌手の美ち奴）のヒットと重ね合わせたからであった。「軍国の母」は「一、こころ置きなく　祖国の為　名誉の戦死　頼むぞと　泪も見せず　励まして　我が子を送る　朝の駅　　三、生きて還ると　思うなよ　白木の箱が　届いたら　出かした我が子　天晴れと　お前の母は　褒めてやる」というような歌詞である。

日本の海軍においても、南京渡洋爆撃が「海軍精神」の「神話」として語られるようになったこと、また戦時中の海軍航空関係者の思いを、海軍中将和田秀穂『海軍航空史話』から紹介しておきたい。(36) 和田中将は、鳳翔艦長、赤城艦長、第一航空戦隊司令官などを歴任、一九三七年一二月に予備役となった。

昭和十二年七月七日の夜半、北支永定河畔に戦火をきった日支両軍の衝突は、再び上海へと波及して彼の大山勇夫海軍中尉事件の勃発となるや、敵の挑戦的空襲下に、ここにわが長谷川第三艦隊司令長官の声明となり、間髪を容れず、世界戦史に不滅の金字塔を樹てたわが海軍航空部隊の渡洋爆撃が、折から視界零の台風荒れ狂う支那海を衝いて、決然として敢行されたのである。（中略）

この渡洋爆撃が第一次上海事件以後、わずかに五、六年の後に行われたということは、わが海軍航空隊の発達がいかに躍進的であったかを証して余りあると思う。

恐らく当時世間の人達は、あの快挙に使ったああいう飛行機が、すでにわが海軍に出来ていたことをさえ知らなかった人が多かったであろう。また、あの咫尺《しせき》を弁ぜぬ暴風雨中の海上を冒して長駆飛行し、しかも目的地の敵地の上空であああした戦果を挙げた後、再びもとの基地に帰還した搭乗員の勇敢さと技倆に対しても驚嘆されたことと思う。思えばそれもこれも皆、わが海軍航空当局の必死の努力以外の何ものでもない。滅私奉公、見敵必滅の精神の表れといってもよいのである。

6　狙いどおりの海軍臨時軍事費獲得

盧溝橋事件発生当初、不拡大方針で戦局の早期解決をめざした近衛内閣であったが、陸軍中央部内の拡大派の策動、ならびに大山事件を仕掛けた海軍の策動に引きずられてなし崩し的に方針を転換、八月一五日の南京渡洋爆撃に先立って「暴支膺懲」声明を発表し、一七日の閣議で不拡大方針の放棄を決定した。そのうえに、二四日の閣議では国民精神総動員実施要綱を決定、「抗日支那の膺懲」を戦争目的とする挙国一致の国民精神総動員を呼びかけるまでになった。九月二日の臨時閣議においては、「北支事変」の呼称を戦局に相応して「支那事変」と改めることを正式に決定した。日中全面戦争化の宣言である。そして首相が国民の先頭に立って、戦争動員体制の構築を呼びかける姿は、ニュース映画やラジオ、新聞などで大々的に報道された。これに即応した挙国戦時体制を構築せよというキャンペーンがマスコミ、ジャーナリズム、官庁や学校、さらに民間団体や地域組織をつうじて展開された。

こうしたなかで、九月四日から八日にかけて、第七二回帝国議会が臨時に開催された。陸海軍からの要請にもとづいて早急に臨時軍事予算を決定するためであった。九月五日の施政方針演説において、近衛首相は、盧溝橋事件いらい、日本は不拡大方針をとって日中関係の調整をはかってきたが、中国が侮日、抗日の気勢をあげて憚らぬため、戦局はやむなく華中・華南に波及してしまったことを述べたうえで、以下のように国民の戦意高揚を煽り、挙国一致の国民総動員を呼びかけた。(37)

今日このさい、帝国として採るべき手段は、できるだけ速やかに支那軍に対して徹底的に打撃を加え、彼をして戦意を喪失せしめる以外にないのであります。かくしてなお支那が容易に反省をいたさず、あくまで執拗なる抵抗を続ける場合には、帝国としては長期にわたる戦いももちろん辞するものではないのであります。惟うに東洋平和の確立の大使命を達成するがためには、なお前途に幾多の多難が横たわっているのでありまして、この難関を突破するためには、上下一致堅忍持久の精神をもって邁進するの覚悟を要すると思うのであります。

第七二回帝国議会（臨時）において、本章冒頭にあげた「軍令部だけじゃなくてね、みんなそうだったと思う。それが国策として決まれば、臨時軍事費がどーんと取れる。好きな準備がどんどんできる」という高田利種元少将の【証言C】どおり、臨時軍事特別予算案が簡単に採択された。大蔵省は「予算的に作戦を掣肘するつもりは絶対にないので、直接事変経費の内容に立ち入ることはしない」と、陸海軍からの予算要求にたいしてフリーパスの対応をした。このため、海軍は航空戦力を拡充するための予算を要求して、海軍臨時軍事費、約四億円が認められたのである。陸軍の臨時軍事費は約一四億円で、さらに予備費もふくめて陸海合計二〇億円の臨時軍事費が無条件で採択された。陸軍は八月末の段階で中国派兵数は四三万人（戦闘員二九万人、後方人員約一四万人）、馬一三万頭という膨大な兵員・物資にのぼっていたから必要経費も膨大であったが、海軍は渡洋爆撃いらいの海軍航空隊の戦闘実績を強調して、「軍艦ではなく飛行機で予算獲得に成功した」のである。[38]

二〇億円という臨時軍事費は、前年の一九三六年度の一般会計軍事費一〇億七八二〇円の約二倍にあたる膨大なものであった。この結果、一九三七年度の歳出純合計に占める直接軍事費の割合は三〇パーセント近くにのぼった。[39]

表1の一九三七年度の「北支事変」の開始にともなった臨時軍事費において、第一次と比べて第二次で海軍航空兵力関係が四〇万円から三五一万円へと九倍近くなっているのは、前章および本章

で述べたように、海軍航空隊が渡洋爆撃の出撃準備をすでに開始したために要求して、認められたものであった。このことからも、海軍が大山事件を仕掛けてまでも臨時軍事費予算を執行しなければならなかった事情がわかる。そして、第二次上海事変が開始され、渡洋爆撃が実行され、その実績を強調して、第七二回帝国議会においては、海軍臨時軍事費、とくに航空関係の激増ぶりが一目瞭然であり、「軍艦ではなく飛行機で予算獲得に成功した」ことが確認できる。海軍航空兵力の増勢計画は、一九三七年度から着手したばかりで、第七〇回帝国議会で成立した（一九三七年三月）同年度予算のうち、海軍の航空隊設備費は七五二六万円にすぎなかった。それが第七二回帝国議会の海軍航空兵力の関係の臨時軍事費は、二・六倍にはね上がっているのがわかる。

表1　1937年度の臨時軍事費　（単位：万円）

		臨時軍事費（陸・海）	海軍臨時軍事費	航空兵力関係
第1次北支事変費（第71回特別議会）	（7月29日）	9,700	910	40
第2次北支事変費（同上）	（8月7日）	42,000	11,000	351
第72回帝国議会臨時軍事費	（9月8日）	202,267	39,995	19,874

　軍部にとって臨時軍事費のうまみは、作戦上の緊急性と機密保持の観点から、大蔵省などからの厳重なチェックなしにほぼ無条件で軍備、戦備に使用できたことである。しかも、一般会計とは別勘定とする「臨時軍事特別会計」を設置し、しかもその事変（戦争）が終結するまでを一会計年度とみなして継続執行されたのである。

　こうして、海軍は全面的な日中戦争を発動させ、膨大な臨時軍事費の獲得に成功、それを駆使して、後述するように航空兵力の軍備拡張と、日中戦争を利用した爆撃、空戦などの航空作戦の実戦演習・訓練を存分におこなって、対米航空決戦勝利をめざした航空兵力の養成に邁進していくのである。日中戦争における海軍航空作戦を詳細に叙述した『日本海軍航空史（4）戦史篇』は、「第五章　支那事変より大東亜戦争へ」のなかで、「軍備・戦備」として以下のようにまとめている。[40]

米国海軍を主対象とする日本海軍の軍備は、昭和六年に始まる第一次軍備補充計画以降進められており、特に支那事変の生起がなくとも逐年推進されていったものと思われるが、事変の発生はこれが促進の役割を果たし、殊に事変に伴う臨時軍事費の設定は、情況に応ずる臨機の処理を講ずることを可能にし、また予算の効率的・経済的運用をもたらして、軍備の促進に寄与すること大であった。

また事変の存在は、急速な軍備の実行を可能にした。航空機はもとより、造船、兵器産業に対する著しい発注の増加、生産設備の拡充などが、㊂計画、㊃計画に基づいて行われたが、これは平時体制の下であったならば、国内、国外ともに異常な刺激を呼んだことであったろうと思われる。支那事変は計画軍備の実施および出師準備作業に隠れ蓑の役をもって寄与した。

（傍点は引用者）

㊂計画とは、日中戦争開始後昭和一二（一九三七）年度以降の艦船五ヵ年、航空四ヵ年にわたる第三次海軍軍備補充計画のことで、艦船は戦艦二隻をふくむ合計六六隻二七万トン、航空兵力は一四隊を増勢し、累計五三隊とする計画であった。㊃計画とは、昭和一四（一九三九）年度海軍軍備充実計画のことで、航空は五ヵ年で七五隊増勢、艦船は六ヵ年で八〇隻建造の計画であった。ワシントン海軍軍縮条約・ロンドン海軍軍縮条約による軍備制限への「リベンジ」を果たそうとするか

のような海軍軍備の大拡張であった。これらは「平時体制」であったならば、国内外の批判と反発を呼ぶことになるが、対米戦に勝利するための軍備拡張が、日中戦争を「隠れ蓑」に利用して、容易に遂行できた、ということである。

なぜ海軍が謀略により大山事件を仕掛けて第二次上海事変を引き起こし、南京渡洋爆撃によって日中戦争の全面化をはかったのか、本書の主題である「海軍の日中戦争」の意図が率直に記されている。

同書の「むすび」は、「対米英蘭開戦のその日に保有した兵力は左の如く、米国と拮抗する世界一流の海軍となっていたのである」として、つぎの数字をあげている。(41)

戦闘艦艇	三九一隻　一四四万六二〇〇屯
特設艦艇	五二二隻　一一五万屯
航空兵力	三二〇〇機
人員	三二万三〇〇〇人

日中戦争を「隠れ蓑」にして、また日中戦争によって獲得できた膨大な臨時軍事費をつかって「米国と拮抗する世界一流の海軍」になったという誇らしい思いがつづられている。

同書を編纂した日本海軍航空史編纂委員会は、旧海軍の艦長、司令官、参謀クラスの経歴をもつ人たちが委員および執筆者となり「光輝あるわが海軍航空の歴史は万秋に不滅である」(序文)という思いから、(1)用兵篇、(2)軍備篇、(3)制度・技術篇、(4)戦史篇と全四巻におよぶ膨大な記録を編集、出版したのである。序文を書いた桑原虎雄編纂委員会委員長は、随員としてワシントン軍縮会議に参加、連合航空隊司令官、航空戦隊司令官をつとめた。第一連合航空隊司令官として「二〇三高地にも等しい心境をもって」南京渡洋爆撃の作戦を指揮した戸塚道太郎（前述）も同委員会監修に名を連ねている。その意味で、『日本海軍航空史』には、旧海軍の思想が色濃く反映されているとみることができる。

第3章

海軍はなぜ大海軍主義への道を歩みはじめたのか

【証言D】これはやっぱり、軍政のですね、ロンドン条約、ああいう所にあって、威勢の良いのがですね、加藤寛治《かとうひろはる》（兵18）だとか、末次信正《すえつぐのぶまさ》（兵27）であるとか、南雲忠一《なぐもちゆういち》であるとかですね、威勢の良いのが幅を利かす。これは宮様（伏見宮博恭王）の影響だと思います。そして、山梨さん、寺島さん、堀さん、あるいは、左近司政三《さこんじせいぞう》（兵28）さんが、首になったもの（ママ）ですね、（中略）あの当時は加藤寛治、末次信正、高橋三吉（兵29）、ああいう手合いが牛耳っておったですよ。そして、いわゆる艦隊派系統、そういう方面のね、凄まじいものがあってね、だから、軍政というかね、おとなしい、本当の頭が良くて、国家の前途を憂えるとか、軍縮とか、色々なですね、そういう点は、山梨さんとか、堀悌吉《ほりていきち》なんて、抜群ですよ。私は知っていますが、ああいう人が、みな辞めさせられた。あるいは寺島健《てらしまけん》も抜群ですよ。（中略）

伏見宮は、昭和七年の上海事変から、二月一日でしたか、軍令部長になられたんで……これから、昭和十六年の永野修身（兵28）さんに代わるまでやられたわけですわ。……嶋田大臣はですね、海軍大臣（軍令部総長を兼務）になる時、宮様の所へ行って、私は大臣になっても宜しうございますかと、言われたら、お前にかぎって宜しいという事を言われて、喜んで引き受けたっていう事は、手記に書いてありますが。だから、そういうような見識を持っている人はですね、大臣になったりするのは、もっての外だと思います。

従来、宮様を利用した加藤寛治大将が、ロンドン会議の時に、博恭王を利用したり、或いは東郷元帥を利用してたのがたくさんあると思いますが、政治家を利用したり、或いは、宮様を利用したり、或いは海軍の長老を利用したり、そういう事は私は海軍の人事においては良くない事で、あくまでも公正妥当でなくちゃいかんと。（中略）宮様というのは、その責任ある地位には就かれないのが宜しいというふうな表現が、適当な表現ですね。この私はとにかく、あの博恭王殿下においては行き過ぎであったと思います。それは省部互渉規定が昭和八年に改正になった。あれ、あれの時にですね、重要な人事に対しては、宮様の意見を聞くというようなことは不文律で決められておるようです。これが非常に悪い影響を及ぼしているようになっています。――寺崎隆治元大佐(1)

寺崎隆治（一九〇〇～一九九六）は、海軍兵学校第五〇期卒業。一九三九年海軍省軍務局員、四一年一〇月南遣艦隊参謀、四三年三月翔鶴副長、同年九月霞ヶ浦航空学校教官、四四年三月第二航空戦隊参謀、同年七月大村航空隊司令、四五年一月軍令部出仕兼部員兼横須賀鎮守府参謀、同年六月呉鎮守府参謀。

1　海軍軍縮条約に加盟した海軍の時代

大正時代の海軍は、陸軍よりも開明的で国際協調的であり、第一次世界大戦後の軍備縮小の国際潮流にしたがって、ワシントン海軍軍縮条約（一九二二年二月六日調印）に加盟し、それを履行した。ワシントン会議（一九二一年一一月～二二年二月）では、中国の主権の尊重と門戸開放などを決めた「九ヵ国条約」や日英米仏で太平洋上の属地・領地である島々についての締約国の権利保障、現状の維持、紛争の共同解決、日英同盟の廃棄を決めた「四ヵ国条約」なども締結され、これらの一連の包括的条約により太平洋と東アジアの平和と安定をめざす新しい協調体制が生まれた。これを「ワシントン体制」と呼んだが、なかでも重要であったのは海軍軍縮の国際システムであった。

ワシントン会議は、海相の加藤友三郎大将が首席全権をつとめ、海軍の首席随員は海軍大学校校長の加藤寛治中将で、随員には山梨勝之進《やまなしかつのしん》大佐と堀悌吉中佐がいた。山梨と堀は加藤全権を忠実に補佐し、加藤友三郎死後は、彼の遺産である「海軍良識派の正統的見解」を受け継ぐ「直系」として、一九二〇年代をつうじて、ワシントン軍縮体制にコミットすることになった。

海軍軍縮条約では、米・英・日の主力艦（戦艦）、空母の保有量（トン数）比率が、いずれも五・五・三とすることに決定された。日本ははじめ、対米七割を強く主張したが、そのままでは会議が決裂し、無制限の建艦競争となり、日本は財政的に破綻するとみて、国際協調体制にしたがう立場から、アメリカの主張する対米英六割をのんだのである。首席随員の加藤寛治と随員のひとりの末次信正大佐は、アメリカ海軍に勝つことのできる最低対米七割を確保できなかったのは、屈辱的な屈服であると憤激し、承服しようとしなかった。加藤寛治の「寵児《ちょうじ》」の末次信正（軍令部作戦課長）は、加藤寛治に輪をかけた「海軍至上主義者」で、策謀家として立ちまわり、寛治のために秘密電報を起草し、加藤友三郎全権をだしぬいて激越な反対意見を海軍次官・軍令部次長宛に打電させ、七割貫徹の「強固なる決意」を求めることさえやった。しかし、舞台裏の画策はほどなく発覚し、加藤全権に詰責されるはめになった。

主力艦六割比率の受諾が決定された夜、加藤寛治は「米国との戦争がきょうから始まった。かならず報復してみせる」と、くやし涙を浮かべてどなりちらした。六割受諾の政治的決定の後遺症として、その後、海軍部内に対米七割を数字マジックとして絶対視する「艦隊派」が形成され、加藤寛治・末次信正らが軍令部のトップに昇進したロンドン海軍軍縮会議においては、日本の海軍史上における「悲劇のロンドン会議」といわれる事態を招来することになる。

対米六割をのむことを決定した加藤友三郎は、随員のひとりである山梨勝之進大佐をさきに帰国させ、いちはやく東郷平八郎元帥に報告させた。東郷は日本海軍の大御所として、絶大なる権威をもっていた。日露戦争において加藤友三郎は東郷平八郎が司令官であった第一艦隊兼連合艦隊の参謀長として活躍した。東郷は、かつて自分の参謀長であった加藤友三郎の、理にかなった措置と、自分への素早い報告を評価し、山梨に、「軍備に制限はあっても、訓練に制限はない」と見解を語った。

帰国した加藤寛治は、すぐに東郷を訪ね、対米七割を達成できなかったことを涙を流して詫び、加藤友三郎ら全権団が軟弱であったことを訴えた。東郷はこのとき加藤寛治を「訓練に制限はない」となだめた(2)。

内外の反対・強硬派を押さえて軍縮条約を批准させた加藤友三郎は、翌年海相兼任で首相となり、二三年にワシントン条約の公布にともない、「八八艦隊計画」を「六四艦隊」に縮小し、起工中の数隻の建造を中止し、条約履行による軍艦のスクラップ化と撃沈を断行した。さらに海軍士官一万二〇〇〇名を整理した。とりわけ上級将官多数（中将級は約九割まで）を退役させた。これらの海軍軍縮政策の実行により、一九二一年度には国家歳出の三二パーセントにもふくれあがった海軍予算を二四年度からは一五パーセント台に減少させた。これらは加藤友三郎の国防観の「対米不戦論」にもとづいていた。それは、将来の戦争は国家総力戦であり、「ひらたくいえば、金がなければ戦争はできぬ」。ところがその金はアメリカの外債に依存するほかはないから、「日米戦争は不可能ということになる」。そこで、外交手段によって戦争を避け、対米関係を改善することが「国防の本義」であると考えていた(3)。

加藤友三郎首相は、中国にたいしては内政不干渉・不侵略を基本方針とし、ワシントン会議における山東問題解決にしたがい、第一次世界大戦の日独戦争で派遣した青島派遣軍の撤退を完了、山東鉄道・膠州湾租借地を中国に返還した。海相も兼任した加藤首相は、軍縮条約を履行したのち、さらに、海軍制度改正と、「対米不戦」の「国防方針」の改定などの数々の難題に取り組もうとしたが、海軍の軍備勢力拡大を否定する施策に、海軍部内から想像を絶する抵抗と反発があり、超人的な働きの結果、憔悴しきって病魔におかされ、二三年八月に六二歳で死亡した。日本海軍に確立されようとしていた対米不戦の基本方針は、強力な支えを失ってしまった。

2 「悲劇のロンドン会議」

ロンドン海軍軍縮会議(一九三〇年一月〜四月)が開催されたとき、条約を調印、批准したのは立憲民政党の浜口雄幸《はまぐちおさち》内閣であった。前年の組閣時には、政友会が第一党であったが、浜口はロンドン軍縮会議が開催された三〇年一月二一日に議会解散に打って出て、二月二〇日の総選挙で衆議院議員四六六人のうち、二七三人の絶対過半数を制し、国民の支持を得て安定した内閣になっていた。当時は、世界恐慌の深刻な影響を受けたアメリカやイギリスにおいて、財政負担を軽減するために海軍軍縮の気運が高まっていた。日本では世界恐慌の影響に、さらに農業恐慌をともなった昭和恐慌となって経済不況はいっそう深刻であった。浜口首相は財政緊縮と国際協調の立場から海軍軍縮問題を最重要課題として、幣原喜重郎《しではらきじゅうろう》を外相に起用、軍縮会議の日本側首席全権に文官出身の元首相若槻礼次郎《わかつきれいじろう》を任命した。海軍からは海相の財部《たからべ》彪《たけし》大将が全権委員、顧問として安保《あぼ》清種《きよかず》大将、首席随員として左近司政三中将、次席随員として山本五十六大佐が参列した。

会議は日米英仏伊の五ヵ国が参加し、補助艦（巡洋艦、駆逐艦、潜水艦など）の保有量を制限しようとした。日本全権団は、当時海軍軍令部長になっていた加藤寛治大将と同次長の末次信正中将らが作成した「三大原則」を貫徹することで臨んだ。加藤からの進言を受けた浜口雄幸首相もその旨を訓令した。それは①補助艦の総保有量は対米七割の維持、②大型巡洋艦（八インチ砲搭載）の保有量は、対米七割の確保、③潜水艦は現有勢力（七一隻、七万八五〇〇トン）の維持、を要求するものであった。

加藤寛治は、ワシントン会議のときは国民の支援を欠いたため、悪戦苦闘をしたという主観的な「教訓」から、この「三大原則」を、言論機関、政治団体、実業界、思想団体など、あらゆる方面にアピールし、対米七割の維持は絶対に譲れない、という異常なまでの世論固めをやった。

会議は難航し、日米間の交渉はしばしば行き詰まったが、日米妥協により、四月二二日に調印がおこなわれた。新協定は、①補助艦保有量全体で、対米英六割九分七厘とする、②大型巡洋艦では、六割二分、ただしアメリカは建艦計画を加減して、一九三五年までは日本の対米比率を七割とする、③潜水艦保有量は日米英とも五万二〇〇〇トンとする、というものであった。外務省（幣原喜重郎外相）は、①については、ほぼ日本の主張どおり、②は一九三五年までは七割の比率を保障させることを約束させ、③については、現有勢力の保持という原則からは約二万六〇〇〇トン減になったものの、日米英の均等が認められた、と評価した。浜口首相も、当時の世界的大不況にあたり、緊縮財政と協調外交を公約しているのでそれに同意した。浜口、幣原らは、日本経済を救うために、少しでも軍縮量を増大させることで妥結をのぞんでいた。それにアメリカやイギリスと戦争をする理由もないし、軍縮会議を決裂させて日本を国際的に孤立させることの方が危険であったからである。

軍縮問題の主管省である海軍省では、海軍次官山梨勝之進中将がロンドン条約の成立のために省内を統率する重責を負い、軍務局長の堀悌吉少将、海軍省副官古賀峯一大佐がそれを有能に補佐した。山梨も堀も先のワシントン会議に随員として参列し、加藤友三郎の薫陶を受けた「軍縮派」の軍政家であった。後述するように、海軍軍令部長の加藤寛治大将と同次長の末次信正中将が日本海軍の大長老であった東郷平八郎元帥と皇族という特殊な立場の伏見宮博恭大将（一九三二年に元帥）を抱き込み、海軍を条約派とそれに反対する艦隊派とに内部分裂させて、条約批准反対運動を展開した。しかし、山梨、堀、古賀らの奔走もあって、七月二三日の海軍軍事参議官会議で、政府に兵力の欠陥を補うために制限外艦船、航空兵力充実などの財政的補充を十分に保障することを認めさせたうえで、ロンドン条約に賛成との天皇への奉答文をようやくまとめ、同条約は枢密院に諮詢《しじゅん》された。そして九月一七日の枢密院審査委員会でロンドン条約諮詢案を可決、一〇月一日枢密院本会議で可決され、翌二日、浜口首相は条約の批准を声明することができた(4)。

しかし、日本海軍の「自滅のシナリオ」の歴史の歯車は、ロンドン海軍軍縮会議を契機にまわりはじめることになる。

ロンドン会議に次席随員として参列した山本五十六は、ワシントン海軍軍縮には直接関係はしなかったが、その結果から、軍縮の対象にならない航空軍備に注目するようになった。海軍大学校の教官時代（一九二一年一二月〜二三年六月）に、戦艦と航空機の攻防問題を論じ、必勝戦備は軍縮の対象とならない航空機にあると、航空軍備確立を唱えた。もともとは砲術専攻の将校であった山本は、航空の重要性を信じて、みずからの希望で、航空の分野に転身し、二四年に霞ヶ浦海軍航空隊副長兼教頭に就いた。

山本がロンドン会議に次席随員として赴任する前にワシントンにしばらく滞在したときに、当時、駐米大使館付武官補佐官であった佐《さ》薙毅《なぎさだむ》は山本にある会合で会い、ロンドン会議終了後の配属先が航空本部技術部長である旨の内報を受けた山本が大変な喜びようで、「喜色満面にあふれ希望に胸を脹らませた姿は実に印象的でいまだに忘れられない」と回想している。そして「ロンドン会議で悪戦苦闘の末、所望の補助艦兵力の獲得に破れた同少将の心中には、航本技術部長に就任後は海軍航空に新機軸を生み出し、海上兵力の不均衡を打破してみせるとの決意がぼつぼつとして湧いたことは想像に難くない。かくて昭和五年の暮、航本技術部長に就任され、翌六年秋航空本部長に就任された松山茂中将との名コンビによって、中攻の開発が進められることとなった次第である」と記している。[5]

野村實『天皇・伏見宮と日本海軍』の「ロンドン会議の山本五十六」で、「山本は、あまり知られていないが、第一次ロンドン会議のときは次席随員として、先鋭な艦隊派的態度をとっている」と書いているように、山本は海軍随員の意見をまとめて、妥協案にするどく反対し、若槻首席全権に同調した財部海相に強く意見具申し、完全に動揺した財部の指示で、若槻全権に「日本全権団員の息の根を止めるような猛烈果敢さ」で意見を開陳した。大蔵省からの随員で、アジア太平洋戦争開戦時の蔵相となる賀屋興宣が、財政面から意見を述べるといきなり山本が、「賀屋黙れ、なお言うと鉄拳が飛ぶぞ」とどなる有様だった。[6] しかし、若槻は「妥協案以上の見込みなし」との姿勢を崩さなかった。

山本五十六は、堀悌吉と親友であったことからロンドン会議において条約派の立場であったかのようにみられてきたが、そうではなかった。ましてや「軍縮派」ではなかった。麻田貞雄『両大戦間の日米関係――海軍と政策決定過程』において、麻田も「加藤寛治が高く買っていた山本五十六少将(次席専門委員)は、ロンドンで若槻・財部全権をはげしく突き上げる挙に出た」「さらに山本は、日本の主張が認められない場合は、「全海軍に大なる衝動を与え、士気の上にも」悪影響を及ぼし、「不祥事を惹起」する、と無気味な警告を発したのであった」と記し、「このような下剋上的な強硬発言は、〝軍縮派山本五十六〟の通説を修正するものといえよう」と書いている。[7]

山本は本書第5章冒頭の松田千秋元少将の【証言F】にあるように、その後、アメリカ航空兵力を仮想敵にした海軍航空の建設と強化に全力をそそぎ、やがて「日本海軍航空育ての親」といわれるようになる。山本五十六には「対米戦争回避へ尽力した智将」という「神話」があるが、彼はロンドン海軍軍縮会議に随員として参加したなかで強硬な条約反対論者だったのである。山本は帰国後すぐに海軍航空本部の出仕となり、軍縮条約の枠外にあった航空兵力の増強をめざし、対米戦に備えた航空戦力の開発・強化に邁進した。

ロンドン軍縮会議問題が「自滅のシナリオ」への歴史の歯車を大きく回転させる契機になったのは、調印された軍縮条約の批准をめぐる国会論議のなかで政友会が火をつけた「統帥権干犯問題」であった。一九三〇年四月二五日、衆議院本会議で、野党政友会総裁の犬養毅は、「政府は若槻全権に発すべき回訓決定に際し、軍令部の意見を無視して米国案を承認した。国防用兵の全責任者たる軍令部では、該案の示す兵力量では、どんなことをしても、国防の安固を期しえないといっている」と軍令部側に立って、浜口雄幸首相と幣原喜重郎外相を批判した。つづいて、政友会幹事の鳩山一郎が、つぎのように政府を攻撃した。(8)

国防計画を立てるということは、軍令部長または参謀総長という直接の輔弼《ほひつ》の機関があるのである。その統帥権の作用について、直接の機関がここにあるにもかかわらず、その意見を蹂《じゅう》躙《りん》して、輔弼の責任のない、輔弼の機関でもないものが飛び出してきて、これを変更したということは、まったく乱暴といわなくてはならぬ。私はこれをこのごろにおいての、まったく一大政治的冒険であると考えておるのである。

大日本帝国憲法一一条に「天皇ハ陸海軍ヲ統帥ス」とあるのを根拠にして、軍備など国防計画に関する事項は「統帥権」の範疇に属して、陸軍参謀総長および海軍軍令部長が天皇を直接輔弼しておこなうことであり、内閣がそれをおこなったのは「統帥権」を干犯した行為である、というのである。軍部や右翼が主張するならばともかく、政党である政友会が、立憲政治、代議制度を基本理念から否定する主張をおこなったのである。それまで、イギリス海軍にならった日本海軍では、建軍の最初から、兵力量の決定権も軍令部の人事権も、海軍大臣にあると一般的に認められてきた。それにもかかわらず、政党である政友会が、軍令部長(加藤寛治大将)の同意を得ずに条約調印の回訓を決定したことは、統帥権の干犯であると追及したのである。政友会は、さきに述べたようにこの年二月の総選挙で民政党に大敗したことへの反撃として、加藤軍令部長や末次軍令部次長らが当時なかば神様扱いされていた海軍の長老の東郷元帥と、雲の上の存在としての皇族の伏見宮大将らをかつぎあげて、強硬な条約反対運動を展開していたのを利用して、浜口内閣倒閣運動を激化させようと企んだのである。政友会幹事長であった森恪《もりつとむ》は、海軍の強硬派などと組んで、統帥権干犯論を高唱して、軍縮条約に反対し、民政党を攻撃した。

日露戦争以来、軍部は、統帥権の独立を盾に、議会の統制を極力無視し、軍の思うがままに国政を左右しようとする衝動を絶えずもっていた。大正時代の護憲運動以来の政党政治家であった犬養や鳩山らが、この軍の非立憲的衝動を知らないはずはなかった。兵力量の決定というもっとも重大な国務を、内閣の所管外であるかのように説き、ましてや統帥権干犯であると言うにおよんでは、政党政治の自殺行為に等しいものであった。その年の二月の総選挙で惨敗した政友会が、民政党から政権を奪わんとするための政略であったと思われるが、あまりに先見のない愚挙であった。犬養自身が二年後の五・一五事件で、統帥権を呼号する軍部急進派によって生命を絶たれることになったことを考えればなおさらである。

鳩山一郎らが主張した統帥権干犯問題は、条約に強い不満をもつ軍令部や右翼団体を活気づけ、以後、統帥権が軍部ファシズムの〝錦の御旗〟になり、政党政治を葬る強力な武器になってゆくのである。

浜口内閣が「統帥権干犯」をおこなって英米への「劣勢比率」をのんだことによって、「国防の危機」が高まったという意識は、「有終会」(予後備海軍士官の団体)、海軍軍縮国民同志会(代表は、大山勇夫中尉が傾倒した右翼の大物頭山満)、愛国勤労党、日本国民党、黒龍会、興国義会などの右翼諸団体に浸透、おりからの不況や政党政治の腐敗、また幣原協調外交のもとでの満蒙問題の行き詰まりのなかで、統帥権干犯の元凶を殺害し、議会政治の打倒をめざす右翼テロを助長する社会風潮を醸成していった。国会において、ようやくロンドン条約を批准させ、三〇年一〇月二七日、フーバー米大統領、マクドナルド英首相とともに、世界に向けて軍縮記念放送をおこなったばかりの浜口雄幸首相は一一月一四日、東京駅駅頭で右翼の佐郷屋《さごうや》留雄《とめお》（二三歳）に狙撃されて重傷を負った。その後、政友会の執拗な要求により、無理を押して議会に登院したため、病状を悪化させ、翌年八月二六日に死去した。

佐郷屋は岩田愛之助が組織する愛国社に参加、浜口内閣の緊縮政策による社会不安とロンドン条約による軟弱外交を不満としていたところ、国粋主義団体の政教社のパンフレット「統帥権問題詳解」を読み、憤慨して犯行におよんだのである。佐郷屋は手記に、浜口内閣が軍部の意見を無視して米国の主張に屈し、兵力量決定に関する大権を干犯したことに痛く《(ママ)》憤慨したる結果、時の内閣総理大臣浜口雄幸を殺害せむと決意した、と書いていた(9)。

佐郷屋は最初死刑が確定したが、恩赦で無期、一九四〇年に皇紀の「紀元二六〇〇年」の奉祝の恩赦として減刑で仮出獄となり、岩田愛之助の女婿となった。戦後は名前を嘉昭と改名して、日本国粋会参与、大日本護国団結成など、右翼の名士として顔をきかせ、一九七二年に亡くなった。佐郷屋の生涯は、戦後もふくめて、政治支配層が右翼テロを政治利用する構造が日本社会に温存されていることを物語っている。

以後の歴史が示すように、政友会が火をつけた「統帥権干犯問題」は、軍部・右翼勢力が議会政治、政党政治を攻撃して政治テロを繰り返し、やがて五・一五事件や二・二六事件を引き起こす起爆剤となっていった。政党自らが議会政治の生命を断つ歴史的愚挙を犯してしまい、軍部ファシズムの成立へと歴史の歯車を大きく回転させてしまったのである。

加藤寛治軍令部長は、三〇年六月一〇日、政府が軍令部と交渉せずに兵力量の変更をおこない、同意を得ないで独断的に上奏した回訓決定は、天皇の統帥大権を犯すものであるとして、政府を弾劾する趣旨の「帷幄上奏《いあくじょうそう》*」をして、辞表を提出した。

＊ 軍部が、内閣総理大臣とは独立に、軍事に関し天皇に上奏することで、大本営同様に戦陣にちなんで帷幄（戦陣のテント）の文字をつけた。帷幄上奏をおこなえる人は、陸軍参謀（総）長、海軍軍令部（総）長、陸海軍大臣である。

ロンドン会議が海軍史上「悲劇のロンドン会議」といわれるのは、ワシントンおよびロンドン軍縮条約の成立に尽力した軍縮支持派の「条約派」と、条約に反対し米英を仮想敵とした海軍軍備の拡張を主張した「艦隊派」との派閥に海軍部内が分かれ、大きく対立するようになったためである。伝統的に形成された海軍派閥のなかで、海軍省の枢要ポストを歴任した行政・事務手腕にたけた秀才型のエリート士官たちは「軍政派」と称され、「海軍良識派」ともいわれたが、それは「条約派」と重なっていた。いっぽう、軍令部参謀の経歴を経て、作戦部長・課長などの軍令部の要職に就く、純軍人タイプの猛者の士官たちは、「統帥派」と称され、「強硬派」が多く、「艦隊派」と重なった。(10)

これまで、海軍は、陸軍と異なり、伝統的に部内統一が比較的円滑におこなわれてきたが、「統帥権干犯」問題を契機に、大きな転換期に入った。それは、上述のように、軍備と外交・財政を総合的に考察し、合理的な立場からロンドン海軍軍縮条約を受け入れた「条約派」と、軍備と外交・財政を二元的に並列し、対米比率七割を絶対視して軍縮条約を否定する「艦隊派」との対立が本格

化したことである。(11)

3 「海軍良識派」を追放し大海軍主義へ

加藤寛治軍令部長の後任は、大将という階位にあった谷口尚真《たにぐちなおみ》が就いたが、彼は「条約派」であった。一九三一年九月一八日、関東軍参謀の板垣征四郎大佐と石原莞爾中佐が謀略によって柳条湖《りゅうじょうこ》付近の南満州鉄道を爆破させ（柳条湖事件）、これを中国軍の仕業として満州事変を起こすと、谷口は、軍令部長として満州事変の拡大に強く反対し、浜口内閣をひきついだ若槻礼次郎内閣の不拡大方針を支持した。しかし、関東軍の現地独断による軍事行動は、「満州」の土地と資源を獲得することによって日本の不況からの脱出と富国化がはかれるかのように「満州は日本の生命線」とうたう軍部やメディアに煽動された国民の支持を得て、さらに拡大し、三二年三月一日には「満州国」を樹立するにいたった。これにより陸軍は、前年陸軍の軍事予算の五倍の満州事変特別軍事予算を獲得し、陸軍の大幅な軍備拡大に成功した。このため、民政党の若槻内閣は不拡大方針の破綻により総辞職し、代わって政友会の犬養毅内閣が成立した。

関東軍ならびに陸軍の軍備拡大に刺激された加藤寛治（軍事参議官となっていた）らは谷口を軍令部長から引きおろし、皇族の伏見宮をまつりあげようと画策した。加藤はロンドン条約反対のシンボルにした東郷元帥をかつぎだして、東郷から伏見宮を軍令部長にと言わせて誰も反対できないようにした。そして犬養内閣の海相になった大角岑生《おおすみみねお》大将を引き入れて画策に成功、三二年二月に、伏見宮を軍令部長に就任させたのである。軍政の大角、軍令の伏見宮のコンビの成立によって、海軍の「自滅のシナリオ」が本格的につくられていくことになる。その前に、三一年一二月一日に第三戦隊司令官に就任した「海軍良識派」であった堀悌吉少将が、謀略によって開始された第一次上海事変（一九三二年一月二八日〜五月五日）をどう考えたか、本書で詳述してきた第二次上海事変と比較する意味で簡単に紹介しておきたい。

第一次上海事変は、「満州国」樹立のための陽動作戦として、謀略により引き起こされた。中国国民政府が国際連盟に、柳条湖事件は関東軍の謀略によるものであり、満州事変はワシントン会議で成立した九ヵ国条約に違反すると訴えたのにたいし、国際連盟理事会はリットン調査団の派遣を決定した。関東軍参謀の板垣征四郎は、こうした国際連盟や国際世論の非難の矛先を「満州問題」から逸らすために、上海駐在陸軍武官補の田中隆吉少佐に、上海で事件を起こすよう依頼した。田中は「男装の麗人・東洋のマタ・ハリ」といわれた川島芳子（清朝末期の王族粛親王の第一四王女、愛新覚羅《あいしんかくら》顕玗《けんし》、金璧輝）とコンビを組んで、中国人に日本山妙法寺の僧侶・信者を襲撃させ、日本人居留民青年同志会員がそれに復讐する衝突事件を起こさせた。呉鉄城《ごてつじょう》上海市長は日本側が突きつけた加害者の処罰と被害者への賠償、排日取締りなどの要求を全部承認したにもかかわらず、三二年一月二八日日本海軍陸戦隊は、中国第十九路軍のバリケードを襲撃し、第一次上海事変が開始された。

海軍は第三艦隊を編成（司令長官野村吉三郎中将）、軍艦五〇隻と第一航空戦隊を投入した。堀悌吉少将が司令官となった第三戦隊第一水雷戦隊も第三艦隊に編入され、戦闘に参加した。世界の注目が上海に注がれている間に、関東軍参謀板垣、石原らは工作を進展させ、三二年三月一日に「満州国」の建国宣言をおこない、陽動作戦としては「成功」した。海軍もまた臨時軍事費を獲得できたので、五月五日に第一次上海事変の停戦協定が成立し、日本軍は撤退を開始した。

しかし、日本国内では、政友会の犬養毅内閣が、満州事変にたいしては、民政党の若槻前内閣よりは格段と軍部に協力的であったが、国際孤立を憂慮して満州国の建国には反対し、満州事変の戦闘停止や上海事変の停戦に努めた。これに反発した海軍青年将校グループが「国家改造」をとなえて決起、犬養毅首相を殺害した（五・一五事件）。五・一五事件以後、右翼団体の活動はさらに活発化し、統帥権を錦の御旗にした軍部の政治介入がいっそう強化され、議会政治、政党政治は終焉をむかえることになった。犬養毅や鳩山一郎ら政友会幹部が政争のために火をつけた「統帥権干犯」問題が、五・一五事件を引き起こし、軍部独裁政治の確立へと歴史の歯車を大きく回転させることになったのである。

五・一五事件についても是非指摘しておきたいのは、戦前・戦後をつうじた日本の政治、社会における右翼の政治テロを温存して、民主主義破壊のために利用する体質である。「話せばわかる」と言った犬養首相を「問答無用」と射殺した三上卓海軍中尉は、反乱罪で禁固一五年に処せられたが、一九三八年には仮出獄し、四〇年には皇道翼賛青年連盟を結成して委員長となり、戦後も右翼として活動、落選したものの参議院選の全国区に出馬して、八万九六四一票を獲得している。牧野伸顕内大臣官邸を襲撃した古賀清志海軍中尉は、禁固一五年の判決を受けたが一九四〇年の皇紀「紀元二六〇〇年」の恩赦で保釈され、その後不二人《ふじと》を名乗り、海軍特殊部などに勤務したのち、宝運汽船の取締役となり、戦後も海運会社を経営するかたわら、右翼活動もつづけたのである。

堀悌吉のことに話を戻せば、第三戦隊司令官として、第一次上海事変の戦闘に参加した堀は、そもそも謀略で起こした戦闘において、戦時国際法を無視し、兵力を濫用し、無分別な戦闘を起こすような海軍陸戦隊を、友軍と呼ぶのを恥ずかしく思い、自己の指揮する第三戦隊においては、幕僚以下水兵にいたるまで、国際慣例を絶対に遵守し、国際公法を犯さないよう厳しく指導した。こうした堀司令官の作戦指揮は、第三艦隊以外の幹部たちからは、「自分のやり方に対する一部の人たちの攻撃に一身を曝すことになったのは心外」と堀自身が書いているように非難されたのである。こうした海軍にたいして堀は鬱積した痛憤をつぎのように書いている。(12)

自分は上海事変に参加して、かかる協同作戦に従事したことをもって一大不快事と感じ、少しも名誉とは心得なかった。帰還してからも、彼の地で精神上に蒙った創痍《そうい》を、さらにかき毟《むし》ることを欲しなかったので、上海戦争の話はつとめてこれをせぬようにしていたものである。また同僚だった某々らがわかり切った虚言を公然と吐いて、自慢話や功名談をするのを聞いて、その浅間しさに驚きも片腹痛くもあったが、自分はこれらの斗筲《とそう》の小人輩と諍うようになるのを厭うて何もいわなかった。後になって事変関係者に対する論功行賞があったが、功績調査に当たっている人々の顔振れを見れば、その趣向はほぼこれを予見することが出来るので、とくに陳情も運動も試みる気にならず、自分は与えられたものに甘んじて何もいわぬことにしていた。

さらに堀悌吉元中将の自伝のなかでは、つぎのように厳しく第一次上海事変を批判した。(13)

「子々孫に至るまで斯かる海軍の人となる勿れ」之は昭和七年上海事変の現地に於いて深く感じた所である。抑々《そもそも》昭和七年一月末の上海事変は、第一遣外艦隊の無分別、無定見に依り起こされたものである。従て全く無名の師である。

素因既に然り、次に来たものは平戦時公法の無視蹂躙、兵力濫用の修羅場である。戦果誇張、功名争いの餓鬼道の展開である。更に同僚排撃の醜悪なる畜生道である。一言にして上品に言うても武士道の極端なる堕落である。斯様な場所で斯様な友軍と協同して警備に従事せねばならなかったのは自分の不幸な廻り合わせである。

堀悌吉は、第一次上海事変の「素因」は、「第一遣外艦隊の無分別、無定見に依り起こされた」「全く無名の師（名義のたたない、正しい理由のない出兵）」であるとまで断言している。第一次上海事変の際に、日本軍として最初に軍慰安所を設置したのも海軍であった。[14]

第一次上海事変においては、堀のように謀略的な海軍の作戦を批判し、また国際戦時法を遵守しようとする「海軍良識派」の司令官がまだ存在したのである。その堀も、さきに述べた大角海相と伏見宮軍令部総長のコンビによって、一九三四年一二月に五一歳の若さで予備役にまわされてしまうことになる。

ロンドン条約における「天皇統帥権干犯」に抗議して加藤寛治が辞任した軍令部長の後任となった「条約派」の谷口尚真大将を引きずり降ろし、伏見宮を軍令部長に就けようとはかったのは加藤寛治で、そのために東郷元帥を利用した。『加藤寛治日記』には、加藤の裏工作ぶりが率直に書かれている。[15]

【一九三一年一二月十八日】　早朝荒木陸相を代々幡に尋ね、閑院宮参謀総長御内諾を確かめ、安保に相談。伏見宮に伺候御内意を伺い、東郷元帥之同意を求め、再び安保に報じ直に安保より大角海相に相談、遇然《(ママ)》の暗合とて快諾、大角、荒木の会見となる。……小笠原この日大いに元帥に説く。元帥時機の問題にて少しこだわられたるが故也。

加藤寛治は、皇族の閑院宮載仁親王が満州事変をきっかけに陸軍参謀総長に就任（一九三一年一二月二三日）することを確認すると、ロンドン会議の全権顧問で、直後に海相となった安保清種大将（三〇年一〇月三日～三一年一二月一一日まで海相）に相談して、同じ皇族の伏見宮を軍令部長に就ける裏工作を開始したのである。まず、伏見宮の意向を確認し、ついで東郷元帥の同意を求めたうえで、安保から大角岑生海相にその旨を伝えさせて快諾を得、大角は荒木貞夫陸相と会見して了解を得たのである。ただし、東郷元帥が伏見宮の就任の時機にこだわったので、東郷元帥の側近で宮内省御用掛をつとめていた小笠原長生《おがさわらながなり》中将に、大いに説得させたのである。こうして、加藤の思惑どおり順調にことが運ぶと思っていたところ、以下のような事態が発生した。

【一二月二十日】　安保来たり。昨十八日より大角へ閑院宮総長反対に付、伏見宮の御口添にて中止を努め方申し出て、既に御内奏済の旨答えられ、午後突然辞意の撤回の事申し出たるに由り、大角窮迫、本問題一時見合わせを申し来る。午後宮に御断り元帥に報告、安保に深夜迄語る。元帥大御不満（財部か岡田の入知恵か、谷口に辞職勧告せよと迄云わる）、前後策《(ママ)》に終夜眠らず。先ず静観する事とす。嗚呼谷口の態度可唾棄。
【二月二十一日】早朝安保に書信し、大角、谷口の態度の重大性を戒む。安保、大角に告ぐと約す。煩悶々々。

写真9　加藤寛治

「統帥権干犯」を叫んでロンドン軍縮条約に反対した「艦隊派」が、皇族の伏見宮を軍令部長にまつりあげ、軍備拡張を推進して対米強硬路線を突き進もうとしているのを察知した「条約派」の財部彪大将や岡田啓介大将さらに最後の元老となった西園寺公望らが、谷口尚真の軍令部長辞任を撤回させたのである。岡田啓介は後に海相となり、首相となったが、二・二六事件で、統帥権干犯と天皇機関説への対応が軟弱として反乱軍に襲撃された。しかし、秘書をしていた義弟の松尾伝蔵陸軍予備大佐が人違いされて身代わりとなり、難を逃れた。アジア太平洋戦争の末期、蔭から東条内閣の倒閣を画策、実現の後は終戦工作に尽力した。

日記では、伏見宮に就任一時見合わせの断りと東郷元帥へのその旨の報告をしたこと、東郷元帥が「財部や岡田の入知恵の結果」かと憤懣を吐露し、「谷口軍令部長に辞職勧告をせよ」とまで慷慨したとある。「ああ、谷口の態度（豹変）は唾棄すべき」とまで書いた加藤は、悶々として一晩眠れなかったのである。日記からは、加藤寛治の人となりがよくうかがえるが、このような人物が海軍のトップにい

写真10　伏見宮博恭王

て、絶大な影響力をもっていたのである。

加藤寛治の日記から、その後、加藤が谷口軍令部長を辞任に追い込むために、執拗に裏工作をつづけ、四面楚歌的状況に追い込まれた谷口が精神的ストレスから持病である糖尿病と痔病を悪化させ、ついには辞表を再度提出せざるを得なくなった経緯がわかる。谷口は伏見宮と軍令部長を交替する二月二日の前日に開かれた軍参議官会議で、一月二八日から開始された第一次上海事変の対策を検討したとき、「陸軍部隊を派遣して、事変が拡大すれば、対英、対米戦になりかねない」と懸念を表明したところ、東郷元帥が激怒して、谷口をこっぴどく面罵した。加藤は二月一日の日記に「谷口、元帥より叱責せらる」と書き、二月二日の日記に「軍令部長交代、全海軍感喜《ママ》」と記した。

一九三二年二月二日に軍令部長に就任した伏見宮大将は、同年七月に元帥となり、東郷元帥とともに、海軍の元老となった。元帥には終身現役の特典があたえられ、三三年一〇月には軍令部長を軍令部総長とより権威のある名称に変え、一九四一年四月まで九年間もその座にあった。二月二〇日に伏見宮を訪問した加藤寛治は、日記に「午後三・三〇殿下に拝謁、〇〇御心配の事と申し上げ御奮起を願い奉る。御決心実に可驚、〇〇戦争不可避はやるべしと仰せらる」と記している。[16] はじめの〇〇は「陸下」で、つぎは「対米」であろう。伏見宮は、東条内閣の嶋田繁太郎海相に対米英開戦を迫るが、すでに一〇年ほど前の軍令部長就任当初から、「不可避となったら対米戦争をやるべし」と意気込んでいたのである。

大海軍主義を唱え、対米英強硬論者であった伏見宮が長きにわたり軍令部長・総長をつとめたことは、海軍がアジア太平洋戦争への「自滅のシナリオ」に向けて歴史の歯車をまわす、決定的ともいえる役割をはたした。伏見宮は、その取り巻き連、とりわけ加藤や末次信正に動かされやすく、皇族部長の威光を笠に着た軍令部次長が、海軍大臣を圧迫し、軍令部による横車を押して、「艦隊派」「統帥派」の勢力をかためていった。宮様総長は、自己の過誤にたいして責任を問われることのない、雲の上の存在だったので、軍令部の首脳にとっては権威ある恰好な隠れ蓑になった。

伏見宮の軍令部長就任と同時に二月八日、軍令部次長に加藤寛治の懐刀である高橋三吉中将が就任し、皇族の伏見宮の権威を「統帥権」としても利用しながら軍令部の実権を握った。こうして軍令部は、伏見宮部長、高橋三吉次長、第一班長及川古志郎《おいかわこしろう》中将、第一班第二課長南雲忠一大佐らのロンドン軍縮条約に反対した艦隊派が掌握するところとなり、東郷元帥に取り入ってその権威を最大限利用した加藤寛治が影の軍師となって、おおむね条約派とされた人物が集まっていた海軍省にたいし、一致して圧力をかけ、海軍省にたいする軍令部の権限を増大させた。

その一つが、高橋三吉軍令部次長が、「軍令部の案が通らなければ伏見宮殿下は部長をやめると言っておられる」などと、皇族の伏見宮の権威を背景に大角岑生海相に圧力をかけて実行させた、一九三三年から三四年にかけてのいわゆる「大角人事」である。これにより、「条約派」と目される人材のほとんどが海軍部内から一掃され、予備役に編入された。前軍令部長の谷口尚真大将、前海軍次官の山梨勝之進大将、ロンドン会議の海軍首席随員をつとめた左近司政三中将、前海軍省軍務局長寺島健中将、前海軍省軍務局長ならびに前述のように第三戦隊司令官をつとめた堀悌吉中将、軍務局第二課長、アメリカ駐在武官などをつとめた坂野常善《さかのつねよし》中将ら、ワシントン、ロンドン両軍縮条約の締結、批准に努力した「海軍良識派」が現役からパージされた。

これらは、ワシントン軍縮条約、ロンドン軍縮条約に強硬に反対しながら「条約派」「軍縮派」に敗れた加藤寛治大将が黒幕となって強行させた、報復的な人事であった。いっぽう加藤の「寵児」で、「艦隊派」の中心人物の一人である末次信正大将は連合艦隊司令長官に起用された。こうして国際的な視野をもつ逸材を「大角人事」で失った海軍では、加藤寛治・末次信正派への対抗勢力もなく、多分に一方的な対米危機感とバランスを欠いた強硬論がまかり通るようになった。

もう一つは、「海軍軍令部条例」が「軍令部条例」に改正され（一九三三年九月二六日）、陸軍の参謀本部に模倣して、海軍軍令部長を総長に、班長を部長に改称するようになった。ほぼ同時に「省部互渉規定」も改正され、「海軍省軍令部業務互渉規定」となった（一〇月一日）。これらの改正によって、海軍大臣が平時保有していた軍隊指揮権が削られ、もっぱら軍令部総長の権限下におかれた。同時に、軍令部総長は、各艦隊や鎮守府司令長官、各要港部の司令官にたいして、年度作戦計画の関連事項を直接的に指示できるようになった。そして、年度作戦計画も、もっぱら軍令部第一（作戦）部だけで立案され、天皇に奉呈するまでに海軍大臣に商議するという従来の慣例を捨てて、参内奉呈の直前に軍令部次長が海相に内覧させるだけとなったので、海相のもつ部内統制力は大幅に縮小された。

加藤寛治は日記（一九三三年九月二一日）に「午後三時非公式軍事参議官会議、軍令部条例改正の件可決し、統帥権確立す。右に依り予立て挨拶。部長宮殿下御挨拶、海相に給わる。海相感激御礼申上ぐ」と書いている。「統帥権確立」とは、軍政機関として海軍省がもっていた編制大権も軍令機関たる軍令部の統帥大権にふくまれるという統帥権独立の拡大解釈を既成事実化し、軍令部が海軍省にたいして圧倒的優位を得ることを意味した。さらに海軍軍令部が「統帥権」を輔弼して、政府・議会の統制を受けることなく、独自に軍政・軍令の活動ができるようになったという意味でもある。加藤の日記から、これらの改正を強行した伏見宮の背後で、加藤が東郷元帥をかつぎ、影の軍師となっていたことがわかる。

こうして、軍令部総長は陸軍の参謀総長と同等の軍隊指揮権を保持することになり、海軍の統帥権独立制は、陸軍のそれと何ら変わらないものとなった。伏見宮を軍令部総長にまつりあげての海軍軍令部の権限拡大は、建軍以来海軍省主導であった日本海軍を、軍令部主導の日本海軍に変えるものであった。従来海軍大臣は前任者が天皇に推薦し、天皇の裁可によって就任していたが、今後は、伏見宮の同意がなければ、天皇に推薦できないという不文律が確定された。そのうえ将官級の高級人事も、伏見宮の同意がなければ実行できなくなり、伏見宮に嫌われた将官たちは、前述のように、現役から追放されるまでになった。こうして、伏見宮は海軍の死命を制する超法規の特権をにぎり、日本海軍は、伏見宮軍令部総長の海軍のようになった(17)。

伏見宮は一九三二年二月に軍令部長に就任して以後、同年七月に東郷元帥とならんで元帥となり、三三年一〇月に軍令部総長と改称して以後、アジア太平洋戦争の開戦がほぼ決定的となった四一年四月まで、海軍史上異例となった九年間の長期にわたりその任に君臨した。本書で叙述する海軍の「アジア太平洋戦争への「自滅のシナリオ」」は、伏見宮軍令部総長のもとで計画、実行されていくことになった。

4　南進政策を「国策」とする

関東軍が謀略によって満州事変を起こし、「満州国」を建国すると、それが政府・国民の支持を得て、一九三二年度に満州事変臨時軍事費二億七八二一万円（同年度予算の歳出の一四・三パーセント）が認められた。前年の三一年度の一般会計の陸軍軍事費は一億六二〇二万六〇〇〇円であったから、平年の予算の約二倍にあたる大増額であった。さらに三一年から四一年までに支出された満州事変臨時軍事費は合計一九億五〇七万円にも達し、陸軍はこの予算を利用して陸軍の拡張をおこなった。陸軍が戦争を起こして予算を獲得したという実績を目の当たりにした海軍エリート層の間に、大海軍主義をかかげて対米強硬論を唱え、対米軍備拡張を叫ぶ加藤寛治・末次信正らの「艦隊派」勢力が急速に伸張していったのは、前述したとおりである。

一九三六年は、軍備拡張をめざす海軍にとって画期的な年となった。日本政府は、一九三四年一二月にワシントン海軍軍縮条約の廃棄を通告して脱退していたが、さらに一九三六年一月に第二次ロンドン海軍軍縮条約を脱退し、翌年から海軍軍縮無条約状態に入ることになった。国際条約による足枷を取り払った海軍は、一九三七年度から六ヵ年（航空兵力は四ヵ年）で完成させる軍備拡張計画を立てた。それは、大和型戦艦二隻の建造とともに、航空兵力の増強、同造修施設の拡充、航空本部機構の拡充など、航空関係に力が入れられた。(18)

一九三六年二月二六日、陸軍の皇道派青年将校が指揮下の部隊を率いて、「昭和維新」を決行するとして、内閣・軍部の要人を殺害するクーデターを企て、斎藤実《まこと》内大臣、高橋是清《これきよ》蔵相、渡辺錠太郎教育総監を殺害、鈴木貫太郎侍従長に重傷を負わせた二・二六事件が発生した（海軍の岡田啓介首相も当初殺害されたものとみなされたが、前述のように、秘書をしていた義弟が岡田と人違いされて殺害された）。クーデター部隊は、首相官邸・陸相官邸・陸軍省・警視庁を占拠して永田町一帯を制圧、天皇に「蹶起趣意書」を上奏、「昭和維新大詔」の渙発、真崎甚三郎《まさきじんざぶろう》大将への大命降下と暫定内閣の組閣、という計画で、真崎らもこの線で行動した。しかし、激怒した昭和天皇によってクーデター部隊は「反乱軍」と断定されて、鎮圧された。そして戒厳状態がつづくなかでの非公開・弁護人なしの特設軍法会議の裁判によって、青年将校の一五名が銃殺刑に処された。その結果、皇道派に対抗する勢力であった統制派が軍部主流となり、「粛軍」と称して皇道派勢力を一掃するいっぽうで、事態をカウンター・クーデターとして利用、その威圧効果を最大限利用して、対米英協調的ないし自由主義的勢力を屈服させ、軍部独裁体制を強化させた。事件で倒れた岡田啓介内閣に代わった広田弘毅内閣では、陸海軍大臣・次官の現役制が復活させられ、軍部はこれを武器にして内閣の死命を制することになった。

加藤寛治の日記からは、加藤が皇道派の指導者であった真崎甚三郎や荒木貞夫と気脈を通じて行動をともにしていたことがわかる。陸軍のような皇道派と統制派の対立はなかった海軍では、まさに「知能犯」ぶりを発揮して、二・二六事件以後の軍部威圧効果を最大限に利用して、大海軍主義の実現に向けて、海軍軍備拡張政策を大車輪で推進した。

その一つが、「帝国国防方針」の改定であった。それは「国策」として、陸軍、海軍の「国防に要する兵力」「帝国軍の用兵綱領」を規定して、軍事予算の獲得に密接にかかわっていたからである。「帝国国防方針」は、最初は日露戦争後の一九〇七年に制定され、仮想敵国の第一がロシア、第二がアメリカ、ドイツ、フランスとされた。これにより陸軍の軍備拡充が第一とされた。一九一八年には一部補修され、第一の仮想敵国はロシアと変わらず、第二がアメリカ、第三が中国とされた。一九二三年の「国防方針」の第二次改定では、ロシアの崩壊を受けてアメリカが第一の仮想敵国、第二がソ連、第三が中国となっていた。満州事変は、ソ連を仮想敵国とし「北進論」を唱える陸軍が引き起こしたものであった。

二・二六事件が発生したときの海軍首脳は、軍令部総長が伏見宮元帥、軍令部次長が嶋田繁太郎中将、海軍大臣が永野修身大将、海軍次官が長谷川清中将という顔ぶれであった。嶋田は、伏見宮の思想、性格、好みを知り、伏見宮の気にいるように動いたので、伏見宮第一の寵臣《ちょうしん》となり、格別の恩恵を受けて昇進をとげ、アジア太平洋戦争開戦時の東条英機内閣のナンバー・ツーの地位に昇りつめる（後述）。永野は伏見宮の第二の寵臣となり、伏見宮のあとをついで軍令部総長となる（一九四一年四月）。一九三七年二月から一二月まで連合艦隊司令長官をつとめ、四三年六月には元帥にまで昇りつめた。永野は対米英強硬派で、後述するように、対米英戦を決定づける南部仏印進駐をおこなわせた。[19] 長谷川は、三六年一二月に山本五十六中将と海軍次官を入れ替わり、第三艦隊司令長官となり、第1章と第2章で詳述したように、大山事件の仕掛けにかかわり、海軍主導による日中戦争の全面化をはかった。

大海軍主義を唱え、対米英強硬論者であった伏見宮軍令部総長の息のかかった海軍首脳がそろった海軍中央は、二・二六事件以降の、軍部独走をチェックする機能を喪失した日本の政治、社会状況を利用して、アジア太平洋戦争への「自滅のシナリオ」を決定づけた「南進政策」を「帝国国防方針」に加えさせ、「国策」としたのである。それは、対米英戦準備を「国策」に定めることによって、海軍軍備大拡張に必要な軍事予算を獲得するためであった。

二・二六事件の衝撃に日本が揺れていた三月、海軍中央は「海軍政策及び制度研究調査委員会」を設置、海軍次官の長谷川清中将を中心に、四月ごろ、日本の南方進出をはかる「国策要綱」を作成した。それは「南方諸邦は、帝国の国防強化、人口問題解決、経済発展上最重要視すべき方面にして……我が勢力を扶植伸長」するのは「帝国必然の使命なり」とし、そのために「当然覚悟すべき英、米、蘭等の圧迫阻碍に対し、常に慎重の用意をもって臨み、且つ万一に対する実力の準備完成を要す」というものであった[20]。

これにより、海軍は、南方諸邦すなわち東南アジアへの進出、とりわけ石油資源を獲得するために蘭領インドシナ（インドネシア）への進出をめざし、その背後にある英米との軍事的衝突にも備えて軍備拡充をおこなうことを国策としたのである。なお、日本海軍はイギリス海軍をモデルにして建軍をはかり、日本は日英同盟時代（一九〇二年〜一九二二年）を歩んだが、ついにイギリスを仮想敵国とするようになったのである。

つづいて同年六月、海軍のイニシャチブによって「帝国国防方針」の第三次改定がおこなわれ、対ソ戦を第一目標にかかげて対ソ戦軍備を要求する陸軍にたいして、海軍は対米戦を第一目標にして対米戦軍備の優先を主張して対立したが、結局は妥協して、海軍と陸軍の競合的な主張を併記した「南北併進論」が決定された。それは、「帝国国防方針」を「帝国の国防は、帝国国防の本義に鑑み、我と衝突の可能性大にして且強大なる国力殊に武備を有する米国、露国を目標とし、併せて支那、英国に備う。之が為、帝国が国防に要する兵力は、東亜大陸並西太平洋を制し、帝国国防の方針に基づく要求を充足し得るものなるを要す」とし、「用兵綱領」を「帝国の戦時に於ける国防所要兵力左の如し。陸軍兵力＝五〇師団および航空一四二中隊を基幹とす。海軍兵力＝艦艇　主力艦一二　航空母艦一二　巡洋艦二八　水雷戦隊六（駆逐艦九六隻）　潜水戦隊若干（潜水艦七〇隻）航空兵力＝六五隊」と定めた[21]。

ついで、同年八月七日、広田内閣の首相・外・蔵・陸・海の五相会議は帝国国防方針の改定を受けて、南北併進の戦略とそのための軍備拡充を定めた「国策の基準」を決定した[22]。そして陸海軍は「帝国国防方針」「用兵綱領」の改定にそって、軍備の大拡張に突きすすみ、広田弘毅内閣は、軍部の要求をほとんど丸のみにして大軍備拡張予算案を編成した。馬場鍈一《ばばえいいち》蔵相は、軍部が強く望んでいた軍事予算の大膨張を認め、「馬場財政」といわれる軍事費主導型の予算を作成した。一九三七年度予算案三〇億三九〇〇万円は、前年度に比べ七億二七〇〇万円の膨張であり、歳出の四六・四パーセントが軍事費で占められた。馬場蔵相はこれを公債の大増発と大増税によってまかなう方針をとった。

海軍は「国策の基準」の「海軍軍備は米国海軍に対し西太平洋の制海権を確保するにたる兵力を整備充実す」という基準を実現するために、戦艦大和・武蔵以下六六隻の艦艇ならびに航空隊一四隊増設を五ヵ年で実現するという第三次補充計画を成立させ、同年末の第七〇回帝国議会において、六ヵ年度の継続費八億円の予算を認めさせた。

こうした南進の国策は、対米軍備の拡充とその予算・資材の獲得をはかるために、海軍の組織的利益にもとづいて逆算的に導き出されたものであった。海軍上層部にとっては、日米戦争が日本に壊滅的危機をもたらすであろうという国家の命運よりも、陸軍に対抗して海軍軍備の強大化をはかることの方が重要だったのである。

「国策の基準」で対米戦に備えた航空戦力の開発・拡充が急務であることを強調した海軍は、伏見宮軍令部総長の指示で、海軍大学校に「対米作戦用兵に関する研究」(一九三六年一一月付)をまとめさせた。そこには、総合的な物量と戦力でかなわないアメリカにたいして、開戦直前に急襲を準備し、「開戦前、敵主力艦艇特に航空母艦が真珠湾に在泊する場合は、敵の不意に乗じ、わが航空母艦航空機および大型並びに中型飛行艇による急襲をもって開戦するの着意あるを要す(比島方面も同時空襲を行うものとす)」という真珠湾攻撃のシナリオがすでに登場した[23]。

また、「国策の基準」の採択により、海軍の南方進出へのプログラムを進めるために、「南進中継基地」の建設という「自滅のシナリオ」に向けた具体策の段階に入った。それは、南方進出への跳躍台、軍事的拠点を南シナ海に確保することに重点が移ることになり、本書第5章、第6章で詳述する、海南島、北部仏印、南部仏印などにおける航空基地の建設、南進のための基地部隊の拡大配備という海軍の侵略政策となって推進されることになる。

こうして、海軍軍縮条約のくびきから自由になり、大海軍主義の実現に大きく前進した海軍は、中国の「宝庫」をめぐる日米の角逐は、やがて太平洋を舞台とする日米両海軍の一大争覇戦を導かずにはおかない、そのためには対米戦を目標に軍備を強化して南進態勢を固めるという「北守南進論」の現実的緊急性を政府、国民に認識させる必要があった。そのためには、陸軍が満州事変であげたような戦争実績を、海軍の縄張りである華中、華南において、それも航空兵力によってあげる機会が到来することが望まれた。

5　一九三六年に準備された海軍の日中戦争

一九三六年が海軍航空戦略にとって画期的な年となったのは、九六式陸上攻撃機が完成したことである。同機は山本五十六が海軍航空本部技術部長のとき（一九三〇～三三年）に開発構想した、陸上基地発進の長距離攻撃機であった。前述したように、ロンドン軍縮条約により、巡洋艦、潜水艦、駆逐艦の保有制限を加えられた海軍は、委任統治下にあった南洋諸島を陸上基地とし、漸減作戦と航空決戦時に西進するアメリカ艦隊を迎え撃つ長距離陸上爆撃機の開発に乗り出した。飛行艇は荒天時には活動できないが、陸上機であればそのハンデはないとも考えられた。漸減作戦とは、西進してくるアメリカ艦隊をその途上で攻撃して逐次その勢力を減殺する作戦のことで、後述するアメリカの「オレンジ計画」に対抗するものである。

一九三五年に航空本部長になった山本は、戦艦よりも航空戦力を主力とする戦略思想に立って、爆撃機、戦闘機の開発に努めた。その結果、山本が構想した陸上基地から敵艦隊を攻撃するための攻撃機が三菱重工で開発され、一九三六年が皇紀二五九六年だったので、下二桁をとって九六式陸上攻撃機（中型攻撃機、中攻と略称される）と名付けられた。「陸上」とわざわざ海軍が記しているのは、「大きすぎて空母に乗らない」という意味である。同機は、搭乗員七名、最高時速三七七キロ、航続距離四三八〇キロで、当時にあっては格段に航続力がすぐれていた。(24) 三菱重工は同年、世界水準に達する単座戦闘機の九六式艦上戦闘機も完成させている。同機は零式艦上戦闘機いわゆる零戦の主任設計者である堀越二郎が開発したものであるが、次章で詳述する。

海軍航空本部は、一九二七年四月に創設された海軍の航空に関する行政、教育、技術の中央統一機関である。はじめは総務、教育、技術の三部で構成されていた。技術部は第一課（機体）、第二課（発動機）、第三課（兵器）よりなっていた。日中戦争を利用して航空部隊を実戦に投入したために補給の業務が増大し、航空兵器の準備、保管、供給から、出撃準備計画、民間生産能力の問題までつかさどる補給部が三八年四月に増設された。

戦時中、毎日新聞記者で海軍報道班員であった新名丈夫は、編書『海軍戦争検討会議記録――太平洋戦争開戦の経緯』(25)のなかで、敗戦の年に最後の航空本部長になった和田操中将から聞いた以下の話を紹介している。

日本海軍が航空兵力拡充に思いをよせるようになったのは、ロンドン軍縮会議で艦艇兵力に劣勢比率をしいられてからのことである。その茨の道を切り拓いた先駆者がいる。……新しい太平洋戦略の先駆者は山本五十六であった。将来の日米戦争を、日本は軍艦によってではなく、飛行機によって戦うという大方針を打ちだし、計画に着手した。実に開戦の十年前、昭和七年（一九三二年）のことである。山本は航本技術部長（少将）、本部長は松山茂中将であった。

山本は、日本海軍の飛行機について、三つの原則をきめた。(一)国産(二)全金属(三)単葉機。大正元年（一九一二年）、日本海軍にはじめて飛行機が入って以来、十九年間、飛行機はすべて外国品（直輸入か、パテントを買って日本で製作、または外人の設計）であった。また各国海軍の飛行機の機体はすべて木金混合、複葉の時代であった。全世界にさきがけて、オール・ジュラルミンで、高性能の単葉機を国産で作ろうというのであった。そのときの技術部の先任《ママ》部員で設計部長格が和田操であった。技術では和田、作戦では大西瀧治郎が山本の両腕となった。

山本は「設計三年計画」を立てた。一つは新しい機種の設計に着手してから、三年後には実戦部隊として出動できるようにするというものである。

日本海軍は特に洋上遠く飛ぶことに苦心した。大型機、小型機ともに、航続力を大にすることに辛苦が注がれた。新しい戦闘機は、三菱（設計者・堀越二郎技師）によって翌八年に作られた。不出来だったが、九年改良されたのが九六式戦闘機である。片持《かたもち》低翼単葉機で、最高時速四〇〇キロ以上、「空の近代化」を出現させる最初のものとなった。

日中戦争の初期、長江沿岸で米・英・ソの機種による中国空軍を圧倒、南郷大尉らの戦いはこれによるものである。さらに十二年改良されて零戦となった。十五年には長江上流宜昌に進出、長駆重慶を空襲した。その後さらに改良が加えられた。（中略）

日本は航空母艦の建造能力で、とうていアメリカに敵し得ない。かつ条約による艦艇の劣勢を考えて、陸上基地から発進して海戦に参加する雷爆撃機を作った。山本の案である。

三菱の本庄季郎技師が製作、七年に試作機ができ、偵察機だったが、双発で二〇〇〇浬を飛んだ。それを雷爆撃機に変え、九年に九試中攻、のち九六式陸攻となった。十二年、日中戦争勃発のときは、すでに一部隊が整備されていた。十二年八月十四、十五両日の南京渡洋爆撃はこれによるもので、台北にあった鹿屋航空部隊、九州大村にあった木更津航空部隊が戸塚道太郎中将指揮のもとに、折から済州島方面の時化をおかして出撃した。オートパイロット、無線による帰投装置をそなえていた。……開戦直後、マレー沖に、プリンス・オブ・ウェールズとレパルスを撃沈したのも、この九六陸攻であった。
艦上機では、三年計画が一年おくれて、十年、中島飛行機会社の手で十試艦上攻撃機が生まれ、九七式艦攻として登場した。艦攻の伝統的形式であった複葉固定脚から片持低翼単葉引込脚という飛躍を見せ、魚雷または爆弾八〇〇キロを抱き、雷撃、急降下爆撃ともに操縦性良く、母艦への着艦にすぐれていた。真珠湾攻撃の主力はこの九七艦攻で、和田中将は「真珠湾攻撃は実に六年後の攻撃であった」と語っている。
特に零戦は世界一で、緒戦半年の進攻作戦は、零戦による制空権の成果であった。

以上が、海軍航空隊の技術部門を担った和田操の回想であるが、南京渡洋爆撃が真珠湾攻撃へと直結していることが理解できよう。

中攻の完成によって、海軍部内にあって航空主兵戦艦無用論の急先鋒で、山本五十六の「第一の腹心」であることを自他ともに許していた大西瀧治郎がその実戦化を説いた戦略爆撃が可能となった（大西は日米戦争の末期に神風特別攻撃隊を編成した人物で、本書でもたびたび言及する）。盧溝橋事件発生の直前、海軍航空本部教育部長であった大西は、航空本部の名で「航空軍備に関する研究」と題する意見書を書いた。「国防全局より見て、大型機をもって強大なる基地航空部隊を急速整備するを要す」「わが海軍の任務たる西太平洋における制海権の維持には、基地航空兵力が絶対の条件にして、彼我水上艦艇の比率の如きは問題とするに足らず」など、航空主兵

写真11　大西瀧治郎

論に立って論述するとともに、「純正空軍式兵力の全部を海軍に隷属せしむるを最上策とす」と空軍独立論および航空省設置論には反対した。また、具体的には、「純正空軍式航空兵力の用途は、陸方面においては、政略的見地より敵国政治経済の中枢都市を、また戦略的見地より軍事工業の中枢を、また航空戦術的見地より敵純正空軍基地を空襲する等、純正空軍独特の作戦を実施する外、要する場合は敵陸軍の後方兵站線、重要施設、航空基地を攻撃し、陸軍作戦に協同するに在る」という戦略爆撃論を展開した。(26)本書第2章で詳述した渡洋爆撃、さらに次章で詳述する中国各都市への戦略爆撃はそのとおりに実行された。

この意見書は、海軍内の各部へ配布したところ、軍務局から、こんな意見書を勝手に配布しては困る、早速回収して焼却するようにという申入れがなされた。一九三七年一一月に戦艦大和、三八年三月に戦艦武蔵の両艦が予定計画どおりそれぞれに起工されたので、海軍の主流であった大艦巨砲主義の方針は動かなかった。山本五十六は、航空本部長であったとき(一九三五年一二月〜三六年一二月)、大和、武蔵の建造に強く反対を唱え、艦政本部長であった中村良三大将とたびたび激論を交わした。山本はさらに、軍令部第二部長(戦備担当)の古賀峯一《こがみねいち》少将に、計画中止を申し入れた。航空本部教育部長であった大西瀧治郎大佐も、古賀の部屋に連日座りこみ、「戦艦を建造するものは、自動車の時代に、八頭立ての馬車を造るようなものだ。代わりに空母を造れ。大和、武蔵の一方を廃し、その規模を五万トン以下にすれば、空母三隻ができる」と食いさがり、軍令部第一課長(作戦)の福留繁《ふくとめしげる》大佐にも「大和一隻で戦闘機一千ができる」と談じこんだ。また山本が、大和、武蔵の設計担当者の福田啓二造船少将(のち技術少将)にたいして「君ら一生懸命やっているが、〝大和〟なんか造っても今に役に立たなくなって失業するよ」と話したという。

一九三六年の連合艦隊の大演習では、実際に大艦巨砲主義が「空軍」によって爆撃されもした。演習の規定は、連合艦隊の主力が青島を出撃して佐世保を攻撃するのにたいし、内地の基地航空部隊がいかに迎撃するかにあった。主力艦が青島を抜錨して、ものの五〇分もたたぬうちに、航空部隊の大編隊が襲いかかり、長門、陸奥以下の戦艦群は惨敗に終わったのだった。(27)

源田實は、次章で述べる南京攻略戦に第二連合航空隊の参謀として参加するが、彼が海軍大学校の学生であった一九三六年四月ごろ、「対米作戦遂行上、最良と思われる海軍軍備方式に関して論述せよ」という趣旨の対策課題が戦略教官から与えられた。大艦巨砲主義に反対していた源田は、課題にたいして「海軍軍備の核心を基地航空部隊と母艦群航空部隊に置き、潜水艦部隊をしてこれを支援せしむる構想により、海軍軍備を再編成し、これら部隊の戦力発揮に必要な駆逐艦、巡洋艦の補助艦艇は、必要の最小限度保有するも、戦艦、高速戦艦等の主力艦は、スクラップするか、あるいは繋留して桟橋の代用とすべし」という趣旨の論文を提出した。これは、当時海軍の主流を占めていた砲術、水雷にたいし、正面から挑戦するものであったから、批判、反撃も極めて厳しく「源田少佐は頭が少し変になったのではないか」などとも言われたという。(28)

航空本部教育部長であった大西瀧治郎は、一九三六年暮から東京の水交社で、「効率的な軍備形態はどうすればよいか」という航空主兵論に立った研究会を開催、源田實もふくめて航空関係の主要人物をはじめ、その他の有力者が参加した。こうして、海軍部内で大西瀧治郎大佐を旗頭として、飛行将校の間に「航空主兵、戦艦無用論」が増大しつつあった。

こうした海軍部内の「航空主兵、戦艦無用論」に立つ将校たちが、山本五十六のいう「航空が実力を見せる」ために、渡洋爆撃決行のタイミングを待っていたことは既述のとおりである。

おりしも、一九三六年九月三日、海軍の管轄分担領域である華南の広西省北海（現在、北海市）在住の日本人が中国人数名に殺害される北海事件が発生した。第三艦隊司令長官及川古志郎中将は、ただちに広東にあった砲艦嵯峨を海南島北部の海口へ進出、待機させるとともに、巡洋艦夕張、球磨、駆逐艦五隻などを海口に集結させ、大規模な武力行使を計画した。及川は、前述した嶋田繁太郎、永野修身についでの伏見宮軍令部総長の寵臣で、人間が温厚実直で、伏見宮に忠実に仕えるので、伏見宮に引き立てられた。裏を返せば、伏見宮が自分の思い通りに動かせる、便利な人物だったからである。一九四〇年に海軍大臣に引き立てられた及川は伏見宮の意を受けて、日独伊三国同盟の締結に同意し、対米英戦争へ歴史の歯車を大きくまわすことになる。

及川第三艦隊司令長官は、九月一五日、北海および対岸の海南島の海口に特派した前述の艦船でもって「第三艦隊南派遣隊」を編成した。同日、軍令部は北海事件処理方針を策定し、国民政府に排日の全面的禁絶を要求し、それが実現されないときは、抵抗排除を目的に北海、海南島を占領することに決め、増援兵力の第八戦隊、第一航空戦隊、特別陸戦隊一個大隊、中型陸上攻撃機六機、大型陸上攻撃機四機の派遣を準備した。

北海の対岸にある海南島の攻略・占領の企ては、海南島が天然資源の宝庫とされ、先の「国策の基準」の改定による海軍の南方進出へのプログラムを進めるための「南進中継基地」の建設という作戦の実施をめざしたものである。そのいきつくところ、英米との対立も予想されたので、このとき、軍令部第一（作戦）課では、対英米作戦に備えた「時局に対する出師《すいし》準備に関する覚（案）」まで作成した。「出師準備」とは、海軍用語で、戦争が近づいたり、事変が突発していざ鎌倉となったときに、軍隊は司令部からの動員下令で戦時体制となることで、一週間ほどの短い間に兵営も艦隊も動員兵でいっぱいになるのである。

上記の「出師準備」計画は、第一段階を「対支派遣部隊の出師準備」、第二段階を「対米（英）作戦初期使用兵力中特に早期戦備着手艦船の出師準備」、第三段階を「対米（英）作戦応急出師準備」としている。第三段階は「我対支交渉または対支実力行使中、米（英）の我に対する関係悪化の兆を認めたる場合着手するものにしてその要領左のごとし」として、応急出師に備えて拡充しておかなければならない、軍艦名、駆逐艦数、潜水艦隊数、航空隊数が一覧になっている。これらは、さきの国策としての南進政策にともなう、対米（英）戦に必要な海軍軍備拡充計画であり、本書で明らかにするように、日中戦争の戦時臨時軍事費を利用して、着々と実現していったのである。その意味で、一九三六年の「帝国国防方針」「国策の基準」の改定は、アジア太平洋戦争への海軍の「自滅のシナリオ」のレールを敷いたようなものであった。そのことは、今回は、作戦は発動されなかったが、本書第5章で詳述するように、一九三九年二月に強行された海南島の攻略、占領と航空基地化、軍港化へと進み、アメリカとの対立を決定的に深めることになる。

話を北海事件に戻すと、及川第三艦隊司令長官は九月一五日、第十一戦隊司令官、嵯峨艦長宛に北海の海上封鎖の実施方法とその効果について研究調査することを命じるとともに、海軍中央部にたいして、「万一北海事件に関し実力行使の場合、海上封鎖は好手段と認めるにつき、実施に関する国際法上の根拠および参考資料の教示を得たき」旨打電した。これにたいして海軍中央部から「事件の解決の一手段として平時に封鎖を行うことは差支えない」、ただし「封鎖の名称を用いず、単に中国船舶の出入り強制禁止と称することも一方法と考える」という返電があった。

北海事件にたいし、九月二一日、伏見宮軍令部総長は佐世保鎮守府の海軍特別陸戦隊一大隊（四〇〇名標準）の派遣を決定し、さらに事件拡大の場合の艦船増派、中攻機六機、大攻機四機の航空部隊の急派などの処理方針について嶋田軍令部次長、永野海相の了解を得て、軍令部第一課長が参謀本部と連絡した。しかし翌日、参謀本部石原莞爾戦争指導課長から、陸軍は反対であり、「全支作戦」の意志がないという回答があった。

北海事件は、陸軍参謀本部の同意が得られなかったことと、北海方面に駐屯して抗日・排日を煽っていたとされる広西派の軍隊（再建第十九路軍）が撤退したことにより、九月末には解決したので、軍令部の作戦は発動されることなく、航空部隊も出撃の機会はなかった。(29)

北海事件が海軍の出動をみないで収束しつつあった九月二三日夜、今度は上海において水兵射殺事件が発生した。第三艦隊の軍艦出雲の乗組水兵三名が上海租界の日本人街を歩行中、中国人から撃たれ、一人即死、二名負傷し、犯人は一名逮捕のほか逃亡した出雲水兵射殺事件がそれである。(30) 軍令部は、これを契機に断固たる国家的決意を固め、強硬方針で対処することを決定し、海軍省と協議のうえ、つぎのような出動を指令した。

一　第八戦隊、第三及び第二十二駆逐隊を急速佐世保に急行、上海方面に回航させる
二　呉鎮守府特別陸戦隊一個大隊（四〇〇名基準）を上海方面に派遣する
三　第十一航空隊（大型攻撃機四、中型攻撃機六、戦闘機一二）を特設し、台北に集中させる
四　上海公大飛行場の準備を指示する

さらに九月二六日、海軍省、軍令部の首脳会議を開き、「対支時局処理方針」を策定し、第一に

陸軍を説得して国論を一致させることを確認したうえで、つぎのような対支時局処理方針を策定した。

第二　処置

一　速やかに対支膺懲の国家的決意を確立し、特に陸軍に対し速やかに海軍と同一歩調を執らしむるごとく努む

二　対支作戦準備を整えるとともに、すでに発令の増派兵力の威圧により外交交渉を促進せしむ

（蔣介石にたいして排日禁絶の保障と責任を取ることを約束させ、さらに福岡―上海の航空路の開設、関税低下、華北分離工作の承認などの要求事項を提示して―引用者）

六　右要求に応ぜざる場合

（1）上海の固守（海陸軍協同）、（2）青島の保障占領（海陸軍協同）、（3）中南支［華中・華南］の要点の封鎖（海軍兵力）、（4）中南支航空基地並びに主要軍事施設等の爆撃（海軍兵力）、（5）北支に陸軍の出兵

この方針にそって、一〇月一三日の広田弘毅内閣の閣議で、永野修身海相は、国家的決意の確立のための閣議決定を要求したが、陸軍側は陸軍軍備の現状から兵力行使は極力避けたいという慎重な態度を表明し、海軍の主張は通らなかった。しかし、海軍中央の方針は、机上のものでなく、本書の第1章で述べたように、盧溝橋事件直後の七月一二日に軍令部が策定した「対支作戦計画内

案」の「第二段作戦」の基本となった。さらにこの「対支時局処理方針」の作成のとき海軍次官であった長谷川清中将は、「対支作戦計画内案」の作成時には第三艦隊司令長官になっていて、海軍中央に「第二段作戦」の決行を迫る意見書を提出するとともに、一九日には「第三艦隊作戦計画内案」を作成、内示して、政府、軍中央の不拡大方針にしたがわずに、現地軍の独断専行により、渡洋爆撃の出撃準備を進めていたのである。

さらに、海軍中央は、一九三七年一月八日、「対支時局処理方針」を決定し、つぎのような臨戦態勢をとらせた。

二　特別陸戦隊　基本兵力は上海二〇〇〇、漢口二〇〇とし、当分の間、上海に二〇〇、漢口に一〇〇増強す

四　内地待機兵力は左記の外これを解く

（1）十一、十二、十三航空隊および各鎮守府特別陸戦隊各一個大隊の準備は当分そのままとする

（2）第一、第二航空戦隊には爆弾および所要兵器を搭載のままとし急速派遣に応じ得しむ

（3）第八戦隊、第一水雷戦隊は対支応急派遣に応じ得るごとく必要なる準備をなし置かしむ

五　飛行基地の整備

（1）台北、済州飛行基地はこれを整備し、応急使用可能の状態にたもつ

（2）上海公大飛行基地の急速整地準備を完成しおき、応急使用を可能ならしむ

本書で多くを引用してきた『海軍中攻史話集』で、土屋誠一「横須賀海軍航空隊の頃」は、一九三六年九月に北海事件が発生して、第十一航空隊が編成され、横須賀航空隊から隊長の新田慎一少佐（前述のように一九三七年八月一六日の句容の渡洋爆撃で撃墜死）に率いられて七分隊が台湾の屏東に進出し、渡洋爆撃のために待機していたことを記している。また下川一「館山海軍航空隊及び木更津海軍航空隊」には、北海事件により、木更津航空隊から中攻六機、大攻四機が台湾の屏東へ移動することになり、大攻機の一機が伊豆半島沖で空中火災を起こして墜落、搭乗員全員が殉職する事件があったが、他機は屏東基地に到着、二ヵ月ほど出撃待機をしていたことが記されている。田中次郎「台風突破南京空爆行」は、同じく、木更津航空隊から九五式大型陸上攻撃機（大攻）四機の分隊長として、台湾屏東に進出し、大陸への渡洋爆撃に備えて作戦待機していたと記している。しかし、大攻機は鈍速で燃料消費が多く、実戦に使える飛行機でないことがわかったので、九六式中攻機分隊に改編してもらい、三七年八月八日に大村基地に進出して出撃待機し、八月一五日に南京渡洋爆撃に出撃したと記している。足立次郎「忘れ得ぬ人、思い出すことども」も、三六年秋に北海事件がおこって、木更津航空隊が根幹となって第十一航空隊が編成され、台湾の台北の松山飛行場、ついで屏東の陸軍飛行場に進出して、渡洋爆撃に備えながら、一ヵ月ほど訓練していたことを記している。

これらの回想からは、一九三七年八月一四、一五日の渡洋爆撃に出撃した中攻隊の搭乗員の多くが一年前の北海事件に際して、渡洋爆撃の出撃待機をしていたことがわかる。さらに粟野二三「戦前の中攻隊に勤務して」は、三六年一二月から鹿屋航空隊に配属され、三七年二月から日夜を分かたず渡洋爆撃に備えての長距離飛行の猛訓練を受けたことを記している。鹿屋基地から台湾の屛東さらに大連基地へと中攻機による長距離飛行をしながら、燃料消費測定、無線電波の到達距離の調査研究、長時間飛行における搭乗員の疲労度の医学的検査、その他あらゆる分野の試験、実験、研究を重ねて多大の成果をあげたことを記している。

以上のように、海軍中央は、すでに一九三六年秋の段階で日中戦争の発動を計画、準備し、渡洋爆撃決行の大義名分となる事件の発生を待って、協同作戦行動のために陸軍出兵の同意を取りつけ、内閣に対支膺懲の国家的決意を声明させたうえで、全面作戦を発動するという臨戦態勢をとっていたのである。その海軍にとって、盧溝橋事件は乗ずるべき千載一遇の好機到来となった。事件発生と同時に海軍が作戦準備を始動させ、渡洋爆撃の出撃態勢に入ったことは、前章に詳述したとおりである。相当の時間と航空兵員の労力を費やして出撃準備をし、また搭乗員の士気も高める努力をしてきた以上、今度こそは渡洋爆撃を決行しなければならないと焦慮していた長谷川清第三艦隊司令長官らにとって、船津和平工作の成功はなんとしても阻止しなければならなかったのである。そこで、大山事件を仕掛けて「謀略」に成功し、南京渡洋爆撃を敢行したことは、本書で詳述してきたとおりである。

第4章

パナイ号事件——〝真珠湾攻撃への序曲〟

【証言E】ワシントン軍縮会議で海軍は六割になった。それの不平を言って軍縮脱退して、今度は戦争になる、なりそうだと。昭和一六には、今でなきゃもうアメリカがどんどん拡張するから、来年じゃかなわねえ、今やらなきゃならねえっていうふうになってしまう。軍縮で対米六割でいって、ずーっと政治力を発揮していたら、あんなよたよたで戦争をしなきゃならないようには、ならなかったかもしれない。そこはおおいに考えなきゃならない。

抑止ということは、戦備はずっと何時でもおいでなさいというところまでやるのが戦争抑止であり、それをつい使ってみたくなる所に注意をする点がある。そう思うんであります。――野元為輝元少将(1)

野元為輝(一八九四～一九八七)は、海軍兵学校第四四期卒業。一九三九年第十四航空隊司令、千歳艦長、瑞鳳艦長、瑞鶴艦長、筑波航空隊司令時に太平洋戦争となり、瑞鶴艦長として出征。四三年練習連合航空総隊参謀長、四四年第十一連合航空隊司令、終戦時は第九〇三航空隊司令。

1 南京空爆作戦――対米戦航空用兵訓練の開始

国民精神総動員体制の発足

盧溝橋事件の直後は、不拡大方針で戦局の早期解決をめざした近衛内閣であったが、陸軍中央内部の拡大派と現地陸軍の独断専行による戦線拡大、大山事件を仕掛けた海軍による第二次上海事変と渡洋爆撃による華中、華南への一挙の戦線拡大によって、なし崩し的に全面戦争に突入した。こうした状況を追認し、さらに陸海軍からの要請にもとづいて、早急に予算・法律面で戦時体制を構築するために開催されたのが、第七二回帝国議会（一九三七年九月四日〜八日）であった（前述）。九月四日の衆議院開院式において、昭和天皇は「対支宣戦布告」に代わるという以下の勅語を発した。

中華民国深く帝国の真意を解せず、みだりに事をかまえ、ついに今次の事変を見るにいたる。朕これを憾とす。今や朕が軍人は百艱《ひゃっかん》を排してその忠勇をいたしつつあり、これ一に中華民国の反省を促しすみやかに東亜の平和を確立せんとするにほかならず。
朕は帝国臣民が今日の時局に鑑み、忠誠公に奉じ、和協心を一にして賛襄《さんじょう》もって所期の目的を達成せんことを望む。

日本帝国は、中華民国の政府・国民が日本の軍事侵略行為に抵抗することを止め、かつ抗日行為を反省させることを「目的」として対中国宣戦布告をする、というのである。石射猪太郎は「暴支膺懲国民大会、芝公園にあり。アベコベの世の中である」と日記（九月二日）に書いて、中国に軍事暴力をふるう日本が抵抗する中国を「暴戻なる（荒々しく人道にはずれている）支那」と糾弾しているさまを「アベコベ」であると非難した。この勅語というかたちの「宣戦布告」も、中国にたいして宣戦布告もせずに一方的に武力侵略を開始した日本が、自国防衛のために抗戦する中国を「東亜の平和を乱す」ものとして「反省」を迫っていることにおいて、まさに「アベコベ」であった。

同帝国議会において、近衛首相は、挙国一致の国民精神動員を呼びかけた九月四日の施政方針演説において、盧溝橋事件以来、日本は不拡大方針をとって日中関係の調整をはかってきたが、中国が侮日、抗日の気勢をあげて憚らぬため、戦局はやむなく華中、華南に波及してしまったことを述べたうえで、こう断言した。(2)

隠忍に隠忍を重ねてまいりました我が政府も、ここにおいて従来のごとく消極的かつ局地的に事態を収拾することの不可能なるを認むるにいたりまして、ついに断固として積極的、かつ全面的に支那軍に対して、一大打撃を与うるのやむなきに立ちいたりました次第であります(拍手)。……帝国が断固一撃を加うるの決意をなしたることは、ひとり帝国自衛のためのみならず、正義人道のうえより見ましても、きわめて当然のことなりと固く信じて疑わぬものであります(拍手)。

近衛首相の演説も、大山事件を仕掛けて、戦線を華北から華中、華南へ拡大したのが海軍であった経緯からして「アベコベ」であったが、国民の先頭に立って、挙国一致の戦争動員体制の構築を呼びかける近衛首相の姿は、ニュース映画やラジオ、新聞で大々的に報道され、これに即応した挙国一致体制を構築せよというキャンペーンがマスコミ、ジャーナリズム、官庁や学校、さらに種々の民間団体をつうじて展開されるようになった。

帝国議会以後、近衛内閣は本格的な戦時動員体制への移行に着手し、九月九日に「尽忠報国の精神を振起して」「挙国聖戦に立ち向かう」ために国民精神総動員を実施する旨の内閣告諭を全国の官庁へ訓令した。ついで、一一日、国民精神総動員運動を発足させ、日比谷公会堂で政府主催の国民精神総動員大演説会が開かれ、おりからの暴風雨をついて会場につめかけた五〇〇〇人の聴衆を前に、近衛首相は、「時局に処する国民精神の覚悟」と題する大演説をおこなった。(3)

抗日の激するところ、いまや国を挙げて赤化勢力の奴隷たらんとする現状に立ちいたった。ことここにいたっては、ただに日本の安全の見地からのみに止まらず、広くは正義人道のため、特に東洋百年の大計のためにこれに一大鉄槌を加えて直ちに抗日勢力のよってもって立つ根源を破壊し、徹底的実物教育によりてその戦意を喪失せしめ、しかる後において支那の健全分子に活路をあたえ、これと手を握って俯仰天地に愧《は》じざる東洋平和の恒久的組織を確立するの必要に迫られてきた。(中略)

この日本国民の歴史的大事業を、我らの時代において解決するということは、むしろ今日生をうけた我ら同時代の国民の光栄であり、我々は喜んでこの任務を遂行するべきであると思う。

「赤化勢力の奴隷」というのは、日本の全面的な中国侵略戦争開始にたいして、蔣介石国民党政府が共産党と第二次国共合作をおこない、ソ連と中ソ不可侵条約を結んだことを指しているが、抗日政策を推進している蔣介石政府を打倒して、傀儡親日政権を樹立することまで謳ったのである。近衛首相の南京国民政府へ「一大鉄槌を加えて直ちに抗日勢力のよってもって立つ根源を破壊し、徹底的実物教育によりてその戦意を喪失せしめ」という呼びかけは、海軍航空隊による大規模な南京空爆作戦によって遂行されることになった。

戦略爆撃の先駆

第七二回帝国議会（臨時）が、海軍の思惑どおりに渡洋爆撃の戦闘実績に動かされて、前章で述べたとおりに、多額の航空戦力補助予算を認めたことは、大海軍主義の信奉者たち、とりわけ航空攻勢論に立つ飛行将校たちを勢いづけた。そして、山本五十六が第一航空戦隊司令官であったときに青年士官たちに語った「航空が実績をあげてみせる」絶好のチャンスが到来したのである。それが、南京政府の「戦意を喪失せしめるための徹底的実物教育」としての首都南京への戦略爆撃の決行であった。

「戦略爆撃」の思想と理論は、第一次世界大戦後に、イタリア人のジュリオ・ドゥーエ将軍によって体系化されたものである。彼は第一次大戦中、「空中が陸海に劣らぬ重要な戦場になりつつある」と予測し、飛行機の兵器化を軍上層部に提言し、陸軍航空本部長にも就いた。戦後は戦略爆撃に関する自分の考えを体系化した『制空権論』を一九二一年に出版した。

ドゥーエは、これからの近代戦は、国家同士の総力戦となり、戦闘員と非戦闘員の区別が消滅する大規模な戦争になるとして、総力戦においては制空権を握るものが勝利者になるので、軍事攻撃目標は敵国の一般市民をふくむ国家全体になるという論理を展開した。そして「敵国民の物理的精神的な抵抗を撃破するために」空爆によって「恐怖と破壊を敵の全領域に拡大することができる」と主張した。さらに、目標破壊のためには、空爆に爆弾、焼夷弾、有毒ガスの三種類を「適当な比率で使用する」ことをなんら躊躇することなく提案した。(4)

国民精神総動員運動の開始と合わせるように、九月一〇日に、上海公大飛行場がようやく使用できるようになり、大連郊外の周水子基地にあった第二連合航空隊（司令官三並貞三大佐）が移駐してきた。同飛行場は、前章で述べたように、前年の上海水兵射殺事件に際して海軍中央が建設整備を指示した飛行場であった。上海共同租界東区のはずれ、黄浦江が北に折れ曲がる所に建設された長さ七〇〇メートル、幅二〇〇メートルの小さな飛行場で、滬江大学（現在の上海理工大学）の南にあるゴルフ場を改造して造成された（地図2参照）。現在は上海海洋大学の軍工路校区となっている。*

＊『海軍航空隊始末記――發進篇』の著者の源田實や『海軍航空隊全史』（上）の著者の奥宮正武は、当時第二連合航空隊のパイロットとして同飛行場を使用したが、「公太飛行場」と著書に書いている。いっぽう『戦史叢書　中国方面海軍作戦〈1〉』や『日本海軍航空史（4）戦史篇』などは「公大飛行場」と表記している。戦時中同地区に「公大紗廠一廠」があり、「公大」という地名を付している。当時は地名として「公太」と「公大」を混用していたと思われるが、本書では「公大飛行場」と表記する。

上海の航空基地が使用できるようになったため、それまでおこなっていた渡洋夜間爆撃に代えて、戦闘機の護衛をつけた本格的な爆撃部隊の出撃が可能になった。前述のように白昼におこなった当初の渡洋爆撃は、中国空軍戦闘機に迎撃されたり、地上砲火によって撃墜されたりして、甚大な被害が出たので、夜間爆撃に変更していたのである。

九月一四日、長谷川清第三艦隊司令長官は、南京空襲部隊の編成（指揮官・三並貞三大佐、第二、四、五空襲部隊よりなる）による南京反復攻撃を命令し、さらに第一空襲部隊には準備ができしだい広東の爆撃を、第三空襲部隊に漢口、南昌などの奥地航空基地の爆撃をそれぞれ下令した。

大規模な南京空爆作戦を前にして南京空襲部隊指揮官の三並貞三大佐は、上海公大飛行場におい

て、「南京空襲の壮挙を決行せんとするにあたり、各級指揮官に訓示」をおこなった。(5)

有史以来いまだかつて見ざる敵首都上空における航空決戦の壮挙を決行せらるることとなり……今次の空襲計画において奇襲を選ばず、敵首都上空において敵航空兵力との決戦を企図するゆえんのものは、九六式艦戦の卓絶せる性能のほか、我が海軍が世界に誇る空戦射撃の技能に深く信倚《しんい》するありしをもってなり。戦闘機隊諸官は必勝の信念をもって見敵必戦敵機を掃滅して我が海軍の精華を発露せられんことを切望す。(中略)

第一次空襲成功し初期の目的を達成せば、爾後連続空中隊をもって制空権下の空爆を敢行し、南京市中にある軍事政治経済のあらゆる機関を潰滅し、中央政府が真に屈服し、民衆が真に敗戦を確認するまでは攻撃の手を緩めざる考えなり……本空襲、就中第一次空襲の成否はただちに今事変の戦果を左右すべき重大性を有するに鑑み、各指揮官は充分計画を周密にして果敢なる実施とあいまって所期の成功を収められんことを切望してやまざるなり。

南京空爆作戦に先立って、第二連合航空隊参謀も「南京空襲部隊制空隊の戦闘要領に関し希望事項の件申進」をおこなった。

七　爆撃は必ずしも目標に直撃するを要せず、敵の人心に恐慌を惹起せしむるを主眼とするをもって、敵の防御砲火を考慮し、投下点を高度二千ないし三千メートル付近に選定し、かつ一航過にて投下を完了するごとく努められたく……。

三並大佐の指示した南京空爆作戦＊および右の「中進」は、前述した大西瀧治郎「航空軍備に関する研究」に記された「純正空軍独特の作戦」の実施の試みであり、さらにはドゥーエの戦略爆撃論の実践の試みであった。それは航空決戦による制空権獲得をした後に、国民政府の首都南京の「軍事政治経済のあらゆる機関を潰滅し、中央政府が真に屈服し、民衆が真に敗戦を確認するまでは攻撃の手を緩めざる」爆撃を加え、近衛首相の演説にいう「一大鉄槌を加えて直ちに抗日勢力のよってもって立つ根源を破壊し、徹底的実物教育によりてその戦意を喪失せしめ」ることを作戦の目標にしたのである。

＊　当時、海軍航空隊は「南京空襲」という作戦用語を使った。ただし、「空襲」には日本がアジア太平洋戦争の末期に米軍機から受けた「東京大空襲」や各都市名をつけた「〇〇空襲」というように、爆撃を受け、襲撃された側の視点に立つニュアンスがある。これにたいして「空爆」「爆撃」は飛行機から地上に向けて攻撃を加えた側の視点に立つニュアンスがある。したがって、本書では、厳密ではないが、「空爆」「爆撃」と「空襲」を区別したいという意識がある。

拙著『南京事件』(岩波新書)に詳述したように、陸軍の参謀本部が上海派遣軍に与えた任務は、日本人居留民を保護するための上海地域の占領であり、その後一一月五日に杭州湾上陸を果たした第十軍を編合した中支那方面軍(司令官松井石根大将、参謀副長に拡大派の武藤章大佐)にたいしても上海戦に作戦を限定し、南京に向けて侵攻しないように進出制令線を設定していた。しかし松井大将や武藤大佐らは南京攻略に反対した参謀本部の統制にしたがわずに、現地軍独断専行で南京への進撃を進め、南京占領が現実的となった一二月一日になって、大本営(一一月二〇日に宮中に設置)

も正式に南京攻略令を下令したのである。

海軍は南京渡洋爆撃、そしてこの南京空爆作戦において本格的に南京政府の屈服と中国国民の敗北を目標にした戦略爆撃を決行したのである。これらの事実から、日中全面戦争は、「陸軍が海軍を引きずっていった」のではなく、逆に「海軍が陸軍を引っ張っていった」ことが証明される。

“南京空襲の壮挙”(一九三七年九月一九日)

九月一九日早朝七時五五分、「敵首都上空における敵航空兵力との決戦により、これを一挙に滅して南京の制空権を獲得せんとする企図のもとに」四五機からなる第一次南京空爆部隊(指揮官和田鉄二郎少佐)が上海公大飛行場を発進した。(飛行場にある中国機の爆破ならびに誘出を任務とする)艦爆隊の九六式艦上爆撃機一七機は高度約三〇〇〇メートル、(艦爆隊を直接掩護するのを任務とする)水偵隊の九五式水上偵察機一六機がこれにしたがい、(空中戦により中国機撃滅を任務とする)艦戦隊の九六式艦上戦闘機一二機は約四〇〇〇メートルの高度で南京に向かった。

源田實『海軍航空隊始末記——發進篇』には、この南京空爆作戦に参加した体験が詳細に記されているが、南京空爆部隊は、第二連合航空隊を中核とし、加賀の艦載機、神威水偵隊、第二十二航空隊、八戦隊、一水戦水偵の九五式水上偵察機を加えて編成された、と記している。源田少佐は当時第二連合航空隊の参謀であったが、艦爆機の掩護に水上偵察機をつけたことには、艦爆のパイロットからなぜかという不満が寄せられたが、それは艦爆が初陣であり、水偵が歴戦者であったからだと記している。

源田は、「南京空襲は、大別して二つの作戦構想から成っていた。第一は制空権の獲得であり、第二は爾後の首都爆撃戦である。すなわち、制空権を掌握した後、首都南京附近の軍事施設に対し徹底した爆撃を加えようとするものである」、「敵国の首都の上空で、その国の航空決戦兵力を捉えて一機残らず叩き落としてやろうという計画である。これはまさに、航空の歴史始まって以来の壮挙といわなければならなかった」と記している。(6)

以下は、「南京空襲部隊戦闘詳報」に記された一九日の戦闘記録である。(7)

○九五〇（九時五〇分のこと、以下同じ）句容付近において敵カーチスホーク型戦闘機約十二、ボーイング型戦闘機約六機は艦爆隊後尾において掩護中の八戦隊一水戦水偵に挑戦、我が四機これに応戦し、激戦の後、名取機由良機は各々敵二機を、鬼怒機は敵の一機を撃墜、川内機は敵と一戦後行方不明となれり。

　南京上空には、二十余機の敵戦闘機配備しあり、我が艦戦隊ならびに水偵隊は各個に敵を求めて一〇〇〇頃大規模の空中戦を開始せり、その結果撃墜せる敵機、艦戦隊によるもの約二十一機（内確実十四機）、神威水偵隊によるもの四機、二十二空機によるもの三機、合計二十八機（内確実二十二機）を撃墜、我が軍に一の被害なく空前の戦果を収め、一〇一五以後一〇三〇頃まで南京上空に敵機見ざるに至れり。

　この間艦爆隊は、一部をもって板橋鎮飛行場を偵察し、敵機あらざるを確認したる後、大部をもって一〇一〇頃大校飛行場、一部をもって兵工廠を爆撃せり（投下弾数六〇キロ爆弾三四）。飛行

写真12　源田實

場には約二十機を場周に沿い粗散に配列しあり。空襲に際し離昇の模様なく、爆撃の結果、格納庫一棟炎上、地上飛行機に相当の損害をあたえる。本爆撃中、川口大尉の率いる一個中隊（艦爆六）は戦闘機の追躡《ついじょう》を受けつつありしが、内一機（阿座上三空曹、猿田一空搭乗）は急降下爆撃運動中白煙を引き、降下せるを認めたる後消息不明、川口大尉機および他の一機は爆撃終了後消息を絶てり（搭乗員川口大尉、宮川一空曹、山下一空、西元三空曹）。

この戦闘において、我が軍は水偵一機、艦爆三機を失えるも一方においては敵戦闘機の大部すなわち三十三機（内確実二十七機）を一挙に撃墜し、空前の戦果を収め、爾後の作戦の大勢を決せるが、これ艦戦隊ならびに水偵隊の勇戦奮闘によるところきわめて大にして、一面我が海軍が多年錬成せる空戦射撃技能の精華を発露せるものというを得べし。（中略）

帰途神威水偵一機鎮江付近江上に不時着せるも三航戦の迅速適切なる救援により人員を収容機体を焼却せり。

一九日は午前に第一次空爆を敢行したあと、まだ中国の戦闘機十余機が残っていると認められたので、午後三時から南京空爆部隊三二機による第二次空爆を決行、戦闘機九機以上と交戦して七機を撃墜、南京の中心にある憲兵司令部と警備司令部の建物をめざして六〇キロ爆弾を二二個投下した。日本軍機には被害はなく、この日二次にわたる攻撃によって、海軍航空隊は南京の制空権を基本的に獲得した。

第一次空爆の際、爆撃終了後消息を絶ったという川口大尉機には次のような悲劇があった。艦爆隊第三中隊川口茂彦大尉は、爆撃を終了し帰還するために編隊をそろえたとき、部下の阿座上三空曹・猿田一空搭乗の一機がいないことに気がついた（すでに撃墜されていた）。そこで部下の諸機を先に帰還させ、南京上空に阿座上機を探しにもどったところを高射砲の集中砲火を浴びてガソリンタンクを射抜かれて、南京の東北郊外に不時着したのである。その最後を『海陸軍大空爆戦記』は「ああ、空の軍神川口少佐」と題してこう記している。(8)

川口茂彦少佐（当時は大尉）の戦死こそは、まことに勇あり涙ある帝国軍人の最後として、けだし今事変をつらぬく美談の圧巻であろう。（中略）

（不時着した後）ここは敵のまっただ中、愛機は大破して再び使用にたえない。おめおめ捕えられるのは、もちろん日本男子の本懐ではない。

「そうだ。俺は部隊長として、日本軍人として、恥ずかしからぬ死を選ばねばならぬ」（中略）最後まで部下の安危に思いをはせながら、やおら軍服をくつろげ、慈父庭訓の刃を取り直すと、

「宮川、東はこの方角だったな」

「はッ」

はるか彼方の宮城を伏し拝み、天皇陛下万歳、海軍航空隊万歳を声高らかに唱えて、秋早き南京空爆の華と散ったのであった。この時、襲来してきた敵軍にたいし、宮川一等航空兵曹は拳銃を振って応戦し、部隊長の自刃を立派にまもったが、衆寡《しゅうか》敵すべくもなく、これまた壮烈な戦死をとげた。

ああ、この二勇士の最後こそ、爛漫と咲き競う大和魂の精華というべく、また世界に冠たる

皇軍の誇りである。

日中戦争期には、後に「生きて虜囚の辱めを受けず、死して罪過の汚名を残すこと勿れ」という「戦陣訓」（一九四一年一月に東条英機陸軍大臣が制定）の一節に集約される、捕虜となることをタブーとする皇軍精神が、軍上層部から将兵に強要され、それがマスコミ、ジャーナリズムをとおして国民にも宣伝されたが、右の「軍国美談」はその一例である。日本の将兵たちは、捕虜になるよりは死を選んで自決せよ、と強制されたのである。その考えは、部隊の「玉砕」や民間人の「集団自決」などの悲劇を生み出す原因となった。

撃墜されたパイロットが飛行機から脱出して落下傘で降下、一命を取りとめたとしても、「自決」をせねばならぬ不条理を思うとき、筆者には忘れられない一枚の写真がある。それは周斌・鄒新奇編著『中国的天空』と龔業悌『抗戦飛行日記』にそれぞれ収められている中国軍の捕虜となった海軍航空隊員一五名の一人一人の顔がよくわかる集合写真である。(9) 前者には、「戦争の継続にともなって、捕虜となった日本軍飛行隊員が増加、四川省の捕虜収容所に収容された日本軍搭乗員」というキャプションが付され、後者には「八月一四日の空中戦で中国空軍に撃墜された日本軍機搭乗員」というキャプションが付されている。

第2章で紹介した『中攻史話集』の高橋勝作「入佐俊家言行録」は、渡洋爆撃を指揮した入佐俊家少佐とこの写真を見たことがあり、「私も広東白雲飛行場に進出した際、日本機の搭乗員の捕虜が数十人笑顔で整列している敵方撮影の写真を入佐と共に見たこともあった。捕らわれの身になった将兵について語る資格もない自分であるが、あれこれ考える時、「階級章不用」と断言して、これを実行していた入佐の心奥をうかがい知る様な気もする」と記している。入佐少佐は、「わしの飛行服にはマーク（階級章）をつけるな。死ぬ時は誰だか分からないままで居りたい。我がままであるかも知れんが通さしてくれ」と言っていたというのである。[10] もしも撃墜されたとき、金条三本（少佐の襟章）から入佐とわかり「入佐撃墜」の記事が掲載されることを嫌ったとも思われる。

筆者が忘れられない写真といったのは、なかには笑顔の人もいる、捕虜として収容された一五名の搭乗員がその後、どんな運命をたどったのかということである。

その一例を、アジア太平洋戦争時、ガダルカナルで戦闘機故障のため、不時着してアメリカ軍の捕虜となり、戦後送還された体験をもつ、中島三教少尉の戦後の回想で知ることができる。

一九三七年九月二六日の南京爆撃に、中島三教一等航空兵は九六式艦戦のパイロットとして、第二連合航空隊に属した第十三航空隊の九六式艦戦機の分隊長であった山下七郎大尉の指揮下に出撃した。しかし、激しい空中戦の結果、山下機は損傷を受けて不時着、大尉は重傷を負って中国軍の捕虜になってしまった。山下大尉は「大和魂の権化のような人で、非常に気性のはげしい人」で、出撃前に、中島一空が拳銃と軍刀を届けに行ったら、「いらん」と言って携帯していかなかった。

中国軍は、海軍兵学校出身の士官の捕虜を大切にして、最大限宣伝に利用、「山下大尉が裸で体操をやっている写真」を送ってきたりした。また、本人が郷里に手紙を出すのを許した。

しかし山下大尉の郷里では、中国軍の捕虜となって、皇軍にあるまじき生き恥を曝したとして、家族が村民から村八分の制裁を受け、社会から隔離する意味で、福岡の実家は竹矢来で囲まれ、監視された。それでも夫人は立派な人で、「気の毒な生活」に耐え抜いたという。山下大尉は、海軍の人事上大尉のままで、一九四四年一二月に予備役に編入されたが、その後も成都監獄で囚われのまま終戦を迎えた。ところが、山下大尉の運命は残酷で、終戦直後、中国軍によって処刑されてしまったのである。[11] 上記の「四川省の捕虜収容所に収容された日本軍搭乗員」のなかに山下大尉がいた可能性もある。

いっぽう、撃墜されて死亡した搭乗員の遺体について、以下のような後日談がある。同じく『中攻史話集』に収録された八木輝雄「支那事変及び大東亜戦争手記」に、八月一五日に大村基地から南京渡洋爆撃に出撃し、墜落した二機について、「後日南京に進出した時、此の二機の搭乗員は支那農民の手により手厚く埋葬されていたので、紫金山のふもとでそれを火葬して、内地の親もとへ届けられた」ことを記している。[12]

三七年一二月の南京陥落直後、当時第十三航空隊艦上爆撃隊の指揮官であった奥宮正武大尉は、南京攻撃時に戦死した飛行機搭乗員たちの消息を調べて約一週間南京市の内外を広範に駆けめぐり、陸軍部隊が捕虜・市民を大量に虐殺している現場を何度か目撃しているが、遺体についてこう書いている。[13]

この一連の調査中、私は、市の内外を合わせて、二十数柱の遺体を発見することができた。そのさい私の胸を打ったのは、中華門の南方にある農村の墓地で、立派な木製の棺に収められた九柱の遺体であった。七柱は中攻の、二柱は艦爆の搭乗員たちであった。首都の被爆で混乱を極めていたであろう時に、人道的な見地から、敵兵を丁重に葬ってくれた紅卍会の人々に感謝せずにはいられなかった。その頃城外で行き合った多くの農民からは、敵意をまったく感じなかった。また、城内の中心に近いところでは、墜落した日本機が民家とその住民を道連れにしたという悲劇も聞いた。繁華街の人々も、親切に私の調査に協力してくれた。

ところで、奥宮大尉が書かなかったことに、爆撃機による爆撃目標への命中度、爆撃による破壊効果にたいする調査があった。海軍航空隊は、日中戦場を利用して、対米英戦に備えた戦略爆撃の実戦訓練をしていたので、南京をはじめとして、陸軍の占領後には、現地に入り、各部隊の戦闘詳報の記録にもとづいて、それぞれの攻撃がどの程度正確に軍事目標に命中し、破壊したのか、その爆撃効果を調査してまわったのである。そのことについては、第二連合航空隊の参謀として南京空爆作戦を指揮した源田實少佐が「攻撃隊は、敵側政府機関や無電台、電灯廠、雨花台、富貴山等の砲台、停車場等を爆撃し、当時の判断では相当の損害を与えたと考えられたが、同年末、南京占領後これらの爆撃目標を現地調査したところ、大したものでなかったことを確認し、私は爆撃効果を判定する標準を変更した」と書いているとおりである(14)。

海軍航空隊の南京空爆部隊による南京爆撃は第一次(九月一九日)から第一一次(九月二五日)まででおこなわれ、延べ二九一機が参加、撃墜した中国戦闘機は四八(内確実四二)機、投下した爆弾数は計三五五個、重量にして三二・三トンに達した。日本側の被害は、戦死(行方不明をふくむ)一八名、失った機は十数機であった。「南京空襲部隊戦闘詳報」に記されている各次ごとの作戦・戦闘記録を読むと、早い段階で制空権を獲得した海軍航空隊が自在におこなった「爆撃実戦演習」の感がする。同詳報に戦果として記載された爆撃箇所は、以下のように南京城内外の枢要地を網羅している。

大校飛行場・兵工廠・憲兵司令部・警備司令部・中央放送局・雨花台砲台・富貴山砲台・航空

署・防空委員会・国民党中央党部・南京市政府・南京鉄道駅・浦口鉄道駅・首都電力発電所・南京市国民党本部・財政部・軍政部・北極閣防空指揮所・軍医司・船政廠・交通兵団。

南京空爆作戦が、国民政府の屈服を目途とした戦略爆撃の性格をもっていたことは明確である。ただし、後述する重慶爆撃が都市の破壊と市民の殺傷を目的にした無差別爆撃であったのに比べ、南京空爆の場合、アメリカやイギリスの艦隊の戦艦や軍事施設の爆撃を想定しての実戦訓練的な性格が強い。しかし、同詳報のなかに、「軍事施設」の目標をそれて爆弾が投下されたことが記録されている。

空戦のため照準を失し、爆弾は市中に落下せり（第四次・二〇日）

投下爆弾六〇キロ計二十四個、内数個目標に命中せる外、付近市街に弾着、二ヶ所より火災を生ぜしむ（第五次・二二日）

投下爆弾六〇キロ二十八発中数個中央党部に命中、他は付近市街に命中せり（第六次・二二日）

下関首都電灯廠（電力発電所）に対し、低空爆撃を敢行し、投下爆弾六〇キロ二十二個中、ほとんど全部同廠に命中し、全廠猛火に包まるるを確認せり、南京の電源は本爆撃によりその大部を失いたりと認める。市政府、市党部を爆撃、投下爆弾六〇キロ二十四個中、各数個命中、これを大破したる外、付近市街にも相当数弾着せり（第八次・二五日）

飛行機から爆弾を投下する側は、被害者の惨状が見えないことによるが、一般市民も殺傷していることへの痛痒や葛藤はまったく感じていないといってよい。南京空襲をされた側の南京市民の悲惨な状況と被害については、拙著『南京難民区の百日』（岩波現代文庫）に「南京空襲の日々」と題して叙述したので、ここでは一例だけを紹介しておきたい。

九月二五日は一日だけで空襲が第八次から第一一次にわたり午前一一時から夕方五時過ぎまで延べ九四機が出撃しておこなわれ、合計一二九個の爆弾が投下された。下関の首都電力発電所が爆撃された際、上海戦のため住む家を戦場にされて避難してきた難民の収容所に爆弾が投下され、一〇〇名以上の死者が出た。国立中央病院は、屋上にペンキで大きく赤十字のマークと漢字で〝中央病院〟と書いてあったにもかかわらず、爆弾の標的とされて二〇個近くの爆弾が投下され、職員数名が死傷、病院の施設は使用不能になった。この日、昼食後、空襲の合間をぬって緊急手術のため、金陵大学（現、南京大学）附属鼓楼病院に出勤しようとしたロバート・ウィルソン医師は、途中で貧しい民家が爆撃で破壊され、柱に胸を潰されて即死状態の男性や、防空壕の入口に爆弾のため肉体を引きちぎられた遺体がころがっているのを目撃している。この日の空襲だけで、南京市民の死者数百人、負傷者数千人という悲惨な被害を出した。

後に日本軍の占領地区に設立された汪精衛（汪兆銘）政権（一九四〇年三月三〇日成立）の指導者となる周仏海は、当時国民政府軍事委員会委員長（蔣介石）侍従室副主任その他の要職に就いて南京に居住していたが、彼は日記を欠かすことなく書いていた。『周仏海日記』（上巻、中国社会科学出版社、一九八六年）を読めば、海軍航空部隊の長期にわたる南京空襲によって、国民政府の首都機能が麻痺し、何よりも政府関係者や広範な市民に恐怖感、敗北感を与えていたことがわかる。その意味で、日本海軍の南京戦略爆撃は相当程度「戦果を収めた」といえよう。国民政府が南京を放棄して首都を奥地に移転する選択を迫られたのは（後述）、海軍航空隊の南京空襲による物的、人的損害ならびに精神的ダメージが大きく作用していたからである。

対米航空用兵の実戦訓練

防衛省防衛研究所図書館には、南京空襲に参加した航空部隊の『第二連合航空隊戦闘詳報（一九三七年九月～一二月一二日）』『海軍第一三航空隊戦闘詳報（一九三七年九月～三八年六月）』、さらに一二月から南京攻略戦に新たに参加した『第一連合航空隊戦闘詳報（一九三七年一二月～三八年三月）』が所蔵されている。これらの戦闘詳報を見てわかるのは、海軍は南京空爆および南京攻略戦を海軍航空隊史上はじめての本格的な航空戦、空中爆撃の実戦演習の好機ととらえていたことである。本書でこれまで述べてきたように、一九三六年に改定された「帝国国防方針」に対米決戦を想定した南進論の採用、それと連動した航空攻勢論に基づく大西瀧治郎の『航空軍備に関する研究』の推進、さらに渡洋爆撃の実績による航空兵力拡充予算の獲得、国民の献翼運動の展開に見られる航空戦力重視の国論の発揚、こうした海軍航空隊にとって追い風の条件のなかで、「対米作戦用兵に関する研究」にもとづいた航空戦の実戦演習と研究に専念、没頭する航空関係将校たちの戦意高揚にともなう興奮が、これらの戦闘詳報の行間に溢れている。

『第二連合航空隊戦闘詳報』の「南京空襲部隊戦闘詳報」の最後に、第一一次にわたった南京空爆作戦の所見が記されている。そのなかで「戦闘機隊の用法について」と題する見解が述べられている。一九三四年に海軍航空隊関係者のなかで、戦闘機廃止論が起こったことがある。飛行航続力の小さい戦闘機を敵基地攻撃に随伴させて進出する思想はまだなく、局地の制空と攻撃してくる敵機にたいする反撃が任務で、対米作戦には無用であると考えられていた。それにたいして、所見では、今度の南京空襲において戦闘機隊を主体とした最初の大規模作戦を実戦した結果、その有効性が証明できたと述べている。

今次南京空襲の成果より推察するに、敵の戦略要点の上空に我有力なる戦闘機隊を進撃せしめて、敵航空兵力の撃滅に務る方策は、きわめて有効にして、精神的にも敵国民衆環視内に我卓越せる空戦実力を発揮するは、敵国民心に与うる打撃きわめて大なるものありと思惟す。

また敵にして有力なる防空戦闘機隊を有する場合は、このごとき方策をとらざる限り敵国要点に対して徹底的爆撃を実施すること困難なり、開戦劈頭《へきとう》の先制空襲において所期の成果を挙げ得ず。かつ敵にしてほとんど無限の航空基地を有する場合における敵航空兵力撃滅の方策として相当考慮研究の価値ある……（後略）

所見の前半は、現代戦争を交戦国の全国民の物心両面にわたる戦闘力の破壊をめざす総力戦ととらえ、そのために戦闘機部隊による敵首都進撃は、相手国民の戦意を喪失させるうえで絶大なる効果があるとする、戦略爆撃の有効性を実証したというものである。所見の後半は、前年一一月に海軍大学校がまとめた「対米作戦用兵に関する研究」（前述）にもとづき、主力決戦前の先制攻撃による戦場の制空権の獲得を重視する航空用兵の本格的な研究を念頭においたものである。同研究にあった「真珠湾攻撃のシナリオ」すなわち「開戦劈頭の先制空襲」を成功させるためには戦闘部隊が不可欠だというのが所見の結論である。

さらに所見は「機材関係について」として、南京空襲作戦で露呈した海軍機の構造的欠陥を指摘し、今後の改良、開発の必要を訴えている。たとえば、戦闘機が有形無形に絶大な威力を具有することが実証されたが、まだ航続力が不足しているので、大航続力戦闘機の試作が焦眉であること、高度低速長時間飛行をおこなった各種飛行機の発動機が過冷に陥って故障して不時着を余儀なくされたことがきわめて多かったことから機材の改良が急務であること、防弾力のある飛行機胴体機材とその形状の研究の必要、速やかな大口径機関銃装備の必要性などなど。南京空襲を対米決戦に備えた航空兵力の錬成のための実戦演習として位置づけ、航空戦の兵器と技術、設備の改革、開発だけに汲々とする航空関係将校の日中戦争意識がストレートに表明されている。彼らには、国民政府の首都空爆という重要な軍事作戦を遂行しながらそれが日本政府・軍部の対中国政策にどのように位置づけられるのか、また日本政府・軍部が戦線を拡大するいっぽうで戦争早期解決をめざして蔣介石政府とすすめた和平工作とどうかかわるかなど、軍政の問題にはほとんど関心がなかったことがわかる。

第二連合航空隊の参謀として南京空爆作戦を指揮した源田實少佐は、アジア太平洋戦争開戦劈頭の真珠湾攻撃における航空決戦について、山本五十六連合艦隊司令長官から作戦計画を一手に任されたが、その源田少佐が太平洋戦争における「航空用兵の発端は、この南京空襲にあった」と以下のように回想している。海軍航空隊が日中戦争を対米戦を想定した航空用兵の実戦演習に利用した当事者の証言でもあるので、少し長くなるが紹介したい[15]。

結局この空襲作戦は、目的の第一（制空権の獲得）は完全に達成し、第二（首都爆撃戦）は極めて不徹底なものとなったのであるが、従来、戦闘機というものは、「主力艦の上空掩護を主任務とする」という海軍の一般思想に対し、大きな反省資料を与えることになった。従来、航空撃滅戦の主体は、攻撃隊をもって敵の飛行基地を急襲し、敵機をその基地で爆砕することにあると思われていたが、日華事変の教訓は、この方法も一法ではあるが効果は不充分であり、戦果の確認も困難であることが判明した。しかも戦果は爆煙等のため過大に見積られるという難点があり、爾後の作戦指導にも悪影響を及ぼすものがあった。更に、この方法の最大の欠陥は、敵機の搭乗員に手を触れることが殆ど不可能な点にあった。

熟練したパイロットや爆撃手は一朝一夕に養成できるものではない。敵の航空戦力撃破に最も役立つものは、この熟練搭乗員を空中において、飛行機諸共に撃墜することである。この意味において今回の南京空襲は新しい兵術思想の導入であり、その後における航空撃滅戦のあり方に大きな示唆を与えたものである。後年、零式艦上戦闘機が、大陸奥地の重慶その他の基地を空襲し、また太平洋戦争においては、比島、蘭印等の敵基地を虱潰しに攻撃して典型的な航空撃滅戦を展開したが、これらの航空用兵思想の発端は、この南京空襲にあったと言えよう。

南京空襲及びこれと引き続いて行われた大陸奥地に対する戦闘機の攻撃用法は、幸いにして我海軍が九六戦という戦闘性、航続力を兼ね備えた優秀なる戦闘機を持っていたから出来たのである。南京空襲以後、中攻隊による奥地攻撃は夜間の外、特殊の例外を除いて全部、戦闘機隊の掩護をつけるようになった。

十二試艦上戦闘機（零式戦闘機）の開発へ

源田實少佐は、南京爆撃の戦訓から、敵機との戦闘機同士の撃滅戦に強い、かつ航続距離の優れた次期戦闘機が要求され、「その結果出現した戦闘機が、全世界驚異的となった零式戦闘機である」と述べている。前述したように、海軍省から零式戦闘機の主任設計者であった堀越二郎の勤める三菱重工名古屋航空機製作所へ「十二試艦上戦闘機計画要求書」が交付されたのは、南京空爆作戦が終わった直後の一〇月六日であった。

堀越二郎『零戦――その誕生と栄光の記録』には、一九三八年四月一三日に横須賀の海軍航空廠で十二試艦戦計画説明審議会が開かれたとき、横須賀航空隊戦闘機隊長になっていた源田實少佐と同じく横須賀航空隊艦爆分隊長になっていた奥宮正武大尉が出席して、零戦として完成することになる十二試艦上戦闘機にたいする性能要求の意見を述べたことが記されている。そのとき、堀越が「航続力、速度、格闘力の性能の重要さの順」を尋ねると、源田は格闘力を第一に主張し、航続力と速度を主張した航空廠戦闘機主務部員の柴田武雄少佐との間で激しい議論を闘わせたことを記している。柴田の主張は「日華事変の戦訓が示すとおり、敵戦闘機によるわが攻撃機の被害は、予想以上に大きいので、どうしても航続力の大きい戦闘機でこれを掩護する必要があります。また、逃げる敵機をとらえるには、少しでも速いことが必要です」というところにあった[16]。柴田は航空母艦加賀の飛行隊長として、第2章で述べた八月一五日の杭州攻撃において七機撃墜され、三機不時着で搭乗員二九名を一度に失ったという経験をしていた。

零戦には、源田の主張した格闘力の性能も重視して、二〇粍《ミリ》機銃を二基、七・七粍機銃を二基、計四基装備しているが、源田は、日本海軍が列国空軍に先んじて、二〇粍機銃のような大口径機銃を二基採用したのは賢明であったと述べ、それは南京空爆の戦訓が大きな「支援力となった」と記している。

源田が、南京空爆は「我海軍が九六戦という戦闘性、航続力を兼ね備えた優秀なる戦闘機を持っていたから出来たのである」と記していた「九六戦」というのは、一九三六年一一月に誕生した九六式艦上戦闘機のことで、この設計主任も堀越二郎であった。堀越にとって、「はじめて設計主任をまかされて」苦闘した結果、「立ち遅れていた日本の飛行機をいっきょに世界レベルまで飛躍させたことで、内外から高く評価されていた」「九六艦戦は、まさに日本航空技術を自立させ、以後の単発機の型を決定づける分水嶺であった」とその自負を記している。「単発機の型を決定づけた」というのは、当時の世界の戦闘機界では、小回りが利き、回転性に優れるとして二枚翼の複葉型が大勢を占めていたからである。

写真13　堀越二郎らが開発した零式艦上戦闘機（零戦）

堀越は「わが九六艦戦の威力は、昭和十二年七月にはじまった日華事変で実証されることになった」として九月一九日朝の新聞の「トップに見なれた九六艦戦の写真があり、南京上空で敵機三十余機を撃墜したことが大きな活字で報じられていた。私は思わず、「ほぅ！」と、声をあげていた。家では、ふだん仕事のことはめったに口にしない私であったが、このときばかりは、かたわらにいた家人にも新聞をさし出した。その新聞をもって会社に行くと、すでに室内はこの話題でもちきりだった」とそのときの喜びを記している。

堀越は九月一九日の朝刊としているが、第一次南京空爆が決行されたのが九月一九日であった。『東京朝日新聞』(一九三七年九月二〇日付)は、紙面トップに横抜きで「海軍機・二回に亙り南京空襲」という大見出し、五段抜きで「抗戦の敵卅二機撃墜　支那空軍遂に壊滅的打撃　戦史未曾有の空中戦」「全機火を吐いて墜落　目撃の支那民衆茫然」という大見出しで報道、さらに「全支那震撼す」「多年練磨の賜物　赫々《かくかく》たる海軍航空隊」という見出しの記事がつづいた。

堀越はつづいて、南京空爆における九六艦戦の「驚異的な成功」から零戦の構想が生まれたことをこう記している。(17)

この日以後の九六艦戦の働きを追ってみると、まず、九月十八日(十九日)、中国の首都南京を空襲する九六艦爆、九五水偵とともに上海郊外の飛行場から離陸した九六艦戦十二機は、南京上空において、わずか十五分間で敵戦闘機三十三機を撃墜した。これを手はじめに九六艦戦は、有名なアメリカ、イギリス、ソ連製の戦闘機を主力とする敵機をなぎ倒し、十二月二日、南京上空でソ連製のイ16戦闘機約十機を撃墜したのを最後として、中国機は、南京方面から姿を消した。

そして、この南京空襲と、それにつづいて行なわれた大陸奥地への戦闘機の侵攻によって、海軍の戦闘機というものは、艦隊の上空掩護がおもだった任務であるといういままでの通念を、すっかり変えさせることになった。

また、いままでは、陸海を問わず、敵の航空戦力を撃滅するには、攻撃隊で敵の飛行基地を空襲し、敵機を基地で破壊するのがよいと思われていた。しかし、この日華事変の航空戦で、敵の搭乗員を、飛行機もろとも撃墜するほうが、ずっと確実で有効なことがはっきりしたのである。日本海軍は、戦闘機をもって制空権をひろげることが航空戦の基本だという新しい兵術思想を、世界に先がけて導入することになった。この戦術は、のちの太平洋戦争で、零戦によって大規模に実施されることになった。しかし、ヨーロッパでは第二次世界大戦の末期まで、この戦術は行なわれなかった。言いかえれば、そういう戦闘機がなかったのである。

九六式艦戦のこのような成功は、たしかに一つの驚異であった。しかし、航空機、とりわけ戦闘機の進歩の歩調は速い。どんなにすぐれた戦闘機でも、平時で四年、戦時なら二年で旧式となり、通用しなくなってしまう。九六艦戦もまたしかりだ。きたるべき航空戦に、十分通用できる戦闘機が出現しなければならない。十二試艦戦の構想はここから生まれた。それゆえに、気の遠くなるような高性能をもたなければならない宿命を負っていたのである。

南京空爆作戦終了直後の一〇月六日、海軍省から要求された「十二試艦上戦闘機計画要求書」をもとに、堀越二郎が設計主任として将来零式艦上戦闘機となる十二試艦戦の製作構想に着手するようになったことは既述のとおりである。

第2章で述べた南京渡洋爆撃そしてここに述べた南京空爆作戦を契機にして一九四〇年に零式戦闘機が誕生し、後述するように重慶爆撃や援蔣ルート爆撃において、アメリカ製戦闘機やソ連製戦闘機を相手に向かうところ敵なしの戦力を発揮し、それが対米航空決戦に勝利できるという「自信」を山本五十六連合艦隊司令長官ら海軍首脳に与えることになった。

この意味においても、海軍が大山事件を仕掛けて開始した南京渡洋爆撃および南京空爆作戦は海軍のアジア太平洋戦争への「自滅のシナリオ」の「開幕」となったということができる。そしてアジア太平洋戦争末期において、神風特攻隊に零戦機が使われたことを知った堀越が「なぜ日本は勝つ望みのない戦争に飛びこみ、なぜ零戦がこんな使い方をされなければならないのか」、「飛行機とともに歩んだ私の生涯において、最大の傷心事は神風特攻隊のことであった」と書くにおよんで、[18]まさに「自滅のシナリオ」の開幕であったということが痛感される。

2 日本を世界から孤立させた海軍

前述のように海軍航空隊の南京渡洋爆撃は、日本軍機の被害を避けるために、昼間爆撃から夜間爆撃それも高高度からの爆弾投下に変更されたために、日本側が正当化しようとした軍事目標をそれて、一般市民の犠牲が多発した。そのため、八月二九日には、在南京のアメリカ、イギリス、フランス、ドイツ、イタリアの五ヵ国外交代表は、駐日アメリカ大使をとおして、日本政府にたいして、以下のように爆撃行為の停止要求を提出した。[19]

八月二十六日夜、南京市の地域に行われた大規模な爆撃は、明らかに非戦闘員である外国人および中国人の生命や財産に対する危険を無視したものであった。それにともない、当外交代表は、いかなる国の政治的首都、とりわけ戦争状態にない国の首都に対する爆撃に対して、人間性と国際的礼譲についての配慮を必要とするような抑制について、日本側当局に適当な配慮を促すべきである。（中略）

自分たちの公務を妨害を受けることなく遂行できる疑う余地のない権利、通常の人間の諸権利、およびこれらの友好関係にかんがみて、五ヵ国代表は爆撃行為の停止を要求する。爆撃は、かかげられた軍事目標にもかかわらず、現実的には教育や財産の無差別の破壊、および民間人の死傷、苦痛に満ちた死につながる。

しかし、南京駐在の五ヵ国外交代表の南京空爆停止の要求に挑戦するように、長谷川清第三艦隊司令長官は、日本海軍航空隊が南京空爆作戦を決行するから、「被害にあいたくなければ避難せよ」という、南京駐在の列国外交機関・各国居留民にたいする通告文と南京市民にたいする警告文を発表した。[20]

通告文（九月一九日付）

我が海軍航空隊は、九月二十一日正午以後、南京市および付近における支那軍ならびに作戦および軍事行動に関係あるいっさいの施設に対し、爆弾その他の加害手段を加えることあるべし。（中略）

第三艦隊長官においては南京市および付近に在住する友好国官憲および国民に対し、自発的に適時安全地域に避難の措置をとられんことを強調せざるを得ず、なお、揚子江上に避難せらるるむき、および警備艦船は下三山上流に避泊せられんことを希望す。

警告文（九月二〇日付）

帝国海軍航空隊は、爾今南京市およびその付近における支那軍隊その他作戦および軍事行動に関係ある一切の施設に対し、必要と認むる行動をとることあるべく、（中略）非戦闘員は当該軍事目標に接近せざるを可とすべく、当該各人自身の危険においても、その起こるべき危害にともなう責任は、我が軍においてはこれを負わざるべし。

国際法にのっとった対中国宣戦布告をしていない日本が、首都南京の空爆宣言をしたことは、世界を刺激し、日本にたいする世論をにわかに悪化させた。南京には、アメリカ伝道団各派が創立・運営する学校や病院、教会施設が集中しており、南京渡洋爆撃においてすでに、それらの施設が爆撃被害を受けていた。第三艦隊司令長官の避難勧告は、日本軍がそれらのミッション施設を爆撃して、アメリカ人を南京から追い出そうとするものだと、大きな反発を引きおこした。

アメリカ政府は、日本海軍第三艦隊長官の南京空爆宣言にたいして強い抗議の姿勢を示し、国務省を訪れた駐米日本大使館参事官にたいして、コーディル・ハル国務長官は次のような遣り取りをして、日本に警告した。[21]

参事官―日本の海軍および陸軍当局は、軍事目的物以外爆撃するつもりはない。

ハル国務長官―我々は日本政府から、その種の保証を何度も受け取っているが、実際には、日本軍の爆撃作戦は南京だけでなく、広州、漢口でも、その他の中国都市においても、非戦闘員を殺害する結果をもたらしていて、そのことはアメリカおよび他の国に、最も遺憾な印象をうみださざるを得ないという事実は残る。

参事官―いうまでもなく、南京には城壁の内外に、多数の中国軍要塞や兵団があるからである。

ハル国務長官―その場合でも、南京には性格上非軍事的な区域が広大にあり、日本軍の空襲は、そうした区域の非戦闘員を殺害している。非戦闘員に対する爆撃の事実は、遺憾であり、最も不幸な印象をもたらしている。

日本の海軍機による南京その他の都市爆撃による民間人の殺害について、アメリカにおいては八月、九月の早い段階から報道されて国民の非難を呼び起こした。上海戦において、日本軍機が共同租界へと避難する数千人の市民の群れに爆弾を投下した光景や、日本軍に家を焼き出され、さらに爆弾や砲弾の犠牲にされた膨大な民間人の惨状が、報道写真やニュース映画、雑誌、パンフレット類をとおしてアメリカ人に知られるようになり、非戦闘員を巻き込んだ日本軍の蛮行にたいする非難の声が上がりはじめていた。南京空襲の惨状も、南京で取材中であった新聞記者やニュース映画のカメラマンなどによって世界に報道された。

アメリカの戦争省（Department of War）がアジア太平洋戦争開始翌年の一九四二年に製作した映画 *"The Battle of China"*（Moral Services Division Information Film #6）がある。日本の中国侵略戦争と中国の抗日戦争の両側面を「中国の戦争」として記録フィルムで構成した戦時中のプロパガンダ映画である。その冒頭に映し出されるのが、一九三七年九月の、九六式陸上攻撃機による上海爆撃と、逃げ惑う市民の群れ、そして犠牲にされた市民の死体の記録フィルムである。そしてナレーターは「これが中国の戦争である。これは一九三七年九月の大上海で開始された、恐るべき新しい空爆戦争の開始である。これは、史上初の空からの無抵抗な市民にたいする大量爆殺である。罪のない中国の男女、老人と子どもまでもが犠牲にされなければならないのか」と問いかける。なぜ、そして映画は、なぜ小国の日本が大国の中国を侵略するようになったかを天皇制軍国主義日本の成立と発展、拡大の歴史を概括していく。同映画の本編のなかにも、大山事件と第二次上海事変の開始、南京、上海への渡洋爆撃と続いて、日本軍機の上海爆撃による破壊と惨状が、記録フィルムによって詳しく映し出される。

日本海軍機による上海および南京さらに中国の都市爆撃は、多くの非戦闘員を空から爆殺したことにおいて、「恐るべき新しい空爆戦争の開始」を告げるものであった。このとき、アメリカは批判者であったが、数年後には、逆にアメリカがいっそう残酷で徹底した無差別都市爆撃を日本にたいしておこなうことになる。

都市爆撃に対する国際連盟の対日非難決議

日本海軍機による無防備都市の爆撃、および日本の中国侵略を非難する世界の世論が高まるなかで、イギリスは国際連盟に日本の行動を非難する決議案を上程した（九月一三日からスイスのジュネーブで第一八回国際連盟総会が開催されていた）。九月二七日イギリス代表は、連盟の日中紛争諮問委員会で「現在中国において行われつつある無防備都市への空襲に対する英国政府の深い恐怖を記録にとどめ、かつこのような行動を委員会がきっぱりとした言葉で非難すること」を要求する提案をして可決された[22]。

「都市爆撃に対する国際連盟の対日非難決議」は翌二八日の国際連盟総会において、全会一致で採択された。[23]

日本航空機による支那における無防備都市の空中爆撃の問題を緊急考慮し、かかる爆撃の結果として、多数の子女をふくむ無辜の人民に与えられたる生命の損害に対し、深甚なる弔意を表し、世界を通して恐怖と義憤との念を生ぜしめたるかかる行動に対しては、何ら弁明の余地なきことを宣言し、ここに右行動を厳粛に非難す。

世界の非難の高まりをうけて、九月二七日、堀内謙介外務次官は、駐日イギリス大使クレーギーにたいして、日本軍機は二五日以降には、もう南京爆撃はおこなわないと明言し、東京から海軍将官を派遣し、さらに別の海軍士官を第三艦隊司令長官にたいして派遣し、非軍事的場所への爆撃は細心の注意を払って避け、中国軍の軍事施設だけを攻撃するよう、海軍パイロットにはっきりと命令を出すように、上海の司令長官にたいして注意を与えたと述べた。駐日アメリカ大使のジョセフ・C・グルーは、この情報をうけて「日本の外務省は、これ以上南京を爆撃しないと声明」と国務省へ打電した。[24]

しかし、これを知った軍令部第一部甲部員・横井忠雄大佐は、外務省官憲の「越権行為」であると憤慨して、次のような意見書を提出した。[25]

一、九月二十五日以後、南京空爆を行わざる旨断言したるは、越権にしてかつ将来に大害をの

こすものなり。（中略）

支那膺懲の目的を速やかに達成するがために、南京空襲が作戦上緊要のことたるは、我国軍の権威ある方針なり。しかしてこれが実施は、単に有形的打撃のみに限らず、支那に無形的打撃を与えることを目途とする以上、本作戦廃止をあらかじめ筒抜けなること歴然たる第三国に通告したるがごときは、重大なる作戦上の機密漏洩にして、外務次官の職にあるゆえをもって看過しがたし。（中略）

二、出先部隊制御のため、将官派遣をおこなえりというがごときは、帝国海軍の統制を疑わしむるものにして、我海軍に対する一大侮辱なるのみならず、我海軍みずから空爆の非違を認むるに等し。（中略）

外務次官の言明は、あたかも中央より電信をもってしては統制しあたわざる出先を制御するため特に将官および一士官を派遣したるやの印象を与えるものにして、一糸乱れざる統制を伝統的誇りとする帝国海軍に対する一大侮辱なり。また、英米等が支那側の策動に踊りつつある宣伝を、日本みずからある程度認めたることとなるべく、いかに他方面において我方の態度所信を声明するも寸効なき結果を見るものにして、庸吏《ようり》（つまらない役人）の軽率なる言動慨嘆の至に耐えず。（中略）

三、対支戦争は実は対英戦争なることは事件の初より瞭なるところにして、英国側の反日は予期したるところなり……悪意ある作為宣伝に対し困惑狼狽するがごときは、いよいよ彼らをして日本くみし易しとするものにして、同時に支那をして英米強圧の前に日本は屈伏の他なしとし、ますます欧米依存対日戦継続の意を鞏固ならしむるにすぎず。（中略）

東亜における帝国の地位を左右すべき今次事変にさいし、外務省首脳部に右のごとき言動ある人士の存在するは、帝国のため深憂にたえざるところ、今にして陣容を改むるなくんば、禍は蕭牆《しょうしょう》の裡よりおこらん。

横井大佐は、海軍大学校を卒業して、第三戦隊参謀、海軍大学校教官を務めた後、一九三二年にドイツに駐在、三六年までドイツ大使館付武官を務め、日独伊三国同盟を結んだ四〇年九月から再びドイツ大使館付武官に就き、アジア太平洋戦争開戦をドイツで迎え、四三年までその任にあった。経歴や右の意見書からわかるとおり、軍令部の主流を占めた「ドイツ帰り」の親独・反米派の海軍エリートであった。

軍令部第一部甲部員とは、前章で述べた、一九三三年に「省部互渉規定」が「海軍省軍令部業務互渉規定」に改正され、軍令部が「軍政」に関しても海軍省に勝る権限を有するようになった年に新設されたきわめて特異なポストであった。「甲部員」は軍令部第一（作戦）部長に直属で、課長と対等のランクに位置づけられ、平時における国際政策の指導に関与、参謀本部や陸軍省、ときには外務省とも連絡を保ちつつ、政治をふくむ戦争指導に専念することを任務としていた。

防衛省防衛研究所図書館に所蔵されている軍令部第一部甲部員「支那事変処理」の史料を見ると、甲部員横井大佐は、海軍省、参謀本部、陸軍省さらに外務省とも連絡をとって、「事変処理要綱」すなわち国際政策をふくんだ戦争指導方針の策定にかかわっていた。それゆえ、海軍を代表して戦争政策決定に関与していた軍令部中堅層の国際認識、日中戦争認識がどのようなものであったかをうかがうことができる。

国際的な非難に苦慮の対応をする外務次官にたいして、統帥権をふりかざして、作戦機密の漏洩であり帝国海軍への一大侮辱であると論難する情動的な思考、南京空爆にたいする世界の人道主義的な批判を英米などが中国の策動に踊った反日宣伝であると断定する短絡した国際認識、戦時国際法にも反する南京空爆を「支那膺懲」のために最高の作戦であると絶対視する戦略論、さらに日中戦争の本質は、中国に最大の権益をもつイギリスとの戦争であり、イギリスはもはや恐れるに足らずとする対英強硬論……横井大佐のような認識をもった海軍エリートが軍令部、海軍省の指導層、中堅層の主流を形成するようになるにともない、国際連盟非難決議に見られるように、日本は国際社会から非難を受け、孤立していったが、その主要な原因は陸軍ではなく、海軍にあった。

横井大佐の意見書のなかで注目されるのは、次節で述べる米砲艦パナイ号撃沈事件の要因を形成する海軍士官共通の対米英認識が語られていることである。それは、中国における海軍の作戦において、アメリカやイギリスの抗議や警告を恐れるな、日本が英米の軍事・外交圧力の前に屈伏するような対応をみせれば、欧米に依存する中国の抗日意欲を鞏固なものにするだけである、という認識である。

歯止めなき都市爆撃の拡大

巻末の表9に明らかなように、日本海軍が華中・華南における都市爆撃や鉄道・交通の破壊、海上封鎖、中国空軍基地の攻撃など作戦をエスカレートするにつれて、権益を侵されるイギリスと、中国市場を破壊されるアメリカが、対日批判と抗議を強めていくのは当然であったが、それに対抗して、日本海軍でも対米英決戦を叫ぶ強硬派がボルテージを上げていった。

外務省が南京空爆中止を表明したことに異議をとなえ、これを嘲笑するかのように、第二連合航空隊は、一〇月に入るとさらに激しい南京爆撃を続行した。同航空隊戦闘詳報には、九月一二日から一〇月三〇日までの南京その他の中国航空基地への攻撃が記録されているが、攻撃回数三八回、攻撃実施日数二四日、参加延べ機数三九一機に達した（南京空襲部隊として参加したのは一一回、延べ一六四機）。

表9①は、一九三七年八月一四日の九六式陸上攻撃機による渡洋爆撃にはじまって、三七年一二月末まで、海軍航空隊の諸部隊が中国大陸でおこなった空爆地の一覧を筆者がまとめたものである。海軍航空隊は、ほぼ連日にわたり華中・華南のどこかの都市を爆撃していた事実を知ることができよう。防衛省防衛研究所図書館には、海軍航空隊の諸部隊の戦闘詳報は比較的多く所蔵されているが、それらを見ていえることは、現場の部隊や搭乗員とくにパイロットたちは、臨時軍事予算によって思う存分に消費できるガソリンと爆弾などをつかって、対米航空決戦を想定した航空戦の実戦訓練に没頭する一種の戦闘的高揚意識を有していたことである。各部隊の戦闘詳報には、各部隊の空爆作戦が日中戦争政策の遂行に、どのような意味をもっているのかということへの関心が感じられない。ましてや国際的非難を浴び、日本の国際的孤立をもたらしていることへの懸念もない。日々の関心は、中国軍機と空中戦をどう戦い、爆撃目標をどこまで有効に、正確に爆撃したかということ「戦果」のみである。さらに共通した関心と目標は、きたるべき対米航空決戦で勝利を収めるための戦闘技術を高めるための錬成である。中国空軍機はそのための恰好な実戦訓練の相手となった。

以下に紹介するのは、防衛省防衛研究所図書館に所蔵されている第一航空戦隊所属の「加賀戦闘機隊空戦記（於中支・南支）」の記録である。南京空爆作戦の第一次（九月一九日）に出撃した際の記録で、【編制】操縦者小田二空曹、【任務】第一次南京制空、【兵力】制空隊総機数四五機中の一機（九六式艦上戦闘機一機）と冒頭に記されている。

九月十九日午前八時（我が軍艦旗掲揚の時刻）第一次空襲隊四十五機は爆音高く勇躍快晴の青空に、某航空基地を発進した。我が小田二空曹も本日の此の晴れの大壮挙に参加するの光栄に浴したのである。

南京の東方約二十浬に在る句容上空を通過してから間もなく丁度午前十時頃高度四〇〇〇米で南京に迫りつつある時、右前下方に敵戦闘機三機編制二個小隊計六機を発見した。僚隊の四機に続いて直ちに全速突進、敵の一機（米国製ボーイング戦斗機）を目掛けて殺到した。敵は我を発見したと見え、盛んに右や左に急激な旋回をやりながらドンドン逃げ出したが、我が優速の為、間もなく追いつかれ遂に敵は、これまでと思ったか、断乎やけくその反撃をやり始めた。垂直の巴戦となった敵は、時々横転の様なものをやるので、二、三回有効な射撃を失したが、交戦約一分半にして遂に完全な射撃体勢となり射撃―ダダダダダン！　確かに手応えあり、弾は敵の操縦者に命中したらしい。敵機はヒョロヒョロと機首を上げたかと見る間にガタリと失速となり、垂直降下のまま墜落して行った。

これを確かめ様と思って見ていると、バラバラバラッ弾の音―、素早く上方を見ると、右前上方から敵の「カーチスホーク」三型戦斗機が我を射撃中―。直ちに反撃―。切り返して見ると敵は過速の為前につんのめっているではないか。「チャンス」とばかり第一撃、ダダダダダダン！　残念、致命部に命中せず、敵は宙返りを以て引き起こし反撃して来た。何をっとばかり直に追跡、切り返し第二撃、ダダダダダダ、ほんに至近距離、曳跟弾《えいこんだん》が敵の操縦席に入ると見る間に敵機はパッと火焔に包まれた。（中略）

高度三〇〇〇メートルにて南京上空に差し掛かる途中、ふと前方に我が九五式水偵一機と交戦中の敵戦斗機一機発見、敵は伊国製「フィヤット」戦斗機であるが、我が水偵と一上一下略対等の空戦をやっている。これはいかんと直ちに協力突進、敵は我を発見したと見え、全速力で逃げ出した。何を逃してたまるべきと追求すれば、敵は健気にも斜宙返りして反撃して来た。何をっとばかり敵の宙返り頂点直前第一撃、ダダダダダン！　見事命中、敵は発動機のところからパッと火を吐いた。しめたと思ったら直ぐ消えた。また吐いた。消えては吐き、消えては吐きしている間に急に猛烈に燃え始め、そのまま火焔に包まれながら墜落して行った。

これでよしと更に敵機を捜し求めたけれど、南京上空見えるものは唯味方の飛行機ばかりであった。

【戦果】兵力　敵三、我一　被害　敵三墜落　我〇

右は「軍極秘」という印が押された公式の戦闘記録である。さながら映画のなかの空中戦の場面を見ているような臨場感あふれる記録で、戦闘機パイロットの闘争心理状況が素直に記録されている。また、設計者の堀越二郎が南京空爆で活躍する九六式艦戦の新聞報道を見て、その戦闘機能の優秀さが証明されたと大いに喜んだ戦闘記録でもあった。他の航空部隊の戦闘詳報やパイロットの回想記にも、右ほどストレートではないが、戦闘機、爆撃機搭乗員に共通する戦闘意識と戦意高揚感が記されていることが多い。彼らにまた共通するのは、つぎに紹介するような、地上には爆撃や

機銃掃射の犠牲となった中国民衆が存在したことへの想像力の欠如である。

民間人の生命・財産の被害

アメリカの駐日大使ジョセフ・C・グルーが、中国各地駐在のアメリカ領事やアメリカ人伝道団・宣教師などからの報告にもとづいて、「日本軍による民間人の生命・財産への爆撃の一例」と題して本国国務省へ報告していた記録がある。(26)

八月二四日　江蘇省南通
キリスト教の病院が爆撃される。患者三〇余人と何人かの職員が死亡。

八月二六―二七日　江蘇省南京
南京の貧民街に爆弾が落とされ、およそ一〇〇人の民間人が死亡、そのうち五〇人は焼死によるもの。この特殊な爆撃は、八月一五日以来南京に対して連日のように行われてきた空襲のなかでも、最も酷いものであった。

九月一二日　広東省恵州
アメリカ人伝道団の病院が爆撃される。病院は三機によって爆撃され重傷者が出、建物も被害を受ける。施設には大きなアメリカ国旗が二本掲げられていた。恵州には高射砲はなく、病院は中国軍露営地からいずれも二マイル離れていた。

九月二三日　河北省献県
フランスのカソリック伝道団「光輝なる血尼僧団」(The Sisters of the Precious Blood

Convent）の施設に対して、三〇発の爆弾が投下された。施設はフランス国旗を掲げ、しかも日本軍の前線から四〇マイル離れていた。
九月二四日　江西省南昌
メソジスト、米国監督教会伝道団の女性海外伝道教会に属するアイダ・カン（Ida Khan）婦女子病院の施設内および付近に四発の爆弾が落とされた。被害は病院の職員が建物を放棄せざるをえないほどである。
九月二五日　江蘇省南京（九月一九日―二九日も同様）
市街に対する重爆撃。攻撃目標は政府の建物とともに中央大学・中央病院も含まれる。これらの地区は城外にある軍の飛行場・兵器庫・兵舎とは関係がない。数百人の非戦闘員が殺され、数千人の負傷者が出る。
九月二五日　湖北省漢口
爆撃が兵器廠に限定されないため、漢江対岸の住宅区域に相当の死傷者を出す。アメリカ総領事館員が現場を視察する。
一〇月二日　広東省広州
アメリカ総領事が得た信頼すべき確認済情報によれば、中山大学が爆撃され、さらに広州北方五〇マイルの鉄道からも離れた全くの無防備都市である清遠も爆撃された。これは、広州および近接地区、鉄道に対する爆撃のあいだに行われた非軍事施設の損害と市民生活の破壊についてのほんの一例にすぎない。しかし、事例は鉄道や軍事目標から離れている無防備都市の町でさえも爆撃されることを示している。

一〇月一四日　安徽省蚌埠
駅と市場・居住地区が二編隊の爆撃機に襲撃されたのをスタンダード石油会社の従業員が目撃。市民八八人が死亡し、七二人が負傷。スタンダード石油会社は約三万元の損害を受ける。
一〇月二五日　広東省松維（音訳）
重要ではない鉄道沿線にある非武装都市。住宅密集地にある駅が爆破され、市民一四人に死傷者がでる。アメリカ人宣教師による写真を添付した報告による。
一〇月二九日　江蘇省松江
メソジスト・エピスコパル宣教団施設が爆撃される。女学校が破壊され、他の建物も被害をうける。施設の近くにはいかなる中国軍もおらず、かつ建物にははっきりと星条旗が描かれていた。
一一月二日　江蘇省松江
アメリカ教会宣教団施設が爆撃され、破壊される。
一一月一二日　江蘇省無錫
アメリカ教会宣教団に属する聖アンドリュウ病院が爆撃される。上記の三件はこの時期に南京—上海地域の広範な爆撃の事例である。
一一月一三日—一四日　江蘇省蘇州
アメリカ人宣教師からの報告によれば、大変な重爆撃で市街は市民と中国人難民であふれていた。
一一月二四日　広東省広州

今回の空襲は、これまでで最も無慈悲で破壊的であった、とアメリカ総領事が報告している。湖南路の橋に対する爆撃中、三発の爆弾が労働者住宅区に落下し、合計六二人が死亡し、一五〇人が負傷した。

一一月二四日　江蘇省南京

飛行機二〇機が中央市場を爆撃。爆撃は国立博物院の隣や、フランス・カソリック宣教団施設、および混雑した露天商街の中に落ち、およそ四〇人の市民が殺された。

ルーズベルト大統領の「隔離演説」

アメリカのルーズベルト大統領は、グルー駐日大使らから右のような、日本海軍機の中国におけるアメリカ人の施設・財産にたいする爆撃と破壊、非戦闘員の犠牲の増大などの報告を受け、さらにアメリカは国際連盟に加盟はしていなかったが、さきの国際連盟総会における「都市爆撃に対する国際連盟の対日非難決議」などを受けて、一〇月五日、シカゴにおいて有名な「隔離演説」をおこなった。[27]

宣戦の布告も警告も、また正当な理由もなく婦女子を含む一般市民が、空中からの爆弾によって仮借なく殺戮されている戦慄すべき状態が現出している。このような好戦的傾向が漸次他国に蔓延するおそれがある。彼らは、平和を愛好する国民の共同行動によって隔離されるべきである。

国名は名指しされていないが、日本海軍機による南京空爆をはじめとする中国の無防備都市への爆撃が強く批判されたことは明らかである。そして日本のような侵略国が伝染病のように他国へ蔓延するのを防ぎ、国際社会の健康を守るために隔離すべきである、つまり経済的・政治的に封じ込めてしまうべきだと主張したのである。翌六日には、国務長官ハルも「日本の行動は国際関係を規律する原則に違反し、九ヵ国条約およびケロッグ不戦条約に違反する」という声明を発表した。ケロッグ不戦条約とは、一九二八年八月に、フランス外相ブリアンが提唱、アメリカ国務長官ケロッグが国際条約として提案、締約国間相互では、紛争は戦争ではなく、平和的に解決することを約した不戦条約で、米・仏・英・独・伊・日・中などの主要国だけでなく、世界の六三ヵ国が加盟した国際的な不戦条約であった。ただし、違反国にたいする制裁規定はなかった。

ルーズベルト大統領の日本批判にたいして、外務省の河相達夫情報部長は、六日、次のように反駁する声明を発表した。(28)

世界は現に〝持てる国〟と、〝持たざる国〟との争いがあり、資源、原料分配の不公平がやかましく論ぜられている。もしこの不公平が是正されず、〝持てる国〟が〝持たざる国〟に対して既得権利の譲歩を拒んだならば、これを解決する道は戦争による外はないではないか。

のちの日独伊三国同盟に発展、第二次世界大戦を引き起こしてゆく、枢軸国側の論理がすでに表明されたのである。一度は、南京空爆の中止を声明した外務省であったが、前述したような軍令部甲部員からの強圧的な批判を受けて、海軍に追随して、日本の国際的な孤立を深めることに加担するようになった。広田弘毅外相は、九日、国際連盟総会の決議およびアメリカ政府の批判にたいして、「今次事変における日本の行動は自衛であり、現存条約に違反しない」旨のつぎのような声明を発表した。[28]

国際連盟は現に帝国が支那に於いて執りつつある行動をもって、九国条約及不戦条約違反なりと断定し、米国務省また同趣旨の声明を発したるが、右は今次事変の実体および帝国の真意を理解せざるより来れるものにして、帝国政府の甚だ遺憾とするところなり。(中略)
帝国の対支行動は、如何なる現存条約にも違反せず、却って赤色勢力に操られ、国策として執拗悪性なる排日抗日を実行し、武力行使に依り自国内に於ける日本の権益を除去し去らんとして今次事変を招来せる支那政府こそ不戦条約の精神に背戻し、世界の平和を脅威するものと言うべきなり。

海軍航空隊が中国諸都市へ拡大した都市爆撃が、国際世論の非難を浴び、日本を世界から孤立させていったが、外務省も海軍に同調する対応しかできなくなっていたのである。

ブリュッセル会議と海軍の慢心

一九三七年九月一三日からジュネーブで開かれた第一八回国際連盟総会において、中国政府は、盧溝橋事件以後の日本の侵略行為の拡大をワシントン会議において締結された九ヵ国条約に違反するとして提訴した。連盟理事会は中国の提訴を日中紛争諮問委員会に付託し、委員会は、アメリカ、ドイツ、オーストラリア、日本、中国の五ヵ国を招請したが、日本とドイツが参加を拒否したため、九ヵ国条約締結国の会議は開催できなかった。

同諮問委員会の決議を経て日本海軍機による都市爆撃にたいする非難決議を連盟総会において採択したことは前述した。日本の中国侵略を非難する世界の声の高まりは、日本の侵略にたいして連盟が態度を明らかにすることを望んだ。同諮問委員会は、一〇月五日、(1) 日本の軍事行動は九ヵ国条約ならびに不戦条約に違反すると判定し、(2) 九ヵ国条約調印国および関係国による国際会議により日中紛争を解決すべきであるという勧告書を採択した。翌日の連盟総会は、諮問委員会の報告書を採択し、さらに、連盟が「中国を道義的に支持することを表明し」、また加盟国が「個々に中国にたいする援助をいかに拡張しうるかを」考慮すべきだとすることを確認した。

国際連盟の総会における勧告を受けて、アメリカとイギリスが提案国となり、九ヵ国会議がベルギーのブリュッセルで開催されることになった。そこでは、国際条約違反国日本にたいする制裁措置が検討される予定であった。一九三七年当時、日本の国際貿易において、アメリカは輸入の三三・六パーセント、輸出の二〇・一パーセントを占めて、日本の経済的死命を制することができる立場にあり、戦争遂行に不可欠な軍需品や戦争資材、とりわけ石油と鉄の対日供給において、決定的な役割を果たしていた。一九三八年度においては、日本の輸入に占めるアメリカの比率は、総額三四・四パーセント、石油類七五・二パーセント、鉄類四九・一パーセント、機械および同部品五三・六パーセントに達しており、日本は戦争遂行の軍備のためにもっとも重要な石油の大半と鉄のほぼ半分をアメリカからの輸入に依存していた。

こうした圧倒的な対米依存の経済構造にありながら、日本の海軍は日中戦争を大海軍主義実現の好機とするセクショナリズムから、アメリカを仮想敵にした海軍軍備拡張をめざし、対米航空決戦に勝利するための航空兵力の拡充と兵力錬成に汲々としたのである。日本海軍の対米戦を想定した軍備拡大と航空兵力の強化が、アメリカの脅威となる段階に到達すれば、アメリカが石油と鉄の対日禁輸を実行することになるのは、素人にもわかる「自滅のシナリオ」の構図そのものであった。しかし、海軍首脳は、本書「はじめに」の豊田隈雄元大佐の【証言A】のように「海軍あるを知って国あるを忘れて」、首脳部から末端の部隊までをふくめた海軍総体として「自滅のシナリオ」を突きすすんでいったのである。

ブリュッセル会議は、一一月三日から開催された。同会議は、国際紛争を戦争ではなく、平和的手段によって解決しようという不戦条約の理念にもとづいて、日本の中国侵略を平和的手段によって阻止することを試みようとした会議であった。同会議において、中国代表顧維鈞は、列強が日本に道義的・物資的・経済的圧迫をくわえて即時停戦を迫るように要請し、いっぽうでは列強が日本への物資および信用の供与を停止するとともに、中国への武器・借款援助の実行を促進するよう要請した。

ところが、当時の国際連盟にも、不戦条約にも、国際法に違反する国にたいする制裁規定とそれを執行するための国際機関がなかった。そのため、当時の日本のように、軍事制裁や経済制裁のような物理的圧力がないかぎり、国際法の条理や国際的道義にしたがおうとしない国には無力な側面があった。

しかも、この段階では、アメリカ・イギリス・フランスの列強は、対日戦争のリスクを冒してまで、対日軍事制裁や経済封鎖などの共同干渉を実行する決意はもたなかった。結局、ブリュッセル会議は一五日の本会議において、「各国代表は条約の規定を無視する日本に対し共同態度を採ることを考慮する」という日本の国際法違反を非難する宣言を採択したものの、中国代表が希望した具体的な対日制裁措置は決定せずに、二四日に閉会した。日本の政府・軍部首脳がもっとも恐れた、アメリカの主導による対日経済封鎖の決定は回避されたのである。

ブリュッセル会議が対日実力制裁措置を実施しなかったことに勢いを得た日本の軍部は、一一月二〇日に戦時における最高統帥機関である大本営を設置した。大本営とは、陸海軍の最高司令官である天皇の総司令部という意味で、戦時に際して設ける最高統帥機関であり、参謀本部、陸軍省、軍令部、海軍省の最高首脳が出席した。日本は日中戦争を国際法上の戦争でないとして対外的に戦争宣言をせず、「支那事変」と称してきたので、「事変」においても大本営が設置できると軍令を改正したうえで、宮中に設定した。

大本営の設置により、本格的な戦時指導体制が築かれたので、海軍も、帝国海軍戦時編制を実施した。これにより、中国沿岸の海上封鎖は支那方面艦隊司令長官の単一指揮下に実施されることになり、長谷川長官は、第四艦隊を封鎖部隊に改変し、同部隊に中国沿岸の封鎖の徹底を命令した。

海軍は、盧溝橋事件が発生した後の七月二八日に、第三艦隊を航空部隊を中心に一挙に増強したことはすでに述べたが、その後、一〇月二〇日に、第三艦隊に加えて南部中国方面を担当する第四艦隊を編成し、この両艦隊を統括する支那方面艦隊を設置した。支那方面艦隊司令長官および幕僚は、第三艦隊司令長官および幕僚が兼務した。さらに支那方面艦隊司令長官に直属する臨時配属航空部隊が第一航空戦隊、第二航空戦隊、第三航空戦隊から編成され、海軍航空部隊は増強された。

さらに、一二月一日に「昭和一三年度連合艦隊編制」が定められたが、連合艦隊は大増強され、海軍が日中戦争を利用して、航空兵力と艦隊兵力の双方の軍備拡大を果たしたことが瞭然とする。

ブリュッセル会議の結果を見た日本は、一一月六日に日独防共協定に参加して日独伊防共協定とした。ムッソリーニのイタリアとの関係を緊密化させ、イタリアの満州国承認（一一月二九日）、イタリアの国際連盟脱退（一二月一一日）によって対イタリア関係をさらに強化した。こうして東京―ベルリン―ローマ枢軸の結成によって、国際的にも勢いづいた日本政府と軍部さらに国民は、中国政府の全面屈伏をめざして、陸上からの南京攻略戦になだれ込むことになる。

ブリュッセル会議が日本の中国侵略にたいして警告宣言を発表するだけで終わったことは、日本海軍の大海軍主義者たちを増長させた。海軍省海軍軍事普及部編『支那事変に於ける帝国海軍の行動（発端より南京攻略迄）』（一九三八年一月三一日発行）には、盧溝橋事件から南京攻略にいたる海軍の活躍と戦果を艦船と海軍機に分けて詳述した最後に、以下のように記されている。[30] 海軍軍事普及部は、「国防思想の普及に関する事項、軍事関係諸団体の指導に関する事項などを管掌する」海軍省軍務局第四課の所轄下にあって、国民にたいする海軍の広報、宣伝、情報統制の活動を担当していた。

最後に国民諸君にさらに深く考察して頂きたい一事がある。それは、支那事変と並行して開催された連盟総会や「ブラッセル」における九ヶ国条約会議が何故に無為に終り、また第三国が何故に武力干渉に乗り出し得なかったかということである。ここにおいて、万人の脳裡に浮かぶものは、彼の永野大将の将旗を翻して、西太平洋の制海権を握る我連合艦隊の無言の勢威ではあるまいか。

アメリカとイギリスが、ブリュッセル会議において、対日批判・警告という道義的制裁しかできず、武力制裁ができなかったのは、永野修身大将を司令長官とする大日本帝国連合艦隊が西太平洋の制海権をにぎっており、それが無言の圧力になったからである、というのである。永野修身大将は、前述したように、嶋田繁太郎に次ぐ伏見宮軍令部総長の寵臣で、嶋田とともに海軍トップにあって「自滅のシナリオ」を推進した人物で、当時は連合艦隊司令長官であった。永野は対米英強硬派で、後述するように軍令部総長となって、対米英戦を決定づけた南部仏印進駐をおこなわせることになる。

山本五十六中将は当時海軍次官だったので、上記『支那事変に於ける帝国海軍の行動』の結論を知らないことはなかったと思うが、海軍が大海軍主義を邁進し、西太平洋の制海権、制空権をにぎれる軍備力をもてば、イギリスはもちろん、アメリカも軍事干渉はできないのだという慢心が、海軍首脳部に共有されていたと思われる。

3 パナイ号撃沈事件の真相

南京攻略戦と海軍航空隊

第二次上海事変に投入された陸軍の上海派遣軍は、その名のとおり、「上海居留民保護」を目的に派遣された軍隊であった。したがって、武藤章参謀本部作戦課長の作戦による第十軍の杭州湾上陸作戦（一一月五日）が功を奏して、日本軍が一一月中旬には上海全域を制圧して上海戦が終結したのにともない、本来の作戦任務を達成したので、兵士たちは本国へ「凱旋」できるはずであった。上海派遣軍と第十軍を合わせて中支那方面軍が編合されたときも、参謀本部は「中支那方面軍の作戦地域は概ね蘇州、嘉興を連ぬる線以東とす」（臨命第六百号）と制令線を指示し、上海戦で決着をつける作戦を明示した。

ところが、前に述べたように、参謀本部内の拡大派の急先鋒であった武藤章大佐をはじめ田中新一大佐（陸軍省軍務局軍事課長）らは「中国一撃論」に立って、首都南京の攻略を考えていた。さらに上海戦を局地限定戦にとどめようとした石原莞爾少将が参謀本部作戦部長を更迭された後に拡大派の下村定少将が部長に就任したことで、拡大派は勢いを得ていた。参謀次長の多田駿中将らは石原に近い不拡大方針の考えをもって、南京攻略戦にそのまま移行することに反対した。

しかし、現地軍の第十軍（司令官柳川平助中将）*の幕僚会議が独断で南京追撃戦を決定、上海派遣軍司令官から中支那方面軍司令官になった松井石根大将も、当初から南京攻略を考えていた。このため、現地軍の独断専行による南京攻略戦への移行を参謀本部内の拡大派が支持、さらに煽動するかたちで南京攻略戦がなし崩し的に開始された。中支那方面軍の司令部や陸軍中央の拡大派が、中国の首都南京の占領が容易であると判断した大きな根拠に、八月一五日以来の海軍航空隊による南京空爆が与えた国民政府の首都機能の破壊が戦略爆撃的な効果をもったことは前述したとおりである。そのため、一一月二〇日、日本が宮中に大本営を設置したのと同じ日に、蔣介石の国民政府は、重慶への首都移転を決定し、暫定措置として武漢へ政治・軍事・経済・教育などの中央政府の施設・機能を移転する作業を開始した。

＊ 柳川平助は二・二六事件以前の皇道派の中心メンバーであった。皇道派に近かった荒木貞夫陸軍大臣のもとで二年間陸軍次官をつとめたあと、一九三四年から第一師団長となったが、同師団（東京）は皇道派青年将校の最大の牙城となった。陸軍当局は、皇道派の盲動を押さえようとして、一九三五年一二月に柳川中将を台湾軍司令官に転出させ、第一師団の満州派兵を決定した。この措置に反発、危機感をもった皇道派の青年将校たちが「昭和維新」の決行を決断して、二・二六事件を引き起こしたのであった。

事件鎮圧後の「粛軍」によって柳川も予備役に編入されたが、上海戦で苦戦を強いられた武藤章らが考えた杭州湾上陸作戦のために、一九三七年一〇月に召集され、第十軍司令官として現役に復帰したのである。そして、杭州湾上陸作戦成功後、南京攻略へ向けて、現地軍による独断専行をおこなったのである。南京攻略の立役者の一人であったが、皇道派であった手前、顔写真の掲載をはじめとして、メディアで公然とは活躍を報道できなかったので、「覆面将軍」といわれた。柳川は、杭州湾上陸作戦の「武勲者」として陸軍中央に復活、一九四〇年一二月に第二次近衛内閣の司法大臣、四一年七月に第三次近衛内閣の国務大臣となり、四一年三月から大政翼賛会副総裁の要職にもついた。柳川平助の影響下に「昭和維新」に決起し、死刑に処せられた青年将校たちの処遇との差は、あまりにも大きい。

南京攻略戦は、まず海軍航空部隊が四ヵ月にわたる南京空爆作戦を実施し、空からの攻撃により、中国政府側の物質的・精神的抵抗力を破壊し、「敵の戦意を消滅」させておいて、最後は地上から陸上部隊が侵攻、南京城内に突入、占領するという、世界における戦略爆撃の初期の理論家、イタリア人のジュリオ・ドゥーエ少将『制空権論』（一九二一年）（前述）が説いた戦略爆撃論を世界最初に本格的に実施したものといえた。

現地軍独断専行による南京攻略戦が開始されると、日本の大新聞社は大規模な報道陣を前線へ派遺して、「南京城に日章旗が翻る日はいつか」、「どこの郷土部隊が南京城一番乗りを果たすか」などの報道合戦を繰りひろげた。激増する新聞購買者となった国民は、「いつ南京は陥落するか」と、南京城に迫る日本軍部隊の報道に注目し、興奮した。南京へ進撃する皇軍（天皇の軍隊）の連戦連勝の華々しい捷報が、連日報道されるなかで、国民の戦勝・祝賀ムードが必要以上に煽られ、国民は、南京が陥落すればあたかも日中戦争が決着して、日本が勝利するかのような期待感をいだくようになった。官庁、学校は南京陥落祝賀行事のための提灯や垂れ幕を準備して、さながら南京をゴールとする戦争ゲームでも観戦するかのように、日本軍の進撃ぶりに喝采をあげ、早期南京占領を待った。

ブリュッセル会議が対日本制裁を決定できずに終わったことも、日本の軍中央、政府を増長させ、一二月一日、大本営は「中支那方面軍は、海軍と協同して敵国首都南京を攻略すべし」（大陸命第八号）と南京攻略を下令して、中支那方面軍の独断専行を正式に追認したのである。

しかし、上海派遣軍にはもともと南京攻略の作戦計画はなかったので、それに備えた軍装備、輸送部隊もなく、軍司令部は食糧や軍事物資の補給を無視して、「糧食を敵中に求む」「糧食は敵による」方針でのぞみ、食糧を現地中国住民から掠奪させ、初冬の大陸に野営装備もない行軍のために、中国人の民家に押し入って宿泊するという無謀な作戦行動を強要した。上海戦で疲弊し、軍紀の弛緩した部隊を、徒歩で南京まで強行軍させたため、日本兵たちは、民家に押し入り、食糧をはじめ生活物資を住民から掠奪する行為が日常化し、「敵地住民」である中国人への暴行、殺害、強姦、放火などの不法行為がつぎつぎと誘発されて、ついには南京占領に前後して、南京大虐殺事件（南京事件）を引き起こすにいたった。

南京事件の要因と経緯と実相については、拙著『南京事件』（岩波新書）や同『南京難民区の百日——虐殺を見た外国人』（岩波現代文庫）やその他の拙著に詳述したので、それらを参照していただければ、幸いである。

いっぽう、海軍の第一連合航空隊上海派遣隊と第二連合航空隊は、一九三七年一一月下旬に南京攻略戦を開始した第十軍および上海派遣軍の陸上作戦に協力して、南京への途上にある常州・丹陽・鎮江などの無防備都市の市街を爆撃したり、敗走する中国軍密集部隊への機銃掃射、撤退部隊を乗せたジャンク群の爆撃、駅や貨車や鉄道などの運輸交通手段の爆撃・破壊など、さまざまな作戦を展開した。陸上戦闘協力の主な航空作戦は、南京へ向けて撤退、敗走する中国軍部隊の退路遮断と殲滅だった。上海で敗退し、負傷兵をかかえながら撤退する中国軍の密集部隊にたいして、空から容赦ない爆撃と機銃掃射をあびせた。次項で述べるパナイ号撃沈事件は、こうした、敗走、撤退する中国軍部隊の殲滅作戦中に発生したのである。

この間、南京にたいする空爆作戦も継続して実施された。一二月三日、第二連合航空隊は、南京の東南約一三〇キロの位置にある常州に前進基地をひらき、同隊の約半数の飛行機を移駐させ、同基地から南京爆撃へ発進できるようになった。以後、南京・蕪湖方面への陸戦協力のための出撃は容易となり、空爆に激しさをくわえた。一二月一三日の南京陥落まで、海軍航空隊の南京空爆は、最初の渡洋爆撃から数えて五十余回におよび、参加飛行機延べ九百余機、投下爆弾は一六〇余トン、南京市民にとっては、二日半に一度は空襲に見舞われたという激しい頻度であった。また、南京をのぞいた上海・杭州—南京間の中支那方面軍の陸上作戦に協力した飛行機の延べ機数は五三三〇余機、投下爆弾は九百余トンという膨大な数に達した。

アメリカ砲艦パナイ号を撃沈する

一九三七年一二月一二日は、南京市街を囲む城壁を完全に包囲した日本軍が、城内突入をめざして、中国軍と最後の激闘を繰りひろげた日となった。完全に南京の制空権を掌握していた海軍航空隊機は、中国軍陣地に容赦ない爆撃をくわえ、南京城壁を包囲するかたちで陣地を据えた日本軍の砲列は、城壁と城内に向けて猛烈な砲火をあびせた。川（長江）と空からの包囲殲滅をめざした支那方面艦隊は、遡江部隊が烏龍山砲台（南京の下流の長江岸にある砲台）の下流まで進撃してきていた。支那方面艦隊航空部隊・第一空襲部隊所属の第二連合航空隊の第十二航空隊と第十三航空隊の艦上爆撃機、艦上戦闘機、陸上攻撃機の各隊は、南京城内外陣地および浦口（南京の下関埠頭と長江をはさんで北岸にある埠頭）を終日爆撃した。

この日の午前、中支那方面軍司令部に連絡参謀として派遣されていた青木武海軍少佐から、常州基地に進出していた第二連合航空隊の司令部に、「本日午前、南京上流約一〇浬《かいり》（およそ一八・五キロメートル）の揚子江上に中国の敗残兵を満載した商船約一〇隻が上流に向かって逃走中である。陸軍にはこの敵を攻撃する手段がないので、ぜひとも海軍航空部隊で攻撃してもらいたい。もしこの攻撃に成功するなら陸軍では感状に値するとのことだ」という電話による通報があった。

これを受けて、常州基地所在の海軍航空部隊指揮官であった第十二航空隊司令の三木守彦大佐は、可動の全機をもって、この中国船団を爆撃することを決意した。

支那方面艦隊参謀長から海軍次官・軍令部次長への機密電報「米艦ＰＡＮＡＹ爆撃事件経過」（一九三七年一二月一三日）[31]によれば、このとき常州基地を午後零時四〇分前後に発進したのは、第十三航空隊指揮官村田重治大尉の九六式艦上攻撃機三機（各機六〇キロ爆弾六個搭載）、第十三航空隊指揮官奥宮正武大尉の九六式艦上爆撃機六機（二機は二五〇キロ爆弾各一個、四機は六〇キロ爆弾各二個）、第十二航空隊指揮官小牧一郎大尉の九四式艦上爆撃機六機（各機六〇キロ爆弾二個）、第十二航空隊指揮官潮田良平大尉の九五式艦上戦闘機九機（各機六〇キロ爆弾二個）の計二四機であった。『日本海軍航空隊戦史――さらば海軍航空隊』(32)の著者奥宮正武は、このとき飛行中隊長として爆撃に参加したが、当時の天候を「空は快晴で、視界は五〇キロほどもあり、地上はあまり風がないことは、途中に立ち上がっていた陸軍部隊の第一線を示す煙で想像できた」と記している。奥宮はさらに、右に名をあげた四人の飛行機隊指揮官とも「一二月一日に補職されたばかりで、戦地の経験が浅かった。それればかりではなく、彼らの前任者たちが数次の南京空襲などで華々しく活躍していたのに比べて、彼らの作戦任務はきわめて地味な陸軍部隊への協力がほとんどであった。したがって船舶攻撃にはいい知れない興奮を覚えるとともに、感状ということばの魅力にひかれやすい状態にあったことには疑問の余地がなかった」と記している(33)。これらの指揮官たちが、戦場や戦闘の経験が乏しく、瞬時の状況判断力に欠け、そのうえに手柄を挙げたいという功名心にはやっていたということとは、パナイ号爆撃の伏線として重要である。感状とは、功績のあった部隊や個人の将兵にたいして軍司令官、司令長官など最高指揮官から与えられた表彰状で、その戦闘ぶりと功績を詳しく記して〝よって全軍の模範とするに足りる〟などと締めくくり、司令官の署名を入れて全軍に公布した。勲章の受勲とともに、軍人の最高の名誉とされたものである。

常州基地から出撃した第二連合航空隊の攻撃隊に撃沈されることになるアメリカの砲艦パナイ号は、一二月一二日の昼の正午には、日本軍の砲弾を避けて南京の上流約四五キロ地点の長江の中州付近に投錨、停泊していた。パナイ号は、アメリカ・アジア艦隊のヤンツー・パトロール（揚子江警備隊）に所属する船底の浅い河川用砲艦で、長さ一九一フィート（約五八・二メートル）、重量四五〇トン、二つの三インチ砲と一〇挺の口径三〇ミリ機関銃を備えていた。ヤンツー・パトロールは、長江流域でのアメリカの商業活動を護衛する目的で創設され、数隻の軍艦から編成されていた。

このとき、パナイ号には、艦長のヒューズ少佐以下将校・乗組員五九名、南京アメリカ大使館員四名、アメリカ人のジャーナリスト五名、商社員二名、イギリス人ジャーナリスト一名、イタリア人ジャーナリスト二名が乗っていた。ジョージ・アチソン・ジュニア二等書記官以下四名の南京アメリカ大使館員は、日本軍の南京攻略戦を前にして、前述のように国民政府機関が暫定首都の武漢へ移転していったのにともなって、ネルソン・ジョンソン駐華大使ら主要スタッフが一一月二三日に武漢へ移っていったあとも、南京アメリカ大使館に留まっていたのである。しかし、日本海軍機の爆撃があまりにも危険になったため、一二月九日に大使館を一時閉鎖して、南京城内を引き揚げ、無線施設をそなえたパナイ号に臨時の大使館分室を置いて、執務をしつづけていた。

ジョージ・アチソンからは、ワシントンの国務長官宛にパナイ号の停泊位置を日本外務大臣に伝えるよう電報で要請がなされ、そのつど駐日アメリカ大使のジョセフ・C・グルーから広田弘毅外相へ、中支那方面軍当局へ伝えるよう要請がなされた。一二月一二日の正午、上海駐在のアメリカ総領事のガウスから、日本総領事の岡本季正にたいし、パナイ号の新たな停泊位置が報告され、岡本総領事から支那方面艦隊司令部に伝えられたが、それが第二連合航空部隊の指揮官に通達されたのは午後五時三〇分以後であった。

つまり、常州基地を発進した攻撃隊の指揮官たちは、パナイ号が南京上流数十キロの地点に避難、投錨しているという情報を得ることなく、中国兵を満載した中国商船が南京から長江上流へ退却中という情報のみを受けて出撃したのである。

なお、パナイ号事件の詳細な経緯やそれがアメリカ政府と国民に与えた衝撃、日本政府・軍部の対応さらには同事件の歴史的意味などは、拙著『日中全面戦争と海軍――パナイ号事件の真相』(34)で専門的に論じたので、同書を参照していただければ幸いである。ここでは、同事件が「真珠湾攻撃への序曲」つまり、本書でいうアジア太平洋戦争への「自滅のシナリオ」の「序曲」となったことに焦点をあてて述べていきたい。

パナイ号は、船体のほとんどは、白塗で、アメリカ艦であることを明確にするために、前甲板屋根と後甲板屋根に縦一四フィート(約四・三メートル)横一八フィート(約五・五メートル)の大きな星条旗をペンキで新しく描き、上空のどの角度からも識別できるようになっていた。さらに後尾のポールには、緊急事態に備えて最大の軍艦旗を掲げていた。パナイ号が警護していたアメリカのスタンダード石油会社の商船とタンカーの美平《メイピン》号、美峡《メイシア》号、美安《メイアン》号もそれぞれに縦横に大型サイズのアメリカ国旗をいくつも掲げていた。

その日は、日曜日で、乗組員たちは平常よりもゆるやかな休日の勤務態勢をとっていた。船員の八名は近くに停泊しているスタンダード石油会社の美平号にビールを飲みに行ったまま、戻らずに爆撃を受けることになった。以下は、攻撃した側の奥宮正武書に記述された爆撃の経緯である。

午後一時三〇分ごろ、攻撃隊の先頭を飛行していた村田隊が長江に停泊しているパナイ号とスタンダード石油会社の船三隻を発見した。村田隊は高度三〇〇〇メートルで飛んでいたが、彼は敵の防御砲火を避けるために区切りのよい高度でない二五〇〇メートルで爆撃するといっていた。攻撃の火蓋を切ったのは彼の隊で、わずかに三機の編隊であったにもかかわらず、各機六個ずつ計一八個の六〇キロ爆弾を搭載していた。第一回目にその半数を投下、その一、二弾がAに命中し、これが致命弾となった。村田隊は第二回目の攻撃でもAを爆撃したが、その時は直撃弾はなかった。

村田隊につづいて現場上空に到着した奥宮隊九六式艦上爆撃機六機は、Aの下流に停泊していた一番大きい商船のB目標に、高度五、六〇〇メートルまで下げて第一回目の急降下爆撃をおこなった。直撃弾はなかったが、至近弾により、舷側が装甲されていないブリキ製の箱のような揚子江上の船舶には、舷側に穴をあける効果はあった。低空で左上昇旋回をして第二回目の攻撃をするべく上昇をつづける途中、下方の四隻の甲板上に濃紺の服装をした中国の軍人らしい人々が満載されているのを見て、陸軍情報を確認できたような気がした。奥宮隊は第二回目もおなじ商船をめざして、高度約一五〇〇メートルから約五〇〇メートルまで急降下して爆弾を投下した。

村田隊と奥宮隊が第二回目の爆撃を終わったころ、小牧隊九四式艦上爆撃機六機と潮田隊九五式艦上戦闘機九機が現場上空に到着、主として無傷であったCとDの商船を爆撃した。戦闘機隊であった潮田隊機は機銃掃射もおこなった。

奥宮大尉が部下の飛行機が編隊を組みやすいように右上昇旋回をしながら、現場を見下ろしたところ、Aは蒸気を吹き上げながら船首を沈下しつつあり、Bは錨を捨てたような状態で、Aに横付けを試みつつあるようであった。そしてCもDも動きはじめていた。かなりの数の小舟艇が船団から揚子江の右岸にある桟橋らしいところへ向かって走っていた。

アメリカ側の資料と照合すれば、奥宮書にいうAがパナイ号、Bが美平号、C、Dが美峡号か美安号いずれかである。遅れて現場に到着した小牧隊六機は、美平号と美峡号をめがけて急降下爆撃を低空からおこない、タンカーの美平号のドラム缶が爆発、その後何時間にもわたって爆発音がつづいた。

奥宮大尉が現場を去ったとき、四隻とも沈んでいなかったので、奥宮はこの船団を完全に撃破するには再度の攻撃が必要と考えて、新たに爆弾を搭載するために常州基地へ戻り、報告を受けた三木大佐から奥宮隊のみ残敵攻撃の命を受けて、六機とも六〇キロ爆弾を二個ずつ搭載して、午後三時過ぎ、さきほどの場所に到着してみると、大破した商船一隻が揚子江の中州に乗り上げているだけで他の三隻はいなかったので、逃走したものと判断、揚子江の上流と下流の索敵をおこなったところ、南京上流約一〇浬（およそ一八・五キロメートル）に二隻の船を発見、約二〇〇〇メートルの高度から高度五〇〇メートルまで急降下して右翼下の六〇キロ爆弾を投下したところで、甲板にイギリス国旗が見えたので「しまった！」とあわてて爆撃中止を命令、近くに停泊していた二隻の船から対空機関砲を撃たれるなか、辛うじて部隊機六機をまとめて無事に常州基地に帰着した。

奥宮大尉が、二度目の出撃で爆撃しかけたのはイギリスのジャーディン・マセソンの倉庫船と汽船黄浦号であり、対空機関砲で応戦してきたのは、同船を護衛していたイギリス砲艦のスカラブ号とクリケット号で、イギリス船団は四発の爆弾を投下されたが死傷者の被害はなかった。[35]

以上の奥宮書の記述とアメリカ側の公式記録と比べながら、パナイ号爆撃の状況を確認してみたい。双方の内容が一致すれば、それがほぼ事実であったことになる。

パナイ号が最初に爆撃されたときの状況を、パナイ号艦長ジェームズ・J・ヒューズは、海軍長官、アメリカ・アジア艦隊司令長官宛の報告書（一九三七年一二月一二日付）のなかでこう記している。[36]

（一二月一二日）一三時二七分、歩哨は、約一万五千フィート（約四五〇〇メートル）上空に二機の飛行機を目撃、と伝えてきた。天気は晴天で視界はよく、風はなかった。飛行機の高度は必ずしも報告どおりではなかったが、二機ともはっきり見えた。その時は、よもや我々を攻撃しようとしているなどとは考えもしなかった。この頃私は、遥かに見える飛行機の動きをよく見ようと、操舵長のジョン・ラングとともに艦橋にのぼった。一三時二九分ごろ、艦橋の入口から先の二機が急速に高度を下げて、我々をめがけているのを見て驚いた。ほとんど間髪をいれず二機は急降下に入った。ラングと私が艦橋の中に飛び込むと同時に、艦橋の屋根に大きな穴があき、一発の爆弾が頭上を直撃したようだ。一、二分と思うが、私は気を失った。気がついた時は艦橋のデッキに倒れ、頭は血で染まり、右足の付け根に激痛が走り、足を上げることもできなかった。ラングと私がいた付近の艦橋のデッキにも穴が開いていた。

山本悌一朗『海軍魂——若き雷撃王村田重治の生涯』(37)は、「村田小隊の九六式艦攻三機は、高度三千五百メートルで索敵飛行をつづけていたが、ようやく揚子江上の一商船を発見し、ただちにこの目標にたいして水平爆撃を開始した。村田小隊の三機から投下された六十キロ爆弾のうち二発が目標商船に命中し、その商船らしい船舶は沈没した。この船が、米砲艦「パネー号」であろうとは、だれ知る由もなかったのである」と記し、この山本書が典型であるが、村田機が高高度からの水平爆撃によって、パナイ号を撃沈したと記している歴史書が少なくない。それは、高高度からのため、パナイ号の星条旗が識別できなかったための「誤爆」であることを強調するためである。

爆撃された側のヒューズ艦長の報告書では、村田機は水平爆撃ではなく、急降下爆撃をくわえたことを記し、奥宮書も村田機が水平爆撃ではなく、第一回、第二回とパナイ号を狙って急降下爆撃をくわえたことを記している。水平爆撃よりも急降下爆撃の方が目標への命中率は高い。パナイ号は長さ一九一フィート（約五八・二メートル）であったから、幅は比率から推測して二〇メートル以内であろう。三〇〇〇メートルの高度からの水平爆撃で、この幅のパナイ号に命中弾を投下することは神業に近い。パナイ号からの防御砲火もまったくなかったから、村田機は、急降下爆撃をおこなったのであるが、その際、爆撃目標を定めて急降下していくので、パナイ号の甲板屋上に描かれた星条旗や船に掲げられた星条旗を見なかったというのは、有り得ないことである。しかも村田機の九六式艦上攻撃機は、航空魚雷一本または二五〇キロ爆弾二個を搭載できる大型の飛行機で、搭乗員三人であり、パイロット、偵察員、電信員の搭乗員がいるので、パナイ号が星条旗を揚げ、かつ星条旗を描いていたことに三人とも「気が付かなかった」ことは、常識では考えられない。現に奥宮隊は、二度目の出撃において、午後四時一五分というパナイ号爆撃のときより視界条件が悪かったにもかかわらず、イギリス商船のユニオンジャックを識別できたのである。

アメリカは、アジア艦隊司令長官のヤーネル海軍大将が主催してパナイ号爆撃・沈没に関する査問会議をもち、判定調査結果を海軍長官の名で「海軍局査問委員会の報告」として公表した（一二月二四日）。パナイ号爆撃事件にたいするアメリカ政府の公式見解となるものであるが、以下に要点を抜粋し、奥宮書と照合してみたい。[38]

①（一二月一二日）午後一時三八分、日本軍の大型複葉機三機がV字形の編隊で、かなりの高度

を保ちながら川上から飛来したのが目撃された。この時点では、パナイ号とその護送船の近くには他の船は見えず、危険区域にあるなどとはまったく考えつかなかった。

②警告もなく、この三機は爆弾を投下し、うち一ないし二個がパナイ号を直撃もしくは船首のごく近くに落ち、別のものが一発、美平号を直撃ないし至近に落ちた。

③始めの爆撃でパナイ号は甚大な被害を受けた。前部三インチ砲は使用不能となり、艦長その他に重傷者が出、操舵室、医務室、無線機器は壊れ、機関室が稼働せず、動力は皆無となり、また、船体にひびが入り浸水したため、艦は船首から沈下し右舷に傾いた。基本的にはそれがために沈没する結果となった。

④第一次攻撃から間をおかずに、単発機六機の一団がパナイ号の頭上から一機ずつ降下し、攻撃を集中したように見えた。合計およそ二〇発の爆弾が落とされ、多くが舷側付近に落ち、爆弾の破片や震動により船体や人身に多大な損害を負った。攻撃はおよそ二〇分間にわたり、少なくとも二機が機関銃掃射を行った。この機関銃攻撃の一つは負傷者を対岸に運搬中のボートを狙ったため、さらに負傷者を出し、ボートは弾痕で穴があいた。

⑤この攻撃のあいだ、天候はよく視界はきき風もないに等しかった。

⑥パナイ号と護送船を攻撃した飛行機は、マークにより紛れもなく日本軍のものであることが判明した。

⑦最初の爆撃の直後、防空配備がなされた。三〇ミリ口径機関砲が直ちに火を放ち、攻撃の終わるまで対抗した。三インチ砲には配備なく、三インチ砲弾は一度も発射されなかった。

⑧午後二時頃、艦の沈没は避け難くなった。また多数の負傷者を対岸に運搬するには手間がか

かることを考慮して、艦長は艦の放棄を命令した。運搬作業は午後三時ごろには完了。この時すでに、主甲板は浸水し、パナイ号は沈みつつあると思われた。

⑨午後三時五四分、艦は右舷に倒れるように沈んだ。

「海軍局査問委員会の報告」(以下「報告」)の①と②の爆撃をしたのは、奥宮書にあるように村田隊の九六式艦上攻撃機の三機であった。このときパナイ号は致命的な直撃弾を受け、沈没することになった。「報告」の④は奥宮隊の九六式艦上爆撃機の六機で、二回にわたり急降下爆撃をおこない、高度約五〇〇メートルからもっぱら美平号を狙って爆弾を投下した。九六式艦爆機にはパイロットと偵察員兼電信員の二人が乗っていた。奥宮書は、奥宮大尉が、四隻の甲板上に濃紺の服装をした中国の軍人らしい人々が満載されているのやパナイ号から脱出、岸へ向かって避難しているボートを目撃したことを記しているので、それでもパナイ号や商船の星条旗を見なかったというのは、考えられない。

「報告」の④にある対岸に避難中のボートに機銃掃射をくわえたのは奥宮書にある潮田隊の九五式艦上戦闘機九機のいずれかである。

パナイ号と三隻の商船の爆撃に参加した搭乗員は、九六式艦上攻撃機(操縦士、偵察員、電信員)三機の九名、九六式艦上爆撃機(操縦士、偵察員兼電信員)六機の一二名、九四式艦上爆撃機(操縦士、偵察員兼電信員)六機の一二名、九五式艦上戦闘機(操縦士)九機の九名が考えられるので、数十人にのぼる。これだけの大集団のなかで、しかも高度五〇〇メートル、四〇〇メートルにまで接近しながら、かつ偵察員が搭乗していながら、後述するように、誰ひとりとして、パナイ号と商船三隻のいずれにも星条旗が認められなかったというのは、虚偽を述べているとしかいいようがない。「報告」の⑥にあるように、パナイ号の乗組員からは海軍機の主翼の日の丸が肉眼で識別できていたのである。

では、四中隊二四機の海軍機はなぜ、パナイ号を撃沈したのか。一番考えられるのは、奥宮大尉が目撃したように、三隻の商船ならびにタンカーにスタンダード石油会社の中国人従業員が約一〇〇名乗船していたことである。パナイ号には、食卓番や雑仕事に従事していた中国人の使用人も乗船していたが、数は多くない。アメリカの商船に避難していた多数の中国人を認めた海軍機の搭乗員が、出撃に際して得た「中国の敗残兵を満載した商船」と判断したのは、奥宮書にあるとおりである。そこで、パナイ号と商船を「偽装」のために星条旗を掲げていたのは、パナイ号と商船を「偽装」のために星条旗を掲げて中国兵を輸送している中国船、あるいは中国軍にチャーターされたアメリカ船、または中国軍援助のアメリカ船と思い込んでいたことが考えられる。もしも「誤認」というのであれば、爆撃、撃沈したのがアメリカ砲艦のパナイ号であったことを認識できなかったということである。しかし、日本の海軍当局は「搭乗員は星条旗を見

写真14　日本軍機の爆撃で破壊されたパナイ号（H. D. Perry、“The Panay Incident”より）

なかった」というウソを公式見解とし、このときの搭乗員もそのウソに口裏を合わせることになった。

"Remember the PANAY !"

パナイ号撃沈により、パナイ号水兵の二人が死亡、同乗していたイタリア人記者が死亡、さらにアメリカ商船美安号の船長も爆撃で死亡したので、パナイ号撃沈事件の死者は四人、重傷者はヒューズ艦長以下三名、負傷者一〇人という犠牲者が出た。

パナイ号撃沈のニュースは、アメリカ政府当局者に大きな衝撃を与えた。一二月一三日にパナイ号撃沈の電報をうけとった駐日アメリカ大使グルーは、その日の日記にこう記している。(39)

私はこの五年間、日本とアメリカの友好関係を築きあげるために努力してきたが、この事件は、すべての日米関係を打ち壊す危険をもっていると私には思える。事実、この瞬間私は真剣に国交断絶を危惧し、ちょうど一九一五年にルシタニア号がドイツ潜水艦に撃沈されたとき、我々がベルリンにいて引き揚げの荷造りを始めたのとまったく同じように、我々が日本を引き揚げなければならない事態になったときにそなえて、どのように急いで荷造りをしようかという細かい手順を考えはじめた。

私は、アメリカ政府と国民が、たとえ故意の侮辱でなかったとしても、起こってはならないこの事件をどこまで忍耐できるか、予測がつかないでいる。

ルシタニア号事件は、第一次世界大戦中の一九一五年五月七日、イギリス客船ルシタニア号がドイツ潜水艦に撃沈され、一一九八人が犠牲となり、そのなかに一二八人のアメリカ人がいたことから、アメリカ国民が激昂、二年後にアメリカが対独参戦を果たす世論を醸成していったのである。

アメリカではすぐに“Remember the PANAY !”（パナイ号を忘れるな）という言葉が叫ばれるようになり、日本海軍機がアメリカに敵対し、臨時アメリカ大使館が置かれていたパナイ号を撃沈したことへの国民の怒りが爆発した。この叫びは、ちょうど四年後の一二月に“Remember Pearl Harbor !”（真珠湾を忘れるな）という合い言葉に発展していくことになる。

ルーズベルト大統領もパナイ号の撃沈に深い衝撃を受け、一二月一三日のうちに、天皇裕仁宛の抗議書をハル国務長官をとおして斎藤博駐米大使に手交させた(40)。

一、大統領は、揚子江上においてアメリカ船と外国船が無差別爆撃を受けたというニュースに深い衝撃を受け、事態を深刻に憂慮している。よって天皇がこの事実を関知されるよう要望する。

二、事件の全事実が調査され、まもなく日本政府に対して報告されるであろう。

三、いっぽう、日本政府は、以下のことについて確実に検討し、我が政府に対して回答くださるよう要求する。

A　全面的な陳謝の表明と全面的な補償の申し出

B　今後、同様な攻撃が繰り返されないための措置の保障ことの重大さに驚いた広田弘毅外相は、一二月一三日午後三過ぎ、自らアメリカ大使館へ赴き、グルー大使にたいしてパナイ号撃沈のニュースを伝え、「日本政府の衷心からの陳謝と遺憾の意を表明する。今回の事件について、我々は言い表せないほど心を痛めている」と謝罪した。(41) 外務大臣がある国の大使館まで直接に赴くことは、異例中の異例であった。しかし、広田外相は、ルーズベルトの親書を天皇に渡さなかった。本書で何度か引用してきた外務省東亜局長石射猪太郎の日記(一二月一五日)には、「米大統領から陛下への伝言につき斎藤大使より公電あり。大臣はこれを上奏せぬつもり。御親電の奏請もその必要なしという。彼は国交を憂えず、一身の立場を憂えているのだ。こんな男が輔弼の臣だからタマラヌ」と書いている。

広田外相は、とにかく「誤爆」であったとしてアメリカ政府にひたすら謝罪、賠償をして、早く外交的に和解を成立させようと焦慮した。そうすれば大きな外交問題になることが回避でき、外相として責任を追及されなくてすむという計算がはたらいていた。天皇に上奏すれば、国家の大問題になりかねないのでそれを避けたのである。

海軍中央では、山本五十六海軍次官が、一二月一三日午後五時にパナイ号撃沈を遺憾とする談話を発表した。(42)

未だ詳報に接せざるも、ただ今まで得たる報告によれば、昨十二月十二日帝国海軍航空隊は、支那軍が南京より汽船にて脱出、上流に向かいつつありとの報に接し、これが追撃に向かい、支那軍隊輸送中の江上の船舶を爆撃、付近にありたる米国砲艦一隻を沈没にいたらしめたり。右はまったく誤認にもとづくものなりといえども、このごとき重大なる事件の生起せしことに対しては、帝国海軍としてはまことに遺憾にたえざるしだいにして、我海軍においても誠意をもってこれが処理にあたり、万違算のなきよういたしたき考えなり。

パナイ号が撃沈された翌日に海軍次官が「詳報に接せざるも」としながら、「誤認」と断定して謝罪し、誠意をもって責任をとる、と公表したのである。ふつうならば、委細を「目下調査中」であり、調査結果が判明してから対応を決める、という手続きと段階を踏む。これだけの重大な国際事件にたいして、異例な早さで「誤認」による爆撃と断定したことは、海軍航空隊機がアメリカ船舶、もっと具体的にはアメリカ砲艦とわかったうえで、撃沈した事実の確認があったからであろう。撃沈したのが砲艦とわかったのは、前述の「海軍局査問委員会の報告」の⑦にあったように、爆撃をした海軍機に向かって、パナイ号から三〇ミリ口径機関砲が撃たれたからである。

さらに奥宮正武『日本海軍航空隊戦史——さらば海軍航空隊』には、パナイ号とアメリカ商船爆撃に参加した搭乗員たちは誰もアメリカ国旗に気づいた者はおらず、一三日に上海の支那方面艦隊の司令部に呼び出されたとき、戦果を褒められることを期待して四人の飛行隊指揮官とも「喜色満面であった」とまで書いているが、[43] 星条旗を見なかったというのは、源田實『海軍航空隊始末記——發進篇』によって否定される。源田書には「戦闘機隊のある者は爆弾投下後、甲板上のうす汚れた不鮮明な星条旗を認め、直ちに僚機に知らせようとしたが、無線電話を持っていなかった為に、その処置は不徹底に終わったし、またすでに大部分の飛行機は攻撃を終わっていた」と書いている。[44]

源田實は当時、パナイ号爆撃をおこなった航空隊が所属した支那方面艦隊航空部隊・第一空襲部隊所属の第二連合航空隊の参謀で、前述のように九月一九日からの南京空爆作戦に自らも参加した。

源田少佐は第二連合航空隊司令官三並貞三大佐の下で、司令官の直接の補佐役として、同航空隊の爆撃作戦の立案にかかわり、パナイ号事件の処理にもかかわっていた。源田は搭乗員から個人的には星条旗を見たという話を聞いていたのである。

日米「円満解決」という欺瞞

山本五十六海軍次官のパナイ号撃沈はまったくの「誤認」によるという公表見解のように、海軍中央と支那方面艦隊司令部は、「誤認」であったとして、ルーズベルト大統領の要求する陳謝と補償、関係者の処分をすることによって、事件の鎮静化をはかろうとした。支那方面艦隊参謀長杉山六蔵少将から山本海軍次官宛に送られた機密電報(一二月一八日付)には「故意にあらざることに関しては今まで極力勤めてきたりしところなるが、さらに今夜総領事の会見に草鹿参謀を出席せしめ十分に説明しむることに手配中」とあった。(45)

つまり、支那方面艦隊は「故意」にパナイ号を爆撃したのではなく、米国旗、米軍艦旗を見なかった、気付かなかったことによる「誤認爆撃」であることを主張しとおすために極力努力してきたというのである。これで、奥宮書をはじめ、攻撃隊の搭乗員が星条旗を目撃したとは証言できない理由が判明する。海軍航空隊さらに日本海軍の責任を回避するために、搭乗員は星条旗を見たとはぜったいに言ってはならなかったのである。ついでながら、総領事との会見に出かけた支那方面艦隊参謀副長の草鹿龍之介大佐は、後に空母赤城艦長などを経て第一航空艦隊参謀長に就任、真珠湾奇襲攻撃の指揮をとることになる。

一二月一四日夜、パナイ号撃沈にたいするアメリカ政府の公式抗議通牒が、グルー大使から広田

外相に手渡された。大要は以下のとおりである。(46)

今回の事件においては、日本は米国の権利を全然無視して米国人の生命を奪い、その公私財産を破壊せる事情に鑑み、米国政府は日本政府の正式文書による遺憾の表明、完全にして十分なる賠償の支払いおよび爾後米国民ならびに在支米国権益財産が、日本軍による攻撃を受けず、またいかなる日本官憲もしくは日本軍によりても、不法なる干渉を受けざることを保証すべき確定的かつ特定的なる措置が現に執られたりとの保障を要求し、かつ期待するものなり。

アメリカ政府の公式抗議通牒にたいして、米内光政海相の意向を受けて、迅速に外交決着をはかるべく奔走したのが山本五十六海軍次官であった。山本次官らは、対アメリカ政府と海軍部内、そして日本国内と使い分けて、ダブルスタンダードならぬ、トリプルスタンダードの措置を実施した。海軍は、「誤認爆撃」すなわち「誤爆」によるパナイ号撃沈を認めて謝罪を表明、一二月一五日付で、パナイ号爆撃をおこなった第二連合航空隊司令官三並貞三大佐を免職して召還し、一七日付で攻撃隊の四人の指揮官（村田大尉、奥宮大尉、小牧大尉、潮田大尉）を海軍大臣米内光政の名で譴責処分にしたとアメリカに報告した。外務省からもアメリカ国務省にたいして、パナイ号「誤爆」の海軍航空隊の責任者を免職、召還、四人の指揮官を海軍大臣米内光政の名で譴責処分にしたと通告した。

しかし、この処分はダブルスタンダードで、三並貞三大佐は一二月一五日付で第二航空戦隊司令官に「栄転」していた。航空隊より航空戦隊の方がランクは上であった。また、米内海相による譴責処分は形式的なもので、海軍懲罰令にもとづいて軍令部が正式に処分したものではなかった。海軍懲罰令に示す懲罰執行者は、直属の指揮官である第十三航空隊司令官あるいはその上の第二連合航空隊司令官あるいは支那方面艦隊司令長官である。さらに海相は軍政の長であって、海軍軍人の統帥の長は軍令部総長であった。それだけでなく、米内海相は、四人の指揮官を譴責処分する前に支那方面艦隊宛に「激励」電報を打っていたのである。それを受けて、同艦隊司令長官長谷川清中将は、以下のような通電を麾下の部隊に発した。(47)

米国砲艦パイナ《ママ》爆撃事件に関しては、本職以下関係官一同責任重大なるを痛感しつつあるところなるも、大臣より愈々自愛自重任務の達成に邁進せんことを望む旨の懇電を拝し、恐縮感激にたえず、希くば艦隊全員愈々軍紀の厳正士気旺盛もって艦隊任務の達成に遺憾なからんことを期すべし。

米内海相は、アメリカ政府にたいして海軍航空隊責任者の処分を実施したと報告する前に、それは外交的なポーズにすぎないことを事前に支那方面艦隊に秘密電で伝えていたのである。この電報は、日米関係に深刻な外交問題を惹起したパナイ号事件の現地最高責任者として処分されるべき支那方面艦隊司令長官長谷川中将は不問にするという海軍中央の意向表明でもあった。長谷川司令長官は、自分は責任を追及されないことを麾下の部隊に通電したのである。どんな問題や誤りを引き起こそうが海軍の上層部では、処分や責任追及はしないという特権官僚組織たる海軍の構造の特色であるが、さらに本書で明らかにしたように大山事件の謀略については、長谷川長官と山本次官さらに米内海相ともに、「秘密を共有する仲間」だったのである。

一二月二三日、パナイ号事件にたいする日本の海軍当局の態度表明と現地調査結果の報告文書の口頭説明をする目的で、日米陸海軍と政府関係者の公式会合が、アメリカ大使館において開催された。アメリカ側はグルー大使が会議をリードし、日本側の出席者は、山本五十六海軍次官で、日本側を代表して会議をリードした。他に出席者は、日本海軍の高田利種中佐、日本陸軍は軍務課長柴山兼四郎大佐、大本営参謀西義章《にしよしあき》中佐、外務省の吉沢清次郎外務省アメリカ局長、アメリカ側はベミス海軍大佐とクレスウェル陸軍少佐と大使館員のドーマンであった。(48) 高田利種中佐は本書第2章冒頭に引用した【証言C】および第6章冒頭で引用する【証言G】、「おわりに」の【証言H】をおこなった人物である。

会同では、山本海軍次官が「事件は我々海軍または陸軍のいずれによっても故意にもとづき発生したものではない」ことを確信したと冒頭で釈明した。ついで、支那方面艦隊参謀の高田利種中佐が「私は支那方面艦隊参謀の立場上、パナイ号事件につき米国および米国民にたいして謝罪する義務を感じています」と謝罪したうえで、「我々航空隊はミステークであるにせよ米艦を攻撃しようなどとは夢にも考えておりませんでした」と弁解し、その「ミステーク」の原因として、パナイ号攻撃の「その時刻頃、霞を原因とする大変な視界上の困難に偶然遭遇したのです。そして不運にも南京や蕪湖周辺の支那人が使う火が原因となって、その付近一帯は煙霧に蔽われていたのです」とパナイ号とアメリカ商船の「国籍を見極めるあらゆる努力をしましたが」霞と煙霧で不可能であったと説明した。

星条旗を認識できなかったというための気象状況の説明が虚偽であることは、前述したアメリカの「海軍局査問委員会の報告」からすぐにわかることである。
陸軍から現地調査に派遣された西義章陸軍大本営参謀の報告をさせた後、山本五十六海軍次官は、以下のようにまとめようとした。

この事件の発生は海軍航空隊が正確な識別をしないでパナイ号を目標として攻撃を加えたことに原因しています。それゆえ私は本事件に巻き込まれた陸軍部隊の一部には責任なしと感じています。日本海軍は本事件の重大なミステーク、それは日本海軍が作り出したものに対して完全な責任をとることが当然で、個別責任に対しては充分な施策、この種のミステークの再発防止について必要と考えられる段階的諸措置、人命死傷や砲艦や商船損壊傷に対する補償等、当然と考えています。私はこれらについての公式回答が至短時日内に外務省からなされるであろうと信じています。

これにたいして、グルー大使は、「誤爆」説を否定し、つぎにあげることは疑いもない事実であると指摘した。

我が国の船は国際法に基づき、江上にいた。日本の軍事筋は船の位置を知らされていたし、船はそこにいたのである。各船には米国機が垂直水平両位置に明瞭に描かれていた。米船は日本海軍航空機により低空で爆撃された。またパナイ号は日本軍船艇部隊により近接され、射撃され乗船されたが、しかしパナイ号はその前に既に放棄されていた。生存者は日本軍機により機銃掃射された。そこには、次の疑えぬ事実がある。それは日本の武装勢力が、我々の政府から申し立てがあり、十分保障されていた船に対し、攻撃したという事である。

私は今一度言いたい。謝罪がなされたこと、遺憾の意があらわされたこと、事実追求の努力がなされたこと、私に対して報告がなされたこと、そして賠償の保証があったことに対して、これを高く評価したということです。

どうであれ、本事件に関して最も重要なことは、このような事故が再び生起しないよう十分強固な予防策が採用されなければならない、ということです。今後また同様な事件が発生すれば、もっともっと深刻な結果を引き起こすに違いないことを、私は衷心より恐れています。

グルーの発言にあるパナイ号を射撃して乗船した日本軍船艇部隊というのは、本書では言及してこなかったが、事件当時その付近の長江北岸を南京へ向かって進撃中だった、第十軍国崎支隊麾下の永山部隊の大型発動艇のことである。陸軍大本営参謀の西義章中佐は、パナイ号事件に関連した現地陸軍の行動を調査して、同会同で報告したのであった。現地陸軍の行動については、前掲の拙著に詳述したので、参照していただければ幸いである。

山本五十六海軍次官がまとめ役となった右の会同によってパナイ号事件に関する日米政府間の妥協はほぼ成立した。翌一二月二四日、広田外相は、グルー大使に外務省への来訪をもとめ、一二月一四日付のアメリカ政府の対日抗議通牒にたいする日本政府の正式回答書を手交した。それは、アメリカ政府の要求を全面的に受け入れ、日本政府の正式な陳謝を表明し、完全で十分なる賠償の支払いを実行すること、今後、日本軍が中国におけるアメリカ国民の生命財産を攻撃しないこと、日本の軍または官憲が同生命財産にたいして不法な干渉をくわえないことを保証することを約束した。さらにパナイ号撃沈の「関係者にたいし必要なる処置を行い、この種の過誤の絶無を期したるしだいなり」と責任者を処罰したことを報告した（実際は欺瞞であったことは既述のとおり）。

しかし、アメリカ当局のいう「故意爆撃」については、「あらゆる手をつくして真因の究明に努めたる結果、全然故意に出でたるものに非ざるしだい判明するにいたりたる」とあくまでも「誤認爆撃」説を貫こうとした。(49)

日本政府の回答文書にたいしアメリカ政府からそれを受理する対日通牒が一二月二六日付で発せられ、グルー大使から広田外相に手渡された。しかし、「誤認爆撃」説ははっきりと否定し、アメリカ政府はすでに日本政府に公式通達ずみの「米国海軍局査問委員会の決定報告書に依拠する」と明言した。(50)

一二月二六日午後七時、山本五十六海軍次官は、アメリカの最終回答によってパナイ号事件はめでたく解決したと談話を発表した。(51)

「パネー」号事件は本日米国大使より外務大臣にいたる回答をもって、一段落をつげたるしだいなるが、右は、事件発生いらい、各種誤解宣伝の渦中において、米国政府ならびにその国民が、公正明察、よく事件の実相と我が方の誠意とを正解したるものにして、事件の責任者たる帝国海軍として、まことに欣快《きんかい》にたえず、また事件発生いらい我が国民の終始冷静にして、理解ある態度を持したることに対し、深甚なる謝意を表するものなり。

山本海軍次官の、アメリカ政府も「誤認爆撃」の「実相」を「正しく理解した」かのように述べているのは、ウソである。ここでは、詳述できないので、是非、拙著『日中全面戦争と海軍――パナイ号事件の真相』の「V章　パナイ号事件の衝撃　3　アメリカ国民の抗議運動」や「終章　日米戦争への序曲　2　対日戦争に備えるアメリカ　3　日米戦争への構図――戦争指導と国民」、さらに拙稿「日中戦争とアメリカ国民意識――パナイ号事件・南京事件をめぐって」(『日中戦争――日本・中国・アメリカ』所収)を参照していただきたいが、[52]アメリカ政府と国民は、日本海軍機が「故意爆撃」をおこなったと確信したからこそ、日本海軍機がアメリカ海軍に敵対したととらえ、対日感情を悪化させたのである。おりから、南京を攻略した日本軍による南京大虐殺についても大々的に報道され、日本軍の残虐行為にたいするアメリカ国民の憤りが高まり、その結果として、日本の中国侵略批判と抗日中国への支援運動が開始されたのである。アメリカ国民の日本商品ボイコット運動が拡大するにともない、それは対日経済制裁の要求までに発展するようになった。さらにルーズベルト大統領以下、アメリカの政府指導者は現地軍の独断専行や海軍航空隊の中国都市爆撃の拡大などを統制できない、日本政府と軍部中央の指導力にたいして不信と危機感をいだき、「再び不意打ち」「奇襲攻撃」がおこなわれる可能性を警戒して、アメリカ海軍、航空兵力の軍備拡張政策を推進するようになるのである。それは、アメリカ外交史研究者のウォルド・ハインリックスが、パナイ号撃沈事件は、ルーズベルト大統領らに対日経済制裁のような戦略思考を政策決定の前面に押し出す、強烈な心理的衝撃をもたらし、「アメリカ海軍に関する限りパネー号事件は、のちのちまでも尾を引き、その思考に影響を与え続けるのであった」と指摘しているとおりである。[53]

パナイ号事件は「円満解決」をしたという山本海軍次官のごまかしの発表をうけて、翌二七日の

写真15　アメリカ国内で張り出された Remember The PANAY! のポスター

各新聞も、パナイ号事件の「円満解決」をいっせいに報道した。『東京朝日新聞』は「米国に謝意表明　パネー号事件回答を受理　外務当局談を発表」という見出しで「事件は二六日をもって一応の円満解決をつげたものと見るべく、日本国民の頭を痛めたこの不幸なる偶発事件も、暗雲が一掃された形である」と報じた。

日本政府・軍部の誠意ある謝罪と賠償、再発防止の保障をアメリカ政府が全面的に受け入れたことにより、パナイ号事件は「円満解決」したという国内向けのごまかしは功を奏して、日本国民の記憶からパナイ号事件はほとんど忘れられていくことになり、現在にいたるも、歴史事典類に歴史的事件として記載されることも少なく、歴史教科書に記述されず、歴史書に言及されている場合も、アメリカ政府が「誤爆」を認めて「円満解決」したかのように書いている。

ところが、アメリカでは、写真15のように、日本商品ボイコットを呼びかけるポスターに"Remember the Panay !"というスローガンが記され、また、アメリカ海軍の将校の間では、日本海軍への報復を誓うという意味で、乾杯の際の合い言葉になったという。そして、一九四一年一二月八日（アメリカ時間では一二月七日）の真珠湾奇襲攻撃がなされた後、パナイ号事件が"Prelude to Pearl Harbor"として改めて想起、記憶されることになった。それは、パナイ号事件三〇周年の年に、アメリカでつぎのような歴史書が出版されたことからもうかがわれる。

Harlan J. Swanson, *The Panay Incident: Prelude to Pearl Harbor*, 1967.

Hamilton D. Perry, *The Panay Incident: Prelude to Pearl Harbor*, 1969.
Manny T. Koginos, *The Panay Incident: Prelude to War*, 1967.

アメリカの歴史書において、パナイ号事件を「真珠湾への序曲」「日米戦争への序曲」と位置づけるのは、パナイ号撃沈と真珠湾奇襲とは、規模はまったく異なるが、日本海軍機のアメリカ艦船への「不意打ち」「騙し討ち」「卑怯な急襲」によって戦争を挑発されたことにおいて、同質なものがあるというアメリカ人の認識を示している。不法、卑怯な奇襲という点でいえば、パナイ号事件発生の一二月一二日は日曜日であり、パナイ号乗員は休日勤務態勢であったところを奇襲されたこと、ちょうど四年後の一二月七日（アメリカ時間）に真珠湾奇襲があったのも日曜日で、アメリカの太平洋艦隊員は休日勤務態勢でいたところを、「不意打ちされた」ことにおいても共通点があった。

〝真珠湾攻撃への序曲〟の証明

日本海軍史上において、パナイ号事件は、アメリカで言われていたのとは異なる意味で、〝真珠湾攻撃への序曲〟となったといえるが、それを証明する三人の海軍軍人がいる。

第一の軍人は、山本五十六海軍次官である。山本次官は、米内光政海相に代わって、日米国交断絶と日米開戦の危機まで招来したパナイ号事件の鎮静化に辣腕を振るったことは、本節で述べてきたとおりである。山本次官が、対アメリカ政府、対日本国民、対海軍とそれぞれにたいする対策を使い分け、日本国民にたいしては、「誤爆」の謝罪・賠償をアメリカ政府が受け入れて「円満解決」したという虚構の「安堵感」を与えたことは既述したとおりである。

その山本五十六中将は一九三九年八月に連合艦隊司令長官となるまで海軍次官をつとめ、三八年四月一一月までは航空本部長も兼任、本書次章で述べるように、海軍が海南島を占領して航空基地を開設して日本の南進政策を一歩すすめ、その間継続してアメリカを仮想敵とする海軍航空兵力の拡充と錬成に努めていた海軍のトップにいたのである。そして、四一年一月末、連合艦隊司令長官として、山本の無二の腹心といわれた連合艦隊附属第十一航空艦隊参謀長の大西瀧治郎少将に真珠湾攻撃作戦の決意を述べて具体的検討を依頼したのである。[54] 山本司令長官が、航空兵力によるハワイ奇襲攻撃を口にしたのは、四〇年三月、統一指揮による大飛行機隊の昼間雷撃訓練の見事な攻撃ぶりを見て、大いに喜び、傍にいた連合艦隊参謀長福留繁少将に、「飛行機でハワイをたたけないものか」と洩らしたときである。[55] 日中戦争を利用して戦力を高めてきた海軍航空隊の攻撃力が、ハワイ奇襲をおこなっても、所望の戦果を期待できる域に達し得たと判断したからであろう。

三七年一二月にアメリカ砲艦パナイ号の撃沈を「誤認爆撃」と謝罪し、日米開戦の危機回避の努力をした山本海軍次官が、四年後の四一年一二月には連合艦隊司令長官として真珠湾奇襲攻撃を命令したのである。そして、パナイ号を撃沈した村田重治に、後述するように真珠湾のアメリカ主力戦艦撃破の戦果を讃えて感状を与えたのである。海軍における山本五十六の存在と役割がなければ、パナイ号事件が〝真珠湾攻撃の序曲〟となることはなかったであろう。いっぽう、日米会同において山本次官から謝罪を受けたグルー大使は、日米開戦を回避すべく、本国に対日宥和政策をとるよう進言をつづけたが、四一年一二月八日の日米開戦により敵国人として抑留され、四二年六月、日米捕虜交換船で帰国するという運命をたどった。

山本長官から「真珠湾作戦計画」検討の依頼を受けた大西少将は、四一年二月、第一航空戦隊

（司令官戸塚道太郎少将）の幕僚であった源田實中佐を鹿屋基地に呼び出して、山本五十六の計画を伝えた。源田中佐の上官の戸塚道太郎少将は、本書第2章で述べたように、山本五十六に抜擢されて第一連合航空隊司令官となり、渡洋爆撃を指揮した軍人である。

源田が知らされた計画とは、「（日米）開戦劈頭、ハワイ方面にある米国艦隊の主力に対し、わが第一、第二航空戦隊飛行機隊の全力をもって、痛撃をあたえ、当分の間、米国艦隊の西太平洋進攻を不可能にならしむるを要す。目標は米国戦艦群であり、攻撃は、雷撃隊による片道攻撃とする」というものであった。[56]大西は山本の航空兵力中心の「真珠湾作戦計画」をどのように成功させることができるか、詳細な研究を源田に依頼したのである。以後、実際に実行された航空部隊による真珠湾攻撃作戦の多くは、源田實中佐の考案によるものとなった。その具体的な詳細については、源田實『真珠湾作戦回顧録』に記されている。源田自身、第一航空艦隊航空参謀として、真珠湾攻撃機動部隊の旗艦赤城の艦橋に立って、真珠湾奇襲攻撃を指揮した。

そこで、第二の軍人は、大西瀧治郎少将から「真珠湾作戦計画」の研究を依頼された源田實中佐である。源田は前述のように、パナイ号を撃沈した航空隊が発進していった常州基地に駐在して、第二連合航空隊の参謀として、現場での事件処理にあたった。そして九月一九日からの南京空爆作戦に自らも参加し、また中国空軍機との航空戦の体験を踏まえて、零戦の設計主任の堀越二郎に具体的な注文をしたことも前述した。

四一年四月から第一航空艦隊（司令長官南雲忠一中将）の参謀となった源田中佐は、真珠湾に停泊する米国太平洋艦隊の主力艦を奇襲攻撃により撃沈するために、航空魚雷を主用することを考えたが、真珠湾は水深わずか一二メートル程度の浅海面であったので、魚雷の浅海面発射の飛行技術的困難性を認識していた。そこで、四一年九月に空母赤城の臨時飛行隊長（一一月に正式に飛行隊長）に抜擢されたのが村田重治少佐であった。源田實『真珠湾作戦回顧録』によれば、同年八月末の大異動で、第四航空戦隊龍驤《りゅうじょう》飛行隊長に転任してきた村田少佐を、海軍人事局に交渉して赤城の飛行隊長（雷撃隊長）に転任させたのが源田参謀であった。源田は真珠湾攻撃作戦の発案者であり、最も強力な推進者であり、その決定権保有者であった山本連合艦隊司令長官が、「もし、雷撃がどうしてもできない場合には、この作戦はやらない」とまでいっていた意を体して、第一線指揮官のなかで、雷撃に関する最高の権威であった村田少佐を抜擢したのである。四一年一〇月、真珠湾攻撃の機動部隊となる第一航空艦隊麾下の各空母の艦長、飛行長、飛行隊長、各航空戦隊司令長官、幕僚を旗艦加賀に集め、真珠湾の模型を前にして、極秘の作戦説明・検討会がおこなわれた。

同会で、源田参謀が、真珠湾攻撃に備えて第一航空艦隊の浅深度雷撃の技術指導をおこなっていた村田少佐にむかって、「どうだ、できるか?」と聞くと「何とかいきそうですな」という答えがかえってきた。源田は「十二月八日、海戦史上未曾有の遠征作戦において、決定的な戦果をもたらしたそもそもの因《もと》は、この村田少佐の返答にあったような気がする」、そして「空中指揮官たちが、「どうしても雷撃は不可能です」という意見を出したならば、あるいは真珠湾攻撃は闇から闇に葬られたかもしれない」とまで書いている(57)。

第三の軍人が「雷撃王」といわれた村田重治少佐である。村田少佐は、一二月八日の真珠湾攻撃において、機動部隊第一波攻撃隊の雷撃機四〇機の指揮官として出撃、自機が浅海面発射した魚雷を戦艦ウェストバージニアに命中させた。攻撃効果の報告を、機動部隊旗艦の空母赤城の艦橋で待っていた源田らに、全攻撃隊のなかで、一番さきに入ってきたのが「われ、敵主力を雷撃す、効果甚大」という村田雷撃隊長の報告であった。[58] この村田少佐こそ、パナイ号に致命弾を投下した九六式艦上攻撃機の中隊長で操縦士であった。

村田重治大尉は、パナイ号撃沈により米内海相から譴責処分されたが、それがアメリカ政府向けの形式にすぎなかったことは、翌三八年三月には第二連合航空隊の分隊長に任命されたことからもわかる。同年八月の漢口大空爆作戦においてはその功績により、勲五等を叙勲され、瑞宝章を授与された。村田大尉は、次章で詳述する、海軍の海南島の攻略作戦においても空爆隊の指揮官として、海南島の町や村落の爆撃、破壊に従事したのである。

陸軍からの感状をもらえるという思惑もあって、パナイ号を撃沈した村田大尉は、「誤認」爆撃を謝罪したが、真珠湾攻撃作戦においては目標どおりに戦艦ウェストバージニアを撃破した功績により、連合艦隊司令長官山本五十六より感状を授与された。[59]

昭和十六年十二月八日開戦劈頭長駆敵ハワイ軍港を奇襲し其の飛行機隊を以て敵米国太平洋艦隊主力及所在航空兵力を猛撃して忽ちにして其の大部を撃滅したるは爾後の作戦に寄与する所極めて大にして武勲顕著なりと認む

仍《よっ》て茲《ここ》に感状を授与す

昭和十七年四月十五日

連合艦隊司令長官　山本五十六

村田重治はパナイ号を撃沈し、真珠湾攻撃の先陣を切って魚雷攻撃で米戦艦ウェストバージニアを撃破したことにおいて、まさにパナイ号事件が〝真珠湾攻撃への序曲〟となったことを証明した軍人といえる。

その村田重治少佐は、すでにアジア太平洋戦争の戦局が敗戦へと大きく傾いていた一九四二年一〇月二六日、南太平洋海戦開始の日に、米空母ホーネットを魚雷攻撃中に自爆、壮烈な最期をとげたのである。

村田重治は、本書が明らかにしたように、日中戦争における空爆作戦を利用して仮想敵のアメリカ太平洋艦隊を攻撃・撃破するための航空兵力の強化・錬成に邁進、やがて仮想敵から実敵に転じたアメリカ太平洋艦隊との緒戦の戦いで活躍して「雷撃王」と称された。総力戦としての国力を無視した無謀な対米戦争であったがゆえに、最期は自爆死をとげたことにおいて、本書のサブタイトルにある日本海軍の「自滅のシナリオ」を演じた（演じさせられた）軍人であったということができる。

第5章

海軍の海南島占領と基地化
——自覚なきアジア太平洋戦争への道

【証言F】　軍令部の作戦計画は……日本の海軍作戦という事でサイパンに航空基地を造った。昭和六（一九三一）年、その当時、空母を制約された。しかし基地航空部隊は無制限という状況だったものですから、早速サイパンと硫黄島、これは私が四〜五人と一緒に行って調べました。果たして航空基地ができるか。そういうような関係で、あそこにあれだけの大きい基地ができた……。（中略）軍備計画にしても、これ私の想像だけれど、〈山本〈五十六〉長官は〉航空戦略を対米優勢にしたのは俺の力だ。つまり山本自身の力だ。航空本部長時代にやって、あれだけの練り上げた飛行機の実力ですね。それを俺がやったんだ。しかし、ほかの戦艦とか、巡洋艦とか、潜水艦とか、駆逐艦とか、これは軍令部や海軍省が造ってくれて、俺にくれ、なんだ。俺がその航空だけは、俺の考えで自由に使うよ。後はもう、使えるだけ、使ってやろうっていう感じではなかったかというふうに思います。――松田千秋元少将[1]

松田千秋（一八九六〜一九九五）は、海軍兵学校第四四期卒業。一九三〇年アメリカ大使館付武官補佐官、三一年軍令部第一部一課員、三五年海軍大学校教官、日中戦争が開始された三七年八月に第三艦隊参謀、同一二月支那方面艦隊参謀、三八年軍令部出仕、神威艦長、三九年軍令部第三部五課長、四〇年総力戦研究員、四一年摂津艦長、四二年日向艦長、大和艦長を歴任、四三年に軍令部出仕、四四年第四航空戦隊司令官、四五年横須賀航空隊司令。

1　長期戦を利用した航空兵力・兵員の拡充

ゴールのない長期戦へ

日本軍が一九三七年一二月一三日に南京を占領すると、日本では官庁と教育界、マスコミ、ジャーナリズムの肝いりで南京陥落祝賀行事が企画され、昼は学校行事として、大学生から小学生まで、日の丸を打ち振って祝賀行列の行進をおこない、夜は一般市民が「勝った！　勝った！」と戦勝祝賀の提灯行列に繰り出し、全国津々浦々で大祝賀行事を繰り広げた。しかし、日本が首都南京を陥落させれば、国民政府は容易に屈服して、日本の主導下に戦局の終結をもたらすことができるという安易な「中国一撃論」は、すぐに破綻が証明された。すでに重慶遷都を宣布していた中国国民政府は、武漢に首都機能を移し、中国軍民の抗戦意志にささえられて、抗日戦争を継続した。

南京攻略戦は、参謀本部の作戦計画にはもともとなかったため、南京を陥落させたものの、つぎに実行すべき、明確な政策も作戦も、陸軍中央にはなかった。当時、陸軍中央では、国民政府と停戦・和平をめざす不拡大派の勢力と、国民政府をいっきょに潰滅させ、傀儡政府を樹立してこれに代えようとする拡大派の勢力が拮抗し、結果として無策であった。

近衛内閣の広田弘毅外相は、前述したブリュッセル会議で対日経済ないし武力制裁が決定されることをおそれて、三七年一〇月末、駐日ドイツ大使に日中和平交渉をドイツが斡旋してくれるように申し入れた。当時ドイツでは、アメリカ、日本についで中国が外国貿易中の第三位を占め、さらに武器輸出や軍事顧問の派遣などによって軍事関係を強めつつあったので、中国市場が戦争で攪乱されるのを好まなかった。さらに世界的な対ソ防共戦略からして、日本と中国が長期の戦争で消耗しあうこともおそれた。そのため、ドイツ外務省の意向を受けた駐華ドイツ大使トラウトマンは積極的に日中戦争の和平工作に乗り出した。トラウトマン和平工作(あるいは単にトラウトマン工作)といわれる。

トラウトマン工作は、南京を占領した日本側が蔣介石政府に全面屈伏を強いるような苛酷な和平条件にしたため、妥結は困難となった。このとき強硬論を主張したのが、ワシントン会議において、加藤寛治の「寵児」として、海軍軍縮条約に反対する策謀をした末次信正大将であった。予備役となっていたが、近衛内閣の内務大臣となり、三七年一二月一四日の大本営政府連絡会議において、「この事変の講和条件、すなわち戦後処理なんかについては、よほど強硬にやらないと、とても国民は収まらんし、出先の軍人も収まらんから、なまじっかな講和条件では駄目だ」などとしきりに発言した。(2)

「暴支膺懲」を叫び、「中国一撃論」に与してきた近衛首相は、もともとトラウトマン工作に気乗り薄であった。和平工作の斡旋をドイツに依頼した広田外相も、戦勝気運に眩惑された世論を背景にして強気となり、中国側が新たな和平条件を受諾しなければ、誠意がないとみなして、交渉の打ち切りを主張するにいたった。

近衛内閣は一九三八年一月一四日「国民政府を相手とせず、国民政府の潰滅をめざし、新政権を樹立する」閣議決定をおこなった。これを聞いた大本営では、和平交渉打ち切りの即断に反対して、大本営政府連絡会議*の開催を要求した。

* 一九三七年一一月二〇日、大本営が設置されて以来、大本営側と政府との申し合わせにより、便宜的

に設けられた会議で、官制によるものでなかったが、重要な国策または政策の方針などは、この会議において決定された。

一月一五日に開かれた大本営政府連絡会議は、国民政府との和平交渉打ち切りを主張する政府側と、交渉打ち切りは尚早であるとする陸海軍統帥部（参謀本部と軍令部）とに分かれ、夜間にまでわたって、白熱した議論が闘わされた。

交渉打ち切りにもっとも強く反対したのは、南京攻略戦にも反対した不拡大派の多田駿参謀次長で、長期戦にたいする限界を考えていた。首都占領を好機として蒋介石政府との停戦・和平を早期に実現しなければ、ずるずると中国との長期戦の泥沼に突入して戦力の消耗を強いられることになり、陸軍の主戦略である対ソビエト戦争への万全の準備が不可能になるという戦略的な危機意識をもっていた。参謀総長、軍令部総長、同次長も早期打ち切りに反対する意見を述べたが、杉山元陸相は、参謀本部に反対する意見を述べた。

長い議論を経た後に広田外相が、多田参謀次長に詰め寄った。

「永い外交官生活の経験に照らし、中国側の応酬ぶりは和平解決の誠意がないことは、明らかである。参謀次長は外務大臣を信用しないのか」

これを受けて、この日の会議の帰趨を決めた強硬発言をしたのが、米内光政海相だった。

「それでは、統帥部は外務大臣を信用しないのか。政府は外務大臣を信用する。統帥部が外務大臣を信用しないのは、同時に政府不信任である。政府と参謀本部の対立で、参謀本部が総辞職するか、政府が辞めるかということになるが、参謀本部が辞めるのでなければ、政府は辞職のほかはない」

米内海相の強硬発言を受けて会議は中断、多田参謀次長は参謀本部へ帰って首脳会議を開いて協議し、軍令部とも調整した結果、再開された連絡会議では譲歩を表明した。

「蔣政権否認を本日の会議で決定するのは次期尚早であり、統帥部としては不同意であるが、政府崩壊が内外におよぼす悪影響を認め、黙過してあえて反対しない」

それでも、蔣介石政府否認後にくる長期泥沼戦への突入を回避しようとした参謀本部は、統帥部の特権をつかって天皇に直接うったえる帷幄上奏をおこない、閑院宮参謀総長が宮中に参内し、参謀本部の決定を上奏した。参謀本部は、最後の切り札として「御聖断」を仰いで、和平交渉の打切りを阻止しようとしたのだったが、天皇は、「それなら、まず最初に支那なんかと事を構える事をしなければよかったではないか」と帷幄上奏を拒否した。天皇も和平交渉打ち切りに加担したのである。

その夜の一〇時過ぎ、最後には軍令部総長も政府の処置に同意したので、参謀本部だけが孤立したかたちで、連絡会議はトラウトマン工作の打ち切りを決定し、翌一六日、近衛内閣は「爾後国民政府を対手《あいて》とせず」という近衛声明(第一次近衛声明)を発表した。「南京政府断乎膺懲」の近衛声明(八月一五日)の発表のために米内海相が動いたことは前述したとおりであるが、今回の声明においても米内が決定的な役割を果たした(3)。

帝国政府は、南京攻略後なお支那国民政府の反省に最後の機会を与うるため今日におよべり、しかるに国民政府は、帝国の真意を解せず、漫《みだ》りに抗戦を策し、内、民人塗炭の苦しみを察せず、外、東亜全局の和平を顧みるところなし。

よって、帝国政府は爾後国民政府を対手とせず、帝国と真に提携するにたる新興支那政権の成立発展を期待し、これと両国国交を調整して、更生新支那の建設に協力せんとす。

強硬論者・右翼から「爾後国民政府を対手とせず」という表現では不明瞭だという突き上げを受けた近衛首相は、一月一八日に記者会見を開き、「帝国政府の対支方針は、国民政府の潰滅を期するにあり……今後は、国民政府を潰滅に導くため、軍事行動はもとより、あらゆる手段を講じなければならぬ」と、国民政府を打倒するまで日中戦争をおこなうことを断言した。(4)

指揮者・小澤征爾の父、小澤開作は、「民族協和」をとなえ、民間の立場から植民地活動に奔走した人物であるが、その小澤が「日支事変は、ゴールのないマラソン競争の悲劇だ。東京で日本の当局者に反省をもとめ、日支事変の終末をつける他に道はない」と言ったという。(5) 中国軍民が抗日をつづけるかぎり戦争を拡大・継続するというのは、戦争終結のゴールがないのと同じだった。ゴールがないというのは、ゴールを決める、つまり戦争終結を決断する指導者もいない、という意味である。このゴールのない日中戦争の悲劇に、日本軍そして日本国民を走らせ消耗させる最終号砲となったのが、上記の近衛声明であった。

ここに、日本政府・軍部中央は、盧溝橋事件をきっかけにはじまった日中戦争を終結させる最後の機会を、統帥部よりも内閣の主導によって葬り去ってしまった。日本は、目的も不明確な、国民政府が存在するかぎりは「膺懲」をつづけるという漠然とした目標をかかげて、長期の泥沼戦争に突入する決定をしたのである。米内光政海相、山本五十六次官以下の海軍省はその決定に積極的に加担したのである。そして、本書で後述するように、重慶に移転した国民政府が抗日戦争を継続すると、日本海軍航空隊は、それは米英が蔣介石政府を援助するからだと「援蔣ルート」遮断の空爆作戦に傾注、その延長上に北部、南部の仏領インドシナ進駐を決行してアジア太平洋戦争への「自滅のシナリオ」を突き進むことになる。

大本営政府連絡会議で、多田参謀次長が涙ながらに和平交渉打ち切りに反対したのは、以下のような理由によった。日本陸軍は、三ヵ月におよんだ上海戦に総兵力約一九万人を投入させられて、戦死・戦傷あわせて四万人以上の損害を出し、それにくわえて、戦病者も膨大な数にのぼった。また、「首都南京を占領すれば中国は屈伏する」という、安易な「中国一撃論」をとなえた拡大派に引きずられて強行した南京攻略戦にも総兵力約二〇万人の陸軍を投入し、膨大な戦死、戦傷者、戦病者を出しながら、国民政府を「屈伏」させることに失敗した。日中戦争における中国軍民の激烈な抵抗は、日本軍にかつてない規模の兵力動員をよぎなくさせ、陸海軍の総兵力数は、一九三一年に二七万八〇〇〇人であったものが、三七年には五九万三〇〇〇人、三八年には一一三万五〇〇〇人と、うなぎのぼりに兵力動員を増強しなければならなくなっていた(6)。兵力動員の大部分は陸軍部隊であった。

多田参謀次長らが中心になって、参謀本部が中国との長期泥沼戦に突入するのを阻止しようとしたのは、ゴールの見えない長期戦・消耗戦に陸軍がこれ以上の負担と犠牲を被ることを回避しようとしたからである。

いっぽう、米内光政海相の海軍が、和平交渉を打ち切りにし、蔣介石国民政府が「屈伏するまで」というゴールの見えない長期戦に突入することを積極的に支持した理由は、本書で明らかにしてきた「海軍の日中戦争」から容易に理解できよう。米内海相の強硬発言の裏には、海軍次官であった山本五十六中将との合意があったことも当然である。

すなわち、謀略により大山事件を仕掛けてまで日中戦争を全面化した海軍は、思惑どおりに膨大な海軍臨時軍事費の獲得に成功、アメリカ航空兵力を仮想敵にした海軍航空兵力の大拡充をめざして、渡洋爆撃、南京爆撃、飛行場・軍事施設・鉄道爆撃などの実戦訓練の最中であり、国民政府相手の日中戦争がつづくかぎり、海軍臨時軍事費は継続して保障され、それを航空兵力を中心とした軍備拡充に充当することができたからである。さらに海軍側には陸軍のような膨大な兵力の動員と犠牲と損失、消耗という深刻な問題はなかった。

総じていえることは、海軍首脳には国民政府との日中戦争をどう処理し、解決するか、日本軍の占領地をどう統治、支配を維持するかという軍政面への関心は希薄であった。日本という国の運命よりは、日中戦争という戦時体制に乗じて、仮想敵であるアメリカ海軍に「勝てる」航空兵力ならびに艦隊戦力をどう構築するのか、航空部隊はアメリカ軍との航空決戦を想定して、いかに実戦訓練を重ね、戦闘技術の錬成に努めるかなどが海軍共通の関心ごとだった。そのことは、本書で引用した各航空部隊の戦闘詳報、また、本書で多くを引用してきた『海軍中攻史話集』や巌谷二三男『中攻』、源田實や奥宮正武ら当事者、体験者の回想録を読めば、瞭然とする。

なお、日中戦争が長期泥沼化するのを回避するために、最後まで奮闘した多田駿参謀次長は、石原莞爾同様に参謀本部から追い出されるかたちで、三八年一二月に第三軍司令官に転出させられた。

海軍航空兵力の大拡張

日中戦争が開始されて以後最初の通常議会であった第七三回議会は、一九三八年一月二二日から本格的審議に入った。すでに「国民政府を対手とせず」声明が出されたことによって、政府・軍部の対中国政策の根本方針は確定されていた。この日の施政演説で、近衛首相は、「物心両様にわたり国家総動員体制の完成をはかり……まず軍備の充実と国費の調達とに違算なからしむことがきわめて緊要なるを信じ……昭和十三年度の予算案の編成につきましては、事変の長期にわたるに備え、物資および資金をできうるかぎり軍事の需要充足に集中いたしまして、軍需に関係ある資材および資金の一般消費は、なるべくこれを減少せしめる立前のもとに編成したのであります」と述べ、長期・持久戦に対応する戦時体制（国家総動員体制）の構築を呼びかけた。(7)

同議会において、総額八〇億円を超える大予算（うち臨時軍事費四八億八六五九万円）とともに、国家総動員法、電力管理法案、航空機製造事業法、その他増税関係法案など、国家総動員体制完備のための諸法案をはじめとして、八十数件にのぼる法律が政府から提出され、そのすべてが通過した。

国家総動員法は、政府が「戦時または事変に際し、国防目的達成のため、国の全力をもっとも有効に発揮せしむるよう人的および物的資源を統制運用」できるとした。国家総動員上必要と予想されるあらゆる部門にわたって強力な権限を政府に与えようとするもので、実質、形式の両面からいって、それまでの立法にはないものだった。同法の成立によって、日本は目的のさだまらない成行きまかせ的な戦争にたいして、国内の総力戦体制だけは急速に整備されていくことになった。

同議会で成立した一九三八年度の予算案では、一般会計は二八億六七七九万円であったから、臨時軍事費がいかに膨大であったかがわかる。これだけの巨額の予算にもかかわらず、その詳しい内容はいっさい秘密にされ、陸相、海相から抽象的な提案理由があっただけで、議会での審議はゆるされなかった。戦争の真っ最中であり、軍事予算の詳細はすべて軍事外交の機密に抵触するとされたからである。そのため、議会は、軍事費内容を一切合切不明で不知のまま、了承したのである[8]。

膨大な増額予算の財源は、ほとんどを増税と公債にもとめることになり、公債発行額は五六億二八〇五万円にのぼった。国民は、南京陥落、戦勝祝賀ムードに踊ったのも束の間、ずしりと重たい増税と「愛国公債」の割り当てを受けるはめになった。

「海軍は今度の事変を機にうまくやっているらしい」と石射猪太郎が日記（一九三八年二月七日）に書いたように、海軍は、国民の重たい軍事費負担によって、念願の海軍軍備拡張、なかでも航空兵力の拡充を実現させることができた。

表2　1937年度から40年度までの臨時軍事費[9]　（単位：万円）

年度	臨時軍事費（陸・海）	海軍臨時軍事費	航空兵力関係
第72回帝国議会臨時軍事費（1937年度）	202,267	39,995	19,874
第73回帝国議会臨時軍事費（1938年度）	488,659	116,530	42,004
第74回帝国議会臨時軍事費（1939年度）	465,000	93,955	43,945
第75回帝国議会臨時軍事費（1940年度）	446,000	84,000	36,763

表2に明らかなように、第七三回帝国議会で決定した臨時軍事費（年度）は、前年の二倍を超え、なかでも海軍の臨時軍事費、航空兵力関係は激増した。日中戦争の全面化、長期化をはかった海軍は、狙いどおりに膨大な海軍予算の獲得に成功したのである。航空兵力増勢計画は、一九三七年度から着手したばかりであり、第七〇回帝国議会で成立した（一九三七年三月）予算のうち、海軍の航空隊設備費は七五二六万円にすぎなかったが、第七三回帝国議会では約六倍ちかい増額となった。

軍備拡張をめざす海軍にとって、戦争という非常時体制によって、要求した予算が議会で審議されることもなく、内容チェックもなく、フリ

表3　海軍兵学校生徒数[10]
（期は海軍兵学校の同窓期）

西暦	期	生徒数
1930	61	130
1931	62	132
1932	63	131
1933	64	170
1934	65	200
1935	66	240
1936	67	240
1937	68	300
1938	69	354
	70	455
1939	71	601
1940	72	659
1941	73	904

表4　飛行予科練習生採用員数[11]

西暦	乙飛	甲飛	丙飛	計	
1930	79	—	—	79	
1931	128	—	—	128	
1932	157	—	—	157	
1933	149	—	—	149	
1934	220	—	—	220	
1935	298	—	—	298	
1936	363	—	—	363	
1937	410	250	—	660	
1938	750	515	—	1265	
1939	1230	523	—	1753	
1940	1800	591	—	2391	
1941	2500	1312	2800*	3812	2800*
1942	3500	2300	4500*	5800	4500*

*採用計画数

ーパス同様に承認されることは好都合であった。海軍臨時軍事費の獲得に成功した海軍は、ワシントン、ロンドン軍縮条約のトラウマから脱して、大海軍主義を実現すべく、念願の海軍軍備拡張に本格的に乗り出した。その第一歩が、海軍兵学校の生徒定員の大幅な拡大であった。表3は海軍兵学校の生徒数の変遷である。

一九三八年度は二回に分けて合計八〇九名を入学させている。前年度の二・七倍増である。海軍が日中戦争を好機として、大海軍主義をめざして、いっきょに幹部将校を拡大しようとした証左である。このとき入学した海軍兵学校第六九期・七〇期生が、三年間の幹部教育と訓練を修了し、少尉候補生になったのが、アジア太平洋戦争の開戦となった一九四一年であった。

航空機搭乗員の養成については、飛行予科練習生として採用し、年少時に飛行機操縦技術を習得させ、将来航空機搭乗員の下級幹部である特務士官とすることを目的にした制度で、一九三〇年から実施された。最初は少年飛行兵と俗称したが、一九三七年二月に飛行予科練習生、同年五月に乙・甲二種の飛行予科練習生に改称された。その飛行予科練習生採用数の変遷は表4のとおりである。

乙種飛行予科練習生（乙飛と略称）は、年齢一五～一七歳の高等小学校卒業程度の者から採用、各練習航空隊において二年半、中学校卒業程度の教育を受け、将来特務士官となすことを目的とした。甲種飛行予科練習生（甲飛と略称）は、一九三七年五月に制定され、一六～二〇歳の、中学校第四学年第一学期修了程度の者から採用した。甲飛は、一年半、各練習航空隊において教育され、採用後六ヵ年で准士官に進級し、士官代用配置に充当することを目的にした。丙種飛行予科練習生（丙飛と略称）は、国民学校高等科卒業程度の海軍兵から選抜採用する制度で、一九四〇年九月制定、四一年五月から実施された。各練習航空隊における教育期間は六ヵ月で練習生教程を修了後、一ヵ年以内の教育で搭乗員に養成された。

航空兵力の拡充のためには、技術習得と教育・訓練に時間を要する飛行機搭乗員の養成も不可欠であった。右の海軍兵学校の生徒の激増、飛行予科練習生の急増の数字から、本書がこれまで詳述してきた日中戦争を利用して、航空兵力を中心にして大海軍主義の道を邁進しようとした海軍の「自滅のシナリオ」始動の経緯を裏付けることができる。まずは、一九三六年に帝国国防方針に南進政策を入れさせて、米英を仮想敵として本格的な海軍拡充を開始し、同年内に海軍航空隊の渡洋爆撃の出撃を準備し、盧溝橋事件の前の一九三七年五月に甲飛を新たに設けてそれまでに倍増する飛行機搭乗員数の養成を開始、大山事件を仕掛けて第二次上海事変を発動、南京渡洋爆撃を強行して日中戦争の全面化をはかる。その後、海軍臨時軍事費とりわけ航空関係予算の獲得に成功、三八年一月一五日の大本営政府連絡会議においてトラウトマン工作の打ち切りと、国民政府潰滅まで日中戦争を継続する（その間、海軍臨時軍事費は継続して保障される）ことを決定させると、長期化した日中戦争を利用した海軍拡充計画に本格的に着手。三八年に二回にわたり海軍兵学校生徒を入学させるという異例なことをおこない、飛行予科練習生も前年の倍近く、三六年と比較すると四倍近くに急増させ、飛行機搭乗員の大量急速養成をはかろうとしたことがわかる。三九年以後も逐年採用員数を増加させて、後述するように、日中戦争を利用した連日の飛行、爆撃、空中戦の実戦訓練を積み重ねた修了生たちは、アジア太平洋戦争における海軍航空搭乗員の中核となり、対米航空戦の実質的担い手となった。

さらに一九三八年一一月には、空中勤務の長い優秀搭乗員を練習生とし、これに水平爆撃、急降下爆撃、空中戦闘、通信（飛行機隊指揮官との通信担当）、観測などの高度な技術を授け、いわゆる「名人」の養成を目的とした特殊科飛行術練習制度を発足させた。これらの練習生にとって、中国空軍機を相手にした空中戦の実戦体験や、巻末の表9②のように、連日にわたる中国各地の飛行場、鉄道、橋、軍事施設を目標にした空爆作戦は、恰好な訓練、錬成の機会となった。しかも、これらはすべて戦争中の作戦であったので、航空燃料、爆弾、銃弾など軍事費として気兼ねなく、思う存分に消費することができた。かくて練度の非常に高い「名人」となった特殊科飛行術練習生たちは、真珠湾攻撃をはじめとする対米航空戦の実戦において大きな成果（とくに水平爆撃）をあげることになったのである。

物量でまさるアメリカ航空兵力にたいして、操縦士の「錬成」で凌駕することを考えた特殊科飛行術練習制度の発足は、日本海軍の「日米戦争への道」すなわち「自滅のシナリオ」を象徴するものとなった。

一九三八年における海軍臨時軍事費、とりわけ航空兵力予算の大幅増額、海軍兵学校の生徒数激増、飛行機搭乗員養成の急増、これらはすべて、海軍が想定敵国であるアメリカとの航空兵力決戦に備えるという口実で、いっきょに軍備拡充をはかろうとした証左である。なぜなら、日中戦争においては、日本海軍航空隊が、中国大陸の制空権はほぼ手中にしており、このような航空兵力の大増強は必要なかったからである。

本章冒頭の【証言F】にあるように、米内光政海相（一九三七・二～一九三九・八）の下で、山本五十六海軍次官（一九三六・一二～一九三九・八、その間一九三八・四～一九三八・一一まで航空本部長兼任）が、上記の「自滅のシナリオ」の作成、推進に主導的な役割を果したことはいうまでもない。

2　一九三八年に海軍航空隊が実施した空爆作戦

日中戦争の長期化を利用して、対米戦備を軸とする軍備計画の拡充をはかろうとした海軍航空隊にとって、一九三八年は急膨張への転機となった。海軍航空隊の飛行隊は、日中戦争開始期の三五隊から五四隊へと一・五倍の兵力に増え、飛行機の年産機数は、三八年は三七年の一・六倍に達した。搭乗員の養成においては、三八年の練習航空隊兵力は二二・五隊となり三七年に比べて、増勢比三・二倍におよんだ。搭乗要員採用数については、三六年度に比して約一・八倍となった。

急膨張の転機となったという意味は、航空部隊の増勢が、三八年以降、アジア太平洋戦争までの毎年、各部門とも年々一倍半以上、教育養成関係は約二倍の増率をつづけていったからである。航空部隊の急膨張のため、中攻隊などは、教育修了後の若年搭乗員を中国現地の部隊に配員して、作戦地にあって、実戦に参加させるかたちで、教育訓練をおこなった。

日中戦争の作戦に従事した海軍も第三艦隊を拡充、一九三七年一〇月二〇日に第四艦隊を新編し、第三艦隊、第四艦隊をもって支那方面艦隊（司令長官長谷川清中将）を編成した。三八年二月一日には、第五艦隊を新編して支那方面艦隊に編入し、同艦隊は、第三艦隊、第四艦隊、南第五艦隊がそれぞれ中支、北支、南支方面の作戦を担当した。

航空部隊は、三八年四月一日に台湾に高雄航空隊を新編、四月六日に第十四航空隊を新編し、華南の三灶島《さんそうとう》を占領して五月中旬に同地に進出（後述）、六月二六日に第十五航空隊を新編して第二連合航空隊に編入した。さらに華中に中攻、艦上機航空隊（漢口作戦中に第十五航空隊を増設）を併置した。(12)一二月一〇日、華南方面の航空作戦専任部隊として、第三連合航空隊を新編し、軍隊区分上「第六基地航空部隊」と称したが、三九年一月一日から「南支航空部隊」と改称し、第十四航空隊と第十六航空隊、神川丸を編制下においた。(13)

巻末の表9②は、海軍航空隊が一九三八年一月一日から一二月三一日の一年間に空爆作戦を実施した月日と爆撃目標地名の一覧である。年間ほぼ連日の計三一六日にわたり、いずれかの航空部隊が爆撃作戦を実施していたことがわかる。こうした連日の作戦が可能になったのは、日中戦争により占領した軍事要地の大都市の中国空軍の飛行場を接収、航空基地に整備して、航空部隊を駐屯させ、同基地から出撃させたからである。

『日本海軍航空史（4）戦史篇』は、「事変中、航空基地の設営は随分行われた。事変初頭の上海公大基地の造成を手始めとして、占拠した飛行場の拡張工事、飛行場の新設は海軍だけでも十指に余る。上海に四、五、蕪湖、安慶、九江、漢口、南昌、孝感、宜昌、三灶島、海口、三亜、南寧等、これらのすべては、技術者、工事指導者のみが出向いて、労力は現地で徴傭し、機械力のみるべきものなく、ほとんどが人海戦術に依存した。太平洋戦争は制空権を収めて基地を推進し、基地をとってまた制空権を推進する作戦であったが、ここでもまた人海戦術、しかも内地から人を送っての人海戦術であった」と記している[14]。

飛行場新設、拡張工事の労働力は現地で労働力を「徴傭」して人海戦術でおこなったとあるが、本章で詳述する海南島の海口、三亜飛行場の事例のように、連行した朝鮮人の強制労働や華北で陸軍がおこなったのと同様に現地の中国農民を強制的に徴用して労働させた場合が多かった。

空爆部隊は通常、長距離爆撃機の中攻機を九六式艦上戦闘機が護衛するという編制でおこなわれた。作戦は、これまで何度も言及してきたように、対米航空決戦力の拡充、錬成が目的とされた。表9②を概観してわかるように、実戦訓練の内容は、第一に、航空戦に決定的に重要である制空権を獲得するための作戦で、中国空軍の飛行場を襲撃し、迎撃に向かってくる中国軍戦闘機を相手に空中戦を展開、これらを撃墜するとともに、飛行場に配備された中国軍機の爆破、格納庫などの航空施設を破壊、炎上させ、航空兵力の潰滅をはかることであった。後述するように、中国空軍は、海軍航空隊にとって恰好な空中戦の戦闘訓練の相手となり、日本側にも少なからぬ犠牲を出した。

制空権を獲得してからの、地上砲火をぬっての急降下爆撃による地上機の爆破や格納庫などの爆破も、アメリカの艦戦の対空砲をぬって急降下爆撃をするための実戦訓練となったが、中国軍が常備したドイツ製の高射砲によって、日本軍機も少なからぬ損害を受けた。

第二は、粤漢鉄道など、鉄道輸送路の破壊であり、線路、鉄橋、駅、貨物、列車さらに自動車、江上の船、ジャンクなども爆撃、破壊された。作戦の目的は、イギリス領香港や広東港から輸入、搬入された列強からの軍需品、生活物資が、漢口、さらに漢口が占領されて以後は重慶、成都などの国民政府の機関へ輸送されるのを阻止するためであった。しかし、海軍航空部隊にとって重要であったのは、四〇〇〇～五〇〇〇メートルの高高度から、航空母艦や軍艦、駆逐艦などに見立てた地上の目標物に爆弾を投下して命中させる水平爆撃の訓練であった。水平爆撃の命中率を高めれば、アメリカの航空母艦を先制攻撃で破壊することが可能と思われた。走っている列車をめがけての爆弾投下は、海洋を走行している艦船に命中させる訓練になったし、鉄橋、駅舎などは航空母艦や軍艦に見立てての水平爆撃の恰好な訓練になった。また、走行中の貨車や客車を急降下爆撃で爆撃し、機銃掃射をくわえるのも、恰好な実戦訓練となった。

第三は、同じ飛行場を目標にして、出撃時間を、黎明、白昼、薄暮、夜間など時間帯を変えて、爆撃する訓練である。表9②にあるように、同じ飛行場を何度も爆撃しているのは、爆撃時間を変更して、さまざまな状況に対応した実戦訓練をしたからである。日本海軍航空隊はアメリカ艦隊への奇襲攻撃を重視したので、夜間飛行、夜間空中戦、飛行場からの探照灯の照射をぬっての急降下爆撃など、実戦訓練による技量の向上に努めた。

第四は、搭乗員とくに操縦士の飛行総時間を飛躍的に伸ばすことであった。操縦士は飛行時間が延べ何時間であるかが、飛行技術の熟練度をはかる大切な資格となった。そこで、海軍航空隊では、教育修了後の若年搭乗員を中国現地の部隊に配員して、作戦地にあって、連日のように空爆作戦に参加させ、飛行総時間を一気に稼がせたのである。

各航空部隊が日中戦争を、対米航空戦に備えて、戦力を錬成、強化する機会ととらえて、空爆作戦に取り組んでいたことは、各部隊の戦闘詳報類を見ると歴然とする。たとえば、空母加賀艦長が第二航空隊司令官に提出した「昭和十二年整備術主要訓練研究項目に対する研究の成果ならびに所見」（昭和一二年一〇月二〇日）に「後期は支那事変に際会すると共に、機種も九六艦戦、九六艦爆、及び九六艦攻に変更されたるため、所期の教練を実施し得ざりしも、実戦を通じて得たる訓練効果は蓋し大なるものありしを認む」とあるように、日中戦争の開始によって機体の整備術の教練はできなかったが、それよりも実戦を通じて訓練できた効果が大きかったと報告している。(15)

また、第一航空戦隊司令部が航空本部に提出した「自昭和十二年十二月一日至十三年十二月十五日　第一航空戦隊戦闘経過概容竝に戦訓所見」は、攻撃日数一五九日、攻撃回数三五七回、飛行機延べ機数五一三四機、航走時間二二三九時間二六分（空母加賀搭載機のみ）におよぶ一年間の戦闘経過の成果と課題を報告したものである。「戦訓所見」の項目と内容を見れば、対米戦を想定した航空戦力の拡充、改善をはかることを目的にして作戦が実施されたことは明瞭である。なお、同報告の表紙には、航空本部長豊田貞次郎、教育部長大西瀧治郎ほか、技術部、補給部の幹部が閲覧したという印鑑が捺印されている。陸軍の各部隊の戦闘詳報類は、各部隊の論功行賞のために、戦果を誇示して報告する内容になっているのに比べ、海軍航空隊のそれはまったく内容を異にしている。

上記「戦訓所見」は、（一）作戦一般、（二）空戦爆撃関係、（三）補給関係、（四）その他、に分けて、具体的な改善意見を述べている。（一）のなかで、「広東厦門攻略作戦」の項目に「常に洋上作戦に関し演練せる海軍航空部隊が直ちに陸戦に参加し、両攻略戦共に絶大なる戦果を挙げ得たるは、固より搭乗員の奮闘による所と雖も、海戦に対する演練は陸戦に対する其れよりも一層高度なるものたるを明に示すものにして……本作戦より推して将来の海戦に対する観念を多少なりとも楽観するは、誤れるものと云ふべし」とあるように、日中戦争における海軍航空部隊の作戦は、「将来の海戦」すなわちアメリカ海軍との海戦を目標にすえての演練であることが明確に述べられている。(四)で、「航空母艦長期に亘り遠く作戦する場合、飛行機搭乗員は定員の一割ないし二割の増員を必要とし、尚六ヶ月程度の期間を以て順次交代休養せしむるを可とす」とあるのも、対米戦のために航空母艦を長期にわたり遠征させ航空作戦に従事することを想定しての提言であることは明確である。

上記「戦訓所見」で注目されるのは、広東省の三灶島を占領して航空基地を開設(後述)したことは「作戦を積極的ならしむるに大なる利あり。今日航空作戦をなさんとする者にして、何人か航空基地の設置を思わざる者なし。然れ共完備せる基地を設くるは、第二階梯にて可なり。先ず第一着に兎も角着陸可能の地区を占拠し、航空母艦の全幅的活動を期するを可とす」と述べているように、陸上にまず緊急航空基地ついで完備した航空基地を設置することの必要性を提言していることである。(16)この提言は、後に述べるように、海南島の占領と航空基地の設置により実現することになる。

なお、第一航空戦隊の報告からは、同戦隊の一年間の作戦結果が、どのように軍事的成果をあげ、さらに対米戦に備えてどのように航空兵力を強化するかということのみが関心事であり、日中戦争が開戦以後どのような段階にあり、占領統治政策はどうなっているのか、今後日中戦争の目標をどうさだめて、長期泥沼化した日中戦争をどう解決していくかなど、日本軍部・政府の軍政のありかたについては、まったく関心が払われていないことが確認できる。

一九三八年四月一日に新たに編成された高雄航空隊も、航空本部にたいして「高雄海軍航空隊戦訓所見」を提出している[17]。報告は一〇〇頁近くにおよぶ詳細なもので、統帥・作戦・作戦要務・警備・防備・運輸補給・出師準備・水陸施設・水路及気象・船体兵器機関・教育訓練・医務衛生・会計経理・その他の項目にわたり、作戦、戦闘の結果をふまえた「戦訓」、教訓を検討し、改善案を報告している。「教育訓練」という項目に見られるように、日中戦争における空爆作戦を実戦訓練・教育の機会と考えていたのである。

巻末の表9②の（）内に、日本軍機が撃墜した敵機（中国機）の数が記されている。空中戦によって撃墜したものと、飛行場の地上におかれた中国機を水平爆撃ないし急降下爆撃あるいは機銃掃射によって破壊した数である。飛行機数については、空中戦中の搭乗員のカウントによるものであり、複数機が自機による撃墜とダブルカウントしている可能性もあるし、飛行場におかれた戦闘機類が張りぼての囮機であった場合もある。前述の「高雄海軍航空隊戦訓所見」に、「敵機撃墜は、往々誤り報告さるる事あり……、各射手は自機に対し攻撃し来たれるが如く見ゆる為、一機の墜落を各自別に報告し、また甚だしきは、敵機切返しの際に発動機より発する黒煙を火災と誤認し墜落を確かめずして無責任なる報告をなすものなり……空戦経験深き射手ほど撃墜せず、経験深からざる射手ほど撃墜機数を大に報告するは皮肉なる現象なり」と所見を記しているようなことが実際には発生した。したがって、撃墜数については、厳密な数字とはいえない部分があるが、それでも、ある程度は実数を反映したものといえよう。

ここで、注目したいのは、撃墜数が正確かどうかではなく、中国の空軍機が多くの損失を被りながらも、撃滅されることなく、繰り返し空中戦を継続できたことである。中国で最近出版された龔業悌『抗戦飛行日記』、韋鼎峙《いていじ》『抗日空戦』、周斌《しゅうひん》・鄒新奇《すうしんき》編著『中国的天空——中国空中抗日実録』[18]によれば、一九三八年に日本海軍航空隊と空中戦を展開した中国空軍機の概要は以下のようであった。

本書第2章で述べたように、日中戦争緒戦の空中戦の主要な相手は、カーチスホークなどのアメリカの戦闘機であったが、海軍が上海や徐州などに航空基地を開設、九六式艦上戦闘機隊を進出させて、表9②のように連日にわたり空爆作戦を展開したために、中国空軍は制空権を奪われ、大きな打撃を受けた。さらに第三艦隊から支那方面艦隊へと拡充した海軍艦船によって中国沿岸の海上封鎖がおこなわれ、香港からの鉄道などの交通手段も遮断されて、航空機の機材の輸入、搬入が困難となった。

代わって、中国空軍を全面的に援助したのが、ソ連であった。ソ連は中国と中ソ相互不可侵条約を締結（一九三七年八月二一日）、四百余機におよぶソ連機を中国政府へ提供することを決め、ソ連空軍将校「ステハン・P・スプロン」（音訳）の率いるソ連空軍援華部隊が中ソ国境を越えて、蘭州に駐屯した。ソ連から輸入されたのは、I-16型単葉戦闘機、I-152型複葉戦闘機、TB-3型重爆撃機などで、蘭州では戦闘機のマークが星から青天白日に塗り替えられた。三八年二月に、中国空軍が有したソ連軍機は、戦闘機一五六機、軽爆撃機六二機、重爆撃機六機、教練機八機の計二三二機におよんだ。さらに同年春までに、アメリカやイギリス、イタリアなどから新たに購入した軍機八五機が中国に搬入された。

ソ連からはつづいて、「志願兵」と称したが、実際は命令によって、多くのソ連空軍パイロットが送り込まれた。ソ連空軍指揮官は南昌など主要な飛行場へ派遣され、顧問として中国空軍搭乗員の指導、育成にあたった。三八年には、中ソ連合飛行隊が組織され、漢口、衡陽、吉安などの飛行場に配備された。こうしたソ連志願航空隊の増強によって、中国空軍の抗戦力はかなり強化された。また、ソ連にとっても、ソ連を仮想敵として防共協定を結んだ日独両国がソ連に侵攻する可能性が高まっている状況にあって、ソ連志願航空隊を中国へ派遣して日本軍機との戦闘経験をさせることは、パイロットの実戦訓練ならびにソ連戦闘機の改良をはかるための恰好な機会になった。ソ連志願航空兵の派遣は、最高時は戦闘機隊、爆撃隊各四個大隊、二千余人におよんだ。中国戦場における日本海軍との空中戦で、二百余名のソ連人パイロットが死亡したといわれる。

表9②の二月二五日に日本側が撃墜、破壊した中国機が四三機とあるが、南昌上空で展開された空中戦の結果である。この日、海軍航空隊第二連合航空隊の第十二、第十三航空隊の九六式中攻三五機が一八機の九六式艦戦に護衛されて南昌を爆撃した。これを、ソ連志願隊の一九機のI-152、一一機のI-16が迎撃して激烈な空中戦を展開した。この空中戦において、三人のソ連志願隊員が犠牲になった。日本側も、十三航空隊分隊長で指揮官の田熊繁雄大尉機をふくむ二機が帰らなかった。

表9②の四月二九日に日本側が撃墜、破壊した飛行機が五一機とある。中ソ連合空軍の飛行機一五〇機が広大な漢口飛行場に集結しているという情報にもとづき、棚町整少佐指揮の十三空の中攻一八機、小園安名少佐指揮の十二空の艦戦二七機が漢口を強襲した。これを中ソ連合空軍の八十余機が迎撃して、日中戦争中最大ともいわれる大空中戦を展開した。日本側の記録によれば、敵機五

一機を撃墜、日本側も中攻二機、艦戦二機が撃墜されたというものである。いっぽう、中国側の記録では、日本軍機の撃墜八機、中ソ連合空軍の被害は九機とされている。

表9②の撃墜機数が記載されている日の空爆作戦は、中国空軍機を相手になんらかの空中戦がおこなわれたことを意味しており、海軍航空隊が中国空軍の飛行場、基地を攻撃し、制空権を獲得するための空中戦を展開、制空権獲得後は地上の飛行機、施設を爆撃、破壊して、中国空軍の戦力の潰滅をはかる、という、日本海軍航空隊にとって、恰好な実戦演習になったことが理解されよう。

『日本海軍航空史（1）用兵篇』は、海軍航空の発展を、「草創時代（一九〇九～一九一六）」「基礎確立準備時代（一九一六～一九二二）」「基礎確立時代（一九二二～一九三〇）」「充実拡張時代（一九三一～一九三七・六）」「躍進活躍時代（一九三七・七～一九四一・一二）」「大活躍時代（一九四一・一二～一九四五・八）」の六つの段階に区分し、日中戦争期を「躍進活躍時代」と位置づけ、日中戦争を利用して「航空兵力の兵術的地位の向上」「海上航空部隊の戦力向上とその運用」「行政、技術、造修および教育機関の大拡充」がおこなわれたことを評価している。なかでも「支那事変と基地航空部隊」と題して、対米戦を想定した航空兵力の錬成・強化の成果を以下のようにまとめている。(19)

海軍の航空兵力は対米要撃作戦を目標として整備錬成して来たものであるが、支那事変に際してはこれを中国大陸において、制空権の獲得、要地の爆撃、陸戦協力等に用い、日頃の訓練の成果を発揮して大いなる戦果を挙げた。事変中の航空作戦において特記すべきことは、基地航空部隊の新編成とその運用であった。

事変勃発の直後、中攻隊よりなる航空隊をもって第一連合航空隊、艦上機よりなる航空隊をもって第二連合航空隊を編成し、この両部隊を主としてこれに母艦部隊を協力させて、まず中支方面の航空撃滅戦を敢行して制空権を獲得した。その後は第三連合航空隊を加え、戦局の進展に伴って基地を南京、漢口、海南島、ハノイ等に進め、ほとんど中国全土にわたる戦略爆撃を実施したのである。

これらの基地航空部隊は四年有半にわたる対支作戦によって、実戦の訓練を受けるとともに幾多の戦訓を得て、次いで勃発した大東亜戦争において華々しい活躍をなし遂げたのである。すなわち昭和十六年一月には陸上航空隊をもって編成した連合航空隊を航空戦隊と改称し、これらの航空戦隊をもって第十一航空艦隊を編成し、基地航空部隊の統一指揮を実現して大東亜戦争に臨んだのであるが、この基地航空部隊の編制と運用は支那事変戦訓の結実であって、英米海軍の追随を許さぬわが海軍独創のもので、大なる成功であったといわねばならない。

右の引用文から、本書で指摘してきたように、日本の海軍航空隊にとって、日中戦争そのものの帰趨や解決にはほとんど関心はなく、日中戦争を利用して対米航空戦力をいかに拡充するかが目標であったことが確認できる。『日本海軍航空史（1）用兵篇』を編纂した「日本海軍航空史編纂委員会」の編集主任の山本親雄は、軍令部部員、航空戦隊司令官、航空艦隊参謀長などを歴任した、海軍航空部隊の中枢幹部であった人物である。総勢四二名におよぶ編纂委員もほとんどが海軍兵学校を卒業して海軍航空隊に関係した軍職歴をもつ人たちなので、右の評価は日本海軍に共通した認識とみなしてよかろう。

ところで、本書では陸軍航空部隊について、まったく言及していないことについて、一言述べておきたい。その理由は、陸軍と海軍はそれぞれが航空部隊を編制し、別々に軍事費をつかって、航空機も別々に開発して製作し、飛行場設備も別々に使用していたからである。本書「はじめに」の【証言A】豊田隈雄の「いずれも陸海軍あるを知って国あるを忘れていた」の言葉どおり、日本という国家の軍備の強化、充実よりも、陸軍、海軍それぞれの軍備拡大、勢力拡大こそが最重要の関心事であり、同じ航空兵力に陸軍、海軍は別々に膨大な軍事予算をつかったのである。ヨーロッパ諸国の軍隊、また中国軍も有した陸軍、海軍から独立した空軍を創設することを日本軍はできなかった。それは、海軍も陸軍もそれぞれの航空兵力を手放すことに反対だったからである。まさに国家より陸軍、海軍のそれぞれに利害を最優先したセクショナリズムに起因するものであった。

巌谷二三男『中攻――海軍中型攻撃機　その技術発達と壮烈な戦歴』[20]の著者は、一九三七年一一月に鹿屋航空隊員として日中戦争の空爆作戦に参加して以来、後述する百一号作戦（重慶爆撃）に鹿屋航空隊分隊長として参加、日中戦争における豊富な実戦経験を経て、アジア太平洋戦争では中攻隊を指揮して、マレー、スマトラ作戦、マーシャル、ソロモン作戦、マリアナ作戦などの歴戦に参加した、まさに日中戦争からアジア太平洋戦争への道を実戦した人物である。その巌谷は、日中戦争において、海軍航空隊と陸軍航空隊が「平時両軍の用兵思想の交換、技術提携」をせず、「同じ国防の任に当たる軍隊が、星（陸軍）と錨（海軍）に分かれて激しく対立したことは、「島国根性」の一言で片付けるには事があまりにも重大過ぎた」「ひいては日本最大の悲劇、敗戦の重大素因となってしまった」とまで述懐している。[21]

防衛庁防衛研修所戦史室の『戦史叢書　中国方面陸軍航空作戦』が刊行されているように[22]、陸軍も航空兵力を備え、日中戦争の戦場に投入した。陸軍航空部隊の戦闘機、爆撃機等は陸軍の地上作戦に投入する目的で開発、製造されたため、山本五十六がいったように、長距離飛行力や空中戦力、対艦船攻撃力などにおいて、対米戦につかえる航空戦力にはならなかったのは当然である。前述の巌谷二三男は、「口の悪い現地の海軍飛行将校は、その頃の日華搭乗員の技倆を評して、海軍、中国空軍、日本民間機搭乗員、それから日本陸軍の順だと酷評した笑いごとではすまされぬ話がある」と記している。(23)

日中戦争において、陸軍航空部隊と海軍航空部隊は作戦目標が異なっていた。陸軍のそれは日中戦争の決着をつけるための、陸軍部隊を総動員しての地上作戦と密接に関連して航空作戦を展開した。それに比して、海軍の空爆作戦は、本書で詳述してきたように、対米航空決戦に勝利する航空兵力の錬成を目標にした実戦演習的なものであった。

徐州作戦、漢口攻略戦、広東攻略戦等々の重要な作戦においては、海軍航空隊も陸軍の地上作戦に全面的に協力して参加したが、そのような場合は、事前に「協同作戦に関する陸海軍協定」「陸海軍航空協定」などの作戦分担を協議、締結したうえで実施するという煩雑な手続きをふんだ。

陸軍が地上作戦用の陸軍航空部隊を備えて作戦に投入していたので、海軍航空隊は、大作戦などの陸軍側から協力要請があった場合を除けば、海軍航空隊の目標にそった作戦を展開すればよかった。その結果、巻末の表9のように、一九三七年から四一年まで、対米航空決戦を想定した実戦演習的な空爆作戦を、連日にわたって繰り広げたのである。

最初の海軍航空基地・三灶島

第一航空戦隊司令部の報告の「戦訓所見」において広東省の三灶島に航空基地を開設したことを

「作戦を積極的ならしむるに大なる利あり。今日航空作戦をなさんとする者にして、何人か航空基地の設置を思わざる者なし」とその先駆事例を高く評価したことを紹介した。前掲の『日本海軍航空史（1）用兵篇』においても「基地航空部隊の編制と運用は支那事変戦訓の結実」と評価し、航空基地の開設と基地航空部隊の編制について、海軍が海外に獲得したはじめての航空基地が三灶島であった。日中戦争において海軍がおこなった作戦は何であったのかを知る典型となるので、以下に概略をまとめてみたい。

三灶島は、香港の西およそ八〇キロに位置する東西一一・五キロ、周囲約二十数キロの小さな島だった。沿岸開発の結果、現在は大陸と地続きになり、経済特別区・珠海市金湾区三灶鎮となっている。海軍は三灶島に飛行場を建設して第六航空基地とし、一九三八年六月四日に第十四航空隊（四月六日鹿屋で新編）を進出させ、九月一六日に高雄航空隊（四月一日高雄で新編）を進出させ、主に華南方面の空爆作戦を展開させた（前述）。

三灶島の基地については第六航空基地指揮官の発行による『三灶島特報』の第一号（一九三八・六・一五）から第五号（一九三八・一〇・一）が防衛省防衛研究所図書館に所蔵されているので、かなり状況を知ることができる。(24)

第六航空基地部隊は、島の東南部に一二〇〇×四〇〇メートルの滑走路を建設、航空隊員の兵舎、格納庫、爆弾庫を建設した。飛行場の建設には、毎日島民約三五〇名を軍票で使役した。島民にとって軍票は中国人社会では通用しない、紙切れ同然の価値がないものであったことはいうまでもない。日中戦争前の島の人口は約一万二〇〇〇名であったが、海軍占領後は一七九四名に激減した。島民の多くは島外へ避難していったが、島内に残ってゲリラ部隊を組織、抵抗をつづけた島民は、掃討作戦によって容赦なく殺害された。『三灶島特報』第一号の「草堂三灶街等の裏山には猶掃蕩に漏れたる島民五〇〇名余も逃げ込み居るを以て当方面は特に警戒を厳重にし居れり」「北部山中には掃蕩に漏れたる者約五〇〇名残存し居り、時々掃蕩中なり」という記述からも、抗日ゲリラ闘争を展開した島民の多数が犠牲になったことがうかがえる。その後も「上表部落より逃走の女一〇名を逮捕、処分」（第二号）、「約一〇名よりなる便衣隊の敵襲、付近山中掃蕩、森林を焼く」（第三号）、「本島潜入不良土民二名を逮捕処分」（第四号）、「島内の威嚇爆撃を実施すると共に各部掃蕩を実施」（第五号）という記述があり、島民の抵抗とそれにたいする徹底した殺戮がおこなわれたことがわかる。

一九三八年一〇月には、島民一七九四名にたいして日本人は六四九三名と大幅に増大している。日本人は設営班関係が四九五六名で多数を占め、防備隊が七三二名、第十四航空隊七一三名、高雄航空隊二五〇名などであった。

三灶島基地からは、第六航空基地部隊が連日のように、広東方面、粤漢鉄道、広九鉄道さらに遠く広西省、貴州省、雲南省の爆撃に出撃した。八月の爆撃出撃日数は二〇日、出撃回数は三一回におよび、九月の出撃日数二〇日、出撃回数は二七回におよんだ。九月段階で配備飛行機は、第十四航空隊所属の九五式艦戦三機、九六式艦戦一七機、九六式艦爆一四機、九七式艦攻二七機、高雄航空隊所属の九六式陸攻一三機で、合計七四機に達した。

本書第2章の南京渡洋爆撃のところで紹介した木更津航空隊第四中隊長の入佐俊家大尉は、この時は少佐に昇官、第十四航空隊指揮官として、三灶島の第六航空基地に駐屯していた。同基地から入佐隊長が出撃した記録が「第六航空基地部隊・南支航空部隊戦闘詳報（敵航空兵力、軍事施設及交通線撃破戦）[25]」に記されているので、空爆作戦の事例として抜粋で紹介してみたい。

三八年一二月二四日、九六式陸攻（中攻）九機を指揮して桂林を爆撃。六〇キロ爆弾一〇八個全弾を市街南方地区に命中、三か所から誘爆、黄赤色煙を発す。爆撃前より熾烈なる高角砲機銃の射撃を受く、三機高角砲弾片を受く。

三九年一月一一日、九六式陸攻一八機を指揮して桂林を爆撃。二五〇キロ爆弾三六個、六〇キロ爆弾五四個を投下。七一弾が駅構内、急造倉庫積載物に命中、列車に直撃、七弾が二か所炎上させ、二か所誘爆。二四弾は市南方工場市街に命中。爆撃前より高角砲の射撃を受く。

一月三一日、九六式陸攻一八機を指揮して韶関を爆撃。二五〇キロ爆弾三六個と六〇キロ爆弾一〇八個を投下。貨車数輛に直撃弾を得たる外、停車場施設（一か所誘爆を認む）及び線路に大なる損害を与えたり。

二月四日、九六式陸攻一八機を指揮して貴陽を爆撃。六〇キロ爆弾二一六個投下。市街内軍事施設を爆撃、模範工廠三回、建設庁付近一回、大爆発を認むる外、軍事施設付近三か所に火災を起こさしむ。貴陽にて高角砲、寧鎮に於いて機銃射撃を受く。

二月五日、九六式陸攻一八機を指揮して宜山爆撃。六〇キロ爆弾二一六個投下。一三八弾宜山東方競馬場付近の倉庫約二〇棟に投下、大なる損害を与え、一か所火災、二四弾宜山飛行場の西方五棟倉庫に投下、一棟破壊、火災を起こさしむ。五四弾宜山市街に投下、三か所火災。

九六式陸攻は一機が両翼下に二個の二五〇キロ爆弾を搭載することができた。二五〇キロ爆弾の破壊作用は、六メートル離れた一五センチのコンクリートを破壊、爆風のみで一二メートル離れた煉瓦建築を完全に破壊し、一八三メートル彼方のガラス窓に影響を与えるという強力なものであった。おびただしい数の六〇キロ爆弾が、命中率を高めるための訓練と、爆弾の破壊力を調査することなどを兼ねて投下されているが、これらの都市爆撃のたびに、多くの中国市民が犠牲になり、被害を受けたことを想起することが大切である。

ところで、第十四航空隊に新たに配備された九七式艦上攻撃機二七機は、航空母艦から発進する単葉攻撃機として中島飛行機会社で試作され、三七年一一月に制式採用された飛行機で、「最初の実用試験」のために第十四航空隊に配備された。第十四航空隊司令官阿部弘毅の名で提出された「九七式艦上攻撃機実用実験報告」（昭和一三年七月二八日　於第六航空基地）がある。[26]それは第六航空基地からの「攻撃の機会を利用して実際に直接必要なる離着陸、滑走距離、燃料消費量等に重点を置き調査せる」実戦的な実験報告であった。事故、故障などさまざまな問題が指摘されたうえで、「所見」は、「割合に「できのよき飛行機」との感を与うるまでによく動き、何等の不安なく当面の任務に従事しつつあり」というものであった。

九七式艦上攻撃機は、その後、華南、華中の空爆作戦に参加、戦訓などをもとに改造がおこなわれ、その三号は、おなじく艦上攻撃機のアメリカ海軍のダグラスＴＢＤ―１をしのぐものとみられた。真珠湾攻撃で主力となったのが、九七式艦上攻撃機で、第一次攻撃隊の編成は、水平爆撃隊が九七式艦攻四九機、雷撃隊も九七式艦攻四〇機、それに急降下爆撃機の九九式艦爆五一機と制空隊の零戦四三機からなっていた。

九七式艦上攻撃機の実戦における「実用試験」と改良の事例からも、海軍にとっての日中戦争は、対米航空兵力の拡充、強化のための手段とみなされていたことが理解できよう。

3　海南島の軍事占領と南進基地化

海軍の海南島進攻作戦

海南島は一九八八年に海南省となった中国最南端の省である。亜熱帯気候に属するため、現在では大陸の冬季に人気のある観光リゾート地となっている。島の面積は九州よりやや広く、台湾に伯仲する大きな島である。一九三九年初頭の人口は二五〇万人といわれていたが、二〇一二年現在の人口は八六四万人である。地図4に明らかなように、島の西方は南シナ海、トンキン湾を隔ててわずか三〇〇キロ先にベトナムがある。筆者が海南島の海口を訪れたとき、漁船のような小さなベトナム船まで入港していた。海軍が海南島に航空基地、海軍基地を開けば、当時フランスの植民地であった仏領インドシナを攻略、制圧するのに恰好の戦略的位置にあった。実際に、海軍航空隊は、北部仏印進駐、南部仏印進駐に乗じて、ハノイ、サイゴンなどに航空基地を開設し、大陸の奥地爆撃の基地とするとともに、南進政策推進の拠点にした。

海南島の東方は南シナ海を隔てて一〇〇〇キロ以内にアメリカの植民地フィリピンのルソン島があり、日本海軍が開発した長距離爆撃機中攻や零式戦闘機で攻撃できる距離にあった。さらに海軍が南進政策を推進するために、高雄や台南に航空基地を整備したので、台湾の航空基地と海南島の航空基地を連携させれば（第三連合航空隊、南支航空部隊がそれであった）、海軍航空隊が西太平洋、東南アジアの制空権を確保するうえで、重要な戦略的意味をもつものと考えられた。さらに海南島のやや北寄りの東方にある台湾との距離もおよそ一〇〇〇キロであり、そのほぼ中間にイギリス領の香港がある。海軍航空隊が海南島に航空基地を開設すれば、香港は日本海軍航空隊の制空権下におかれることになる。

このように戦略的に重要な位置にある海南島にたいして、海軍は航空隊、陸戦隊を動員して、本格的な海南島攻略作戦を実施した。体裁上、陸軍との協同作戦のかたちをとるが、実質的には、ほぼ海軍単独の作戦であり、日中戦争において、海軍が本格的に実施した領土占領、統治作戦であった。

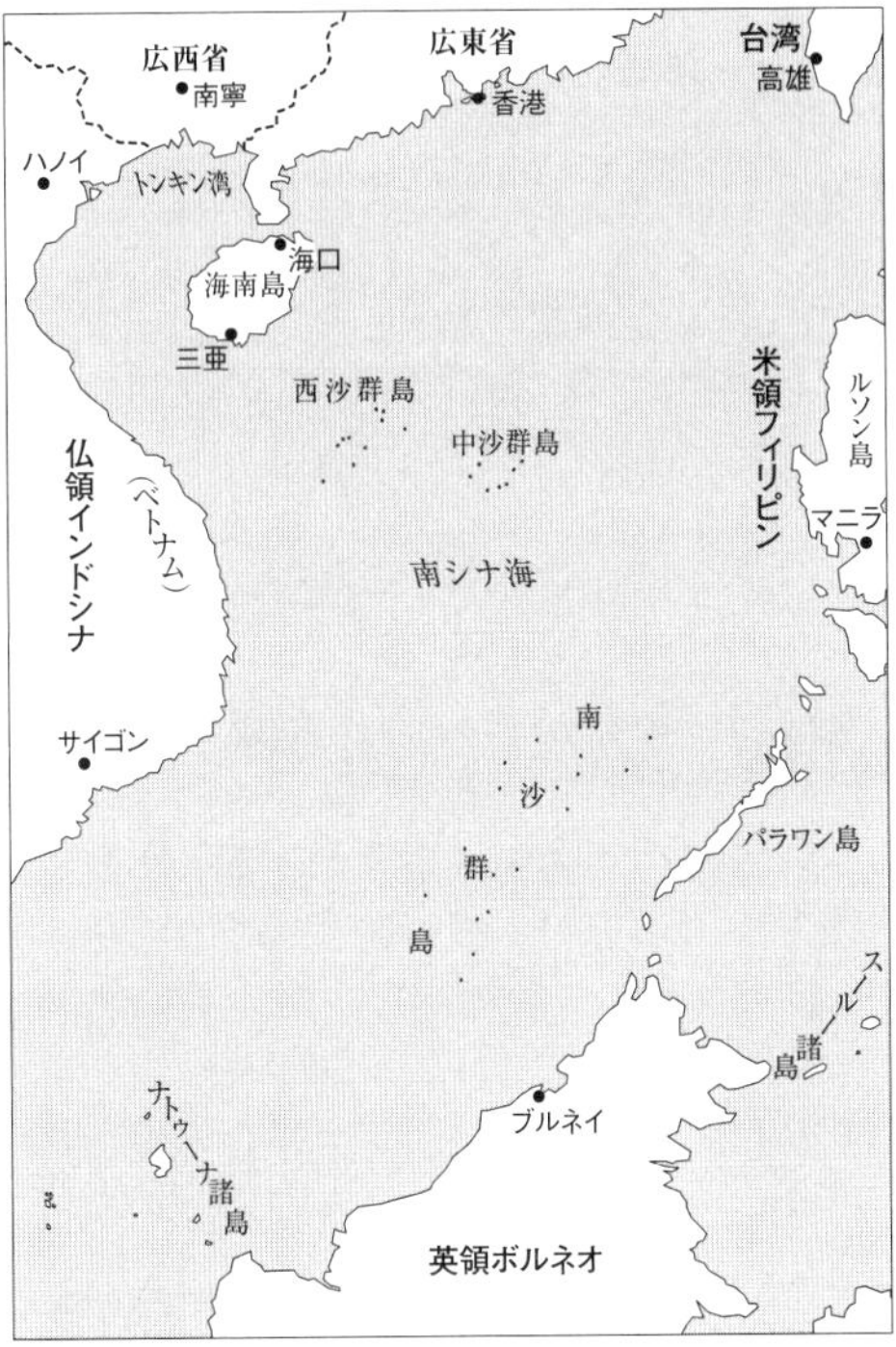

地図4　海軍の前進基地海南島とその周辺

海軍航空部隊の海南島進攻作戦については『南支航空部隊戦闘詳報　其ノ一～其ノ六[27]』（昭和一三年一二月一五日～昭和一四年六月二五日）、海軍陸戦隊の作戦については、海兵六五期・鹿山譽編著『海軍陸戦隊』、全体については『戦史叢書　中国方面海軍作戦〈2〉』にもとづいて、その経緯を整理してみたい。

一九三八年一一月、高雄航空隊の中攻機が海南島要地を偵察して写真撮影をおこない、海南島作戦が具体化するにともない、三九年一月二日より、第十四航空隊の中攻機が、海口、三亜方面の空中偵察を数回おこなった。第五艦隊も海南海峡の水深などの隠密測量をおこなった。水上機母艦神川丸と第十六航空隊（九四式水上偵察機三機、九五式水上偵察機六機）は三八年一二月三一日に潿州島付近に回航して三九年二月初めまで同方面にあって、広東省西部、広西省南部の空中攻撃を実施し、海南島にたいする大陸からの支援を遮断した。

前述の入佐俊家少佐は、第十四航空隊指揮官として、三九年一月三日と四日、北海の南方のトンキン湾に浮かぶ潿州島に第十一航空基地を設営するための調査をおこなった。そして一七日、第十四航空隊、第三連合航空隊司令部、第二防備隊および設営班からなる基地設営隊が潿州島に上陸、飛行場設営作業を開始、二七日には飛行場の整備を完了した。第十一航空基地は、海南島攻略戦に備えて開設されたが、以後、第十四航空隊の中攻が南寧や貴陽、宜山、貴県など華南奥地の爆撃に出撃する基地となった。

海軍は、英仏米などの蔣介石重慶政府援助の援蔣ルートであるハノイ・ルートおよびビルマ・ルート遮断の航空攻撃をおこなうために、航空作戦基地の設定が必要であるとして、三八年一二月以来、陸軍に海南島攻略の同意を求めていた。陸軍は、海軍が青島、厦門のように政治経済の全面において権益を確保することを懸念して容易に同意しなかった。しかし、陸軍は、陸海軍協同の関係を考慮し、「海南島を占領しても陸軍海軍ともに政治的経済的地盤を造らない」という協定を結んで作戦に同意した。三九年一月一三日の御前会議で海南島攻略が決定され、一月一九日に「大本営

第二夕刊
讀賣新聞
海南島南部奇襲の陸戰隊
疾風進擊、三亞港占領
更に羊欄を屠り東西に凱歌
敵を眩ます曉闇の砲聲
靜寂、弦月淡く片霧だに無し
對ソ權益確保鞭撻に
外相、適切對策を言明
けふ衆議院決議案可決
不法行爲頻發
萬全の對策緊要
珠江を壓する我艦艇
無産黨の解消
楡林と並ぶ三亞港
伏見總長宮
御親電

新聞10　海軍陸戦隊の海南島進攻を報ずる『読売新聞』（1939年2月15日付夕刊）

は南支那に対する航空作戦及び封鎖作戦の基地設定の為海南島要部の攻略を企図す」（大陸命第二百六十五号）が下命された。

攻略作戦は、陸軍は「登号作戦」、海軍は「Y作戦」と呼称し、陸軍と海軍が協同しておこなう海口方面の攻略作戦を「甲作戦」、海軍のみで実施する三亜、楡林方面の攻略作戦を「乙作戦」と呼称した。「甲作戦」における海軍の任務は飯田支隊（歩兵六個大隊基幹）の護衛であった。海軍は第五艦隊および海南島攻略作戦のために増強された航空部隊、駆逐艦などをもってY護衛艦隊を編成し、第五艦隊司令長官の近藤信竹中将が指揮をとった。

「甲作戦部隊」の母船は二月九日に海口近くの澄邁湾に入泊、翌一〇日に若干の抵抗を排除しながら、ほとんど損害もなく、午前中に目的の海口を占領した。海軍省海軍軍事普及部『支那事変に於ける帝国海軍の行動』は、「海南島の抗日分子も我が新鋭軍の堂々たる海陸空の立体的攻撃に萎縮したものか、全く戦意を喪失し、無抵抗無血の上陸成功と言っても過言でないだろう」と記している。(28)

「甲作戦」がきわめて順調に進展したことから、「乙作戦」は二日繰り上げ、二月一二日に作戦を開始した。この作戦は海軍だけで実施するために、内地各鎮守府の陸戦隊から編成された総勢約二四五〇名の海南島「乙作戦」海軍特別陸戦隊と第九戦隊、第一航空戦隊、第五水雷戦隊、第四十五駆逐隊の派遣員をもって編成された艦船連合陸戦隊により実施された。「乙作戦」部隊は一四日未明に三亜沖に進出して上陸を開始、中国軍はすでに内陸へ撤退していたので、作戦は何らの抵抗もなく成功した。

海軍は攻略と同時に海南島三亜に第四根拠地隊を進出させ、封鎖作戦の基地ならびに航空基地の設営を開始した。台湾総督府内にある南洋協会台湾支部は、台湾につぐ南方進出のための拠点、植民地としての海南島の占領支配に大いなる関心を寄せ、三九年二月二〇日という早い段階で、台湾総督官房調査課編『海南島』と題して六四〇頁にもおよぶ海南島の産業、経済開発のためのガイドブックを発行している。また、内務省と台湾総督府からは科学者を派遣して地下資源の調査を開始、二ヵ所に鉄鉱山を発見して、早速開発に着手した。

南支調査会編『海南島読本』(発売元丸善、一九三九年四月)は、「我が陸海軍の精鋭が、南溟の大孤島「海南島」に堂々敵前上陸を敢行して、戦史の上に記録的な新しいページが加えられた。此の世紀的の覇業たる海南島の占領は、日支事変の帰結をも一変せしむるものであると共に、東亜の情勢に一新紀元を画するものとして、今や世界の眼は挙げて此の一点に集中せられつつある。(中略)本会は……一般国民をして同島占拠の意義を正しく理解せしめ、以て其の対南進出に油然《ゆうぜん》たる興味を喚起せしむることは、現下緊急の問題である」（序文）と出版目的を述べ、「海南島の占拠は、列国の援蔣政策の大動脈を遮断し、仏印は云わずもあれ、万夫不当を誇った新嘉坡《シンガポール》の天険を蹂躙し、布哇《ハワイ》、グアムの堅塞をも睥睨《へいげい》するという、絶大な軍事的意義以外に、此処に蔵せらるる天然の無尽蔵的資源は、経済的にも世界市場を制圧するに足るものがある。起てよ海国男児。往け、南溟の宝島へ」（「『海南島読本』の出版について」）と、海南島を南方進出の軍事基地とすることを明確に呼びかけていた。

以後、海軍の第四根拠地隊が海南島の治安の維持および開発に従事したが、いくつかの特別陸戦隊を合わせて、三九年一一月一五日海南島根拠地隊を編成した。同隊は福田良三少将を司令官として、総勢六七二五名の大部隊であり、後述するように、海南島における抗日ゲリラ掃討の治安戦に従事した。

火野葦平は、徐州作戦（三八年四月〜六月）の従軍記『麦と兵隊』（三八年）が大ベストセラーとなり、つづいて杭州湾上陸作戦（三七年一一月）の従軍記『土と兵隊』（三八年）と杭州警備駐留記の『花と兵隊』（三九年）も火野の「兵隊もの三部作」として有名となり、一躍流行作家となった。その火野が、海南島攻略戦に従軍して書いたのが『海南島記』（改造社、三九年五月）である。

火野は「はしがき」で「私は軍報道員として、この度の光輝ある海南島攻略に参加いたしました。この「海南島記」は、二月十日上陸以来、農暦元旦の十九日迄、十日間の記録であります。或いは「資料・海南島」であります」と書いている。おそらく、海軍関係者から、『麦と兵隊』『土と兵隊』にひけをとらない従軍記の執筆を期待されて派遣されたのであろうが、既述のように海南島攻略戦は、戦闘らしい戦闘もなく終わったため、火野にとっては当てが外れ、戦記小説を書く素材を欠いた。そのため、火野自身が「資料・海南島」といわざるをえない、旅行記と観光案内の混合のような凡作というよりも駄作を出版したのである。

海南島を軍事占領した海軍は、三灶島の第六航空基地につづいて、海口に第七航空基地を設営、第三連合航空隊司令部をおき、第十四航空隊第七基地部隊（中攻一隊、艦爆半隊、艦戦半隊）を進駐させた。また、水上偵察機から編成された第十六航空隊は三亜に水上偵察機の基地を開設、水上偵察機母艦の神川丸の本隊と三亜派遣隊を編制下においた。

『南支航空部隊戦闘詳報（其ノ三）』（自昭和一四年二月一八日至昭和一四年四月一三日第三連合航空隊司令部）は、海南島攻略戦に関する「功績」について、「第十四航空隊第七基地艦爆隊及び艦戦隊が長日月に亘り、炎暑を冒し海南島に於ける海陸軍作戦に協力し、残敵掃蕩並に偵察等に従事し、克く作戦目的を達成し、又雷州半島要衝を屢々攻撃し、敵の軍事施設を破壊せる功績顕著なり」と記したが、「所見」のなかで今後の方針として、海南島北部の海口につづいて、海南島南部に陸上基地（三亜飛行場と英州飛行場）を設置したら、海南島を本拠地とする独立航空部隊を編成し、第三連合航空隊の所属とすることを提起した。その理由として「将来の南方作戦を考慮の対象とし、之が決定に当たるを要す」と述べていた。つまり、海南島を西太平洋、東南アジアへ進攻するための陸上航空基地にするということである。次章で述べるとおり、アジア太平洋戦争の開戦準備と開戦、その後の海軍の作戦基地として、海南島は重要な役割を果たすことになる。

アジア太平洋戦争が開始されると、海南島は海軍基地としてその拡充整備がはかられたことは、「海南警備府水陸施設整備標準案」(29)（昭和一七年四月三日）からうかがうことができる。同案には、航空基地として、第七基地、第九基地、第十三基地、大艇基地のほかに緊急飛行場九ヵ所の整備拡充、さらに航空廠、弾薬庫の整備案が記され、港湾として、海口港、三亜港、楡林港《ゆりん》、瑯瑯港《やろう》、八所港などの整備案が記されている。さらに警備府司令部をはじめとする軍需部、経理部、建築部などの行政機関と病院、軍用郵便所、兵舎、官舎、さらには水力発電所の増設と電力の供給、水道施設の整備、鉄道、道路、橋梁など多岐にわたり、施設設備の現状と拡充整備について、報告と提案がなされている。アジア太平洋戦争において、海南島が海軍基地としての役割を相当程度に果たしていたことをうかがわせる。

海口に第七航空基地を設置した第十四航空隊は、同基地を出撃して、広東、広西、貴州、雲南省方面に連日のように空爆作戦を実施、いっぽうでは、海南島内で抗日闘争をつづけるゲリラ部隊やその根拠地への空からの掃討戦にも従事した。以下に、三灶島の第六航空基地から第七航空基地に移駐した第十四航空隊の入佐俊家少佐がおこなった空爆作戦を前掲戦闘詳報から抜粋して紹介してみたい。

一九三九年四月一日、九六式陸攻二一機を指揮して第七航空基地を出撃、南寧を爆撃。六〇キロ爆弾一六八個、七〇キロ爆弾八四個搭載、一八〇弾を南寧市街北方停車場予定地付近、鉄道材料及軍需品置き場に投下、約半数命中（一か所に火災起こる）。七二弾を南寧市街東方飛行場付近、市街東北停車場付近の倉庫らしき建物に投下、効果不明。南寧上空にて大型機銃射撃を受く。

四月六日、九六式陸攻二三機を指揮して第七航空基地を出撃、柳州を爆撃、六〇キロ爆弾二七四個搭載。全弾柳州飛行場に命中。内、一〇六弾は飛行場東部の格納庫密集の建築物に大部分命中、損害を与う。高角砲の熾烈なる防禦砲火を受く。

四月八日、九六式陸攻二四機を指揮して第七航空基地を出撃、昆明を爆撃。六〇キロ爆弾二七六個搭載。地上炎上機十五機、同爆破約二十機、計三十五機。撃墜機数確実四、不確実二、計六機。兵舎に約四〇弾直撃、東方部落に四弾命中。東南部兵舎及び兵舎東方に大火煙を発するを認む。熾烈なる大型機銃の射撃を受く、被弾による損害機十一機、内七機は尾翼に比較的大なる損害を受く。

四月八日の昆明爆撃について、『海軍中攻史話集』のなかで、金子義郎は「入佐隊長」と題する回想録につぎのように書いている（抜粋）。

十四空中攻隊は三月末海口基地への移動を完了して、内陸の天気回復を待って昆明強襲の機をうかがって居た。

四月八日、天候は全く回復し、南支一帯は好天気に恵まれた。十四空二十四組の搭乗員は指揮所前に勢揃いの上、司令の命により勇躍発進の行動を起こした。（入佐）隊長より簡にして要を得た指示を受けた後、昆明に近くなると雲の切れ間が増して、雲量八、雲高約三〇〇〇メートルとなり、雲の切れ間から僅かに昆明湖が認められたので、指揮中隊は急遽雲下に出るべく下降に移った。雲下に出た瞬間右前方に飛行場を認めると同時に、十数機の敵戦闘機が左前方から反撃して来るのが視野に入った。

なお一方、飛行場北側に沿った、三十機余りの小型機の列線がとっさに確認されたので、爆撃進路を列線に沿う様にとりながら、列線めがけて次ぎ次ぎと六番（六〇キロ）陸用爆弾を投下して行った。爆撃実高度はまさに一〇〇〇メートルであった（飛行場標高一七〇五メートル）。我が中隊の最後に投下した十数発の爆弾は、飛行場北西地域の格納庫及びその他の施設群をねらった指揮中隊の弾着と重なり、更に大きな火炎を上げて炎上する様子が見えた。やや遅れて雲下に出た第一中隊は、飛行場西側の建物群とその付近に配置された数機の中型機を爆撃した後、雲下すれすれに避退する指揮中隊と第二中隊とに合同した。

爆撃終了後約四〇分間、約十数機の戦闘機が我等を後方から追しょうして、入れ替わりたち替わり射撃を加えて来たが、雲下の悪気流に阻まれて、有効な命中弾は得られず、十三粍のえいこん弾が唯いたずらに編隊の翼間を通り抜けて、前方に無気味に消えて行くのみであった。二十四機の中攻の編隊は後方から接近してくる戦闘機に対し、有効な火網を形成し、之に対処することが出来、遂にその六機を撃墜した。その内の一機は我が方の二〇粍機銃によるもので、当該射手はもち論、僚機の射手も之を確認しており、初陣の大型機銃の威力に快哉をあげた次第である。

斯して、新米中隊長二人参加した第一回の奥地攻撃は、歴戦の誉れ高い入佐隊長の冷静沈着にして適切な部隊の指揮誘導のもとに、一機の犠牲もなく多大の戦果を納め、全機意気揚々と夕闇に閉ざされた海口基地に帰投した。「入佐少佐の指揮する十四空中攻隊」の昆明攻撃の武功に対し、支那方面艦隊長官より送られた感状は昭和十四年七月五日付であった[30]。

同『海軍中攻史話集』のなかの高橋勝作「入佐俊家言行録」では、こう回想されている。

昆明攻撃の時であるが、標高一五〇〇メートルの省都は深々と密雲に覆われて居り、雲上飛行中の二十四機の中攻の眼は、先導機の舵輪を握る入佐に注がれていた。攻撃目標を変更するか、又は一度反転して間合いをとってから徐々に雲下にしのびもぐる機会と地点を選ぶか何れかである。出発地（海南島）からの燃費を考える時は、大部分の者は第一の方法を期待していた。

瞬間入佐の俊眼は雲底を見極め、わずかな雲間の間隙を貫き、秘境に飛行機百数十機を温存して居った二千メートルの滑走路の南端を爆撃して、地上から八百メートルで敵の機銃弾の音を聞きながら、列線にある小型機百機をほぼ焼却することが出来た。空中戦は敵機と雲海の下で数十分交わしたが、味方は全機帰還し、敵の方は五、六機を失った。入佐のここぞと思う時の真骨頂を目のあたりに見た瞬間であった。

海軍軍令部が海南島攻略戦を重視したことは、三九年一月三〇日、航空母艦赤城を佐世保軍港から出港させ、海南島周辺を周航しながら、海南島攻略作戦に参加させたことからも知れる。作戦が終了して同艦が佐世保軍港に帰着したのは四月二日であった。赤城では、本書第4章で詳述したパナイ号撃沈の村田重治大尉が飛行分隊長となっていた（三八年一二月一五日就任）。「自昭和十四年二月六日至昭和十四年二月十五日　Y作戦戦闘詳報　軍艦赤城」(31)に記録された「Y護衛艦隊第二航空部隊」の「甲作戦の部」（自二月六日至二月一二日）のなかから、村田飛行機隊の空爆作戦を抜粋で紹介する。

二月八日、村田大尉指揮の第一飛行機隊九七式艦攻六機、国井中尉指揮の第二飛行機隊九六式艦爆六機、瀏州島西方海面の「赤城」より出撃、北海市欽県間道路を偵察し、欽県に進入、各小隊毎に城内兵営並に市街を爆撃せり、爆撃終了後、各攻撃隊毎に欽州湾に集合、帰艦せり。成果は、城内中央部家屋に全弾命中、大火災を起こさしめ、多大の損害を与えたり。我が方に被害なし。消耗爆弾、二五〇キロ陸用爆弾四個、六〇キロ陸用爆弾四〇個。

二月十日、村田大尉指揮の第七飛行機隊、九七式艦攻六機、九六式艦爆三機、九六式艦戦三機、洋浦北方海面の「赤城」より出撃。成果は、第一小隊は、六〇キロ陸用爆弾一八個、海南島澄邁市街中央部全面に全弾命中、家屋約一〇〇棟を爆破、多大の損害を与えたり。美停付近有蓋トラックに対して銃撃を加えたるも火災を起こすに至らず、効果不明。

第二小隊は、嶺崙にては牧場獣群及び村落を爆撃、相当の損害を与えたり。和舎に於いては倉庫群および村落を爆撃、二か所に火災を起こさしめたり。

第三小隊は六〇キロ陸用爆弾五個、徐聞市街に命中、十数棟を爆破炎上せしむ。尚六〇キロ陸用爆弾十八個、城内東南部の兵舎らしき建物に命中之を爆破多大の損害を与えたり。偵察事項として、定安付近道路上は数千の避難民南下しつつあり。我が方に被害なし。消耗爆弾機銃弾、二五〇キロ陸用爆弾九個、六〇キロ爆弾一一二個、曳跟弾一五六弾、徹甲弾四一五弾、焼夷弾七六個、合計七六八個。攻撃機一機、着艦の際大破、使用不能。

つづいて、「Y護衛艦隊第二航空部隊」の「乙作戦の部」(自二月一三日至二月一五日)に記録された、村田飛行隊の空爆作戦を抜粋で紹介する。

二月十四日、村田大尉指揮の第四飛行機隊九七式艦攻三機、洋浦―三亜を航海中の「赤城」より出撃、崖県上空、寧遠水付近及び崖県以西感恩に至る道路及び部落海岸一帯を偵察、溝口付近崖県に至る道路上の橋梁を爆撃。成果は、高度八〇〇にて爆撃を実施、六〇キロ陸用爆弾多数の至近弾により相当の損害を与えり。我が方に被害なし。

村田大尉が自らも操縦して、隊を指揮した九七式艦上攻撃機（艦攻）は、操縦員、偵察員、電信員の三人乗りで、航空からの水平爆撃で、八〇〇キロ爆弾を投下し、低空の雷撃では八三八キロ魚雷を発射した。九六式艦上爆撃機（艦爆）は、操縦員、偵察員の二人乗りで、急降下爆撃によって二五〇キロ爆弾一発を敵艦に投下、命中させることを目的とした。右の戦闘詳報は、村田大尉が中隊長となって、航空母艦赤城を発進、九七式艦攻を操縦して、水平爆撃あるいは急降下爆撃によって二五〇キロ爆弾を目標に命中させる作戦を実施していた記録である。

右の戦闘詳報から、赤城の飛行隊にとって、海南島攻略戦は、予想された中国空軍の攻撃もなく、制空権を完全に掌握した状況で、防空軍事施設もない海南島内の県城や村落を無差別に空爆していたことがわかる。とくに、二月一〇日は、焼夷弾七六個を搭載し、市街や村落の家屋を炎上させる無差別爆撃を実施、「数千の避難民が南下」せざるを得ない被害を与えたのである。山本悌一朗『海軍魂――若き雷撃王村田重治の生涯』には、戦後村田家に残された重治の遺品のなかに、赤城の艦姿を浮き彫りにした、合成樹脂製の文鎮があり、それには「皇紀二五九九　軍艦赤城海南島攻略記念」という文字が彫られていたという。(32) 関係者が、赤城の海南島攻略作戦への参加をあたかも実戦演習のための遠征航海とでも考えていたことの証左ともいえる。真珠湾攻撃に際して、赤城は千島列島の択捉《エトロフ》島の単冠《ヒトカップ》湾を出航してハワイへと遠征航海をすることになるが、海南島攻略のための赤城の参加は、空母の航続距離の可能性を実戦的に試みる機会になったとも思われる。

パナイ号事件のところで「真珠湾攻撃への序曲」と述べたように、真珠湾攻撃をおこなった機動部隊の旗艦が赤城であり、その赤城から第一集団特別攻撃隊の雷撃隊長として九七式艦攻を操縦して先陣をきって発進、戦艦ウェストバージニアに魚雷を命中させたのが、村田重治少佐であった。そのことを考えると、海南島攻略戦における村田大尉の空爆作戦は、アジア太平洋戦争における対米航空決戦の実戦的訓練の恰好な機会であったことが確認できよう。

航空母艦赤城は、当初「八八艦隊計画」の巡洋戦艦として建造されたが、ワシントン軍縮条約により途中から空母に改造された、日本海軍最初の本格的大型空母（全長×全幅＝二六〇・六七×三一・三二メートル）であった。アジア太平洋戦争では第一航空艦隊旗艦となり開戦劈頭の真珠湾攻撃作戦の主役をつとめ、ラバウル作戦、カビエン作戦、インド洋作戦などに参加したが、四二年六月五日、ミッドウェー海戦において米艦上機の急降下爆撃により大破炎上、翌六日、駆逐艦の魚雷により海没処分された。

海軍の治安掃討戦、強制連行・強制労働、「慰安所」

海南島作戦はほとんどが海軍部隊によっておこなわれた。上陸作戦から占領、掃討作戦から治安維持警備に従事という経過をたどり、海軍陸戦隊がそれまで経験したことのない長期駐屯による警備任務へと移行した。海南島海軍部隊は、占領以来、第四根拠地隊として、治安維持と開発に従事してきたが、一九三九年一一月に海南島特別根拠地隊（司令官福田良三少将）が編成され、六七二五名の兵員を擁した。海軍特別根拠地隊は、海南島を先駆として、アジア太平洋戦争においては合計二〇隊が編成された。以後、海南島根拠地隊は、全島一斉に抗日ゲリラ勢力の掃討作戦を実施、占領地域の拡大、治安掃討、道路・橋梁の建設を合わせておこなった。また、海南島の戦略的位置から、海軍の南方作戦準備基地としての役割を担うようになった。

一九四〇年九月の北部仏印進駐の際の陸海軍の基地として海南島の三亜が利用された。四一年四月、海軍特別陸戦隊を合わせて編成した海南島根拠地隊を昇格させて、海南警備府（長官谷本馬太郎中将）を新設して作戦と軍政を併任させ、その司令部を三亜においた。同府は、第十五、第十六警備隊、および佐世保第八、舞鶴第一、横須賀第四の三つの特別陸戦隊の地上兵力のほかに、航空部隊、艦船部隊などがあり、政務や開発を担当する軍政機関である海南島海軍特務部（後述）も指揮下においた。

アジア太平洋戦争が開始されると、石碌《せきろく》や田独《たどく》などの鉱山開発などに企業が誘致され、鉄鉱石積み出しのための八所や楡林の築港がすすみ、最終的には海南島在留邦人は三万人を超えた。

一九四一年七月の南部仏印進駐にあたって、日本陸軍第二十五軍約四万人が三亜港から出港して基地の役割を果たした。アジア太平洋戦争の開戦の際は、マレー半島の奇襲上陸作戦のために、四一年一二月四日第二十五軍（軍司令官山下奉文中将）先遣団一八隻が第三水雷戦隊の直接護衛のもとに出港していったのが三亜港であった。

海南島は、日中戦争において、海軍がほぼ単独で占領、統治、航空基地開設、鉱山資源の開発、鉄道敷設、築港、道路建設などをおこなった島であり、それもほぼ台湾に匹敵する広さの島であった。そのため、陸軍と同様な侵略、略奪、強制連行・強制労働、性暴力と軍「慰安所」の設置などがおこなわれた。中国では、これらの海軍の侵略・戦時暴力行為の全体について詳述した、蘇智良・侯桂芳・胡海英『日本対海南的侵略及其暴行』が出版されている[33]。

本書では、それらの海軍の戦争犯罪行為について、詳述する余裕はないので、ここでは、概要のみに触れておきたい。

(1) 海南島の治安掃討作戦

海南島における海軍の地上作戦は、当初の攻略戦を「Y作戦」として実行したのにつづいて、島内の討伐作戦として「Y二作戦」(一九四〇年三月〜四月)、「Y三作戦」(四一年二月〜三月)をおこなった。その後、島内の国民政府系の保安団、遊撃隊、共産党軍など抗日武装勢力が増大、一九四一年には約一万人になった。国民政府系の抗日闘争については、海南抗戦三十周年記念会編印『海南抗戦紀要(上)(下)』[34]があり、共産党指導の瓊崖《けいがい》抗日根拠地の闘争については、張一平・程暁華『海南抗日闘争史稿』[35]が詳細に記録している。

これにたいして、海南警備府は、総数一万人足らずの陸戦隊兵力を総動員して「Y四作戦」(一九四一年八月)から「Y九作戦」(一九四五年)にいたる島内の治安粛正作戦を展開した。防衛省防衛研究所図書館に、『海南部隊戦闘詳報』と『海南警備府戦時日誌』『海南島敵匪情況　海南警備府司令部　昭和十六年七月』『現状申告書　昭和十六年十一月十五日　海南警備府司令長官』が所蔵されているので[36]、海軍が海南島で展開した治安粛正作戦の実態を知ることができる。そのなかで、『海南島敵匪情況』は四一年七月現在の報告であるが、海南島の抗日武装勢力について、敵匪主要人物、保安団組織、守備団組織、共産匪（新四軍）の各組織ごとに人名をあげて記録、さらにゲリラ部隊について、定安県、澄邁県、瓊山県、文昌県の組織について報告している。これだけ多様な抗日勢力が広い地域で抗日武力闘争を継続していたことを示している。

『現状申告書　昭和十六年十一月十五日　海南警備府司令長官』には、「Y三作戦」（四一年二月〜三月）の敵損害は、遺棄死体一九七九、捕虜二三四、「Y四作戦」（四一年八月）の敵損害は、遺棄死体一七三九、捕虜一二三、焼却籾二九二石、焼却家屋一万七〇六三という数字が報告されている。

ここでは、「Y五作戦」（一九四一年一一月〜四二年一月）について事例を紹介したい。同作戦の目的について、海南部隊命令（一九四一年一一月一〇日）はつぎのように述べている。

「占拠地域及未占拠地域の残敵兵力を速やかに捕捉掃滅すると共に人心の収攬《しゅうらん》、敵性物資の獲得等の総合作戦を実施、普く我の武威を浸透、残敵再建の余地無からしめ、以て対南方作戦基地たる本島の治安を急速に確立せんとす」

海南島が南方作戦基地であるから占領統治の安定が必要であるとともに、「敵性物資の獲得」が必要であるとして、「敵に与えたる損害」の項目で「押収籾四一〇〇〇石」と報告されている。すなわち食糧略奪である。おなじく、「遺棄死体　一五四〇、捕虜　二六二、投降者　九一」という数字が報告されているが、これには地域住民の殺害数はふくまれていない。おなじく「焼却家屋一〇三七九、処分ジャンク　四七」とある。抗日勢力の町、村落とみられた家屋を一万戸以上焼き払い、庶民の水運の手段であるジャンクを四七隻破壊したのである。地域住民殺害に関連して、Y五作戦終了後の一九四二年二月の小規模の掃討作戦であったが、一ヵ月を集計して、遺棄死体　一四三、射刺殺　二九三、射殺　三一、刺殺　一六二、人員処分　一八、土民刺殺　九一、捕虜　一

七三、という数が記録されている。刺殺とあるのは、無抵抗な中国人を捕縛して立たせ、銃剣で刺し殺したのである。

拙著『日本軍の治安戦——日中戦争の実相』(37)では、中国側で「三光作戦(焼き尽くし、殺し尽くし、奪い尽くす作戦という意味)」といわれた華北における日本陸軍の治安掃討戦について詳述したが、海軍は海南島において陸軍と同様に、「三光作戦」といえる治安掃討作戦を展開していたのである。(38)

(2) 強制連行・強制労働

長谷川清伝刊行会『長谷川清傳』(39)に、海南島開発事務部次長をつとめた河野司が「長谷川総督と海南島」と題する回想を寄せている。それによると河野は、朝鮮で日本窒素肥料会社に勤務していたが、一九四〇年秋に、鉱物資源調査隊が石碌鉱山を発見したので、第一陣開発部隊員として、四一年三月に海南島に派遣された。海南島の統治、開発の機関として、海南島海軍特務部が設置され、初代総監に、警視総監、大阪府知事などを歴任した池田清が任命された。特務部の機構人員の大半は、台湾総督府から動員された。台湾統治の治績をそのまま活用し、海南島を第二の台湾とするもくろみがあり、それを推進したのが、長谷川清台湾総督である。長谷川清は本書で解明を試みたように、大山事件の謀略の首謀者の一人であったが、三九年四月に海軍大将に昇進、四〇年一一月に前例のない現役のままで台湾総督に就任していた(四四年一二月まで)。

海南島の開発に台湾が果たした役割は大きく、上記特務部の役人の過半数は総督府関係で占めて、民政の主軸となり、民間事業も台湾銀行、台湾拓殖会社をはじめ、台湾での主要事業、商社が進出して、庁舎、病院の建設から家屋、食堂、商店の建設、営業など、新しい海南島作りに活躍して成果をあげた。

そのなかで、最大の開発事業が、石碌鉱山開発で、海軍および特務部が総力をあげて支援をおこなった。開発工事は日本窒素肥料会社が担当し、三万人に近い従業員の生活を支える食糧、物資の供給、金融等の背後の機構、運営はほとんどこれらの台湾事業団が担当した。

アジア太平洋戦争が開始されると、海軍の至上命令で石碌鉱山開発がすすめられた。九十九里浜のような海岸の砂浜に、一万トン級船舶の二隻同時接岸、荷役可能の港湾を造る大工事、鉱山までの六十キロ余の鉄道の敷設、開発用電源の水力発電所の建設、最新鋭の採鉱設備の設置と、これらの四大工事を中心にそれに従事する三万人余の従業員、労務者の施設などを合わせて、当時南方地域で最大の開発工事の強行であった。現地で活用できる資材、施設は皆無にひとしかった。労力だけは二万数千人を香港、大陸に求めたが、すべての建設資材、物資、機械等は、ことごとくこれを戦時下の内地からの供出によった。

以上が、河野の回想によるものであるが、二万数千人の労力を香港、大陸から求めたとあるうち、「大陸から求めた」というのは、多くが強制連行によるものであった。石碌鉱山の開発だけでもこれだけの労力を必要としたのである。海南島で、日本窒素が石碌鉱山の開発、採鉱を請け負ったほかに、石原産業が田独鉄鉱山、三菱鉱業が那大錫鉱山と羊角嶺水晶鉱山、浅野セメントが抱坡嶺石灰山の採石をそれぞれ請け負った。さらに前述したように、海軍は占領直後から、海南島の軍事基地化をすすめるための飛行場の開設と拡張、軍港の建設、幹線道路の建設などをすすめたので、これらの土木工事にも、膨大な労働力を要したことは容易に想像できよう。

『長谷川清傳』に西松不動産株式会社副社長の西松醇厚が「海南島開発を激励」と題して、長谷川台湾総督が、海南島の巡視に訪れて、陸戦隊、海南島海軍特務部、民間企業などを激励したことを回想し、「当社（西松組）と日窒（日本窒素）とは特別の関係にあったので、この海南島開発の一切の工事を当社に特命された」と述べている。[40] 海南島の日本窒素関係の工事を担当したのは西松組（現、西松建設）で、西松組は、日中戦争、アジア太平洋戦争時、中国や朝鮮から多くの成年男子を強制連行し、強制労働をさせ、多くの犠牲者を出したことで知られる。

海南島の北黎特務部労務主任岡崎四郎の記録には、四三年一〇月の「石碌鉄山従業員」は、「日本人窒素社員及び西松組従業員」三〇〇〇人、「台湾事務員及び労務者」六〇〇〇人、「広東、香港労務者」二万人、「現地海南島徴用労務者」二万二〇〇〇人、計四万五六〇〇人であったと記されている。[41] また、海南島の日本窒素関係の工事を担当した『西松組社内報』（一九四三年一月号）には、この時点での労務者の死者が三一五八人（そのうち中国人二五二八人）であったと書かれている。[42]

海軍と日本企業は、現地の住民（先住民族黎《リー》族・苗《ミャオ》族、および漢族の人たち）だけでなく、中国大陸や香港や台湾や朝鮮の民衆、それもアジア太平洋戦争の開始とともに、「徴用令」にもとづく強制動員、華北の治安戦における「労工狩り」さらには「捕虜」など、さまざまなかたちをとった強制連行により集めてきた人たちを強制労働させた。高温多湿の亜熱帯の海南島において、劣悪な住環境におかれた労働者たちは、酷使のため、多くの者が栄養失調になったり、マラリアに倒れたり、暴行によって命を落とすなどした。

（3）戦時性暴力と「慰安所」

前述の第三連合航空隊司令部『南支航空部隊戦闘詳報（其ノ三）』の「所見」のなかで「航空基地設営に関する事項」として「二〇〇〇名を越ゆる多数人員を擁しながら、之が行動生存、衛生、慰安等を担当する人員皆無なる為……大なる困難を痛切に感じつつあり」と記されていた。「慰安」

とは慰安所の設置と運営のことである。一九三九年三月、陸軍・海軍・外務省の三省の連絡会議によって、海南島に慰安所を設置することが決定され、翌四月には、最初の慰安所が設立された。海軍の依頼により台湾拓殖会社（以下、台拓）が慰安所の建物を建築し、台湾総督府の依頼で慰安所経営者の選定と「慰安婦」の徴集を請け負った。台拓は「慰安婦」を集めるために貸座敷の経営者に声をかけ、経営者は渡航にかかる費用三万円を台拓に融通してもらい、慰安所の建物については、台拓と賃貸契約を結んだ(43)。

海南島を軍事占領した海軍は、航空基地、軍港、海南部隊の駐屯地など、軍事基地や拠点の所在地には慰安所施設を設立した。海軍部隊の駐屯の規模と場所に応じて、大小さまざまな慰安所が設立された。治安戦掃討戦のところで述べた海南警備府司令部の陸戦兵力は、「Y作戦」という大規模な掃討作戦を展開したとき以外は、小兵力の部隊が広く分散して軍事拠点に駐屯するという高度分散配置の体制をとった。これにより、奥地の山村のトーチカ程度の軍事拠点に駐屯する部隊では、慰安所というよりは、掃討に出た将兵が、現地の女性（黎族、苗族の女性が多かった）を拉致し、軍の拠点に監禁して、強姦・輪姦を繰り返す「強姦所」であった場合が多かった。

海南島における慰安所は、海軍の軍事基地化の拡大と鉱山開発事業の進展にともなって増えつづけ、アジア太平洋戦争時は、確認されただけでも六四ヵ所、三百余軒にのぼった。海南島で日本軍「慰安婦」にされた女性は、主として四つのタイプがあった。

第一は、戦地の後方勤務労働のための徴用であるなどの名目で集められ、騙されて連れて来られた朝鮮やフィリピンの女性たちである。また慰安婦の募集に応じてやってきた日本の女性たちもいた。第二は、各種の名目で騙されたり、脅迫されたりして連れて来られた台湾の若い女性たちである。第三は、日本が占領・統治した中国の沿海地域から、看護婦など医療関係の仕事に従事すると騙されて連れて来られた中国の若い女性たちである。第四は、海南島の若い女性や少女たちで暴力的手段によって軍営に連行され、監禁されて強姦、輪姦されたり、慰安所に連行されて強制的に「慰安婦」にされたりした。また村から強制労働に徴用された男女のなかから、容姿端麗とみなされた女性が慰安所に連行された場合もあった。また村に入ってきた日本兵が、村人のなかにいる娘に目をつけて連行し、軍営に監禁して強姦し、その後も監禁状態にして駐屯地を連れ歩くというケースもあった[44]。

4 自覚せざるアジア太平洋戦争への道

日米通商航海条約廃棄

日本海軍の海南島占領にたいし、最初に抗議をおこなったのは仏領インドシナを植民地にもつフランスで、一九三九年二月一三日、アンリー駐日フランス大使が有田八郎外相を訪問し、海南島占領の目的、期間、性質を問いただした。これにたいして、有田外相は南支封鎖を強め、蔣介石政権の壊滅を促進するための軍事上の目的以上に出るものでなく、領土的野心はない旨を回答した[45]。つづいて二月一七日、グルー駐日アメリカ大使も有田外相を訪問して、日本の海南島占領が、アメリカ政府がおこなってきた中国における権益の擁護と九ヵ国条約などに反していることに注意を喚起する申入れをおこなった。これにたいして有田外相はフランスにたいするのと同じ言明を繰り返し

た。(46)

さらに日本政府は、三九年三月三一日、アンリー大使を外務省に呼び、三九年三月三〇日付で南シナ海に浮かぶ約一〇〇の小さな珊瑚礁の島々からなる南沙群島（スプラトリー諸島）が日本の領土であることを宣言し、台湾総督府の管轄に編入したことを通告した。日本政府はすでに、海軍の海南島占領計画とセットにして、前年一二月九日の第一次近衛内閣の五相会議において、「南支那海中仏領印度支那と比律賓群島の中間に存する所謂新南群島に付、其の帝国の所属たるべき旨を確定し、爾今之を台湾総督府の所管とす」ることを決定していた。(47) 海軍にとって新南群島（南沙群島）の領有が重要であったのは、フィリピン争奪戦を想定した対米航空決戦のためには、南シナ海の制空権を獲得しておく必要があり、そのためにも、航空作戦に必要な気象通報用の無線台や飛行位置・距離の確認のための無線通信施設など軍事施設を設置しておくことが望まれたからである。

南沙群島は、現在は海底油田の存在が確認され、中国、台湾、ベトナム、マレーシア、ブルネイ、フィリピンが領有権を主張している区域である。日本が領有宣言をする前は、インドシナ半島を植民地としたフランスがいくつかの島々を実効支配し、一九三三年七月には同群島を軍艦で占領し、フランスの主権に帰することを日本にも通告してきたが、日本はフランスの先占宣言撤回を求めて、フランスと対立していた。フランス政府は四月五日、駐日アンリー大使をつうじて、新南群島（南沙群島）の日本領土への編入を正式に抗議してきた。(48)

イギリス政府も四月一〇日付で、「英国政府は、日本政府の主張が何等法的根拠を有することを容認する能わず。且つ本件措置は極東に於ける事態を一層紛糾せしむるのみなるに鑑みて遺憾とする」という抗議をおこなった。(49)

同群島は、地図4に明らかなように、フィリピンとボルネオ島とベトナムを結んだ三角形のほぼ真ん中に位置するので、フランスとイギリス、オランダが抗議をおこなっただけでなく、戦略的にフィリピンの喉元を制する位置にあるので、アメリカが強い反発を示すことになった。

アメリカ政府の対応については、外務省編纂『日本外交文書　日中戦争　第三冊』[50]の「六　事変をめぐる米国との関係」の「2　日米通商航海条約廃棄通告」に収録された外交文書にその経緯を見ることができる。

本書第4章で述べたように、パナイ号事件をはじめとして、アメリカの在華権益が侵害される事件が頻発するなかで、アメリカ国民の対日経済制裁を求める運動が広まり、アメリカ政府内にも対日経済制裁論が台頭するようになった。

一九三九年一月三日、アメリカ下院外交委員会にクロフォード議員は、屑鉄・銑鉄ならびに屑鋼輸出禁止法案を提出した。ついで一月三〇日、ニューヨーク州選出の共和党議員ハミルトン、フィッシュ両下院議員が、銑鉄、屑鉄、屑鋼を日中の両国へ禁輸する法案を提出した。アメリカ国民・政府の対日感情の悪化と対日経済制裁を求める動きは、海軍の海南島占領によってさらに強まったが、駐米堀内謙介大使は、その原因を以下のように分析して有田外務大臣に報告した。[51]

①日本の対支行動をもって侵略と為してこれを憎み、かつ弱者に同情せんとする感情。②米政府が日本の行動を非難し抑制せんと試みたるに拘らず、日本はこれを無視し、着々と既定の計画を進めつつありとの不満。③「パナイ」号事件、南京攻略当時の出来事、非戦闘員爆撃に対する憤激など主として一般民衆の感情的方面に基づくところ多きも、最近政府当局ならびに

民間知識階級の間に重大関心となりつつあるは、④在支権益の不安、とくに日本の唱道する東亜新秩序建設は、その実日本の独占、欧米の閉め出しに外ならずとの疑惧ならびに⑤日独伊枢軸は、結局「デモクラシー」諸国に対抗するものにして、軍事同盟説実現せば、米国に取りても直接脅威たるべしとの懸念なり。これを要するに米国民の対日悪感は、日支事変と日独伊結合に胚胎するものと言うを得べし。

東亜新秩序建設というのは、近衛文麿首相が一九三八年一一月三日に「東亜新秩序声明」(第二次近衛声明)を発表し、日本の戦争目的は、「日本・満州・支那を政治的経済的文化的に結合する東亜新秩序の建設にある」と謳ったことを指す。この場合の支那は、蔣介石政府ではなく、新政権(四〇年三月に成立させる汪精衛政権)を意味した。東亜新秩序構想は、欧米列強と抗日中国を切り崩し、「日満支」ブロックの形成により、日本の中国における排他的独占的支配をめざしたもので、のちの大東亜共栄圏構想の先駆となったものである。

こうした、政府内外の対日批判、対日警戒論の高まりに対応して、アメリカ国務省は対日経済制裁措置の実行を具体的に検討しはじめ、三九年一月七日、バランタイン極東部次長は「日本の対中国戦争遂行物資の出所」報告書を作成した。

新南群島の日本編入について、三月三一日、ハミルトン国務省極東部長がワシントンで須磨弥吉《すまやきち》郎《ろう》日本大使館参事官に会ったときに、新南群島はフィリピン群島中のパラワン島に近いことへの危惧を表明した。さらにワシントンの官辺筋では、新南群島の件は、海南島占領と関連して、日本海軍が主唱してきた南進策の表れであるという懸念がなされるなかで、ハル国務長官は、五月一七日付で堀内駐米大使に書簡を寄せ、「日本政府が主権を主張する根拠を正当と見做さるべき何等の行動をも従来執らざりし島嶼または珊瑚礁を一括、その領域に編入せる措置は何等国際的効力を有せず」と、新南群島の日本領土編入を認めない態度を明確にした[52]。

こうしたなかで、有田外相は三九年五月一八日、一時帰国するアメリカ駐日大使のジョセフ・C・グルーにたいして、以下のような申入れをおこなった[53]。

海南島の軍事占領や新南群島の日本領土編入にたいして、「恰も帝国が南洋方面に意図を有するが如き言説流布せられ、為に関係諸国中には、危惧の念を抱く向もあるやに承知するのみならず、比島に関しては米国人中にも此種の危惧の念を抱き居るもの無きにあらずと聞く。この如きは日米親善の見地より甚だ面白からざることと信ずる」ので、米国政府がこの危惧を一掃するための措置について、日本政府は話し合う用意がある、というものである。

アメリカの政府・国民の間に、海軍の海南島軍事占領と新南群島の編入が、日本の南進政策の具体化であるという懸念が高まっていたことへの対応であった。

五月二七日、コーデル・ハル国務長官は、上院、下院の外交委員長に書簡を送り、アメリカは中立法にもとづく、現行法の武器禁輸条項は廃止すべきであるという見解を説明した。これは、ヨーロッパにおいて、英独、仏独戦争の可能性が高まっている情勢に対応したものであるが、極東においては、抗日戦争を展開している国民政府にたいしてアメリカの武器援助の道を開こうとしたものでもある[54]。いっぽう、六月四日付の『ワシントン・ポスト』紙は、アメリカの陸軍・海軍の屑鉄保存政策により、アメリカ政府関係の屑鉄は事実上対日禁輸の方針をとっているので、日本が支那侵略に用いている屑鉄獲得は困難となりつつあるという、アメリカ陸軍省某高官の発言を報じた[55]。

アメリカのピットマン上院外交委員長は、「日支紛争解決に際し、米国政府に外交的武器を与え、日本の支那に加えんとする圧力を有効に阻止するを得べしとの意味合を新聞記者に公言」していたが、七月一一日、上院に軍需物資禁輸法案を提出した。[56] 日本の中国における侵略拡大が、中国の独立・領土保全および関税自主権拡大に関する「九ヵ国条約」に違反するというのが理由であった。海軍の海南島の軍事占領と第二の台湾化政策の推進が「九ヵ国条約」違反とみなされたのは当然である。

七月一四日、上院外交委員会は、ピットマン禁輸法案の審議を開始したところで、同法案の実施は、日米通商航海条約に違反するのではないか、という疑義が出され、討議の結果、最終的には国務省の研究に委ねることになった。[57] これらに関連して、七月一八日、バンデンバーグ共和党議員は、「日米通商航海条約廃棄意図を通告する」決議案を提出した。[58] これを受けて、ハル国務長官は、議会の決議によらず、大統領の権限にもとづいて、七月二六日、ルーズベルト大統領の下に多年国務次官補をつとめていたセイヤーより須磨弥吉郎駐米大使館参事官に「日米通商航海条約廃棄通告」の公文を手交させた。これにより、一九二二年二月二一日にワシントンで調印された日米通商航海条約と附属議定書は、六ヵ月以後に無効となることが通告されたのである。

堀内駐米大使は、日米通商航海条約廃棄通告がなされた背景について、空爆問題にたいする日本側の回答が大統領その他の者を十分に納得させるものでなかったこと、支那各地における米人殴打事件続出ならびに日本海軍による珠江閉鎖の報道があり、政府としても何らかの的確な措置をとることが内政上必要であったこと、などを指摘している。さらに極東における日本の進出に圧力をかけようとしたルーズベルト大統領の意志が強く働いた結果であり、フィリピンの「ハイコミッショナー」に指名したばかりのセイヤーにことさら、廃棄通告公文を手交させたことは、日本の南方進出政策にたいするアメリカの威圧を示そうという政策的考慮があったと分析している[59]。

空爆問題というのは、次章で詳述する海軍航空部隊の重慶爆撃により、三九年七月六日、七日、重慶のアメリカ大使官邸および参事官邸ならびに揚子江上に滞泊中のアメリカ軍艦の付近に爆弾が投下され、さらにアメリカ人宣教師が経営する教会が被害を受けたことにたいし、ハル国務長官より七月一〇日に堀内大使に申入れがあったことである。これにたいし日本政府は七月二〇日付で、「大統領に対する帝国政府のステイトメント」を発表、アメリカ政府の「手当たり次第に無差別爆撃」という抗議に反駁、「帝国航空部隊は第三国権益被害回避のため」あらゆる努力をしている、アメリカ側も米国権益の所在を明示した地図を提供せよ、支那側に付近に軍事施設・軍事機関を設けないようにさせよ、など逆に申入れをおこなったのである[60]。

ルーズベルト大統領、ハル国務長官が反発、反感を覚え、「日米通商航海条約廃棄通告」に踏み切ったことがわかるような「ステイトメント」である。

日米通商航海条約の廃棄に六ヵ月の猶予をおいたのは、この間に日本がどの程度譲歩するかに注目したからであったが、予告どおり一九四〇年一月二六日に失効となった。ルーズベルト大統領やハル国務長官らが日本の武力報復を導き出さないよう考慮しながら経済制裁手段としての同条約の廃棄を決定したのは、日本にアメリカの政策を憶測させることによって、ヨーロッパで開始された第二次世界大戦による混乱を利用した日本の南進政策の推進を抑制する意図からであった。

つぎに述べるアメリカの世界軍事戦略計画である「レインボー計画」に示されるように、ルーズベルト政府は世界政策の中心をヨーロッパにおき、対日政策を従属的に位置づけていたので、日本にたいしては日本の武力報復を引き出さないようにとある意味で宥和的であった。日米通商航海条約の廃棄は、アメリカ政府が何時でも一方的に対日禁輸・輸出制限を執行できる状態におき、あとは日本の出方次第で決行するという警告体制を示したのである。しかし、次章で述べるように、日本の軍部、政府とくに海軍首脳は、この警告体制の意味を理解することができなかったのである。

「レインボー計画」の作成

アメリカは、ワシントン会議以後、日本を対米挑戦可能な海軍力をもつ唯一の国とみて、「オレンジ計画」といわれる対日・太平洋軍事戦略構想を作成、アメリカ艦隊の主力を太平洋に配置した。アメリカは対仮想敵国地域の戦略に、対日太平洋はオレンジ、対南米戦はブルー、対英大西洋戦はレッドなど色彩名をつけて、各個に研究・作戦をおこなわせていた。「オレンジ計画」は、「日本が先制攻撃により攻勢に出て、アメリカが消耗戦を経て反攻に移り、日本は海上封鎖されて経済破綻し、敗北する」という日米戦争のシナリオを基本にしていた。アメリカの世界戦略は陸軍がヨーロッパ第一主義、海軍が日本海軍を唯一の仮想敵とみなす立場にあった。

ドイツ・イタリアと日本が枢軸国を形成する世界情勢に対応して、一九三八年二月「改定オレンジ計画」が決定された。「改定オレンジ計画」は、対日・太平洋戦略を重視していた海軍が、ヨーロッパ第一戦略を強調する陸軍に、艦隊を早期に西太平洋に進出させて日本海軍を撃破する攻撃作戦に固執しないなどと構想上一歩譲って作成されたものであった。海軍は同時に、「独・伊および日本が、アメリカ、とくにモンロー主義にたいして結合して行動するかも知れない世界情勢の諸局面に対応しうるように、一連の諸戦略構想が発展させられねばならない」と提案した。三八年五月には「改定オレンジ計画」にもとづく新ヴィンソン海軍拡張法が成立し、海軍力が二〇パーセント増強されることになった。その海軍力は対日「海軍防壁」のためだけのものでなく、大西洋にも目を向けたものになった[61]。

ルーズベルト大統領の世界政治の関心の中心は、ドイツとイタリアの軍事的侵略政策を阻止するためにアメリカがどう対応するかであり、日中戦争問題への対応と処理は、国務長官のハルが中心になっていた。しかし、日本がドイツのチェコ完全併合、ポーランドの分割要求によって生じたヨーロッパの混乱を利用して、海南島占領、新南群島領有宣言をおこなって南進政策を開始、日本海軍によるフィリピン攻略の可能性が増大したことにたいし、ルーズベルトは「黙認」と誤解されるのを避けるために、「レインボー計画」を作成させた。そしてこの戦略構想との関連で、三九年一月に大西洋岸に移動して三九年度海軍総合演習をカリブ海でおこなったアメリカ艦隊にたいして、四月一五日、太平洋岸への移動を命じた[62]。

「レインボー計画」は、ルーズベルトが陸・海軍最高司令官として、軍事戦略の形成を積極的にリードし、アメリカが太平洋と大西洋の両洋で戦争に巻き込まれることを想定して作成させたものである。同計画は、アメリカの「陸海軍統合会議」(陸軍参謀総長・次長・戦争計画部長・航空司令官と海軍作戦部長・次長・戦争計画部長で構成)の検討、指令にしたがって「陸海軍統合計画委員会」(陸海軍の戦争計画部長と補佐参謀で構成)が具体的に作成、三九年六月三〇日の「陸海軍統合会議」で承認された。それは全枢軸国(ドイツ・イタリア・日本とそれに同調する国家)にたいする総合的戦略として、レインボー(虹)計画1・2・3・4・5に分け、これまでのように一つ一つの戦略が「オレンジ計画」のように色彩名をつけた別々の計画としてではなく、必要に応じて関連させるという総合的な構想になっていた。対日戦に関連するものは、レインボー2で、アメリカがイギリス、フランスと同盟を組み、枢軸国側と大西洋、太平洋の二正面で戦うが、太平洋側の対日戦を優先するもので、海軍の要求に沿っていた。レインボー3は、アメリカ単独で対日戦争をおこない、西太平洋を防衛するという戦略で、もっぱら海軍の要求に沿っていた。

日本海軍の海南島の軍事占領と基地化、新南群島の領有は、レインボー2の戦略を構想させる契機となり、日本のドイツ・イタリアとの軍事同盟の結成（四〇年九月二七日）により、アメリカが「レインボー計画」の発動を準備する決定的な契機となった。

「太平洋上の九・一八事変」――蔣介石の慧眼

日本海軍が海南島を軍事占領した翌日の三九年二月一一日、蔣介石は、重慶における外国人記者会見において、記者の質問にたいして、つぎのように見解を述べた(63)。

〈記者：日本のこのたびの海南島占領の真意はどこにあるのか〉

日本軍の海南島占領は、東アジアにおける海洋情勢から見て、その意義と影響は重大である。海南島は太平洋とインド洋との中間にあって、東アジアにとっての戦略上の重要拠点であり、単に香港とシンガポール間、シンガポールおよびオーストラリア間の交通を切断するばかりでなく、フィリピンもまたその脅威を受ける。これは直接に仏領インドシナの脅威となるばかりでなく、事実上、太平洋上の海上権を完全に掌握するための出発点となるのである。

日本海軍は、西はインド洋より地中海を窺い、東はシンガポールとハワイの英米海軍根拠地の連絡を遮断するもので、明らかに昨年のアメリカ艦隊のシンガポール訪問にたいする一種の報復手段である。

〈記者：日本はこの挙によって、太平洋の制海権を手中にしようとしているか〉

周知のように、日本は太平洋上に三個の重要戦略上の拠点をもつことになる。すなわち、北は樺太、西は海南島、東はグアム島で、この三者が日本の手に陥ちれば、フィリピンとハワイは日本が占領したも同然となるであろう。現在、樺太の南半分は日本のものであるが、今や海南島の占領を企図し、もって英国海軍が東進して太平洋におけるアメリカ海軍と連絡することを遮断しようとしている。もしこの種の計画が阻止されなければ、日本はさらに一歩進めてグアムを制圧するであろう。これは単にアメリカ海軍の西進を阻止するばかりでなく、フィリピンとの連絡線をも切断するものとなる。日本はその南進政策を遂行するために、太平洋制覇を計画しており、この三大拠点の連絡線をつくろうとして、三〇年の久しきにわたって思いをつのらせてきた。日本は一九三六年に北海事件をでっちあげ、海南島に侵攻する口実にしようとしたが、列強を恐れ、実行することができなかった。

今回公然と海南島を占領したのは、世界戦争を挑発する意識がないとしても、中国侵略の最後の冒険の一つといえる。極東に密接な関係のある国家は、日本のこの種の危険な計画の横行を阻止しないわけにはいかない。

〈記者：日本の海南島占領は、極東の平和にどの程度影響をおよぼすか〉

海南島占領の東洋平和におよぼす影響は、一九三一年九月一八日の瀋陽（奉天）占領に等しいものであり、「太平洋上の九・一八事変」を醸成したのと同様の意義をもつ。瀋陽事件（柳条湖事件）以来の各国の沈黙態度によって、日本は侵略を拡大しつづけ、八年後の現在、ついに東アジア征服の勢いをもって、世界征服の気焔を増長させている。本日日本は海南島を占領したが、海南島の占領を放任して、その計画中の海軍航空基地が第一次の完成を見れば、太平洋上の形勢は必ずや突然の大変動を見るであろう。日本の決然たる南進は、（日本側のいう）中日戦争の終結をもたらすものではなく、この最後の冒険が太平洋の戦局の開始を造成することは、事実で証明されるであろう。

蔣介石が海軍の海南島占領を「明らかに昨年のアメリカ艦隊のシンガポール訪問にたいする一種の報復手段である」と言っているのは、三八年二月一四日、イギリス海軍がシンガポールに東洋最大の海軍基地を完成させ、その開港式を挙行したとき、アメリカ海軍は巡洋艦を派遣して、英米海軍提携のデモンストレーションをおこなったことを指す。これより先の一月、ルーズベルト大統領は、パナイ号事件とレディーバード号事件を契機に浮上した英米海軍の協力と対日制裁方法を協議するために、アメリカ海軍作戦局長ロイヤル・E・インガーソル大佐を長とする使節団をイギリスに派遣して、イギリス海軍首脳部と東アジア太平洋における英米の共同防衛作戦の具体的方法、作戦などについて検討させた。同使節団の歴史的意義は、ルーズベルト大統領が、日本の南進、すなわちアジア太平洋地域への侵略拡大にたいして、イギリスと協力して軍事力で対抗する意思表明をおこなったこと、同地域で日本を牽制する英米の共通利益を確認し、四年後のアジア太平洋戦争における英米海軍協力の端緒をつくったこと、などにある。前述したアメリカの「レインボー計画」のレインボー2の戦略に反映された。

蔣介石は、「九・一八事変（柳条湖事件）」によって引き起こされた満州事変が日中戦争へと拡大していったように、日本海軍の海南島占領は、「太平洋上の九・一八事変」すなわち、やがてアジア太平洋戦争を引き起こすことになる重大な出来事であることを的確にとらえていたのである。そのような慧眼を当時の米内光政海相や山本五十六海軍次官、井上成美軍務局長ら日本の海軍省首脳はもつことがなく、そのような自覚なきまま海南島の軍事基地化を進め、次章で述べるように、アジア太平洋戦争への「自滅のシナリオ」に邁進していくことになるのである。

第6章

決意なきアジア太平洋戦争開戦への道

【証言G】　ところで私はね、南部仏印進駐で、あんなにアメリカが怒るとは思っていなかった。泰仏印はよろしいと、あそこまでは。仏印から外に出ると大事になる。私はシンガポールは反対だったから、泰仏印で止めようじゃないかということだったんですよ。ところが南部仏印でアメリカがあれほど怒ったんです。夜中にわれわれは起こされまして、〝お前ら集まれ〟って、海軍省に集まって〝これはしまった〟って言う訳ですよ、第一委員会の連中は。こんなにアメリカが怒るとは思わなかったなあと。それは読みがなかった。申し訳なかったですよ。南部仏印から後ですね、日米関係は悪くなったのは。――高田利種元少将[1]（前出）

1　重慶爆撃

海軍航空隊は、本書巻末の表9に明らかなように、一九三七年八月から本格的にアジア太平洋戦争開戦準備に入る一九四一年九月初まで、中国全土の都市、鉄道、軍事施設などへの爆撃をおこなったが、なかでも一九三八年一二月から四一年八月末までおこなわれた重慶爆撃は、中国の抗日戦争の首都となった重慶市の市街地の破壊と住民の殺戮を目的とした都市無差別爆撃であり、アジア太平洋戦争末期に、日本の諸都市がアメリカ陸軍航空軍のB29から被った都市空襲の先鞭をつけたものであった。都市空襲は非戦闘員も殺害することにおいて、戦時国際法に違反する戦争犯罪であったが、当時、空爆を禁止する国際法は不十分であり、東京裁判においても、アメリカの強い意向によって、海軍航空隊の中国諸都市への無差別爆撃は、訴追されなかった。

蔣介石国民政府が重慶を陪都（中国語で臨時首都、副首都の意味）として重慶国民政府を設立し、四川省の成都、重慶から雲南省の昆明にかけて抗日戦争の大後方として「西南建設」（中国西南部の広範な地区の経済・産業の開発と政治・文化の発展をはかる計画）をすすめ、長期抗戦の基盤とした。

中支那派遣軍が地上戦の手詰まり状況を打開するために考えたのが空からの攻撃であった。同軍は、三八年一二月二六日、陸軍航空兵団（陸軍が占領した漢口に航空基地）に要請して、最初の重慶爆撃をおこなった。三九年になると海軍航空隊が参加して本格的な重慶爆撃を開始した。それまでの地上軍の進撃と連動した空地協同作戦ではなく、純粋に航空攻撃のみによって、重慶の首都機能を徹底的に破壊し、蔣介石政権に降伏を強いる作戦が考え出されたのである。空からの爆弾投下により、重慶の都市と住民を標的にして連続無差別爆撃をおこない、中国国民の抗戦継続意志の破壊をめざした本格的な戦略爆撃であった。重慶爆撃に動員できた爆撃機は、初期は陸軍機九〇機、海軍機五〇機程度であったが、その後海軍機は一〇〇機以上に増強された。爆撃の主力は、初期の作戦では、海軍の第一、第二連合航空隊と陸軍第一飛行団が担った。重慶市街に向けた無差別爆撃は、四三年まで断続的につづけられるが、もっとも激しい空襲が実行されたのは、三九年から四一年にかけての二年半であった。四〇年五月一七日から九月五日にわたりおこなわれた百一号作戦においては、日本側が「重慶定期便」と称したように、一〇〇機以上の爆撃機が連日にわたって重慶市街に爆弾を投下した。そして、四一年七月末から八月末まで、表9⑤にあるように、アジア太平洋戦争の開戦に備えた総合訓練のため、日本内地の航空隊も参加し、一〇二号作戦と称して中攻機百数十機による重慶大空襲が連日のように繰りひろげられた。

二年半にわたった重慶爆撃により、重慶の市街はほとんど瓦礫の街と化し、市民がうけた物的・

人的・精神的被害は甚大なものであったが、日本軍の期待に反して、市民の間からは早期講和を蔣介石政府に求める声は湧きあがらなかった。重慶爆撃によっても、国民党・重慶政府の抗戦意志を崩壊させることはできなかったのである。[2]それだけでなく、重慶市民にたいする無差別爆撃の惨状は、国際的な批判を呼びおこし、とくにアメリカにおいては、さまざまな中国支援団体が、アメリカは対日軍需品輸出によって重慶爆撃のような破壊と殺戮の罪行に加担していると批判する運動を展開、政府と協調しつつ、石油・屑鉄・機械などの対日軍需物資禁輸に向けたはたらきかけをおこなった。[3]これらの運動は、前述のように、三九年七月二六日のアメリカ政府の日米通商航海条約廃棄通告や四〇年八月、九月のアメリカ政府の対日ガソリン・屑鉄禁輸の公布へとつながるものであったから、重慶爆撃はアメリカの対日経済制裁を呼びこむ一因となったのである。

重慶爆撃については、戦争と空爆問題研究会編『重慶爆撃とは何だったのか――もうひとつの日中戦争』[4]がその全体像ならびに中国側からみた重慶爆撃を詳述しており、また中国書に『重慶大轟炸』と専題にした本があるので、[5]本書では、この章の題としたように、結果的に日本海軍航空隊のアジア太平洋戦争開戦劈頭の真珠湾攻撃やフィリピン攻撃さらにその後の対米航空戦のための実戦演習となったことを中心に述べていきたい。

「五三、五四大空襲」と入佐俊家飛行隊

重慶爆撃のなかでも、一日の犠牲がもっとも多かったのは、一九三九年五月三日と四日の二日にわたっておこなわれた大爆撃で、中国では「五三、五四大空襲」として記憶されている。二日間で約四〇〇〇人が死亡、蔣介石は夫人の宋美齢をともなって四日夜と五日朝の二度にわたって被災地

を巡視し、五日に重慶の国民党・政府・軍の各機関の長を招集して対策会議を開いた。この会議では、避難民の輸送、被災者の救済などの緊急措置が決定され、空襲連合弁事処が設立され、五日から七日にかけて重慶市の中心部から二五万人の市民が疎開していった(6)。

この両日にわたる重慶爆撃をおこなったのが、本書に何度か登場させてきた南京渡洋爆撃をおこなった入佐俊家九六式陸上攻撃機（中攻）飛行隊長である。入佐少佐が飛行隊長をつとめる第十四航空隊は、海南島攻略戦に参加、占領後は海口の第七基地に進出、同基地から出動して昆明爆撃をおこなったことは、前章に述べたとおりである。第十四航空隊は三九年四月二四日に海口から漢口基地に移動、六月中旬まで重慶と成都の奥地爆撃に従事した。五月三日と四日の重慶爆撃について、『海軍中攻史話集』の回想から引用してみたい。

（昆明爆撃の）同年五月三日の中攻四十五機の首都重慶の白昼爆撃は、まさに遠距離戦術爆撃の圧巻であった。十四空（入佐隊）二十七機と十三空十八機は、敵戦闘機二十余機と敵首都上空にて三十分にわたり死闘を繰り返し、飛行場及びその周辺を破壊したことがあった。敵機十四機を墜したが、味方も二機の犠牲を見た。被弾機の大部分は、後続隊であった入佐隊がかぶった。失われた二機も入佐大隊の三中隊の三小隊の二、三番機であった。当然、翌日の攻撃は陣営のたて直しの為に、入佐隊は不参加と思いきや、二機を失った小隊を残し、他は全部特急整備の上、夕刻から攻撃に出た。敵に復旧のいとまを与えない入佐の戦術眼である。果たしてその日の夜間攻撃は味方被害皆無の上、戦果は倍加することも出来た。こんな呼吸が入佐の本領である。「無理を承知の断行」を時たま口にしたが、実行にうつした例は枚挙にいとまがない（高橋勝作「入佐俊家言行録」より）。

中支に於いて、十四空は常に三ヶ中隊二十七機をもってする堂々の編隊を組んで作戦することになった。忘れもしない昭和十四年五月三日、中支一帯好天気に恵まれ、漢口は勿論、四川の奥地まで快晴であった。この好機に乗じ十三空二ヶ中隊と十四空三ヶ中隊とよりなる中攻四十五機の大編隊は、十三空隊長山ノ上庄太郎少佐の指揮のもとに、重慶市街地に対し白昼強襲を敢行した。高度四五〇〇メートルにて重慶上空に近づくにつれ、中攻隊の前方に高度五〇〇〇メートル以上を保って要撃配備についている三十余機の戦闘機が視認された。

十三空と十四空の編隊群は、折から熾烈になった防空砲火を冒し、十三空を先頭に単縦陣となって高度四七〇〇メートルをもって爆撃針路に入ったが、十三空編隊がやや右方に寄って来たので、十四空編隊に接近し、爆撃直前に五ヶ中隊が一群にかたまった隊形になって了った。

あたかもこの折り、敵戦闘機は前方から次ぎ次ぎに中攻隊を襲って来て、引き続き後上方から切り返し反撃して来る。この反撃は五ヶ中隊の内、後部最右翼に位置する十四空第三中隊、即ち我が中隊に集中されたのでたまらない。爆弾の弾着を確認する以前に、既に三小隊二番機の位置にあった、鐘ヶ江正吾飛曹長機と、三番機の石井喜八飛曹長機は、火を吹きながら相次いで重慶市街の方向に消えて行った。実にこれは瞬時に起こった悲壮な悪夢のような出来事であった。

二、三番機を失った三小隊長秋山少尉機は、ぽつんと一機で最翼端に在って、尚襲って来る敵機に応戦している。私は見るに見兼ねて、手まねでもってこれを我が小隊の下方位置に入れた。

程なく我が機と三番機の片方のエンジンから油の漏洩が始まり、唯運を天に任せる気持ちになったが、幸いにも被弾の傷は小さく、潤滑油の漏洩量もわずかで、基地帰投までエンジンは回転を続けて呉れた。

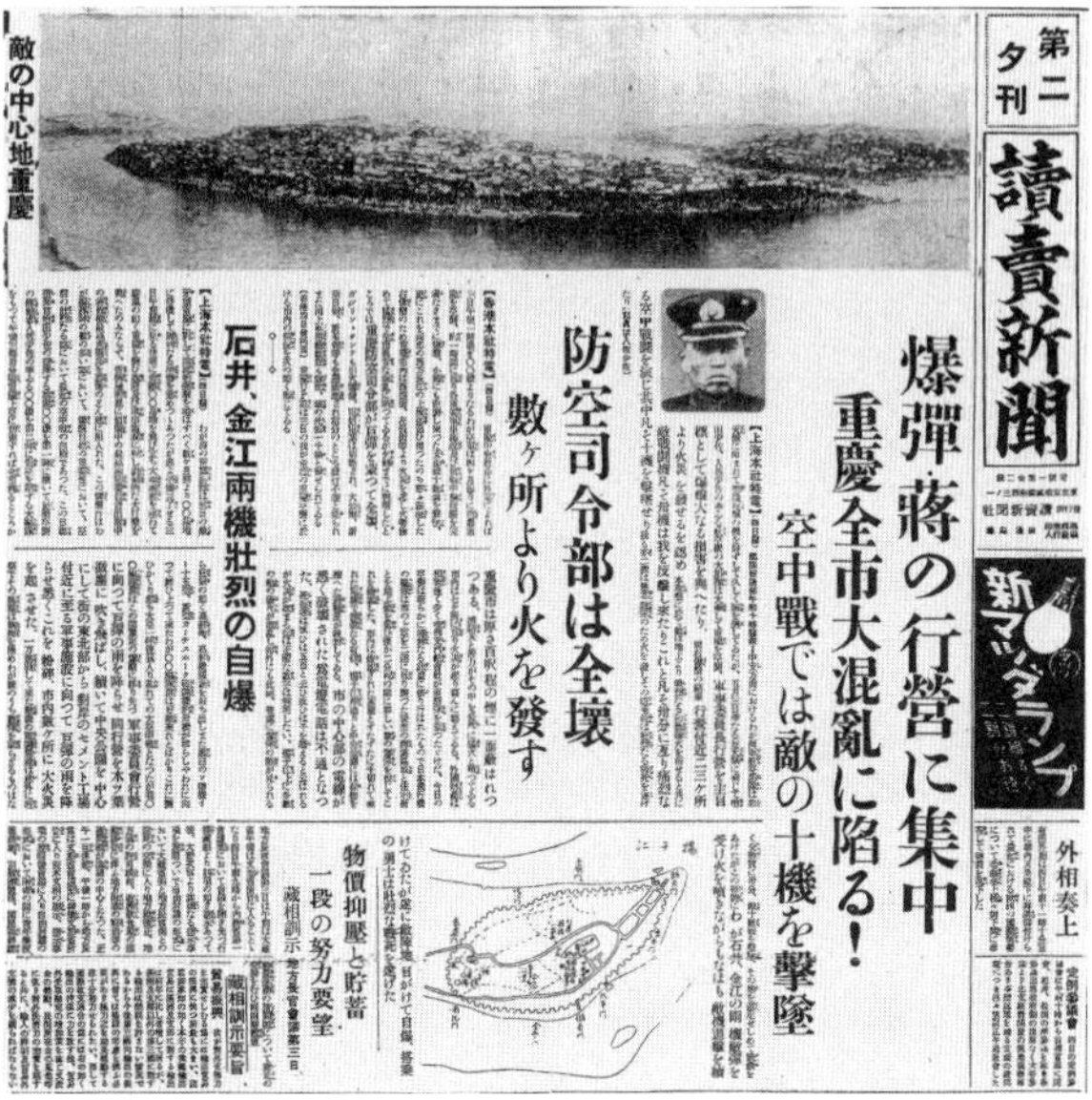
第二夕刊

讀賣新聞

爆彈・蔣の行營に集中

重慶全市大混亂に陥る!

空中戰では敵の十機を擊墜

防空司令部は全壞

數ヶ所より火を發す

石井、金江兩機壯烈の自爆

敵の中心地重慶

外相奏上

物價抑壓と貯蓄 一段の努力要望

藏相訓示

新聞11　重慶爆撃を報ずる『読売新聞』(1939年5月5日付夕刊)。写真の人物は入佐少佐

敵機の執拗な反撃は約三〇分間余も続行され、その間不確実機を併せて約九機の敵機を撃墜したが、我が方も前記の二機を失った他、被弾機多数を出した。被弾の数は、最右翼に在った我が中隊が最大であった。基地帰還後、入佐隊長は重慶において先頭の十三空と我が方との間隔をもっと充分に取るべきであったと深く悩まれておられた様子が今でも忘れられない。

翌五月四日には、入佐隊長指揮のもとで、十四空中攻二十七機をもってする重慶広陽壩飛行場攻撃が敢行された。攻撃法は隊長の意図により、三ヶ中隊の編隊爆撃による薄暮攻撃として、重慶近くの地点で時間待ちの行動を取り、目標に対して戦果が確認出来る限度の時期まで待って、高度四五〇〇メートルにて飛行場上空に進入、滑走路および格納庫群等の諸施設を爆撃した。

爆撃直後十数機の戦闘機の反撃を受けたが、刻々に深まる夕暗のため、敵は前日の如き執拗な反撃は行なわず、空戦は数分間にて終わり、我が方の被弾も軽微であった。前回の白昼強襲に比し、編隊誘導は極めて巧妙円滑に行われ、がっちりとした緊密隊形で所期の通りの編隊空戦が実施できた。予定の目標を的確に確認の上攻撃できる、薄暮攻撃の有利性を如実に立証した作戦であった。(中略)

斯くして、入佐隊長の指揮する十四空中攻隊は、五月当初より六月上旬に至るまでの間、重慶攻撃四回、成都攻撃一回、他に襄陽、西安の爆撃を実施した上、高雄空中攻隊と交替し、再び南支三連空指揮下に復帰することになった(金子義郎「入佐隊長」より)。

以上、金子義郎の回想録をやや長く引用したのは、一つは中国空軍を相手にしての空中戦が恰好な戦闘実戦訓練の機会となったこと、一つは重慶爆撃をおこなった海軍航空隊の搭乗員たちの意識は、「敵首都」爆撃、破壊の成果をあげることだけに傾注、重慶爆撃の政治的意味や影響についての関心はほとんどなかったことを知るためである。さらには、都市爆撃をする側のパイロットたちにとって、投下爆弾が目標どおり着弾したかに関心はあっても、自分たちが投下した爆弾によって地上で生じた市民の惨劇について想像する視点がまったく欠如していたことがわかるからである。

なお、本書第2章で紹介した一九三七年八月一四日に鹿屋航空隊と、一五日に木更津航空隊と空中戦を展開した襲業悌は、三九年五月三日、中国空軍第四大隊二五機のパイロットとして中攻機を

迎撃して空中戦を展開、右腕に機銃弾を受けて負傷、治療のため一時戦列を離れることになった。(7)

では、五月三日と四日、爆撃を受けた地上の重慶市街はどのようであったのか、『重慶大轟炸1938-1943』から概略のみを紹介したい。

五月三日、一二時四五分、重慶に空襲警報が鳴りわたり、五五分緊急空襲警報となった。一時一七分、日本の中型攻撃機四五機がわが空軍の迎撃と地上の対空砲火を突き破って市の上空に進入、爆弾を集中投下した。重慶の旧市街の南半分が巨大な爆発音で覆われ、爆発の火柱が天を突いた。旧市街三十余の町が爆撃されたが、ほとんどが商店、市場住宅が密集した地域であった。旧市街南半分の二七の主要道路のうち一九路が爆弾で廃墟となった。焼夷弾が落とされた地域は一面の火の海となった。市民の死傷は惨状をきわめ、大通りに沿って、瓦礫に埋まった死体、街路樹には爆発で飛び散った腕や足がひっかかったまま、壁には内臓が飛び散っているなど、目を覆う悲惨な光景が展開した。

この日の一時間余にわたる日本軍機の爆撃で、六七四人が死亡、三五〇人が負傷、焼失した家屋は一〇六八間（中国では家屋の被害は部屋数で表す。数百戸ということになろう）。

五月四日、午後六時、日本海軍航空隊の爆撃機二七機がわが防衛を突破して市の上空に進入、輪番で反復して爆弾を投下、爆撃は一時間余におよんだ。日本軍機の爆撃は重慶旧市街の北半分に集中した。日本軍機の爆撃方法は、先に建物破壊の爆弾を投下、その後に焼夷弾を投下して大火災を発生させた。焼夷弾によって引き起こされた火災はたちまち燃え広がり、夜間であったため、多くの人たちが逃げ場を失い、火焔に巻き込まれて焼死した。火災の煙は翌日も天を覆い、三日目になってようやく鎮火した。この日の夕方から夜の爆撃で、イギリス大使館とフランス領事館に爆弾が命中、外国人一名と中国人二〇名が死亡した。蒼坪街のアメリカの教会をはじめ、市街のいくつかの教会が破壊され、焼失した。

この日の爆撃で、三三一八人が死亡、一九七三人が負傷、日本軍機の長期にわたる重慶空襲のなかで、一日の死傷者が最大の日となった(8)。

以上が五月三日、四日の重慶爆撃の被害の概略であるが、一回の爆撃で最大の犠牲者を出した五月四日の中攻機二七機による薄暮爆撃は、さきに回想を引用した入佐俊家少佐が指揮した第十四航空隊によるものであった。前章の入佐飛行隊の昆明爆撃の戦闘詳報にあったように、中攻機の一機は六〇キロ爆弾を一二個搭載できたから、三日の中攻機四五機の搭載可能数は五四〇個、四日の中攻機二七機は三二四個搭載可能ということになる。また前章の空母赤城の村田重治機の爆撃で記したように、日本海軍航空隊は、村落、民家焼却のため、焼夷弾を使用するようになっていたのである。五月四日の重慶爆撃は、焼夷弾投下によって発生した夜間の火災のために多くの犠牲者を出したのである。

五月三日、四日の爆撃の惨状は、重慶に駐在していたアメリカの『タイム』(週刊誌)の特派員のセオドア・ホワイトがスクープ、カメラマンのカール・マインダンスの写真とともに、『タイム』や『ライフ』に大きく掲載され、アメリカ国民の対日経済制裁要求の世論を強め、アメリカ政府・議会も日米通商航海条約廃棄を通告するにいたる大きな契機になったことは前述したとおりである。

百一号作戦

百一号作戦は、一九四〇年五月一七日より同年九月五日まで三ヵ月にわたり、海軍の連合空襲部隊（指揮官山口多聞《やまぐちたもん》少将）と陸軍重爆隊の一時協同によっておこなわれた重慶などへの爆撃作戦である（表9④参照）。出撃にあたり山口少将が「在華航空部隊の総力を挙げて敵首都を攻撃し重慶政権を崩壊せしめん。連合航空隊一隊の全滅することあるも敢えてこれを辞するものに非ず」と訓示したように（『日本海軍航空史⑷戦史篇』六一七頁）、重慶を主とする四川省各都市の爆撃を徹底的におこない、蔣介石政権を打倒することを目的にした。日本の軍部の政治目的は、「国民政府を対手とせず」とした第一次近衛声明（三八年一月一六日）、蔣介石政権を否定した東亜新秩序建設を公言した第二次近衛声明（三八年一一月三日）にもとづき、汪精衛を重慶政府から脱出させて南京に樹立させた国民政府の「唯一化」を実現することにあった。

連合空襲部隊は、第一連合航空隊（司令官山口多聞少将、鹿屋航空隊〈中攻〉・高雄航空隊〈中攻〉）と第二連合航空隊（司令官大西瀧治郎少将、第十三航空隊〈中攻〉・第十二航空隊〈艦爆・艦攻〉）および第十五航空隊〈中攻〉、第十四航空隊戦闘機隊の半隊〈艦戦〉から編成された。当時の日本海軍航空隊の全攻撃力を漢口に集中して、蔣介石重慶政府の崩壊を企図したのである。漢口には中攻約一三〇機が進出した。

第二連合航空隊は、支那方面艦隊司令長官の麾下に、巻末の表9のなかの華中方面の航空作戦を遂行してきた。大西少将は、三九年一一月から同司令官の任にあった。当時の支那方面艦隊司令長官は嶋田繁太郎中将で、四一年一〇月に東条英機内閣の海軍大臣になる直前までこの任にあった。なお、同艦隊参謀長は井上成美少将で、その後任となったのは大川内伝七少将である。井上とは海軍兵学校の同期で、本書第1章で述べた大山事件の仕掛け人の一人であったが、上海海軍特別陸戦隊司令官から昇進したのである。

第一連合航空隊は、本書第2章で詳述した、南京渡洋爆撃を敢行した後に連合艦隊附属航空部隊となったが、重慶政府打倒を目的にした百一号作戦に参加するために臨時に支那方面艦隊司令長官の麾下に編入された。司令官は山口多聞少将であった。連合空襲部隊は、先任の山口少将が指揮官となり、次席の大西少将が参謀長に臨時任命された。

このときの連合艦隊司令長官は三九年八月に就任した山本五十六中将であったが、四一年一月一五日付で、中国で作戦中であった第一連合航空隊司令官から連合艦隊附属の第十一航空艦隊参謀長に転任となった大西少将に、同月末、山本長官から「真珠湾作戦計画」検討の依頼があったことは、第4章末に「真珠湾攻撃への序曲」として記したとおりである。真珠湾攻撃の作戦計画や命令、実施に直接かかわったのは、前述のように源田實中佐であったが、その源田が『真珠湾作戦回顧録』に、「作戦の主柱、大西瀧治郎中将」と題して、「直接真珠湾攻撃に参加したわけではないし、また、指揮命令系統の上で、この作戦の計画や実施に関与する立場にもいなかったのであるが、大西瀧治郎中将こそは、この作戦に最も大きな影響を及ぼした一人である」と記している(9)。

本書第3章で述べたように大西瀧治郎は、「航空主兵論、艦隊無用論」を唱える山本五十六に共鳴して早くから対米決戦に勝利するための航空兵力の増強を主張し、実現のために奮闘してきた人物である。その大西が、日中戦争における航空作戦を指揮した、第二連合航空隊司令官(三九年一〇月~四〇年一一月)および第一連合航空隊司令官(四〇年一一月~四一年一月)の職を歴任したことは、日本海軍航空隊は、日中戦争を利用して、対米航空戦力の強化、錬成をめざして実戦演習に邁進したという本書の主張を裏付けるものである。

なお、連合空襲部隊の指揮官となった山口多聞少将は、四〇年一一月に第二航空戦隊司令官となり、連合艦隊司令部を中心に、四一年九月頃から本格的に真珠湾攻撃作戦が検討されるなかで、山本五十六長官の作戦計画をもっとも積極的に支持した一人であった。山口少将は、四二年六月四日のミッドウェー海戦に、司令官として旗艦飛龍に乗艦して指揮をとったが、雷撃攻撃をうけて、沈没する飛龍から乗員全員を横付の駆逐艦に退去させた後、艦に止まり、艦長の加来止男《かくとめお》大佐と運命をともにした。

井上成美伝記刊行会『井上成美』によれば、支那方面艦隊参謀長であった井上は、百一号作戦に大きな期待をよせ、六月四日に自ら漢口へ飛び、四日間にわたって、現地航空部隊最高指揮官司令官山口多聞少将や第二連合航空隊司令官大西瀧治郎少将をはじめ、航空部隊の将兵を激励してまわった。支那方面艦隊では、作戦任務に関しては麾下各艦隊に任せていたから、井上の現地視察は異例であった。

写真16　井上成美

井上は、後述するように、八月一九日から重慶爆撃に零式艦上戦闘機が投入されて、その戦力を発揮したこともあって、百一号作戦の成果から、航空兵力のもつ威力を実感としてつかんだ。そして、百一号作戦、つまり重慶爆撃をさらに徹底するために、航空兵力の増強を求めて、八月六日、九六特攻特別便で上京、翌日、軍令部第一部長宇垣纏《うがきまとめ》少将にたいして、支那方面艦隊が実施中の作戦上の問題点および中央への要望事項などを述べた。この席には、海軍の省・部の関係者十数名が列席した。

井上は、航空兵力の増強について、「われわれは海軍航空隊による重慶をはじめとする中国奥地戦略要点の攻撃に重点を置いており、その成否は、当面する支那事変解決の鍵であると確信している。この作戦は、日露戦争における日本海海戦にも匹敵するものであるとの認識のもとに、全力投球している」と述べて、中攻増派をはじめとする具体的な増強案を提示した。(10) 百一号作戦を「日露戦争における日本海海戦にも匹敵するもの」という井上の認識は、重慶爆撃への井上の執念を思わせる。

井上は、百一号作戦が終わるとまもなく、四〇年一〇月一日付で航空本部長に転任し、後述するように、日米戦争の主戦形態が陸上航空基地の争奪戦になると予測、南洋群島の航空基地化構想を積極的に主張、提案した。

米内光政大将は四〇年一月一六日から同年七月一六日まで首相をつとめたが、米内光政内閣のもと、海軍航空部隊を最大限に動員して、百一号作戦を遂行した背景には、ヨーロッパにおけるドイツ空軍のイギリス空爆作戦があった。(11) 四〇年六月一四日にパリに進軍、フランスを降伏させたヒトラーは、「バトル・オブ・ブリテン」を叫んで、七月一〇日からドイツ空軍によるイギリス本土空襲を開始した。ドイツはイギリス側の抗戦能力や意欲をそぐために、爆撃機による軍需工場や都市への無差別爆撃をエスカレートさせ、九月七日にロンドンを猛爆撃して以後、六五日間にわたり平均二〇〇機の爆撃機による夜間爆撃をくわえた。その年の暮も迫った一二月二九日には焼夷弾が投下され、一五〇〇ヵ所で火災が発生し、多数の犠牲者が出た。しかし、イギリス人もよくこれに耐え抜き、ドイツ軍のイギリス占領はならなかった。

ドイツ空軍のイギリス本土空襲開始と同じ時期に、日本海軍は、中国国民政府を降伏させることをめざして、航空部隊を総動員し、重慶にたいして、「重慶定期便」を呼号しながら、連日のように無差別爆撃を加えたのである。百一号作戦が重慶市の徹底破壊を目標にしたことは、重慶市街地を東端から順次A、B、C、D、E地区に分けて、地区別に絨毯《じゅうたん》爆撃、すなわち絨毯を敷きつめるように、各区域をすきまなく、徹底的に爆撃したことからもわかる。たとえば、「昭和十五年六月二十六日　重慶第十六回（昼間）攻撃戦闘詳報　高雄海軍航空隊」[12]には九六式陸上攻撃機二三機が各機、八〇〇キロ陸用爆弾一個、二五〇キロ陸用爆弾二個、六〇キロ陸用爆弾四個を搭載して、重慶市街B区を爆撃、成果として「全弾市街内に命中」と記している。そして最後に「参考」として、以下のような「上特首席武官情報」を掲載した。「第十六次重慶空襲外字紙記事、二十六日午前十一時三十分、百二十機の日本機四隊にて重慶に来襲、市街中央商業中心区に約五百弾投下せる為、全市まったく修羅場と化せり。目貫《ママ》通りは全部破壊せられ、完全なる家屋一軒もなし。市内道路の殆ど全部爆破物にて通行不能となる（後略）」。

また、重慶市民に恐慌をもたらし、恐怖心を与えることを企図して夜間空襲もおこなった。「昭和十五年五月二十一日　重慶攻撃戦闘詳報　高雄海軍航空隊」[13]には、九六式陸上攻撃機二四機が、各機六〇キロ爆弾を一二個搭載して、真夜中の一時前後と二時三〇分頃の二度にわたり爆撃をおこない、功績として「連夜にわたる空襲により、敵に与えたる実的心的効果は、誠に甚大なるものあるべく、その功績は抜群と認む」と記している。

鹿屋海軍航空隊分隊長として、百一号作戦に参加した巌谷二三男大尉（前述）は、重慶爆撃について、以下のように記している[14]。

建物が石材や土などで出来ている中国の街は、一般に火災は起こしにくかったのであったが、重慶の場合はよく火災が起こるのが機上から見えた。これは、市街中央部の高い所は水利の便が悪かったのであろう。また使用爆弾も、戦艦主砲弾（四〇糎砲弾）を爆弾に改造した八百瓩（キログラム）爆弾から、二五〇瓩、六〇瓩の陸用爆弾、焼夷弾などをこもごも使用した。その頃の情報によると、我方の爆撃が終わるとすぐに中国政府の首脳達は被災地区を巡視するということであった。そこで、爆撃後任意の時間を経過してから爆発するような信管を使うことも試みられた。X信管といって、数時間から一昼夜ぐらい後になって爆発するように各種の時間別信管が使われた。（中略）

六月中旬以降の陸攻隊は連日可動全兵力を挙げて重慶に攻撃を集中した。そのつどの偵察写真が描き出す重慶市街の相貌は、次第に変貌し、悲惨な廃墟と化してゆくように見えた。何しろ殆ど毎日、五〇数屯から百余屯の爆弾が、家屋の密集した地帯を潰していったのだから、市街はおそらく瓦礫と砂塵の堆積となっていったことだろう。（中略）

（八月）二十日の空襲は陸攻九〇機、陸軍九七重爆一八機、合せて一〇八機という大編隊の同時攻撃で、これはまた一聯空が漢口からする最後の重慶攻撃となった。この日爆撃後重慶市街は各所から火災が起こり、黒煙は濛々として天に沖し、数十浬の遠方からもこの煙が認められた。

連合空襲司令部の「百一号作戦の概要　昭和十五年五月十七日〜九月五日[15]」の統計表から百一号

表5　百一号作戦による重慶・奥地爆撃統計表

攻撃日数	重慶方面　32［9］　その他　18［12］
攻撃回数	昼　44　夜　10
使用延べ機数	偵察機　177　零戦（8月より）　24　中攻機 3,627 ［陸軍爆撃機　727］
使用爆弾	60キロ　18,078　焼夷弾（60キロ）　732　焼夷弾（50キロ）　143 250キロ　4,735　300キロ　64　800キロ　369 ［焼夷弾50キロ　728　100キロ　1,846　250キロ　412　擲弾筒弾　136］

作戦の概要をまとめると、表5のようになる（［　］は陸軍の数、海軍とは別）。

投下爆弾の総量は、海軍が二万四一二一弾で二六三三・九トン、陸軍が三一二二弾で三二四・〇トンとなり、陸海合わせて、二万七二四三弾、二九五七・九トンという気の遠くなるような巨大な数になる。二五〇キロ爆弾がコンクリートや煉瓦の建物を破壊する強力な破壊力をもっていることはすでに述べたが、それを陸海合わせて五〇〇〇弾以上投下、さらに鉄筋ビルも破壊する爆発力をもつ八〇〇キロ爆弾を三六九弾も投下したのである。巌谷二三男が『中攻』で、「この作戦（百一号作戦）を顧みる時、陸攻隊の攻撃によって重慶市街を殆ど瓦礫の街と化し、中国空軍にも相当の痛撃を与え得たことは事実であるが、中国政府の抗戦意欲を挫折せしめ、事変の大局を左右することは出来なかった」（二四七頁）と述懐しているとおりである。

『重慶大轟炸　1938-1943』は、「一九三八年二月一八日から一九四三年八月二三日までの重慶大轟炸により、死者一万一八八九人、負傷者一万四一〇〇人、焼失・破壊家屋二万余棟」という数字を記している[16]。

伊香俊哉「中国側からみた重慶爆撃」によれば、重慶爆撃の被害は表6のとおりである[17]。

巻末の表9に一覧して整理した日中戦争における海軍航空隊の都市爆撃のなかで、もっとも被害の大きかったのが重慶爆撃であった。それは、絨毯爆撃作戦を実施し、破壊爆弾の後に焼夷弾を投下して火災を起こさせたように、明確に重慶市民の無差別大量殺害を意図した戦略爆撃作戦を実行したからである。日本海軍が先鞭をつけた無差別都市爆撃が、アジア太平洋戦争の末期、アメリカ軍により数十倍の規模として日本全土の都市におこなわれたことは、前述したとおりである。

上記の表6で、一九三九年の死者が、百一号作戦のあった四〇年よりも倍以上多いのは、三九年の空襲被害を経験して、重慶政府・市民が一丸となって、地下防空壕の掘削、防空組織と避難行動、周辺地域への疎開など、防空体制を堅固にした結果である。前述したように、三九年五月四日、入佐俊家少佐第十四航空隊長が率いた中攻機二七機による重慶夜間空襲による、死者三三一八人、負傷者一九七三人が、日本軍機の長期にわたる重慶空襲のなかで、一回で最大の犠牲者記録となった。

表6　1939・40・41年の重慶爆撃の被害（重慶市域）

年	死者	負傷者	焼失・倒壊家屋	
1939	5,612	3,736	1,255棟	5,976室
1940	2,418	3,596	788棟	19,518室
1941	2,469	7,569	7,527棟	5,987室
合計	10,499	14,901	9,570棟	31,481室

話が本筋からやや外れるが、国民政府の航空委員会秘書長として、中国空軍の創設に、とくにアメリカから援助を引き出すにあたり活躍をした宋美齢蔣介石夫人は、高温多湿の重慶の環境が体に合わなかったうえに、海軍航空隊による長期かつ高頻度の重慶爆撃により、湿気の多い防空壕に長時間避難せざるを得なかったため、持病の皮膚疾患をはじめ、空襲への恐怖やストレスに由来する精神的な疾患も含めて心身ともに病状を悪化させてしまった。ときに香港へ脱出して西洋医学の治

療を受けていたが、アジア太平洋戦争によりイギリス領香港が日本軍に占領されたため、四二年一一月に治療のためにアメリカへわたり、八ヵ月半滞在、その後も四四年七月から日本の敗戦までアメリカ、ブラジルに滞在、病状が回復すると、「マダム・チャン（蔣介石夫人）」として、得意な英語を駆使して、アメリカ政府・国民に抗日中国支援を訴える広報活動を活発に展開した。その中で、日本の中国侵略戦争の非人道性、残虐性を告発する実例として重慶爆撃の体験談を繰り返し語った。第二次世界大戦の最終段階で、中国政府が連合国の五大国の一員となり、米英中の首脳が会したカイロ会談（四三年一一月）に蔣介石が出席し、同席の宋美齢夫人がルーズベルト大統領やチャーチル首相と英語で話している場面が記録映画に残っている。宋美齢の在米公式活動が、抗日戦争を戦う中国とそれを支援するアメリカとの同盟国関係の緊密化に大きな役割を果たしたが、その前提としての宋美齢の訪米治療の一因となったのが、海軍の重慶爆撃だったのである[18]。

2　対米航空決戦の実戦演習

百一号作戦は、支那方面艦隊が陸軍第三飛行集団と協力して、四川方面の中国空軍を撃滅するとともに、周到な重慶市街爆撃によって蔣介石政権の崩壊をめざした、日中戦争における最大の空爆作戦であったことが、第二連合航空隊司令官が大西瀧治郎少将、第一連合航空隊司令官が山口多聞少将であったという顔ぶれからもわかる。『中国方面海軍作戦〈2〉』は、「配員については当時海軍の第一級の人物をそろえ、まさに海軍航空兵力を結集した観があった」と記している[19]。それは、同作戦が対米航空決戦への実戦演習という側面をもっていたからである。

一つは、指揮官たちの実戦演習意識があった。巌谷二三男『中攻』には、七月のある日、漢口の司令部で、一連空、二連空合同作戦研究会が開かれ、敵戦闘機の撃破方法を議題として、司令部と航空隊幹部との間に論議が交わされ、席上、十五空飛行長の樋端久利雄《といばなくりお》少佐が、攻撃隊が重慶中心の五〇浬に進出して、重慶に空襲警報を出させ、敵戦闘機を空中に誘い出してから、攻撃隊は針路を変えて空中待機、敵戦闘機が燃料を消費して着陸したところを急襲、爆撃するという攻撃作戦を提案し、そのとおり実戦して成功したことを記している。樋端久利雄飛行長は、アジア太平洋戦争半ばの四三年四月一八日、連合艦隊甲参謀として山本五十六連合艦隊司令長官と同じ一式陸上攻撃機に乗り、ブーゲンビル島で、米軍戦闘機に撃墜され、戦死した。

『海軍中攻史話集』の壹岐春記の回想には、三九年の話であるが、第二連合航空隊の第十三航空隊では、天候のため漢口からの奥地攻撃が無理な日は、「中攻二ヶ分隊の訓練について真剣な議論が繰返された。編隊、夜間飛行、射撃、航法通信等の訓練はその主要なもので、編隊空戦について、集中火力効果の向上法、編隊爆撃の精度向上、又爆撃高度と命中率、編隊操縦の問題、酸素吸入器の使用法など、真剣な話題に司令、副長もよくその中に入り、次の攻撃に備えた」とある。[20]爆撃作戦を「訓練」と回想しているのは、隊員たちが、重慶・奥地爆撃を、対米航空戦を目標にした実戦訓練をしているのだと意識していたことの証左である。

また、この百一号作戦において、新たな作戦方法の導入が試みられた。表5の重慶・奥地爆撃統計表の使用延べ機数に「偵察機」とあるのがその一つである。各分隊に九八式陸上偵察機数機を参加させ、天候や各基地の敵状の偵察をおこない、詳細に通報させ、さらに偵察写真を撮影して、爆撃効果を調査するのに活用した。陸上偵察機は、攻撃隊と緊密に行動をともにして、空中戦の現場では高度七〇〇〇メートル以上を旋回して敵の飛行隊の動向を逐次、味方航空隊指揮官に通報した。これにより、攻撃隊は大変有利に行動することができた。

源田實は『真珠湾作戦回顧録』において、日中戦争における海軍航空隊の航空戦は、「近代航空戦における貴重な教訓をもたらした」としてそのもっとも重要なものの一つは、「厳重な敵戦闘機隊および対空砲火の反撃を排除して、よく攻撃の効果をあげるためには、強力な掩護戦闘機隊を随伴せしむるとともに、攻撃隊は極力、大兵力の集中使用によらなければならない」と述べ、「陸上航空戦と海上航空戦では、陸戦と海戦がその性質を異にするがごとく、若干ちがっているところもあるが、大兵力の集中使用の効果などは、両者に差異はない」と述べている。そのため、「昭和十四、十五年度の海軍航空隊の主要訓練研究項目には、（一）大編隊群の同時協同攻撃法（攻撃隊）、（二）大編隊群の空中戦闘法（戦闘隊）の二つがあった」と述べている。[21]

それは、真珠湾攻撃などを想定して、各航空母艦から発進した爆撃機、戦闘機など一〇〇機以上におよぶ飛行機をどのようにして洋上の一点に集合させるのか、という課題であった。この、大編隊群の同時協同攻撃法の課題は、百一号作戦の八月、九月においては、表9④に見られるように海軍航空隊だけでも九〇機前後の大編隊群を出撃させて、組織的・集中的に重慶爆撃をおこなうことで実戦演習された。巌谷二三男『中攻』は、「二聯空の攻撃隊は、各二七機で編成、各攻撃隊は密接に連携して、攻撃時刻、高度等必要事項は各指揮官の通信連絡による方法がとられ、更に偵察機の使用電波も陸攻隊指揮官機と同隊長に統一して、事前偵察による天候、敵状等は攻撃機隊に刻々通報できる通信組織が配慮された」と記している。[22]

源田實『真珠湾作戦回顧録』には、真珠湾攻撃の航空作戦訓練として、黎明攻撃、昼間攻撃、薄暮攻撃、夜間攻撃と時間帯を別にした奇襲攻撃の錬成が必要であったと記されているが、いずれも百一号作戦の間に試みられている。

源田實が同書で「真珠湾攻撃の中核をなしたのは、第一、第二航空戦隊の飛行機隊であるが、この中で戦闘機隊は、赤城飛行隊長板谷茂少佐が、艦爆隊は蒼龍飛行隊長江草隆繁少佐が一手にあずかって、統一訓練を行なった。二人ともそれぞれの機種に関しては代表的なパイロットであり、また大陸の航空戦における歴戦の勇士でもあった」と書いているように（二三六頁）、前述の村田重治雷撃隊長もふくめ、日中戦争を利用した航空戦の実戦訓練を積んだ飛行機隊長が、真珠湾攻撃作戦の中核になったのである。アジア太平洋戦争において、板谷茂少佐は千島で戦死（四四年七月）、江草隆繁少佐はマリアナ沖海戦において戦死（四四年六月）した。

ところで、重慶・奥地爆撃の主役であった九六式陸上攻撃機の延べ使用機数は三六二七機という膨大な数字になる。巌谷二三男『中攻』の記すところによれば、中攻機が漢口の基地を発ち、重慶を爆撃してまた漢口の基地に帰還するまで、約七時間の長駆飛行をおこない、各機五〇〇〇余リットル（ドラム缶約二五本分）の燃料を搭載して出撃したという（一四〇頁）。もちろん五〇〇〇リットルを全部消費するわけではないが、三六二七機がおおよそドラム缶九万六七五本の航空燃料を搭載して重慶爆撃に出撃した計算になる。

「昭和十四年六月十一日　第十三航空隊・高雄航空隊聯合中攻隊戦闘詳報　其ノ三（第六回重慶攻撃）」には、中攻機二七機により、漢口基地発一七時二五分、重慶爆撃して漢口基地帰着二三時五〇分〜零時三〇分、搭載燃料は各機三四〇〇リットル、と記録されている。ドラム缶では一七本分となる。海軍の連合空襲部隊員たちは、「重慶定期便」と称したように、連日にわたって、漢口―重慶間を七時間前後かけて往復したことにより、操縦士の経歴に欠かせない、飛行総時間をいっきょにのばすことができた。

本書において、日中戦争開始の三七年八月から四一年九月まで、海軍航空部隊が四年間にわたり連日のように、空爆作戦を展開してきたことは、巻末の表9に整理したとおりであるが、このために消費された航空燃料の総量を、ドラム缶に換算しても天文学的な数字になるであろう。ひるがえって考えると、日本の海軍航空隊がこれだけ膨大な航空用石油をつかって実戦演習をおこなうことは、日中戦争の作戦遂行のためという大義名分がなければ、不可能であったと思われる。

百一号作戦の総括として、『中国方面海軍作戦〈2〉』に、「実に三ヵ月余にわたる大作戦で敵に与えた損害は甚大なものがあった。しかし、肝心の戦略目的である重慶政権の屈服ということについては、その兆候すら見えなかった。ただ後年の大東亜戦争において挙げられた輝かしい戦果は、本作戦の戦訓に負うこと極めて大なるものがあった」と記しているのは、[23]本節で述べてきたように、対米航空決戦の実戦演習という側面があったからである。

表7　重慶・奥地爆撃交戦統計表

交戦したる延べ敵戦闘機数	478	［129］
撃墜戦闘機数	確実56	［44］
	不確実10	［2］
地上爆破機数	63	［2］
空戦被弾機数	231	［73］
高角砲被弾機数	81	［2］
自爆機数	8	［8］
戦死者数	54	［35］
行方不明者数	16	［6］
戦傷者数	29	［20］

「零戦」の登場――大きく傾いた開戦への歯車

表7は、百一号作戦における中国空軍機との交戦の統計である（表5と同じく「百一号作戦の概要」より。［　］は陸軍機）。

中国軍戦闘機の撃墜、爆破と戦果をあげたいっぽうで、日本海軍機の空戦被弾機数、撃墜された自爆機数、そして戦死・行方不明・負傷者など被害も相当大きかったことがわかる。それは、同作戦は戦闘機隊をつけずに、中攻機隊のみで強行したからである。他の地域の空爆作戦に同行させた九六式艦戦の戦闘機隊では、航続飛行距離が長すぎて、奥地の重慶まで出撃できなかった。日を追って増える被害に苦慮した、現地航空部隊司令官山口多聞少将や第二連合航空隊司令官大西瀧治郎少将らは、開発テスト中であった、「敵地深く進入できるだけの長い航続力」をもった「十二試艦上戦闘機」の派遣を矢のように督促した。同機第一陣の六機は一九四〇年七月一五日に漢口に送られ、開発テストと改修の仕上げをおこない、制式採用予定日の七月二四日にその年が皇紀二六〇〇年であったので、「零式艦上戦闘機・一一型」（略称「零戦」）と名づけられた。

後陣も漢口に到着して一五機となった零戦は、八月一九日に、はじめて実戦に参加、翌二〇日も重慶爆撃に出撃した。中国空軍は新鋭戦闘機の出現に回避行動をとったので空中戦はおこなわれなかったが、単座戦闘機で往復一八五〇キロ（一〇〇〇浬）を飛行できる零戦の長大な航続距離が立証された。百一号作戦が終了したのは九月五日であったが、八月下旬以降、中国空軍機による邀撃がなかったので、海軍機、陸軍機とも被害はゼロとなった。

零戦が中国空軍機と最初の空中戦を展開したのは、九月一三日であった。横須賀航空隊でテスト飛行を繰り返してきた横山保大尉を零戦隊長とした一三機の零戦は、中攻機隊を掩護して出撃、重慶爆撃をしたあと帰路についたが、密かに残した九八式陸上偵察機から、回避飛行をしていた中国空軍戦闘機が重慶上空に戻ってきたという無線を受けて、ただちに重慶に舞い戻り、零戦最初の空中戦を展開した。中国空軍はソ連製のI－15戦闘機約二〇機とI－16戦闘機一〇機で、空中戦は約四〇分間にわたったが、中国軍機二七機を撃墜、零戦隊は全機無事帰還して、その優秀性を証明した。

当日、漢口飛行場には、支那方面艦隊司令長官嶋田繁太郎中将が上海からわざわざ駆けつけ、出撃のパイロットを激励し、また帰還のパイロットを迎えたという。第二連合航空隊司令官大西瀧治郎少将は、指揮所に整列したパイロットの一人一人に戦闘報告をさせた[24]。

嶋田繁太郎中将は一年後の四一年一〇月には東条英機内閣の海軍大臣としてアジア太平洋戦争開戦へ大きく舵をきり、大西瀧治郎少将は、わずか四ヵ月後の四一年一月末、第二連合航空隊司令官から連合艦隊附属の第十一航空艦隊参謀長に赴任（一月一五日付）してすぐに、山本五十六連合艦隊司令長官から真珠湾攻撃作戦の具体的検討を委嘱された（前述）。

この後、一三機の零戦は年内に成都において、以下のような戦果をあげたが、そのほかの出撃時には、零戦に立ち向かう敵戦闘機はほとんど出撃しなかった[25]。

写真17　嶋田繁太郎

十月四日　零戦八機成都太平寺飛行上空で敵戦闘機約三〇機と交戦、六機撃墜、二三機爆破、我がほう全機帰還。

十二月三十日　零戦一二機成都飛行場群を攻撃、三三機撃破、我がほう全機帰還。

このような、零戦の威力を中国戦場の現地で確認した嶋田中将や大西少将らが、零戦を量産し、対米航空決戦に投入することによって、「緒戦の勝利」の可能性に賭ける気持ちに傾いたことは容易に想像できる。前述のように航空部隊による真珠湾攻撃作戦を考案した源田實は『真珠湾作戦回顧録』のなかでこう記している。(26)

日本海軍の戦闘機隊は、パイロットの術力において勝っているのみに非ず、敵の戦闘機に対する空戦性能においても、わが方の機材がはるかに勝っていると思っていた。筆者のこの判断は、大陸の航空戦における空中戦闘で、その正当性が立証されたのである。特に真珠湾攻撃に当たっては、前年から大陸の空で、その無敵振りを遺憾なく発揮した零式艦上戦闘機の最新型を搭載していたのであるから、自信をもたない方がおかしいのである。

源田實中佐が、緒戦の日米航空決戦に勝利できる自信をもって、真珠湾攻撃作戦を作成し、大西瀧治郎少佐をとおして山本五十六連合艦隊司令長官へ提出したのは、零戦の完成と中国の奥地攻撃における実戦演習による威力の証明があったからである。源田が設計主任の堀越二郎に戦闘機の装備に防御よりも強い攻撃力を要求し、その結果、零戦には重装備となる二〇粍の機銃が設置されたことは述べたとおりである。本書で述べてきたとおり、南京渡洋爆撃と南京空爆の作戦の教訓から、十二試艦上戦闘機には、長距離爆撃機の中攻隊を掩護できる機能をもった戦闘機としての設計が強く要求された。その結果完成した零戦が、それまでの戦闘機では不可能であった奥地重慶への長距離爆撃に出撃し、向かうところ敵なしという期待どおりの戦果をあげたのである。その意味で、零戦はまさに日本海軍にとって「日中戦争の申し子」だったのである。同時に、長距離爆撃機中攻と長距離戦闘機零戦の二つがそろったことにより、航空主兵論者であった山本五十六連合艦隊司令長官の真珠湾攻撃構想が現実化していったことは、後述するとおりである。

零戦の登場によって、日中戦争からアジア太平洋戦争へと歴史の歯車が大きくまわりはじめるが、その歴史の流れを、堀越二郎『零戦――その誕生と栄光の記録』(27)から、以下に抄録で追ってみたい。

はじめての戦果

昭和十五年九月十三日の夕方のことであった。つね日ごろ物に動じない服部部長が、いつになくうれしそうな顔をして、開口一番、「堀越君、大ニュースだよ。」というような意味のことを言ったのを憶えている。

そして、きょう、中国大陸で零戦が敵機二十七機を撃墜するという大戦果をあげ、そのため、海軍航空本部では、その零戦を設計・製作した三菱重工、エンジンを設計・製作した中島飛行機、そして二十ミリ機銃を製造した大日本兵器の三社に対して、異例の表彰を決定したと教えてくれた。あまりにも突然のニュースではあったが、それだけに、私の「ついにやったか。」という感じも強烈であった。

表彰式で読みあげられた感謝状は、つぎのようなものであった。

感謝状

昭和十五年九月十三日零式艦上戦闘機隊が重慶上空に於いて、敵戦闘機二十七機を捕捉之を殲滅し得たるは、零式艦上戦闘機の卓越せる威力に俟つべきもの多く、之が急速完成に貴社の払われたる絶大なる苦心努力に対し、茲に深甚の謝意を表す。

昭和十五年九月十四日　　　　　　海軍航空本部長海軍中将　豊田貞次郎

三菱重工業株式会社　取締役会長　斯波孝四郎殿

この感謝状が読みあげられるのを聞きながら、私は中国の空に雄飛する零戦の姿をまぶたに描いた。

ついに敵機を発見

（重慶爆撃に向かった零戦機隊に中国空軍戦闘機が邀撃をしなかったことを記し）察するところ、中国空軍はすでに日本の新鋭戦闘機が戦列に加わったことをかぎつけて、巧みに避退している気配が濃かった。しかし、迎え撃つ敵機がいなくなったということは、陸攻隊が思うままに軍事施設を選んで、正確な爆撃ができるという効果はあった。また、この零戦の重慶進攻は、世界の軍航空界に例のない単座戦闘機による往復一千八百キロの編隊長距離戦闘飛行という点でも、特筆に値することであった。零戦は、はやくも他に類を見ない持ちまえの航続力の片鱗を見せたのである。

航空本部の指示によって、九月下旬、中島の小泉製作所の幹部や担当の技術者などの一団が名古屋の工場を訪れた。私たちは、いっさいの資料を提供し、中島の人びととくわしい打ち合わせをした。中島で生産した零戦が流れ出したのは、翌十六年の九月であった。

こうして、昭和十五年は暮れた。この年の末までに海軍におさめられた零戦は、試作機から数えて全部で約百二十機に達した。

全海軍の寵児に

大陸における実戦の戦果と、陸軍戦闘機との性能コンテストの成績は、いかに頑固な海軍のパイロットにも、すなおに受け入れられた。一年まえ横須賀航空隊に移されたとき、九六艦戦よりも鈍重だといって好かれなかったこの戦闘機も、いまや全海軍の寵児となった。中国戦線からはなばなしい戦果が伝えられ、量産も軌道に乗ったが、零戦が太平洋上に無敵の勇姿を現わし、ほんとうにその真価を発揮するまでには、もうひとつ、厳しい試練が待ちかまえていた。第二号機による奥山操縦士の事故から、一年後の昭和十六年四月、二人目の犠牲者が出たのである。当時、ヨーロッパでは、一年半まえにおこった欧州大戦でフランスが敗退し、イギリス、ドイツのあいだで激しい航空戦が続いていた。このけわしい国際情勢のなかにあって、海軍航空部隊は、日夜、実戦にもまさる猛烈な飛行訓練を続けていた（事故はこうした中で発生した）。

とまどいから勝利の感激へ

（四一年一二月八日アジア太平洋戦争開戦の報を受けて）海軍航空隊は、零戦と艦攻、艦爆とのコンビ、零戦と陸攻とのコンビを主力として戦うつもりだろうが、航空先進国を誇る米・英が相手では、中国大陸でのような一方的勝利は望むべくもない。零戦は、二一型を主としてすでに海軍に五百二十機ほど納入されていたが、大陸に駐留するものや内地に配備されたもの、修理中のものなどを除くと、すぐに外戦に出動できる状態の零戦は、三百数十機にすぎないはずだ。そのころ海軍のパイロットに聞いたところによると、緒戦においては零戦一機で敵の戦闘機二機から五機に対抗できると考えられ、母艦に搭載する機種の数の割合にも、その考え方があらわれているという。

当時の新聞を開いてみると、「ハワイ・フィリピンに赫々たる大戦果」というような大きな横見出しのもとで、この二つの大勝利により、アメリカ海軍は、致命的な深傷を負ったという報道がなされている。だが、私がもっとも知りたかった零戦の戦いぶりについては、どこからも情報がはいってこなかった。

「あれだけの大勝利なのだから、零戦もきっと大活躍しているにちがいない。」私としては、こう想像しているよりほかなかった。

右の堀越二郎の著書に、零戦は四〇年末には約一二〇機が生産されたとあることから、日米開戦の可能性に備えて、大車輪で増産がはかられたことがわかる。さらに海軍航空本部の指示でライバルである中島飛行機会社にも生産させることにしたのである。堀越二郎『零戦の遺産――設計主務者が綴る名機の素顔』には、零戦の月別生産機数実績の表があるが[28]、それによれば、アジア太平洋戦争がはじまった四一年一二月までに、三菱重工では約五五〇機、中島飛行機では約一五機であった。三菱重工の四二年の生産機数合計が六九二機、中島飛行機が六七四機であるから、開戦までにいかに急増産したかがわかる。

「零戦一機で敵の戦闘機二機から五機に対抗できる」というのは、真珠湾攻撃の赤城飛行隊長の板谷茂少佐（前述）が、「自分の胸算としては、わが一機をもって、敵の三機に対抗し得る」と語っていたと源田實『真珠湾作戦回顧録』にも記されている。そして源田は「開戦当初の実績は、彼の予言が間違っていなかったことを示している」と記している[29]。

澤本頼雄《さわもとよりお》は四一年四月から海軍次官であったが、前掲の『海軍戦争検討会議記録』の特別座談会において、「（四一年）九月二十六日頃、山本長官、上京の際、長官は「長官としての意見と、一大将としての意見は違う。長官としては、十一月末までには一般戦備が完成する。戦争初期は何とか戦えるが、南方作戦は四ヵ月よりも延びよう。艦隊としては、零戦、中攻各一〇〇〇機ほしいが、現在零戦は三〇〇機しかない。しかしこれでもやれぬことはない。一大将としていわせるなら、日本は戦ってはならぬ。結局は国力戦になって負ける」といわれた」と述べている。(30)

山本五十六のスタンスは、親友であった堀悌吉が戦後書いているように、「対米英戦争に就いては大義名分の上より及び国家安危の顧慮よりして、根本的に反対たりし事。衷心より時局の平和解決を熱望したりし事」「艦隊司令長官としては、国家の要求ある時には、たとえ個人として反対なりとするも、勝敗を顧慮することなく、最善をつくして其の本務に一途邁進すべきものなりとなせる事」というダブルスタンダードにあった。(31)

3　重慶爆撃からアジア太平洋戦争へ

高雄海軍航空隊――南進のための基地部隊

台湾の南部の高雄を根拠地にした基地航空部隊の高雄海軍航空隊は、南支第三航空部隊の中攻隊として、華南における航空作戦を担当した。日中戦争初期の一九三八年一一月当時は中攻機わずか九機の一個分隊にすぎなかった。

三九年六月、漢口に進出した高雄航空隊（九機）は、第十三航空隊（一八機）と連合中攻隊を編成、漢口基地から出撃して重慶爆撃をおこなった。(32)

四〇年、九六式陸上攻撃機一一型七機と同二二型一七機の中攻機二四機に増強された高雄航空隊は、

再び漢口に進出して、重慶爆撃の百一号作戦に参加した。(33)

四〇年九月二三日、日本軍が参謀本部作戦部長富永恭次《とみながきようじ》の強行方針により北部仏印に武力進駐を開始、これを遂行した。北部仏印進駐をうけて高雄航空隊はハノイに航空基地を開き、高雄海軍航空隊仏印派遣隊を進駐させ、一二月一一日には、ハノイ基地を一一時〇〇分に出撃して、元江を経て昆明を爆撃、一六時〇〇分にハノイ基地に帰着、という昆明爆撃をおこなった。この日の戦闘詳報の「所見」には「二〇一基地（ハノイ）進出後最初の爆撃に於いて搭乗員全員参加、飛行機全機使用し、昆明航空軍官学校を徹底的に潰滅し、敵の心胆を寒からしめたり。情報より察するに敵の周章狼狽は想像以上にして、効果甚大なり。橋梁攻撃を行うと共に適時此の種攻撃を行うは極めて有効なりと認む」と記している。(34)

四一年一月以降三月まで、巻末の表9⑤にあるように、高雄航空隊による昆明、功県橋、恵通橋などの爆撃が連日のように敢行されたが、それらはハノイ基地を拠点にしたものである。北部仏印武力進駐は、陸軍が中心になって強行したものであるが、海軍はそれに便乗して、ハノイなどに航空基地を開設、海南島につづいて海軍の南進基地を北ベトナムに確保したのである。これにより南シナ海の制空権はほぼ日本海軍航空部隊が掌握することになり、イギリス領香港は完全に孤立、シンガポールとフィリピンをつなぐ米英軍の連携にも楔が打ちこまれるかたちになった（地図4参照）。アメリカはこれに対抗して四〇年九月二六日、対日屑鉄全面禁輸を断行した。

四一年になり、後述するように海軍航空隊がアジア太平洋戦争の開戦に備えた動きを強めるなかで、フィリピン攻撃の航空基地として重視されるようになった台湾南部の高雄航空隊に、新型陸上攻撃機の一式陸攻三〇機が最初に配属された。この新型陸攻は九六式陸攻の後継機として開発されたもので、爆弾搭載能力は、九六陸攻（普通二五〇キロ爆弾二個、六〇キロ爆弾四個）と変わらなかったが、速力および上昇能力に非常にすぐれ、航続距離も長く、零戦を随伴して飛行できた。高度七〇〇〇メートル以上に上昇可能なため、敵戦闘機の追跡高度以上の高度を飛ぶことができ、敵機及び敵対空砲火の脅威圏外において爆撃行動を可能とした。アジア太平洋戦争において、一式陸攻は零戦と組んで、基地航空部隊の主力をなした。ただ、航続距離を長くするために、太い主翼のなかにも燃料タンクを入れ、六四〇〇リットル（ドラム缶三二個分）ものガソリンを積んだため、敵戦闘機に射たれるとパッと火を発する原因ともなったので、「ワン・ショット・ライター」ともいわれた。防禦装置より、攻撃装置を重視したことにおいて、零戦の設計と同じ思想である。

三九年一〇月下旬に三菱重工において第一号機が完成し、生産が軌道に乗った四一年五月ごろ高雄航空隊に補給された。同隊の一式陸攻三〇機は、四一年七月二五日、鹿屋を発進して漢口基地に進出、七月二七日から開始された一〇二号作戦に参加した。

一〇二号作戦——アジア太平洋戦争開戦に備えた大実戦演習

後述するように、海軍航空隊の諸部隊が、アジア太平洋戦争開戦へ備えた準備、訓練を開始したなかで、第十一航空艦隊の兵力の大部分（陸攻約一八〇機）を漢口および孝感の基地に進出させ、支那方面艦隊の指揮下に入れ、四一年七月二七日から八月三一日まで、重慶および成都を中心とする四川省要衝にたいする徹底的な爆撃をおこなった。同作戦には陸軍の爆撃隊も協同し、前年の百一号作戦につづけて一〇二号作戦と呼称された（表9⑤参照）。

一〇二号作戦について、支那方面艦隊司令長官嶋田繁太郎中将の日記（四一年六月二三日）に、

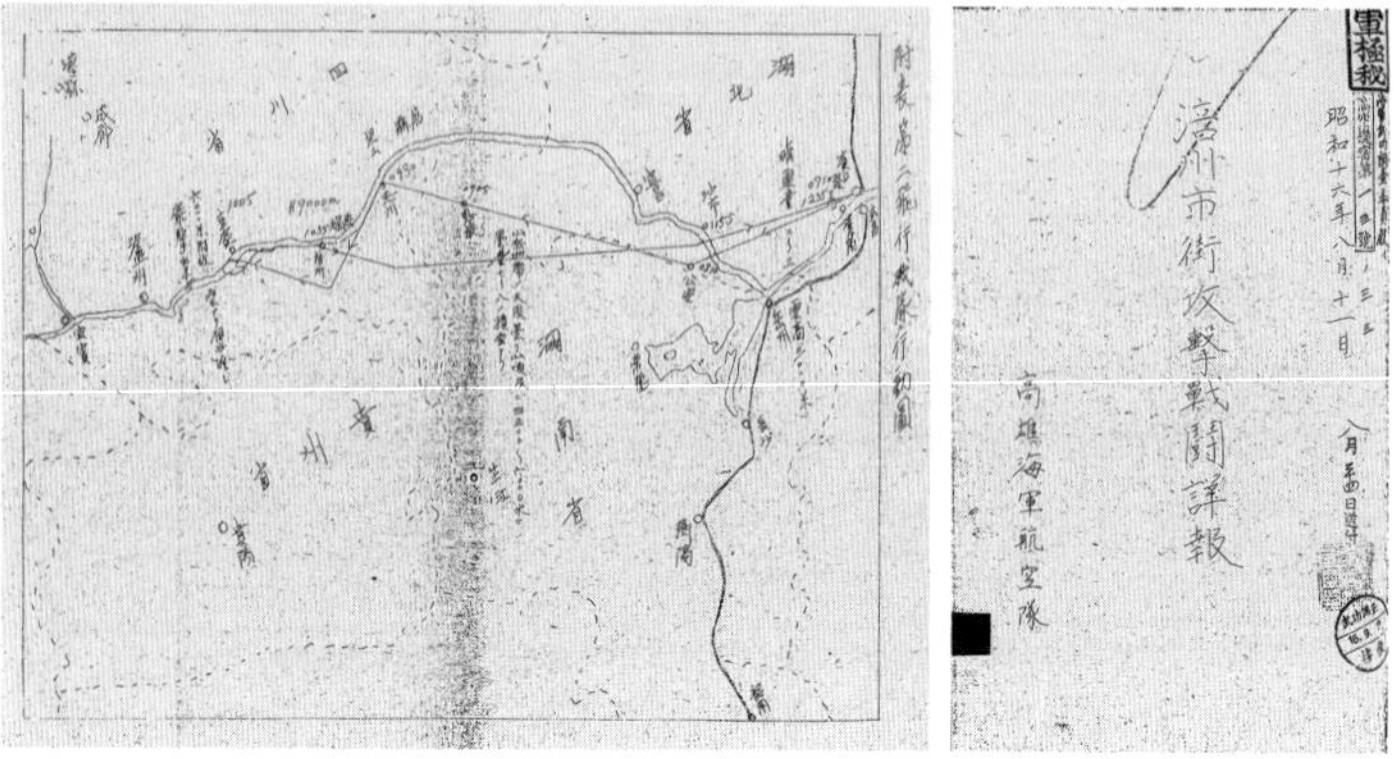

写真18-1　一〇二号作戦による重慶爆撃を伝える「高雄海軍航空隊戦闘詳報」。重慶近くの涪州市街攻撃戦を記している

「原参副長より帰任報告を聴く。十一航空艦隊（水艇以外）を全部八月支那に進出の希望纏まる（現国際情勢に依り雷撃及夜間爆撃の訓練を前に一通り行い度とのこと）。米国との国交調整は両国共冷却しつつあり（米国の腹は太平洋のみを中立とし自国は大西洋に活躍せん事、援蔣は止める誠意なき事）。資源は我国下り坂となり、新たに方策を施さざれば仏印、泰も英米に走らん惧あり等」とある。[35]支那方面艦隊参謀副長の原鼎三少将が東京の軍令部に召致され、後述する南部仏印進駐作戦にたいする海軍中央の方針を説明されてきた、その報告を聴いたのである。

第十一航空艦隊（後述）が全機を中国に進出させ、国際情勢によりアジア太平洋戦争開戦に備えて「一通り訓練を行う」というのが一〇二号作戦の本来の目的であったことがわかる。

この作戦には、ハノイ基地に進出していた南支那航空部隊第三航空隊九六式陸上攻撃機三〇機も参加、ハノイの二〇一基地から出撃して滇緬《てんめん》公路（雲南―ビルマ道路）の拠点を爆撃する作戦を展開した。前年四〇年九月二三日、陸軍参謀本部作戦部長富永恭次少将が大本営直轄の

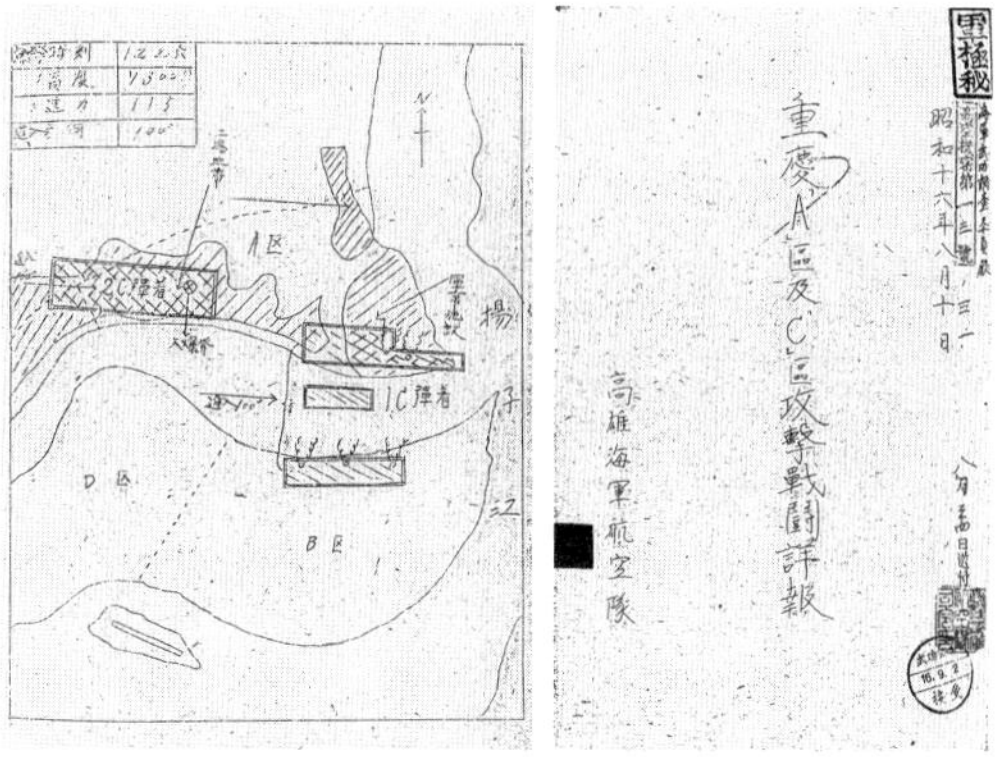

写真18-2　重慶市街への絨毯爆撃を示す図が載せられている

南支那方面軍の現地指導に乗り込み、北部仏印進駐を強行したが、海軍もそれに便乗し、四一年一〇月五日から八日にかけて、九六式艦戦と九九式艦爆、九七式艦攻をもつ第十四航空隊を海南島基地からハノイのジャラム基地に派遣した。北部仏印の基地からだと、それまで小型機では手の届かなかった昆明などを爆撃することができるようになった。以後、南支那航空部隊第三航空隊がハノイ基地に移駐し、昆明や援蔣ルートの要衝の爆撃をおこなった。

第三航空隊の「一〇二号作戦々斗詳報」には、「敵情の形勢」として、「敵空軍は専ら現兵力保存に努め米国よりの援助を待ちつつありて、米国の対支援助は逐次活発となり、英米支の空軍合作は次第に実現化しつつあり」と記している。[36]「英米支の空軍合作」というのは、四一年七月ごろから、中国空軍顧問であったシェンノート（前述）の指導下に、ビルマに飛行基地を開設、American Volunteer Group、略してＡＶＧ部隊の訓練が開始されたことを指す。

シェンノートは蔣介石の要請を受けて四〇年一〇月に渡米、アメリカ人の志願パイロットの募集を開始した。シェンノートは、応募者を連れて、サンフランシスコ、オーストラリア、フィリピン、シンガポールを経てビルマに到着、四〇年一一月にＡＶＧ部隊（中国語では美国志願援華航空隊）を発足させ、訓練を開始した。七〇名がパイロット（戦闘機パイロットの正式な経歴をもつ者は一七名のみ）、関係勤務員が一〇四名の計一七四名であった。四一年七月、国民党政府はアメリカからカーチスP40C型戦闘機を一〇〇機購入し、ビルマのラングーン（現在ヤンゴン）に搬入した。AVG部隊すなわちアメリカ人義勇航空隊は、三大隊に編成され、零戦にたいするサッチ・ウィーブ戦法（中国語で捕殺戦術）の訓練をおこなった。

AVG部隊はアジア太平洋戦争開始後、四一年一二月一八日にカーチスP40C三大隊二四機が昆明飛行場に移動、全機にサメの絵をほどこし、フライングタイガー Flying Tiger（中国語で飛虎隊）と名乗った。フライングタイガーは、一二月二〇日、昆明に来襲した陸軍機の九九式爆撃機を撃墜したのを最初に、以後、陸軍航空隊を相手に戦闘することになった。[37]『中国方面陸軍航空作戦』には、「米義勇飛行隊」の呼称で記録されている。[38]

一〇二号作戦に話を戻すと、同作戦には、九六式陸攻機と新鋭の一式陸攻機を加え、日本海軍の陸上攻撃機のほとんど全機が動員された。巻末の表9⑤に示されるように、四一年五月から六月と第二十二戦闘隊・第十二航空隊による重慶・成都爆撃が連日のようにおこなわれたのにつづき、七月二七日から開始された一〇二号作戦では、連日一〇〇機～一三五機の中攻機による重慶爆撃が繰りひろげられた。

写真18－2の「昭和十六年八月十日　重慶A区及C区攻撃戦闘詳報　高雄海軍航空隊」によれば、八月一〇日、重慶市街をA～E区にわけて絨毯爆撃作戦を展開したなかで、この日は一式陸攻一五機でA区とC区の爆撃をおこなった。各機二五〇キロ爆弾二個と六〇キロ爆弾四個を携行し、第一中隊九機は「重慶A及B区の軍事施設を爆撃目標」として「約半数弾宛A区及B区軍事施設に命中

五ヶ所より火災惹起」という「効果」をおさめた。第二中隊六機は、「重慶C区兵工廠を爆撃目標」として「全弾C区兵工廠に命中、大爆発起こるを認む」と記している。[39]

一〇二号作戦開始四日目の七月三〇日の第四回重慶爆撃の際、海軍陸攻隊機が重慶に停泊中のアメリカ砲艦ツツイラ号の至近約八ヤード（七・三メートル）に投弾した。日本側は誤爆としたが、アメリカ政府・国民にはパナイ号事件の記憶もあり、また一〇二号作戦開始の翌日七月二八日に日本軍が南部仏印進駐を開始したことと相まって、アメリカ世論の対日感情悪化を決定的にした。駐日アメリカ大使ジョセフ・C・グルーは、「日米戦争は八ヤードに接近した」と日記に書いた。[40]

『重慶大轟炸』によれば、一〇二号作戦により、連日、死者、負傷者とも数十人を数え、破壊、焼失家屋は数百棟という被害を出しているが、一日に中攻機一〇〇機以上による大空襲によるものとしてはそれほどではなく、重慶政府と市民の防空体制がしっかりとしていた証左である。

一〇二号作戦に際して公式にかかげた目標は「重慶政府の覆滅」であったが、重慶爆撃で蒋介石政府を崩壊させることができないことは百一号作戦でわかっていた。それよりは、前述のように、アジア太平洋開戦に備えた海軍航空隊の最後の大実戦演習であったという性格が強い。それは百数十機からなる零戦と中攻機を数ヵ所の基地から離陸させ、空中において大編隊群を編成し、一糸乱れぬ指令系統のもとに重慶爆撃を敢行するという訓練である。真珠湾攻撃とフィリピン攻撃が想定されていたことはいうまでもない。

このことは、表5の百一号作戦と表8の一〇二号作戦の統計表を比較して、前者が三ヵ月半にわたる作戦期間の数字であるのに比して、後者はわずか一ヵ月余の作戦期間の数字であることを考えると、連日百数十機という大編隊群を組んで出撃し、搭載爆弾を目標に投下して命中させる実戦演

表8　一〇二号作戦による重慶・奥地爆撃統計表

攻撃回数	20回（うち重慶14回）
使用延べ機数	偵察機　29　艦戦（零戦）　99 陸攻　2,050　艦攻・艦爆　201
使用爆弾	800キロ　94　250キロ　2,906 その他　11,148
敵機に与えた戦果	空戦による撃墜　18 地上銃撃による炎上または撃破　18 爆撃による炎上　3

習をおこない、「戦果」は二の次に考えていたことをうかがわせる。

『中国方面海軍作戦〈2〉』は表8のデータを記したうえで、「本作戦はかつてない大航空作戦であって、大東亜戦争初頭の航空作戦のモデル・ケースとなったものである」と総括している。[41] 後述するように、アジア太平洋戦争開戦劈頭の台湾の高雄、台南基地からのフィリピン攻撃は、重慶爆撃の実戦演習にもとづくものであった。

なお、表8の「敵機に与えた戦果」は、「オ号作戦」と呼んだ作戦の「戦果」によるところが大きい。一〇二号作戦中、敵の戦闘機（ソ連製のI-15およびI-16が主力）は、零戦の威力に圧倒され、零戦が出撃すると分散逃避して捕捉撃滅は困難であった。そこで、零戦が夜間出撃し、払暁奇襲する戦法をとることとし、巡航速度のほぼ等しい一式陸攻が零戦の誘導にあたることとなった。八月一一日午前三時五〇分、陸攻隊が漢口基地を発進、午前四時五〇分、荊門上空で零戦二〇機と合同、七時五分に成都に突入、陸攻隊はI-16戦闘機四機と交戦して二機撃墜、零戦隊は三機撃墜、一六機炎上または撃破という戦果をあげて、午後二時二〇分までに全機基地に帰着した。「この戦法は、のちに比島空襲第一撃作戦構想の根幹となった」と『中国方面海軍作戦〈2〉』は記している。[42]

4　海軍航空隊の「南洋行動」――対米英開戦準備

一九四〇年一一月一五日、第二次近衛内閣の及川古志郎海軍大臣は、「出師準備第一着作業」の発動を発令した。対米開戦を想定して、対米戦備の拡充と南方作戦の準備を開始せよという命令であった。これにもとづき、航空部隊の大改編をおこなうため、これまで中国大陸において作戦してきた第一連合航空隊と第二連合航空隊を内地に引き揚げ、第三連合航空隊を解隊した。年が明けて連合艦隊司令長官山本五十六大将は、海軍大臣及川古志郎宛に「戦備に関する意見」（四一年一月七日付）を提出した。

「国際関係の確乎たる見透しは何人もつきかねるところなれども、海軍ことに連合艦隊としては、対米英必戦を覚悟して、戦備に訓練に、はたまた作戦計画に真剣に邁進すべき時期に入るはもちろんなりとす。よってここに、小官の抱懐しおる信念を概述して、あえて高慮をわずらわさんと欲す（客年十一月下旬一応、口頭進言せるところとおおむね重複す）」という出だしに始まって、「一、戦備」「二、訓練」につづき、要点、以下のように記している。[43]

三、作戦方針

日米戦争において我の第一に遂行せざるべからざる要領は、開戦劈頭、敵主力艦隊を猛撃撃破して米国海軍および米国民をして救うべからざる程度にその志気を沮喪《そそう》せしむることこれなり。かくのごとくにして初めて東亜の要衝に占居して、不敗の地歩を確保し、よってもって東

亜共栄圏も建設維持しうべし
四、開戦劈頭において採るべき作戦計画
・開戦劈頭敵主力艦隊急襲の好機を得たること
・敵主力の大部、真珠湾に在泊せる場合には、飛行機隊をもってこれを徹底的に撃破しかつ同港を閉塞す
・日米開戦の劈頭においては、極度に善処することに努めざるべからず。しかして勝敗を第一日において決するの覚悟あるを要す
・第一、第二航空戦隊（やむを得ざれば第二航空戦隊のみ）月明の夜、または黎明を期し全航空兵力をもって全滅を期し敵を強（奇）襲す
右は米主力部隊を対象とせる作戦にして、機先を制して比島およびシンガポール方面の敵航空兵力を急襲撃滅するの方途は、ハワイ方面作戦とおおむね日を同じうして決行せざるべからず。しかれども米主力艦隊にして、いったん撃滅せられんか、比島以南の雑兵力のごときは士気沮喪、とうてい勇戦敢闘にたえざるものと思考す。
小官は本ハワイ作戦の実施にあたりては、航空艦隊長官を拝命して、攻撃部隊を直率せしめられんことを切望するものなり。

山本連合艦隊司令長官の「戦備に関する意見」にもとづいて、アジア太平洋戦争開戦の準備は具体的にすすめられた。一九四一年一月一五日、増強されつつある基地航空部隊（空母をもって編成する航空部隊にたいし、陸上を基地とする航空部隊）の指揮系統について、大規模の航空作戦を可能

にするために、従来の連合航空隊を「航空戦隊」に改編し、同時にこれらの数個の「航空戦隊」(第二十一、二十二、二十三、二十四航空戦隊)を統合運用するために、第十一航空艦隊を新設(司令長官片桐英吉中将、参謀長大西瀧治郎少将)、連合艦隊司令長官に隷属させた。同艦隊はアジア太平洋戦争の開戦に備えて編成されたものである。山本五十六連合艦隊司令長官が大西瀧治郎第十一航空艦隊参謀長に真珠湾攻撃作戦の作案を依頼したのは(前述)、それから二週間後であった。

以後、海軍航空部隊の各部隊において、当時「南洋行動」と称した、対米英戦開戦すなわちアジア太平洋戦争開戦の準備と猛訓練が開始されるようになった。「南洋行動」の柱は三つあり、主柱は真珠湾奇襲攻撃作戦であり、あとはフィリピン攻撃作戦とマレー半島攻撃作戦であった。以下に海軍航空隊諸部隊の「南洋行動」について、いくつか事例をあげてみたい。

第三航空隊――「南洋行動」からフィリピン攻撃作戦へ

一九四一年四月一日、第三航空隊が台湾の高雄基地に開隊された。同隊は陸攻隊として発足、高雄航空隊とともに第十一航空艦隊隷下の第二十三航空戦隊に属した。この第三航空隊(三空と略す)は、軍令部機密命令で「A作業」を遂行した。A作業とは国際法を無視した仮想敵国の事前偵察という純軍事目的の作戦であった。その第一回は、四月二三日、機体を暗緑色に塗り、翼と胴体の日の丸を消して「国籍不明機」にし、五〇ミリ大型固定写真機を特殊装備した九六式陸攻機が高雄基地を発進、フィリピンのレガスピー海岸とその付近の陸上飛行場を空中撮影してきたのである。『中攻』の著者、巌谷二三男は、このA作業に従事して、高雄基地からフィリピンのルソン島の飛行場を偵察撮影して帰着。つづいて五月中旬にペリリュー島基地に移動してフィリピンのミンダナオ島の飛行場など軍事施設を偵察撮影した。さらに五月一八日と二〇日は、ニューギニアの飛行場の偵察撮影をおこなった。これはアジア太平洋戦争開戦とともにすぐに占領し、日本海軍の航空基地に使用する計画のためであった。

その後、秘密撮影の部隊は、北マリアナ諸島のテニアン基地に移動して、アメリカ領のグアム島を三回にわたり洩れなく撮影した。こうして六月中旬までに、偵察撮影のA作業を基本的に終了した。[44]テニアン基地は四年後の八月六日、広島に原子爆弾を投下したB29エノラ・ゲイ号が発進する基地となった。

『第三航空隊戦闘詳報』第一号〜第五号[45]によれば、第三航空隊は、一〇月二九日から一一月二七日にかけて、高雄基地とルソン島を何度も往復し、ルソン海峡、バタン諸島、さらにルソン島沿海の気象状況の偵察、調査をおこなった。航空部隊にとって気象条件が作戦の成否を決定するほどその影響が重要なので、フィリピン攻撃作戦の発動に備えて、周到に気象偵察をおこなったのである。

ついで、第三航空隊は、一一月一日から一五日にかけ、高雄基地を発進して香港占領に備えた詳細な偵察調査、撮影をおこなった。アジア太平洋戦争開戦前およそ半月の一一月二一日には、ルソン島のイバ飛行場を偵察、開戦後の一九四二年一月七日の記述によるものであるが「功績」として「開戦に先立ち、比島空軍第一線たる「イバ」飛行場の第一回偵察を実施し、極めて有効なる偵察資料を提供し、爾后作戦行動に寄与せしこと極めて甚大なり」と記している。

以上のような開戦準備作戦のうえに、一九四一年一二月八日、真珠湾攻撃と同時に敢行されたフィリピン攻撃航空作戦の主役になったのは高雄航空隊であった。台湾南部の悪天候のため、出撃は遅れたが、高雄航空隊飛行隊長須田佳三中佐の率いる一式陸攻二七機、鹿屋航空隊飛行隊長入佐俊家少佐の率いる一式陸攻二六機は、第三航空隊飛行隊長や横山保大尉の率いる零戦五〇機の掩護の下に、高雄基地を発進してイバ飛行場を攻撃、零戦隊が敵機九機を撃墜したほか、地上機九機を炎上させ、陸攻隊が地上機三十数機を爆破するとともに、地上施設に大火災を起こさせた。零戦隊はその後、クラーク飛行場を攻撃して九機を撃墜したほか、地上にあった大型六機、中型六機、小型五機を炎上させた。

いっぽう、高雄航空隊飛行隊長野中太郎少佐の率いる一式陸攻二七機、第一航空隊飛行隊長尾崎武雄少佐の率いる九六式陸攻二七機は、台南航空隊飛行隊長新郷英城大尉の率いる零戦三四機の掩護の下に、イバ隊とほぼ同じころ、クラーク飛行場を攻撃した。上空に敵機はいなかったので、地上機を陸攻機で約六〇機、零戦隊で約一〇機撃破したのち、零戦隊はさらにデルカメロン飛行場に向かい、七機を撃墜するとともに、地上機約二〇機を爆破した。(46)

一式陸攻二六機を率いてアジア太平洋戦争劈頭のフィリピン攻撃をおこなった鹿屋航空隊飛行隊長入佐俊家少佐こそは、本書でそのつど言及したように、日中戦争全面化の契機となった南京渡洋爆撃をおこない、海軍の海南島占領に参加、一日最多の犠牲者を出した「五・四」重慶爆撃を敢行した人物であり、日中戦争の実戦経験をふまえてアジア太平洋戦争に突入、そしてマリアナ沖海戦で戦死する最期もふくめて、本書でいう日本海軍の「自滅のシナリオ」を演じた(させられた)のである。

アジア太平洋戦争開戦初日のフィリピン攻撃で、台湾の台南、高雄基地から出撃して、直接、アメリカ軍のイバ、クラーク飛行場を爆撃したのは、零戦隊であった。中攻隊と零戦隊の協同編制による長距離飛行は、前述の一〇二号作戦で十分に実戦演習済みであり、零戦が台湾からフィリピンを往復可能であることを、重慶・成都の奥地攻撃の参加の搭乗員たちが具申して同作戦は決定された（後述）。台南、高雄からフィリピン攻撃に出撃した二人の零戦パイロットの証言がある。[47]

一人は田中国義一等飛行兵曹で、四一年四月鹿屋海軍航空隊付となり、同年七月に漢口に進出して、一〇二号作戦に参加、漢口の上空哨戒の任務にあたった。一〇月に台南で台南海軍航空隊（台南空）が開隊されることになり、田中一飛曹は台南空に配属された。台南航空隊は、司令斎藤正久大佐、飛行隊長新郷英城大尉で、乗機は零戦であった。台南空では、搭乗員たちは知る由もなかったが、日米開戦をにらんで猛訓練が実施されていた。やがて一二月になると、日の丸を消した偵察機が、ひんぱんに南の空に飛んで行くようになった。

「いよいよ開戦、ということは、三日ぐらい前かな、司令から聞かされました。開戦劈頭、わが台南空はマニラの敵航空基地に攻撃をかける、と。こりゃ大変なことになった。大丈夫かな、と思いましたね。」

もう一人は、黒澤丈夫大尉*で、一九三八年一一月、戦闘機搭乗員として第十二航空隊に配属されて漢口に着任、三九年九月まで同地に勤務した。四〇年一一月新編の元山《げんざん》海軍航空隊分隊長となり、四一年四月に再び漢口に進出した。しかし、元山航空隊に割り当てられたのは九六式艦戦で、同じ漢口にいた第十二航空隊の零戦の活躍を横目に、もっぱら漢口上空哨戒の作戦に従事した。八月になって鹿屋で編成中の第三航空隊へ転勤となった。第三航空隊は前述のように、中攻隊として新設されたものであるが、九月一日付で戦闘機部隊に改編された。日本海軍初の戦闘機専門部隊で、本拠を高雄におき、一〇月一日に新編された台南空とともに、第二十三航空戦隊を編制していた。

「開戦の日がXと決められて、X＋1にはどこに上陸作戦をやると、それからX＋5にはどこを取ると、あらかじめスケジュールが決まっていたんですね。そういう中で、南西方面の原油地帯を取るというのが、第一段作戦の主たる狙いでした。そしてまず、開戦劈頭、フィリピンのクラークやイバ、マニラを空襲すると。

ところが、連合艦隊の方では、台湾からフィリピンまで、零戦が一気に飛んで行って空戦やって帰ってこられるとは考えていなかったわけです。それで、どうしても航空母艦を使うんだ、ということになり、鹿屋で零戦を受領するとすぐ、着艦訓練をやりました。もっとも、その時はまだ我々には作戦の概要は知らされていなかったんですが。着艦訓練は、空母「龍驤」「春日丸」の二隻を使い、開聞岳の沖あたりでやりました。それが終わって十月二十三日に高雄へ移った直後に、作戦の詳細を聞かされたわけですよ。

それで、話をきいて、なんで空母を使うんだ、漢口から重慶や成都をやったことを思えば、マニラだって成都より近いじゃないか、と。中支で零戦による長距離進攻を経験した搭乗員がたくさんいましたからね。空母から出るにしたって、小型空母の「龍驤」や「春日丸」では、いっぺんに何十機も発艦できやしない。それやこれやで艦隊司令部の方に、空母を使わず直接台湾から出撃する案を進言するわけです。

そうしたら、我々の属する第十一航空艦隊の司令部は、本当にできるという根拠を示せ、と言ってきた。そこで、燃料の混合比を極限にまで薄くして、燃料を食わないように上手に飛ぶ訓練をやったら、だいたい一時間八十〜八十五リットルぐらいですむわけです。それで、これは空母を使わなくても大丈夫だ、ということになりました。」

＊ 黒澤丈夫は戦後、郷里の群馬県多野郡上野村の村長を一〇期四〇年つとめた。一九八五年八月一二日、日本航空ジャンボジェット機が上野村と長野との県境にほど近い御巣鷹山に墜落し、五二〇人が死亡するという事故が発生したとき、現場となった上野村の村長として、救難作業を見事に指揮したことで話題を呼んだ。

黒澤大尉は三空零戦隊の六個分隊の先任分隊長として一二月八日、フィリピンのクラーク飛行場を爆撃した。フィリピン攻撃における零戦の活躍については、堀越二郎の思いのこもった記述を紹介する。(48)

零戦が最初に真にその本領を発揮したのは、（真珠湾攻撃よりも）むしろ、フィリピンにおいてであった。

台湾南部の海軍基地から、フィリピンでの米軍の二大航空基地であるルソン島のクラークフィールドと西岸イバまでは約八百三十キロ、首都マニラ郊外のニコルフィールドまでは約九百三十キロもあり、そのコースは、大部分洋上である。この二大基地への空襲は、当時、世界の常識からみて、掩護戦闘機の能力をはるかに越えたものだった。そのうえ、真珠湾攻撃開始後に行動を起こさなければならない。真珠湾奇襲攻撃の報を受け、手ぐすねひいて待ちかまえているアメリカ空軍と交戦することになり、空戦は長びく恐れがある。こういうもろもろの問題を乗り越えるだけの航続性能を発揮できなければ、たとえ攻撃自体は成功しても、帰りに飛行機もろとも搭乗員まで失う危険があった。

つまり、この作戦の成否は、掩護戦闘機である零戦の航続性能いかんにかかっていたのである。逆に言えば、長大な航続力をもつ零戦なしには、この作戦は不可能だった。（中略）

零戦隊は全機、台南と高雄の基地から発進、八百三十キロを一気に飛んで敵航空基地上空にいたった。もはや、ルソン島の大半は、一段と航続性能を増した台湾基地の零戦の制空下にはいったのである。そして新郷大尉、横山大尉の率いる零戦隊に掩護された陸攻は思いのままに、クラークフィールド、イバを攻撃し、居並ぶP－40戦闘機や、〝空の要塞〟の綽名をもつB－17四発爆撃機などのほとんどを壊滅させた。（中略）

米軍機は翌日、大々的な海上哨戒飛行を行ない、日本の母艦群を捜索したという。零戦を飛び立たせた母艦が、きっと近くにいると考えたからであろう。彼らには、日本の戦闘機隊が台湾から発進し、八百三十キロを一気に飛んできたとは想像もできなかったにちがいない。

高雄海軍航空隊――重慶爆撃からフィリピン爆撃へ

高雄海軍航空隊がアジア太平洋戦争開戦劈頭のフィリピン攻撃の主力になったことはすでに記したので、ここでは、『海軍中攻史話集』のなかから、中攻機搭乗員として重慶爆撃からフィリピン爆撃をおこなった諸田平八少尉の回想を紹介する。(49)

戦備進む

昭和十五年九月大陸では、零戦の出撃に依りその目覚ましい活躍振りが、見事に航空作戦を一変させた。犠牲の大きい陸攻隊だけの奥地攻撃も一挙に解決し、我々搭乗員を始め日本海軍挙げて、その信頼と期待は誠に大きく力強いものであった。陸攻隊も大陸作戦と艦隊戦技訓練を、半年内外の周期で目まぐるしく繰返しながら、昭和十六年五月には我が高雄空はトップを切って全機一式陸攻に機材更新を行い、士気も練度も著しく向上していった。七、八月にかけ一式陸攻を以って漢口基地に進出、大陸作戦を兼ね、操縦や爆撃性能を確認した（一〇二号作戦のこと—引用者）。特に高々度飛行の性能は素晴らしく、巡航スピードもほぼ零戦と同じで護衛、誘導、会合、夜間飛行等凡ゆる航空作戦に活用の幅があり、対米航空戦を仮想しても一応の成算と自信を得て再び原隊に帰還した。

当時対米交渉は次第に難航が伝えられており、大陸に侵攻していたX戦闘機隊が鳳山に、V戦闘機隊が台南に夫々移動を完了し、休息の暇もなく、爆撃連合の編隊訓練を始め、雷撃、高々度編隊、夜間編隊も昼夜懸命に行われ、最終段階に入ってからは戦爆の大編隊を以って、ガランピ岬からバシー海峡に出て引き返す訓練を昼夜繰返して行った。その往復に見る高雄港のおびただしい大小の艦船、輸送船の慌ただしさが認められ、いよいよ日米関係の宿命的な対決をのぞかせていた。

戦機到来

血みどろの訓練の中の唯一つの楽しみである外泊も十二月一日から総員外出止となり、開戦が目前に迫った事を知った。十二月四日搭乗員総員集合があり、須田圭《（ママ）》三飛行長から対米英戦について作戦計画の説明がなされた。

先ず機動部隊は十二月八日未明真珠湾を攻撃、在泊艦艇を撃滅する。同時に基地航空部隊はグアム、ウェーク、比島、マレー方面に攻撃を行う。我が高雄空は戦爆連合を以ってマニラ方面を攻撃する。開戦と同時にアパリ、ビガンへ陸軍部隊が上陸を開始するので、迅速果敢な協同作戦を行いつつ南下し、比島南部よりセレベス、ボルネオ、ジャワ方面を手中に収め、濠州を封鎖し、サンタクルーズ島からハワイ方面へ進攻する計画が示され、その広大な作戦海域に驚かされた。大事の前に比島からの先制攻撃を避けるため、翌五日から七日午後まで台中飛行場へ移動、整備のうえ七日夕方高雄空へ帰り、爆装他一切の攻撃準備を完了した。

比島攻撃

十二月八日開戦の日は遂に来た。格納庫前の広場ではエンジンの爆音が快調に響き、整備員の立回りで活気づいていた。連日の訓練の成果を存分に比島の一撃に加えるべく待機中、基地周辺一帯に濃霧が来襲したため、発進暫く見合わせとなり、指揮所で休息中、機動部隊ハワイ空襲成功の第一報が入電して、一同大いに喜び合ったが、同時にこれから出撃して行く我々にはどんな反撃が待ち受けるか、壮烈な空中戦を覚悟し合った。濃霧も漸く晴れ始めた午前十時近く攻撃隊発進が下令され、指揮官機から次々と離陸、隊形を整えつつ、戦爆連合の大編隊は比島へ進撃を開始した。攻撃隊の壮途を見送ってくれるかの様に、新高山の山頂がいつまでもくっきり浮び出て印象的だった。

新高山も次第に見えなくなり、間もなく比島の島影が見え始め、警戒態勢を整え見張につった。我が第一攻撃隊は、高雄第一飛行隊二十七機と鹿屋飛行隊二十七機で、これを三空の零戦隊が掩護しイバ飛行場へ向い、第二攻撃隊は高雄第二飛行隊二十七機と一空飛行隊二十七機で、之を台南零戦隊が掩護しクラーク飛行場へ迫った。警戒配置につきながら眼を皿の様にしても、一機の敵機にも遭遇せず、悠々と爆撃を敢行し、イバ飛行場では在地戦闘機の大半を爆破炎上させ、クラーク飛行場でも首尾よく在地B17爆撃機他多数の飛行機を爆破炎上し、共に大戦果を挙げ、全機無事帰還した。これも直掩零戦隊の目覚ましい活躍によるもので、敵迎撃機を見当り次第撃破してくれたおかげであり、これを契機に爾後の比島作戦は極めて有利に進展し、続いてニコルス飛行場、キャビテ軍港、マニラ在泊艦船、周辺飛行場等に連続攻撃を加え、難攻不落を豪語したコレヒドール要塞も、連日の爆撃により日を追って沈黙していった。陸海軍地上部隊の快進撃により、一月二日ホロ基地に進出した。

本書において、『海軍中攻史話集』の回想を比較的長く引用してきたのは、当時の中攻隊員たちの高揚した戦意が回想にもかかわらず伝わってくるからである。重慶爆撃の一〇二号作戦が、アジア太平洋戦争開戦のための実戦大演習であったことは、右の回想の「対米航空戦を仮想しても一応の成算と自信を得て再び原隊に帰還した」という記述からも明らかである。回想にある「ガランピ岬からバシー海峡」とあるのは台湾最南端の鵝鑾鼻岬から台湾とフィリピンの国境であるバシー海峡まで飛行して、フィリピン攻撃の訓練をおこなったということである。

右の回想からも、零戦の登場と活躍が、対米航空決戦に勝利できるという自信をもたらしたことがわかる。

第十四航空隊

一九四一年一月二七日、海南島の三亜基地に進出していた高雄航空隊は、ハノイ基地で南支航空作戦に従事していた第十四航空隊と合同して、二月八日、全機五二機（高雄空三〇機、十四空二二機）をもって、ハノイ基地発、トンーフートーハイフォンーハノイのコースで、二時間、示威運動を目的とする編隊飛行を実施した。前日の二月七日、峰宏大尉の率いる高雄航空隊中攻機三機はハノイ基地からサイゴン飛行場へ進出し、二月二〇日まで、空輸・連絡飛行を兼ねて、南部・中部仏印の主要航空基地の写真偵察を実施した。これに合わせて、巡洋艦長良が海南島の三亜港を出発して二月一五日にサイゴン港に入港、停泊、日本海軍による威圧作戦の増大をはかった。

第十四航空隊は、かの入佐俊家少佐が飛行隊長をつとめていたが、北部仏印進駐後はハノイ基地に進出して昆明爆撃作戦などを展開していた。同隊は九六式陸攻三機と偵察熟練搭乗員二組を第十四航空隊派遣陸攻隊として、連絡空輸の名目でサイゴン飛行場に派遣し、三月一三日から四月一日にかけて、ひそかにマレー、ボルネオ、南部仏印の写真偵察を実施した。マレー半島の「隠密写真偵察」は、四一年一二月八日未明、真珠湾奇襲攻撃より早くおこなわれた陸軍のコタバル上陸に始まるマレー作戦に備えたものであった。

第十一航空艦隊

重慶・奥地攻撃をおこなった第一連合航空隊（高雄航空隊、鹿屋航空隊、東港航空隊）と第二連合航空隊（美幌航空隊、元山航空隊）ならびに第四連合航空隊（千歳航空隊、横浜航空隊）が一九四一年一月一五日に編制改正となり、それぞれが、第二十一航空戦隊、第二十二航空戦隊、第二十四航空戦隊と改編され、これらの陸上基地部隊をまとめて第十一航空艦隊を編成し、連合艦隊に編入したことはすでに述べた。第十一航空艦隊の司令長官は片桐英吉中将、参謀長は大西瀧治郎少将で、同艦隊はアジア太平洋戦争の開戦に備えて編成されたものである。

第十一航空艦隊は、「G訓練」と称して、四一年五月中旬から六月下旬にかけて、サイパン、パラオ、トラック、ルオット、タロア等の陸上基地、水上基地を転々と移動し、基地移動訓練を兼ねて、艦船部隊（龍驤など）を対象に、雷撃、爆撃などの各種戦技を練った。(50)

同航空艦隊が「G訓練」につづいて、四一年七月二七日から九月一日まで、一〇二号作戦としてアジア太平洋戦争開戦に備えた大実戦演習をおこなったことは前述のとおりである。

千歳海軍航空隊

一九四一年一月一五日に第十一航空艦隊の第二十四航空戦隊に編成された千歳海軍航空隊の「南洋行動」について、安藤信雄「千歳海軍航空隊の南洋行動」（『海軍中攻史話集』）より抜粋で紹介する。

昭和十六（一九四一）年早々、千歳海軍航空隊の中攻隊は、雪中訓練をする渡辺一夫大尉の分隊を残して千葉県の館山基地に移動した。司令梅谷薫大佐、飛行隊長松田秀雄少佐の指揮のもと、来るべき南洋行動に備えて熱の入った訓練が行われ、新米分隊士も次第に力をつけていった。

十六年春、中攻隊は渡辺分隊を合流させて、三ヶ分隊九六陸攻三十六機がサイパン・アスリート基地に進出、千歳空の南洋行動が開始された。木更津から一二〇〇浬の洋上を、大部隊がちょっとそこらへ行くように気軽に移動するのであるから、搭乗員、整備員ともその技量は相当なものである。

サイパンでは、航空通信、爆撃訓練が主であった。あるとき爆撃の戦技が行われたが、その朝早く起きて散歩していると、サイパン神社に深々と頭を下げて、祈りを捧げている人がいた。よく見ると松田飛行隊長である。

サイパンにおける基地訓練が終わって、中攻隊は原隊である千歳に帰投、短期間の整備補給、休養を終え、再び一二〇〇浬を飛び、サイパン経由でペリリュー島に進出した。昼夜を問わない洋上航空通信訓練、爆雷撃訓練が行われ、練度は着実に向上していった。十六年八月、ペリリュー基地訓練を終了して再び千歳に帰り、休養とルオット基地進出を準備した。

九月、いよいよルオットに進出、訓練も熱が入り、実艦的に魚雷発射訓練をしたのもこの頃である。ところが、突然内地に帰るよう命令が出た。ルオットに来てから間がなかったので一同びっくりしたが、後から考えると、開戦前の最後の休養と身の廻りの整理の機会を与えられたものと思われる。そして短期間内地に居て、再びルオットに進出した。十月三十一日には、横浜航空隊とともに二十四航空戦隊の麾下として第四艦隊に編入され、開戦に備えた。司令官は後藤英治少将、司令は大橋富士郎大佐に変わった。

悲運の千歳航空隊と言われる。昭和十六年十二月八日に、松田飛行隊長の指揮のもと、三十四機でウェーキ島を攻撃した搭乗員は、いま数える程しか生存していない。

美幌海軍航空隊

一九四〇年一〇月一日、北海道の美幌に開隊された美幌海軍航空隊は、四一年一月一五日に第十一航空艦隊の第二十二航空戦隊に編成された。以下は大平吉郎「美幌海軍航空隊の思い出」(『海軍中攻史話集』)よりの抜粋である。

美幌航空隊は九州の鹿屋基地で訓練を重ね昭和十六年三月、台湾台中へ天測《ママ》(転属)、無線航法教練飛行を兼ね基地移動となった。同年三月二十七日上海に移動、支那方面艦隊(嶋田繁太郎司令長官)の指揮下に入り、四月十一日の浙贛《せっかん》作戦を皮切りに、漢口、孝感、運城と転進、元山航空隊と共に支那本土制圧に任ずることとなった。漢口からは重慶等の奥地攻撃をおこない、運城に進出して蘭州攻撃等を反復した。九月一日に内地に帰還、館山、鹿屋、台中にて訓練を重ね、十一月下旬仏印西貢(サイゴン)の北方ツドウムの基地に進出、十二月四日から進出距離六〇〇浬の哨戒飛行に全機出動、開戦に備えた。

開戦前夜の二三〇〇整列、仏蘭西製のヘルメット、防暑服に身を固めた飛行隊長柴田弥五郎少佐の「唯今より海軍伝統の渡洋爆撃を決行する」の一令の下に離陸開始、隊形を整え、基地上空を発進したのが八日〇〇〇〇(零時)であった。美幌空は幸運にも二度の雲中飛行を経過したものの、全機新嘉坡上空に達し、爆撃を敢行することができた。満月の下、雲上の大編隊、新嘉坡の北方メルシン沖で敵が海上を照射する探照灯の光芒、更に爆撃針路に向けた時の新嘉坡市内の煌々たる市街の灯火は、これが防備厳重と云われた新嘉坡かとの疑念をも持たされた。さすがに探照灯の照射は早かったものの、地上からの砲撃開始までには相当の余裕があり、悠々と爆撃を済ますことが出来たのは意外のことであった。
全機無事ツドウムに帰投、その直後に聞いたのがハワイの戦果であった。陸上爆撃は手慣れたものだが、敵艦隊撃滅を果たし得なかった残念さは残る。防備厳重と聞いた新嘉坡攻撃にも全機無事帰還ということは、ついでに出現した英艦隊とのマレー沖海戦に無言の力を加えたことになったように思われる。

『中攻』の著者の巌谷二三男は、「開戦に備えて台湾、仏印に集結した陸攻隊各隊幹部の顔ぶれは……真に精強の一語に尽きるものであった。いずれも日華事変以来豊富な実戦の経験と数千時間の飛行記録をもつベテランを中核として、比較的若年ながら、昭和十四、五年以来、実戦と艦隊訓練に度胸を鍛え、技を磨き、さらに開戦前の約八ヵ月は血の滲む猛訓練を重ねて大戦争に万全を期した血気の人々が顔を揃えるという壮観を呈した」と書いている。(51) 日中戦争における爆撃作戦がアジア太平洋戦争のための実戦演習であったことと、「開戦前の約八カ月」すなわち、四一年四月頃から同戦争の開戦に備えた「血の滲む猛訓練」をおこなってきたことがわかる。

なお、台湾に集結した航空部隊は、高雄航空基地の第十一航空艦隊司令部(司令官塚原二四三中将、参謀長大西瀧治郎少将)、第二十三航空戦隊、高雄航空隊、第三航空隊、そして台南航空基地の第二十一航空戦隊、第一航空隊、台南航空隊、および台中基地の鹿屋航空隊派遣隊(指揮官・飛行長入佐俊家少佐)、ならびに嘉義航空基地の第一航空隊輸送機隊であった。仏印に集結した航空部隊についてては後述する。

連合艦隊と海軍戦時編制

一九四一年八月一九日、二〇日の両日にわたって、大本営海軍部は、各艦隊航空幕僚を軍令部に召集し、ハワイ攻撃作戦もふくめ、アジア太平洋戦争開戦時兵力急造の整備方針を検討した。会議で決定されたのは、以下の事項である。(52)

（一）九月一日戦時編制発令のさい、第一、第十一航空艦隊とも兵力を増強する。

（二）第十一航空艦隊は八月末で対支作戦を打ち切り内地へ引き揚げる。

（三）第一、第十一航空艦隊の戦闘機を逐次零戦に更新する。この場合、第一航空戦隊（空母赤城、加賀）、第二航空戦隊（空母蒼龍、飛龍）、台南、および第三航空戦隊（空母鳳翔、瑞鳳）を優先する。

（四）第一航空艦隊に第五航空戦隊をくわえる。

（五）第一航空艦隊に、全飛行機隊の統一訓練のため、適当な人を選び、第一航空艦隊全飛行機隊指揮官を命ずる。

右の会議では真珠湾攻撃を主柱とする対米航空決戦に備えた海軍航空隊の編制を決定し、各航空部隊が開戦に備えて猛訓練をするよう指令したのである。これにつづいて、九月一日には、「昭和十六年度帝国海軍戦時編制」が定められ、出師（開戦準備）の根幹は一応完成した。その後、一〇月二一日に南遣艦隊が連合艦隊に編入されたが、この海軍戦時編制により、アジア太平洋戦争へ突入していくのである。

右の（五）は、真珠湾攻撃航空作戦の立案者である源田實第一航空艦隊作戦参謀が、空母赤城の飛行隊長に八月二五日に着任したばかりの淵田《ふちだ》美津雄《みつお》少佐を第一航空艦隊の全飛行機隊の指揮官に就けるために設けさせた事項であった。

『真珠湾攻撃総隊長の回想――淵田美津雄自叙伝』(53)によれば、四一年九月下旬、源田少佐が鹿児島基地で訓練中の淵田飛行隊長を訪れ、「実はな、こんど貴様は真珠湾空襲の空中攻撃隊の総指揮官に擬せられているんだ」と告げた。両者は、海軍兵学校同期生で「莫逆《ばくぎゃく》の仲」にあった。「真珠湾空襲って、なんだ」と尋ねた淵田にたいして、源田は「日米交渉の雲行が怪しいんだ。それで万一、日米開戦となったら、開戦劈頭、真珠湾を空襲して、アメリカ艦隊を撃滅しようというのが、山本連合艦隊司令長官の着想なんだ。しかし、それが出来るのは、第一航空艦隊の母艦群の空中攻撃隊だけで、それを引っ張ってゆくのが貴様なんだ」と説明した。快諾した淵田は、自分が赤城飛行隊長に任命されたのは、源田のスカウトによるものと感づいたのである。

源田はつづいて「いまから旗艦赤城に一緒に戻って貰いたいんだ。旗艦の参謀室には、オアフ島の模型も来ているし、真珠湾の情報資料も全部揃えてある。それで長官(第一航空艦隊司令長官南雲忠一中将)や参謀長(草鹿龍之介少将)にも立会って貰って、真珠湾の空襲計画と、その裏付けとなる飛行隊のこれからの訓練について打ち合せたいと思うんだ」と言い、淵田は「よし行こう」と大乗り気で源田に同行し、旗艦赤城へ戻った。

淵田の回想によれば、そのころ、第一航空艦隊空母四隻の飛行機隊は、全部、九州南部の各航空基地に、従来のように母艦別ではなく、機種別に集中して、基礎訓練を始めていたのであった。九七式艦上攻撃機の水平爆撃隊と雷撃隊とは、鹿児島基地に主力を配し、残りを出水基地に分駐していた。九九式艦上爆撃機の降下爆撃は笠野原基地と富高基地とに分かれて配されていた。零式艦上戦闘機の制空隊はひとまとめにして佐伯基地に配してあった。淵田赤城飛行隊長は鹿児島基地を司令部として、各基地との連絡を密にしながら、二百数十機にのぼる連合集団訓練の指導に多忙を極めることになった。

海軍の特設根拠地隊

海軍は、特設根拠地隊を基地部隊として設置した。通常は「特設」を省略して第〇根拠地隊と称し、〇根と略称した。特設根拠地隊は前進根拠地と付近海面の防衛などを担当し、特設航空隊、特設防衛隊、特設通信隊、特設掃海隊などをもって構成、艦艇を附属した。司令官、参謀、副官以下は艦隊司令部に類似の司令部編制をとった。

根拠地隊は英語で Base Force と表記、基地部隊 (Land-based Naval Force) と称したように、本稿で述べてきた海軍航空隊の陸上基地を開発、運営、防衛するために不可欠の部隊となった。基地部隊は海軍航空隊が空爆作戦を展開するための陸上基地の設立にともなって編制され、その後海軍が南進政策を推進するうえでの航空基地の設立のために編成され、アジア太平洋戦争の開始にともなって、広域な占領地の島々に設置されたのである。

アジア太平洋戦争は、海軍主流であった艦隊派、大艦巨砲主義者が固執した、戦艦大和や戦艦武蔵を主役にしたアメリカ海軍との艦隊決戦はおこなわれず、航空兵力による陸上基地の争奪戦が主要な戦闘となった。本書で繰り返し述べてきたように、山本五十六らが航空母艦に代わる陸上基地発進の長距離爆撃機や長距離戦闘機の開発に力を入れたのは、アジア太平洋地域の覇権を争う日米戦争の主要な形態が、航空機部隊による基地攻略戦となることを予想していたからである。

この戦略をもっとも理論的に体系化し、作戦化を主張したのが井上成美で、彼が一九四〇年一〇月に就任した航空本部長から四一年八月に第四艦隊長官に転出するにあたって、後任の片桐英吉中将に残した「井上成美航空本部長　申継」(一、制度問題その他の要旨、二、新軍備計画論、三、海軍航空戦備の現状、よりなる)にまとめられている。[54] そのなかで井上は、「日米相互の争うこの領土攻略戦(基地争奪戦)は、日米戦争の主作戦にして、この成敗は帝国国運の分岐する所なりというも、過言にあらず。その重要さは、旧時の主力艦隊の決戦に匹敵す。日本が比島をはじめ、西太平洋の米領土を全部攻略することにより、戦いの大勢は決せられ、帝国は西太平洋の事実上の王者たり得べし」と述べ、そのための「帝国海軍軍備の要件」として「帝国海軍は、西太平洋各島嶼その他に前進・分散しある作戦基地(飛行基地をふくむ)およびその基地を足場として活動する作戦部隊に対する、軍自体の戦略戦(補給線)の確保を要し、これに必要なる兵力を整備するを要す」と述べ、「今日の状態に於いて、海軍対米英戦備の急速充実は、帝国存立の絶対要件なり」と結論した。[55]

井上が「帝国海軍軍備の要件」として主張した作戦基地(飛行基地をふくむ)の設立と作戦部隊の配備が、日中戦争における海軍航空隊の実戦と訓練のなかで、しだいに具体化していったのが、上記の特設根拠地隊(基地部隊)である。その設立と移駐の経緯をみれば、海軍にとって日中戦争がアジア太平洋戦争への軍備過程となったことが判明する。

海軍の基地部隊は、第一根拠地隊が一九三七年一二月に上海に設立され、南部仏印進駐に備えて四〇年一一月にサイゴン移駐を予定して再編成され、アジア太平洋戦争の戦線拡大にともないソロモン諸島のブーゲンビル島のブインに移駐した。第二根拠地隊は三八年九月に広東に設立され、四一年一月にアジア太平洋戦争に備えてボルネオ移駐を予定して再編成され、アジア太平洋戦争の戦線拡大によりニューギニア島のウェワクに移駐した。第三根拠地隊は三八年一一月に厦門に設立、四〇年一一月にパラオ島、四三年二月にタラワ島に移駐した。第四根拠地隊は三九年一月に海南島に設立され、アジア太平洋戦争の開戦にともなってトラック諸島へ移駐した。そして第五根拠地隊は、四〇年一一月にサイパンに設立、海軍がアジア太平洋戦争の開戦準備に入ったメルクマールとなった。そして、アジア太平洋戦争の開戦直前の、四一年一〇月にペナン、同一一月にサイゴン、ダバオ、開戦後はマニラ、シンガポール、ラバウル、スラバヤ、ラングーンなど各地の占領地に設立されていった。

こうした海軍の南進政策の推進のための航空基地、基地部隊の開設の先駆となったのが、海軍による海南島の軍事占領と基地化であったことは前述したとおりである。

5 開戦を決定づけた海軍の南部仏印進駐

一九四一年六月二五日の大本営政府連絡会議で「南方施策促進に関する件」が決定された。それは、「帝国は現下諸般の情勢に鑑み、既定方針に準拠して、対仏印泰施策を促進す」という南部仏印進駐の方針であった。ついで、七月二日の御前会議において、「情勢の推移に伴う帝国国策要綱」が決定された。「帝国は世界情勢変転の如何に拘らず、大東亜共栄圏を建設し、以て世界平和の確立に寄与せんとする方針を堅持す」という方針と「帝国は自存自衛上南方要域に対する各般の施策を促進す。之が為め、対英米戦準備を整え、先ず「南方施策促進に関する件」に依り、仏印及泰に対する諸方策を完遂し、以て南方進出の態勢を強化す。帝国は本号目的達成の為め、対英米戦を辞せず」という要領を決定した。[56]

これらの決定を受けて、海軍軍令部（総長永野修身大将）は、南部仏印進駐戦を第二遣支艦隊に担当させることにし、同艦隊首席参謀山澄忠三郎中佐を東京に呼んで、海軍中央の方針を内示した。そこで、軍令部次長近藤信竹中将は、南部仏印進駐の目的は、対英米戦略展開が第一目的であることを説明し、軍務局長岡敬純少将は、英、米は武力抵抗をせずとの見通しを述べた。[57]

第二遣支艦隊は、南支作戦を担当していた第五艦隊（三八年二月一日編成）を前身にして三九年一一月一五日に編成、支那方面艦隊に編入して、南支方面の作戦を担当していた。北部仏印進駐の際の統帥部の混乱を繰り返さないよう、中央では「対仏印進駐に関する陸海軍中央協定」を結び（四一年七月五日）、陸海軍とも「ふ」号作戦と呼称し、現地でも第二遣支艦隊司令部と陸軍の第二十五軍司令部との間で現地陸海軍協定が調印された（四一年七月一〇日）。そして大本営海軍部の大海令第二八〇号（四一年七月一〇日付）により「支那方面艦隊司令長官は、第二遣支艦隊司令長官をして概ね左の兵力（第十五戦隊、第五水雷戦隊、第二根拠地隊、第二航空戦隊、第十二航空戦隊、第十四航空隊、第二十三航空戦隊など）を以て七月十六日迄に仏印進駐に対する作戦準備を為さしむべし」と作戦準備を命じた。

そして七月一七日、海南島の三亜に集結した海軍の「ふ」号作戦の全部隊に仏印進駐に関する作戦命令が出された。陸軍の第二十五軍も七月二四日までに三亜に集結した。七月二五日、「ふ」号作戦の陸海軍の全兵力が同時に三亜を出発し、サイゴンを中心とする南部仏印へ向かった。海軍は、第七戦隊、第二航空隊、第一護衛隊、主隊、第二護衛隊、附属隊、補給隊などが出撃、艦艇は大小あわせて約五〇隻、陸軍は輸送船三九隻に分乗、陸海合わせて計約九〇隻の大部隊であった。七月二八日より陸軍部隊がナトランに上陸、南部仏印進駐が開始され、八月四日に「ふ」号作戦は終結、南部仏印進駐は終了した。南部仏印進駐の結果、日本とフランスのビシー政府との間で結ばれた「仏領印度支那の共同防衛に関する日本国フランス国間議定書」(七月二九日調印)により、海軍は南部仏印に航空基地八ヵ所、海軍基地二ヵ所の使用、陸軍は部隊の宿営、演習および訓練の権能と行動の自由が認められることになった。(58)

アジア太平洋戦争開戦に備えて、南部仏印に開設された航空基地に進出した航空部隊は第二十二航空戦隊で、司令部をサイゴン航空基地に置き、同基地に元山航空隊の九六式陸攻四八機を配備、ツドウム基地に美幌航空隊の九六式陸攻四八機と鹿屋航空隊の一式陸攻三六機を配備、ソクトラン基地に山田部隊の零式艦戦三六機と九八式陸偵六機を配備した。これらの航空部隊は、開戦劈頭のマレー方面の空爆作戦を担当した。

一二月八日早朝、元山航空隊飛行隊長薗川亀郎中佐の率いる九六式陸攻三四機はサイゴン基地を発進して、シンガポールの攻撃に向かった。美幌航空隊飛行隊長柴田弥五郎少佐の率いる九六式陸攻三一機はツドウム基地を出撃してシンガポールの爆撃をおこなった。同日午前、ソクトラン基地から発進した山田部隊の九八式陸偵は、シンガポールに戦艦二隻が在泊中であるのを確認した。

この二隻の戦艦がイギリス極東艦隊のプリンス・オブ・ウェールズとレパルスであった。一二月一〇日午後、第二十二航空戦隊司令官松永貞一少将指揮下の美幌航空隊、元山航空隊、鹿屋航空隊の九六式陸攻、一式陸攻計七六機よりなる空襲部隊は、マレー沖を航行中のイギリス艦隊を攻撃した。空母兵力をもたず、戦闘機の護衛のなかった二つの戦艦は、雷爆撃によって撃沈された。マレー沖海戦と名づけられたこの海戦は、基地航空部隊が単独で、洋上を自在に機動しつつ対空戦闘をおこなう戦艦を最初に撃沈したものであった。

以上のマレー方面作戦の経緯から、海軍の南部仏印進駐が、対英戦争、アジア太平洋戦争開戦へ直接つながったことが証明されよう。

いっぽう、アメリカ政府も、南部仏印進駐にたいして、アジア太平洋戦争の開戦を決定づける対応をとることになった。

日本の陸海軍協同による、とくに海軍が積極的であった南部仏印進駐について、アメリカ政府は、本章冒頭の高田利種元少将の【証言G】にあるように「南部仏印進駐で、あんなにアメリカが怒るとは思っていなかった」という対応を見せたのである。そしてアメリカ政府が「怒った」結果、在米日本資産の凍結（七月二五日）、対日石油輸出全面禁止（八月一日）という強硬な対日経済制裁措置をおこなった。これに対抗して、南方進出の「目的達成の為め、対英米戦を辞せず」とした七月二日の御前会議の決定にもとづき、九月六日の御前会議では「帝国は自存自衛を全うする為、対米（英蘭）戦争を辞せざる決意の下に概ね十月下旬を目途とし戦争準備を完整す」という「帝国国策遂行要領」を決定し、引き返すことのできないアジア太平洋戦争開戦の道に踏み切ったのである。

しかし、後述するように、アメリカ政府の経済制裁には、日本との開戦はできるだけ回避して遅らせ、武力発動をせずに日本の南進政策を阻止しようとした意図もあった。しかし、日本の方から奇襲攻撃によって日米戦争を仕掛け、「自滅のシナリオ」を急ぐことになったのである。

以下、福田茂夫「アメリカの対日参戦（一九四一年）」[59]に主に依拠しながら、南部仏印進駐にたいするアメリカ政府・軍部の対応を簡単にまとめてみたい。

ルーズベルト大統領は、三選（四〇年一一月）前後から対ヨーロッパ参戦態勢を具体化させていた。そして、四一年三月には、イギリスその他の連合国勢力に武器・軍需品を無償供与する武器貸与法を成立させ、また反枢軸米英共同軍事戦略（ABC協定）を協定した。ABC協定の基本構想は「日本を打倒してもドイツが残っておれば勝利をおさめたことにはならず、日本が残っていてもドイツを打倒すれば対日問題は自然と解決する」であった。対日軍事戦略は対独軍事戦略にたいして従属的と規定され、対日・太平洋軍事行動は防衛的で、その行動範囲はマーシャル諸島までと限定づけられた。

四月〜六月に米海軍主力は太平洋から大西洋に移動した。ABC協定は、アメリカの戦略構想、既述のレインボー計画の5として、大西洋方面において部分的に実施に移されていった。それはレインボー2の大西洋と太平洋の二正面で戦うが大西洋側の攻勢を優先するというものだった。

四一年六月二二日に独ソ戦が開始されると、七月二日日本の大本営は「関東軍特種演習（関特演）」の秘匿名称で、帝国陸軍創設以来の空前の規模である総兵力八五万人の一六個師団基幹態勢を整える大動員を決定し、対ソ開戦に備えて大兵力の動員、集中を開始した。こうした日本の関特演の動きもあり、アメリカのルーズベルト政府は、日本は独ソ戦を利用して北進するとの判断が圧倒的に強かった。最初、ソ連の抗戦能力は、一ヵ月ないし三ヵ月と予想されていたが、七月になると、その冬季持久戦に希望がもたれはじめるようになった。このため、日本の陸軍参謀本部はその年の対ソ侵攻を断念、南進＝対米英戦争準備に専念することとなった。いっぽう、アメリカは、ソ連の持久抗戦によって、ヨーロッパ・大西洋において余裕をもち、太平洋・日本にたいしても絶対的に戦争を回避しなければならない必要性を次第になくしていた。

ただ、アメリカ政府・軍部としては、レインボー作戦のとおり、ナチス・ドイツのヨーロッパ制覇を阻止、撃退することが最重要で喫緊の課題であり、ヨーロッパ戦線終息の見通しができた段階で、西太平洋における対日戦争に集中する、という戦略には変わりはなかった。

しかし、いっぽうで、アメリカ側は日本外務省の駐米日本大使宛、駐独日本大使宛の暗号電報を解読し、七月二日の御前会議で南進政策、南部仏印進駐が決定されたことを知った。そこで、ルーズベルト大統領やハル国務長官らは、対日石油全面禁輸など対日経済制裁実行を決定しておいて、強圧的なおどしをかけ、日本政府・軍部が驚いて南部仏印から手を引くようにさせることを考えた。

大本営が第二十五軍と支那方面艦隊に南部仏印進駐開始を発令した七月二三日の翌日二四日の午後、ルーズベルトは、ウェルズ国務次官、スターク作戦部長を同席させて、野村吉三郎駐米大使にたいして「もし日本が武力をもって蘭印の石油を奪取しようとすれば日・英・蘭の間に戦争がおこることになろう。さらにアメリカの対英援助政策と関連して事態は直ちに極めて重大な局面に発展していくことであろう」と警告し、対日石油全面禁輸の措置をほのめかした。[60] そして七月二五日、日本の南部仏印進駐部隊が海南島の三亜港を出港した日、アメリカ政府は在米日本資産の凍結令を公布した。

こうした最中、七月三〇日、一〇二号作戦を展開中の海軍航空部隊が、重慶爆撃において、同地在泊の米砲艦ツツイラ号の至近に爆弾を投下したツツイラ号事件が発生、アメリカ政府・国民の対日悪感情を激化させたことは前述のとおり。そして、八月一日、アメリカは対日石油全面禁輸を発動したのである。

当時海軍省軍務局第一課長であった高田利種大佐の本章冒頭の「ところで私はね、南部仏印進駐で、あんなにアメリカが怒るとは思っていなかった。泰仏印はよろしいと、あそこまでは。仏印から外に出ると大事になる。私はシンガポールは反対だったから、泰仏印で止めようじゃないかということだったんですよ。ところが南部仏印でアメリカがあれほど怒ったんです」という【証言G】は、日本海軍中央の大方の考えを代表していると思うが、独ソ戦の開戦と持久戦化の前のアメリカ政府・軍部が、徹底したかたちでヨーロッパ・大西洋を第一、太平洋は防衛に徹し、対日開戦はできるだけ回避するという、ある意味で対日宥和政策をとっていたことへの、過信、見通しの甘さがあった。つまり、アメリカ政府・軍部の出方をうかがいながら、「ここまでは大丈夫、アメリカは武力発動ないし決定的な経済制裁はしない（できない）」という甘い考えで、海南島占領、北部仏印進駐、南部仏印進駐と南進政策を拡大してきた結果、高田証言にある「海軍省に集まって〝これはしまった―〟って言う訳ですよ、第一委員会の連中は。こんなにアメリカが怒るとは思わなかったなあと。それは読みがなかった。申し訳なかったですよ。南部仏印から後ですね、日米関係は悪くなったのは」という事態になったのである。

『海軍戦争検討会議記録』において、当時、軍令部第三部長で、大本営海軍報道部長を兼任していた前田稔少将が、「自分は、（一九四一年）四月に、南部仏印進駐が英米に与える影響を打診するために、タイ・仏印に出張し……結論は「進駐しても米は立たぬ」だった。私は部内にも、非公式にも近衛公にも話した。三部長として見たところ、不敗の態勢を整えるためには、早く南部仏印を押さえる必要がある。英にでも、押さえられると、こちらは手が出ないという意見だった」と述べている。同じく、海軍次官であった澤本頼雄中将は「仏印に進駐すれば、日本の断乎たる決意を示し、外交の推進になるという考えもあり、松岡（洋右、外相）も、進駐しても米は立たぬといっていた」と述べている。[61] また、当時、軍令部次長であった近藤信竹中将は「陸軍は武力進駐を企図し、相手側に抵抗させて、北も南も一挙にとる計画で、海軍は平和的にやる意見であった。海軍にも仏印に進駐しておけば、対英米戦に有利との考えはあった」と述べている。いずれも、当時の海軍中央の安易な対米認識が吐露されている。

日本の南部仏印進駐により、日本軍のフィリピン侵攻も迫ったと判断したルーズベルトは、アメリカ陸軍参謀総長（一九三〇年〜三五年）、フィリピン政府最高軍事顧問（一九三五年〜三七年）とつとめた後、三七年に退役していたダグラス・マッカーサー中将を現役に復帰させて、七月二六日、極東アメリカ陸軍総司令官に任命した。この日に創設された極東アメリカ陸軍（United States Army Forces in the Far East、略称 USAFFE）は、フィリピン派遣米陸軍の指揮下にフィリピン人部隊を編入しただけであり、たぶんに対日牽制作用にその主たる意義があったとはいえ、アメリカの極東戦略の改定、拡大の方向を示したものであった。

しかし、ルーズベルト政府部内の多数の判断は、対ソ戦を早急に片づけたドイツと大西洋で戦争状態に入る危険がきわめて大きいとしていた。そうした国際的状況の下では、アメリカの極東軍事介入を不可避にさせる日本の南進が目前に迫っているとしても、極東軍事力の強化、極東戦略構想の拡大は実際にできるものではなかった。したがって、もし日本の南進が少しでも南部仏印でとどまり、それ以上の行動に日本が出ることが少しでも遅くなれば、それはアメリカにとって望ましいことであった。そうした希望を残してルーズベルトは、すでに日米会談を打ち切り、経済制裁を断行し、そして軍事的準備を牽制力として用いる力の政策を誇示しながら、なお日本を「あやす」（to baby）道をつけておいたのであった。[62]

6 開戦――「自滅のシナリオ」への突入

本書で明らかにしてきたように、海軍は一九四〇年八月以降、アジア太平洋戦争にたいする本格的戦備促進に乗り出し、同年一一月一五日に「出師準備第一着作業発動」を発令し、海軍の艦艇、航空の軍備拡張が急がれ、各航空部隊が対米航空決戦に備え実戦訓練を重ねてきたことはすでに述べたとおりである。そして、前述のアメリカの対日石油全面禁輸が断行された直後の四一年八月一五日、「出師準備第二着作業」の一部実施が発令された。それは開戦前後におこなわれる艦船部隊、特設艦船部隊などの戦闘準備体制の完成を期すもので、一〇月一五日までの完成が目途とされた。前述のように、航空部隊が一〇二号作戦を早期に終了させ、各部隊が真珠湾攻撃、フィリピン攻撃、シンガポール攻撃をめざして各基地に集結し、開戦初日の奇襲攻撃作戦のための猛訓練を開始したのはそのためであった。

そして九月一日には、前述のように、対米英戦を目標に本格的に計画された「昭和十六年度帝国海軍戦時編制」の実施に踏み切った。これにより、海軍艦船部隊は、年度戦時編制の全計画の九割以上が連合艦隊に編入され、出師準備、すなわち開戦準備の根幹は一応完成したのである。このような全面戦時編制への移行は、陸軍からみれば、戦争決意をともなわずにはできることでなかったので、参謀本部第一部第二十班の「機密戦争日誌」(四一年八月一五日付)には「海軍は決意せざる儘徹底的作戦準備を行なわんとするや、出師準備の演習を行わんとするに在るや。不可解至極なり」と記されていたとおりである。[63] 海軍が「決意せざるまま」アジア太平洋戦争開戦へ向けて「出師準備」に拍車をかけ、そのまま一二月八日に突入していったことは、フィリピン作戦とマレー作戦を事例にすでに述べた。

ここでは、山本五十六連合艦隊司令長官が日米戦争の勝敗を決する一大決戦と考えて、その作戦準備に執念を燃やしてきた当時ハワイ作戦と呼ばれた真珠湾攻撃に突入していく過程を簡単に追ってみたい。

四一年九月六日の御前会議で以下のような「帝国国策遂行要領」を決定した(64)。

帝国は現下の急迫せる情勢特に米英蘭等の各国の執れる対日攻勢、「ソ」連の情勢及び帝国国力の弾撥性等に鑑み「情勢の推移に伴う帝国国策要綱」中、南方に対する施策を左記に依り遂行す。

一　帝国は自存自衛を全うする為、対米(英蘭)戦争を辞せざる決意の下に概ね十月下旬を目途とし戦争準備を完整す

二　帝国は右に併行して米英に対し外交の手段を尽くして帝国の要求貫徹に努む

「帝国国力の弾撥性等に鑑み」とあるのは、アメリカの対日屑鉄、石油など重要軍需物資の禁輸措置を受け、石油備蓄のあるうちに、勝ち目のあるうちに早く日米戦争をして、勝利を期すというものであった。当時、第四艦隊参謀であった川井巌大佐は、戦後の『海軍戦争検討会議記録』のなかで、「石油を禁輸されたら、海軍戦力は二年しか続かない。したがって禁輸の四ヵ月以内に開戦せねば、不利になると考えていた……ニッケル、その他の資材でジリ貧は見えて来たので、交渉が

長びくようなら、やらねばならぬという考えが動いていた」と述べている。[65] アメリカの対日石油全面禁輸の措置が日米戦争開戦決意の引き金になったのである。

これまで太平洋戦争開戦史では、日米両国政府の開戦回避の可能性を追求した日米交渉の経緯に関心が集中されてきたが、本書で詳述してきたように、海軍の各航空部隊においては、日米交渉の進展とは関係なく、もはや止めることのできない勢いで開戦に向けた大きな歯車が回転し、訓練と動員が遂行されていったのである。

一一月五日の御前会議において、「帝国国策遂行要領」を決定した。それは、対米交渉不成立の場合、対米英蘭戦争を決意し、武力発動の時期を一二月初頭と定め、陸海軍は作戦準備を完整し、一二月一日午前零時までに対米交渉が成功すれば武力発動を中止するというものであった。この日、政府は日米交渉のため来栖《くるす》三郎大使をアメリカへ急派することを決定した。

いっぽう海軍は、軍令部総長永野修身の名で以下のような「大海令第一号」（昭和一六年一一月五日付）を発令した。[66]

山本連合艦隊司令長官に命令

一、帝国は自存自衛の為十二月上旬、米国、英国及び蘭国に対し開戦を予期し、諸般の作戦準備を完整するに決す

二、連合艦隊司令長官は所要の作戦準備を実施すべし

この大海令第一号にもとづき、即日、南雲忠一機動部隊指揮官（第一航空艦隊司令長官）にたい

し「機動部隊は極力其の行動を秘匿しつつ十一月二十二日迄に単冠湾に集合補給を行うべし」と命令が下された。単冠湾はヒトカップに当てた漢字であるが、千島列島の択捉島の南岸のほぼ真ん中あたりにある湾である。ここに二二日までに、空母六、戦艦二、大型巡洋艦二、軽巡洋艦一、駆逐艦一五、潜水艦三、給油船八、の合計三七隻の機動部隊が集結した。第一航空艦隊の各空母、赤城、加賀に各六〇機、蒼龍、飛龍に各五〇機、瑞鶴、翔鶴に各七〇機、合計三六〇機が搭載されていた。

二四日午前、機動部隊の各級指揮官、幕僚および飛行機隊幹部が旗艦赤城に集合し、南雲長官の訓示を受け、真珠湾攻撃の作戦命令の下達、各担当幕僚からの担当事項の説明がおこなわれた。翌二五日、山本連合艦隊司令長官より南雲機動部隊指揮官にたいし、「機動部隊は十一月二十六日単冠湾を出撃、極力其の行動を秘匿しつつ、十二月三日夕刻、待機地点に進出し、急速補給を完了すべし」という電命が下命された。出撃を翌朝に控え、二五日の夜、機動部隊各艦の幹部搭乗員たちは、旗艦赤城艦内で出撃前夜の壮行会を盛大に開催した。

第一航空艦隊の空中攻撃隊の総隊長をつとめた淵田美津雄中佐は、戦後の座談会において「二十六日に出発したときは、司令部の方では戦争がはじまるかどうかが、まだ分からない状態だったらしいが、われわれとしては、百パーセント戦争だと思っておったね。あのとき戦争はやめだといって引き返したら、長官を海にでも放りこんでやろうかと……」と話しているが[67]、飛行機搭乗員たちの士気は頂点に達し、「一二月一日午前零時までに対米交渉が成功すれば武力発動を中止する」ことなどは不可能だったのである。これまで、対米決戦にそなえて猛烈な訓練を重ねてきた海軍各部隊の将兵たちの戦意は非常な高まりを見せ、その勢いは、日米戦争反対者も少なくなかった海軍中央にはもはや制御不可能になっていた。もともと日米戦争には反対であった山本五十六連合艦隊司令長官もその勢いに乗る以外に術がなく、海軍の最高指揮官として「自滅のシナリオ」の道を突きすすんだのである。

おわりに

海軍中央の無責任な開戦決定

【証言H】　私が申し上げておきたいのはねえ、私は軍令部におる間はね、感じておったことはですな、海軍が〝アメリカと戦えない〟というようなことを言ったことがですね、陸軍の耳に入ると、それを利用されてしまうと。どういうことかというと、海軍は今まで、その、軍備拡張のためにずいぶん予算を使ったじゃないかと、それでおりながら戦えないというならば〝予算を削っちまえ〟と。そしてその分を、〝陸軍によこせ〟ということにでもなればですね、陸軍がもっとその軍備を拡張し、それから言うことを、強く言い出すと。（略）そういうふうになっちゃ困るからと言うんでですね、一切言わないと。負けるとか何とか、戦えないというようなことは一切言わないと。こういうことなんですな。——三代《みよ》一就《かずなり》元大佐(1)

三代一就は、海軍兵学校第五一期卒業。一九三九年軍令部作戦課航空主務部員、四二年第十一航艦参謀、翌年南東方面艦隊参謀兼任、四四年に横須賀航空隊副長兼教頭、四五年軍令部出仕。

だから、海軍の心理状態は非常にデリケートで、本当に日米交渉を妥結したい、戦争しないで片づけたい。しかし、海軍が意気地がないとか何とか言われるようなことはしたくない、ということですね。ぶちあけたところを言えば。——高田利種元少将(2)(前出)

東条さんがね、最後に開戦の決を決める時に、〝海軍が反対すりゃできません〟と言った。戦争はね、そういうことは、海軍が反対すれば戦争、要するに陸軍もどうにもしょうがないということなんだね。(略)海軍が戦わなきゃ、アメリカと戦争できないでしょ。だからその辺はどうもおかしいんだよね。軍令部は内乱が起こるという。内乱が起こったってね、海軍が反対すれば結局戦争にならない。あれだけの人を殺して戦争するよりも、そういうことで若干譲歩をしてね、そして決をとる方法があったんじゃないですか。いわゆる大戦略だな。そういうことが足らなかったんじゃないかということは、これは反省していいと思うんだ、当然。——保科《ほしな》善四郎《ぜんしろう》元中将(3)

保科善四郎は、海軍兵学校第四一期卒業、海軍大学校第二三期卒業。一九三五年海軍省軍務局第一課長、三八年支那方面艦隊参謀副長、妙高艦長、鳥海艦長、陸奥艦長などを経て四〇年海軍省軍務局長。太平洋戦争では兵備局長兼運輸部長を長くつとめ、四五年最後の軍務局長として終戦を処理した。

以上は、本書の「はじめに」で紹介した「海軍反省会」で語られたアジア太平洋戦争開戦に踏み切った海軍中央部の率直な開戦理由である。「はじめに」で紹介した豊田隈雄の「陸海軍あるを知って国あるを忘れていた」という証言そのままである。本書で詳述してきたように、海軍は「対米航空決戦」に備えるという口実で、膨大な予算を獲得し、航空部隊の軍備の拡充や兵員の大増員をはかり、日中戦争を利用して十分な戦闘訓練を重ねてきた。それでいながら、「今さらアメリカと戦争できないとは何事だ」という陸軍の批判、攻撃をかわすために戦争をはじめたというのである。陸軍に非難され、貶された海軍の面子を保つために日米戦争をはじめたという「身内の論理」そのものである。日本という国の運命よりも、陸軍・海軍のセクショナリズムの対立と張り合いの果ての対米戦争突入なのである。

敗戦直後に海軍省が解体され、第二（海軍）復員省と変わったとき、最後の海軍大臣となった米内光政の「ほんとうの歴史をのこしたい」という意向により、日本海軍の生き残った最高首脳が集まり、一九四五年一二月二二日から翌年一月二三日にかけて四回、以下に紹介するような「海軍特別座談会」をもった。この座談会は、これをまとめて出版した毎日新聞元海軍記者の新名丈夫がいう「戦前、日本海軍は国際協調、平和主義を堅持していた。満州事変、日中戦争にも反対し、対米戦争に何の自信も持っていなかった。それだけに、どうして戦争にまきこまれたのか？」という編集、出版意図からもわかるように、本書が批判してきた「海軍は陸軍に引きずられて戦争した」という「海軍神話」の原点のひとつとなっている(4)。

第二回第一次特別座談会（一九四六年一月二二日）において、「太平洋戦争開戦の経緯」を問題にした海軍首脳たちが語った以下の証言からも、海軍中央の首脳たちによる無責任な開戦決定ぶりを知ることができる（軍職位・階級は開戦当時のもの）。

井上成美中将（第四艦隊長官）

自分は、澤本次官（後出）着任前、航空本部長で、約三週間次官代理をつとめたが、その時自分の受けた印象は、海軍は米と戦うつもりで事を進めているのではないかと思った。日米交渉回答案が廻ってきた時、私は（海軍）省と（軍令）部は、とんでもないことを考えていると思って、及川大臣私邸に伺い、私見を申し上げ、私は海軍はどんなことがあっても、米英と戦争を避ける方針と思うが、これは反対のように思われる。大臣はこんな御方針ですかと、お尋ねしたところ、俺もお前と同意見だと答えられたので、それでは書類を直しますよ（と）、訂正を命じたが、何かと理屈をつけて、原案に近いものにしたがるので、てこずった。

日米交渉回答案というのは、野村駐米大使の日米不戦方針を壊すことになるような海軍側の案に井上が同意できなかったので、及川古志郎海相の見解を質しにいったのであった。井上は自己の責任において、原案を骨抜き的に修正したが、それに不服だった軍務局員らは、結局それを駐米海軍武官に発信しなかった(5)。

澤本頼雄中将（海軍次官）

（一九四一年）九月二十六日頃、山本長官、上京の際、長官は「長官としての意見と、一大将としての意見は違う。長官としては、十一月末までには一般戦備が完成する。戦争初期は何とか戦えるが、南方作戦は四ヵ月よりも延びよう。艦隊としては、零戦、中攻各一〇〇〇機ほしいが、現在零戦は三〇〇機しかない。しかしこれでもやれぬことはない。一大将としていわせるなら、日本は戦ってはならぬ。結局は国力戦になって負ける。日本は支那事変で疲れている。また戦争をすれば、朝鮮・満州の民族も離反する」といわれた。高須（四郎中将、第一艦隊長官）、近藤（信竹中将、第二艦隊長官）、高橋（伊望中将、第三艦隊長官）、井上（成美中将、第四艦隊長官）各長官も同意見であった。

軍令部次長（伊藤整一少将）も、一部長（福留繁少将）も、当時戦争することは考えていたが、翌年になれば兵力差が大きくなるので、戦争をやるなら早く決めなければならない、という意見に変わっていた。永野（軍令部）総長と及川（海軍）大臣との間には、大分思想上のギャップがあり、物資・戦備を中心に、これを統一せねばならぬという問題が起こった。大体において総長は主戦的で、軍令部内でも次長、一部長はこれを引っ張っていた。総長は、戦争をやるなら早くやらねばならぬといわれ、及川大臣は戦争をしてはならぬといわれたが、結局、戦備・物資を中心とする思想統一については、一部長が起案し、一部長・（海軍省）軍務局長（岡敬純少将）以上で処理することになり、その結論は不敗の策（は）あるが、屈敵の策はない。日米戦争については、慎重な態度をとらねばならぬ。戦備は進めなければならぬということになり、八月初め、これを奏上した。

吉田《よしだ》善吾《ぜんご》大将（軍事参議官、一九三九年八月〜四〇年九月海相）

（一九四一年）八月一〇日、佐伯湾で山本（五十六）に会った時は、彼の心境は錯雑し「戦いをやるならば、ハワイをやらねばならぬ。目下研究中。実は福留（繁）が中央にかわる時、日米戦争はやらぬようにたのんだのに、近ごろその手紙を見ると、戦争やむを得ないという風に見える。伊藤（整一）が中央に行く時にもたのんだのだが、われわれの希望通りに行かない。俺も今度かわるよ。後は嶋田（繁太郎、当時支那方面艦隊長官）が来る。自分は軍事参議官でもよい。別府で級会をやろう」と話した。自分は及川大臣に、山本はかわるのかと尋ねたら、そんなことはないと答えた。山本はどこから聞いたのか知らぬが、自分はかわるのだと、やや捨鉢的になっていた。

アジア太平洋戦争開戦当時海軍次官であった澤本頼雄中将の証言によれば、対米英蘭戦争を決意して開戦準備を決定した四一年九月六日の御前会議以後においても、山本五十六連合艦隊司令長官以下、連合艦隊直轄部隊の第一艦隊長官から第四艦隊長官まで、対米英蘭戦争に反対であったというから驚きである。一年前に海相であった吉田善吾大将の証言のように、山本連合艦隊司令長官が、すでに海軍が日米開戦に備えた「第二出師準備」段階において、「自分はかわるのだと、やや捨鉢的になっていた」というのも驚きである。

これらの証言から、海軍中央に、アメリカと戦争することは無謀であると知りながら、「海軍としては、面子にかけても仮想敵国たる米と、戦争できぬとはいえなかった」という榎本重治海軍書記官の座談会における発言ならびに冒頭の【証言H】のように、陸軍と対抗、さらには対米決戦に勝利すると国民に豪語して海軍軍備拡大をはかってきた手前、今さら「アメリカと戦えぬ」とはいえなかったからだという開戦理由が説得力をもつことになる。本書にいう「自滅のシナリオ」の証明である。そのことは、第二回第二次特別座談会（第一次と同日）における次の証言からも裏付けられる。なお、以下の証言記録は前述の第一次と異なり、文語体に書き改められている。

澤本頼雄中将（海軍次官）

近衛手記に海軍は和戦の決を首相に一任せりとありしが、当時の空気は現在とは全く異なり、「海軍は戦えない」などといい得る情勢にあらざりき。その理由は、（一）海軍存在の意義を失う。（二）艦隊の士気に影響す。（三）陸海の物資争奪、陸軍は「戦えざる海軍に物資をやる必要なし」といえり。（四）統帥部としては、（陸海）両軍分かれるは不可。表面のみにても、一致せざるべからずという空気あり。ただし、「海軍は戦えぬといってくれないか」と、陸軍よりいわれしこともあり。

さらに第二回第二次特別座談会の席で、井上成美大将が、第二次近衛内閣（一九四〇年七月〜四一年七月）と第三次近衛内閣（一九四一年七月〜一〇月）の海軍大臣であった及川古志郎大将に向かって、近衛首相や東条英機陸軍大臣にたいしてなぜ断固として「海軍は戦えぬ」といわなかったのか、と厳しく批判した場面があった。井上の批判にたいして及川は、「海軍は戦えない」と主張できなかった理由を以下のように述べた。

及川古志郎（軍事参議官）

海軍が戦えぬといわざりし理由、二つあり。第一は、情況異なるも、谷口（尚真）大将、軍令部長の時（昭和五年六月加藤寛治大将にかわり、軍令部長に就任、七年二月まで）満州事変起こすべからずといい、大臣室にて東郷（平八郎）元帥より面罵せられしことあり……谷口大将の反対理由は、満州事変は結局対英米戦となるおそれあり……わが国力にては、これは不可能なりといふにありしが、ロンドン条約以後、加藤大将と谷口大将は、尖鋭に対立せしを以て、加藤大将が元帥にいわれしためか、元帥は「谷口は何でも弱い」といわれしことあり、この折は「軍令部は毎年作戦計画を陛下に奉っておるではないか。いまさら対米戦ができぬとはいわば、陛下に嘘を申し上げたことになる。また東郷も毎年この計画に対し、よろしいと奏上しているが、自分も嘘を申し上げたことになる、今さらそんなことがいえるか?」と面罵せられたりと。このことが、自分の頭を支配せり。

第二には……近衛さんに下駄をはかせられるなという言葉あり。当時、海軍にては非常に警戒せしものにて、軍令部よりも、軍務(局)よりも注意せられたり。

第一の理由は、本書の第3章で述べたように、「海軍良識派」であった谷口尚真軍令部長が、満州事変・第一次上海事変に際し、対米戦争につながることを懸念した発言をしたのにたいして、東郷平八郎元帥が、軍令部は毎年作戦計画を天皇に提出しているのに、戦争ができないというのでは、嘘をいったことになるからと面罵したことが自分の頭のなかにあって、あえていうことができなかったというのである。上記の特別座談会の記録をまとめた毎日新聞の海軍記者だった新名は、「東郷の怒鳴りこみは部内を震撼した。神様東郷の言は絶対であった。以来、「海軍は戦争できぬ」というこどばは、部内でタブーとなったのである」と書いている。[6] 及川のいったことは、これである。それに加えて、及川は、伏見宮の第一の寵臣が嶋田繁太郎、第二の寵臣が永野修身といわれたのにつづいて、第三の寵臣といわれたほどだったので、[7] 四一年四月に永野修身に軍令部総長の座を譲った後も、隠然たる勢力をもっていた伏見宮の怒りに触れるのを恐れたのである。ついでにいえば、第一の寵臣嶋田が後述するように東条英機開戦決定内閣の海軍大臣となり、第二の永野が開戦決定時の軍令部総長、第三の及川が開戦へ導いた近衛文麿内閣の海軍大臣だったのである。伏見宮の三人の寵臣が日本海軍の最高権力者となって、アジア太平洋戦争という「自滅のシナリオ」に、海軍を突入させたのである。

第二の理由は、日米戦争開戦をするかどうかの決断は、近衛首相自身が陣頭に立って決定することなので、海軍から先に「海軍は戦争できぬ」と主張して言質をとられ、近衛首相が開戦にはやる陸軍を統制する口実として利用されないようにせよ、というのである。第一の理由は及川海相個人の自己保身、第二の理由は及川海相個人と海軍省・軍令部全体の責任逃れの体制のためである。いずれもアジア太平洋戦争の開戦の結果もたらされる国と国民の命運などはまったく配慮されていなかったのである。

東京裁判における海軍「免責」工作の成功

本書の「はじめに」で言及したNHKスペシャル番組「日本海軍400時間の証言　第三回　戦犯裁判〝第二の戦争〟」では、敗戦直後、戦時中の軍令部員からなる第二復員省（通称、二復）が、東京裁判で海軍トップの戦争責任を回避するために組織ぐるみでおこなった秘密工作を、連合国との〝第二の戦争〟と位置づけて遂行したことが明らかにされた。

二復は、GHQの指令により解体された海軍省の後継組織として、国外の海軍軍人・軍属の帰国事業を推進するために一九四五年一二月一日に発足した省庁である。軍令部のメンバーの半数が第二復員省復員官となった。豊田隈雄が〝第二の戦争〟において中心となったのは、彼はアジア太平洋戦争時にはドイツ大使館付武官補佐官として一九四五年一二月までドイツに滞在し、対米戦に参加した戦闘歴がなかったことから、東京裁判で戦犯に問われる可能性がないと思われたことによる。

二復を中心に海軍関係者がおこなった秘密工作は、アジア太平洋戦争に突入した東条内閣の海軍大臣をつとめ、東条首相兼陸相が参謀総長になると軍令部総長を兼任し、「東条の副官」「東条の腰巾着」とまでいわれた嶋田繁太郎の絞首刑を免れることであった。絞首刑さえ免れておけば、いずれ講和条約締結によって占領統治が終わり、日本に国家主権が戻れば釈放できるという思惑があった。

彼らは、先行していたニュルンベルク裁判を徹底的に研究、A級戦犯容疑で逮捕された海軍トップの嶋田繁太郎が、①平和に対する罪（開戦責任など）、②通例の戦争犯罪（捕虜虐待など）、③人道に対する罪（虐殺など）により裁かれることを予測、嶋田の死刑判決を回避するために、組織をあげて対策に動いた。

嶋田繁太郎は、日中戦争開始時に軍令部次長、後に支那方面艦隊司令長官となり、日中戦争における海軍作戦の最高指揮官をつとめた。一九四一年一〇月に東条英機内閣の海相に就任、東条が首相・陸相と参謀総長を兼任すると、嶋田も軍令部総長を兼任した。東条内閣は、真珠湾攻撃を決定した「パール・ハーバー内閣」であるが、そのナンバー・ツーは間違いなく嶋田であった。昭和天皇の戦争責任を免責するために『昭和天皇独白録』が書かれたように、①の罪に対して、「海軍は、陸軍に引きずられて太平洋戦争に突入した」、海軍は陸軍と違って「平和的・開明的・国際的」であったという「海軍善玉イメージ」を、メディアなどを利用して海軍関係者から意図的に流布、宣伝させた。

米内光政元海軍大将は、対米協調派と思われていたので、マッカーサー連合国軍最高司令官と接触して、豊田と連絡をとりながら海軍トップ、とくに嶋田繁太郎の極刑回避のための裏面工作をおこなった。接触したGHQのフェラーズ准将軍からは、東京裁判への対策として、「日本人側から東条に全責任を負わせるようにすれば都合がよい」という「助言」があり、米内も同感した。こうして、天皇の戦争責任を免責し、嶋田繁太郎の極刑を回避するために、「東条に全責任を負わせる」ことで海軍とGHQの「談合」が秘密裏に成立したのである。

二復は東京裁判の半年前から海軍の戦争責任回避のための裏工作に組織的に取り組み、海軍は陸軍に引きずられて戦争をおこなったのであり、開戦責任はすべて陸軍の強硬姿勢にあったと口裏を合わせて証言するようにした。二復は、裁判用の答弁の骨子を作成し、証言予定者を事前に呼び出して打ち合わせをおこない、「本当のことを言うな、黙っていろ」などと指示した。

二復では、嶋田の①での有罪判決は避けられないが、②③も有罪となれば、嶋田の死刑は確定すると予想して、②③を無罪とするよう、工作をおこなった。戸谷由麻『東京裁判』が明らかにしたように、東京裁判において①だけでは死刑判決にならず、②③も有罪とされた七名がA級戦犯として死刑にされた。(8) 豊田ら二復のメンバーは、嶋田が②にたいして有罪とならないように、「潜水艦事件」(潜水艦部隊が連合国の商船を魚雷で撃沈、引き上げた非戦闘員を洋上で射殺した事件)の証人予定者を事前に呼び出し、軍令部の指令はなく、「現地部隊の独断で」処刑したと偽証させるために、徹底した口裏合わせの工作をおこなった。海軍はさらに、軍令部や海軍首脳を守るために、全責任を現地指揮官に負わせることにして、東京裁判で証人に指名された者たちを事前に呼び出し、証言内容を厳密にチェックし、軍令部からの命令なしに捕虜などの処刑をしたと偽証するように工作した。

偽証工作が成功したのは、日本が四五年八月一四日に降伏を決定してから連合軍が日本に上陸、占領するまで「空白の二週間」があり、その間に海軍は周到に証拠文書の焼却をはかり、さらに東京裁判の国際検察団側にも、証拠文書の押収に不手際があったからである。

「スラバヤ事件」(捕虜になったオーストラリア兵を処刑した事件)を裁いたBC級戦犯裁判では、特別根拠地隊の参謀・篠原多磨夫大佐は、艦隊司令部の命令で捕虜殺害をおこなったことを主張しつづけたにもかかわらず、艦隊司令部幹部たちの命令はしなかったという口裏合わせの証言のため、独断で処刑命令を出したとみなされて死刑にされた。BC級戦犯裁判による海軍の将校・下士官の死刑者は二〇〇名であったのに対し、艦隊司令官以上の死刑はゼロであった。有罪判決を受けた海軍戦犯のほとんどが海軍陸戦隊員であった。海軍は、組織的に練られた東京裁判対策により「上を守って下を切った」といえる。東京裁判において嶋田繁太郎の②③の罪は立証されることなく終身刑の判決を受け、海軍からはA級戦犯の死刑者は一人も出さなかった。二復が〝第二の戦争〟と位置づけて海軍の組織ぐるみで取り組んだ海軍の戦争責任回避の秘密工作は、成功したのである。これにたいし、陸軍は、太平洋戦争開戦時に陸軍次官であった木村兵太郎が、東条陸相の腹心の「女房役」と見られ、「東条の副官」といわれた嶋田よりも低いポストにいたにもかかわらず死刑となった。嶋田は講和条約発効後の一九五五年に釈放され、一九七六年に九二歳で死亡した。(9)

東条英機を中心とする陸軍に全面的に戦争責任があり、「海軍は陸軍に引きずられて戦争をおこなった」という海軍の戦争責任「免責論」は、東京裁判における海軍の組織的な裏面工作のなかで意図的に流布された。現在でも海軍は陸軍に比べて開明的で国際感覚を備え、英米との協調を考え、対米英戦争には反対であったという「海軍神話」が流布され、山本五十六や米内光政などの海軍指導者たちを「智将」として英雄視する伝記類がそうした言説を補完する役割を果たしている。海軍の戦争責任「免責論」こそ、東京裁判対策のために海軍がＧＨＱと「談合」して捏造した「東京裁判史観」というのに相応しいものである。[10]

本書の目的について、日本海軍を主語にして、海軍がどのようにして日中戦争からアジア太平洋戦争へと戦争を起こし、「自滅のシナリオ」を歩むようになったのか、その歴史的要因を明らかにしたい、と「はじめに」に記した。

海軍の「自滅のシナリオ」の論理は、単純である。根本的な矛盾は、日本海軍は屑鉄や石油など主要な軍需物資を仮想敵であるアメリカからの輸入に全面的に依存するという構造をもっていたことである。その海軍が海軍セクショナリズムから日中戦争の臨時軍事予算を利用して、仮想敵アメリカから制空権、制海権を争奪することを国民にアピールしながら海軍航空兵力を大増強し、その勢いで東南アジアの石油・鉱物資源獲得をめざして南進政策を進めたのである。そうすれば、フィリピン、グアムを拠点にしたアメリカの西太平洋、東南アジアの権益を侵し、アメリカと同盟関係を築きつつあったイギリスの東南アジアの権益を強奪することになるので、それを阻止するためにアメリカが鉄や石油の対日禁輸を断行するのは当然といえた。その結果、海軍は「窮鼠猫を嚙む」の喩えどおりにアジア太平洋戦争に突入したのである。しかし、現代戦争は総力戦であるゆえに、物量ともに圧倒的に優勢なアメリカに最終的には敗北するというこれもまた当然の結果になったのである。いっぽうそのために、日本の侵略戦争により犠牲にされたアジア太平洋地域の民衆の死者は、中国人もふくめおおよそ二〇〇〇万人といわれるほど、膨大なものとなった。また日本国民も大きな被害をこうむり、その犠牲者は軍人・軍属約二三〇万人、民間人を合わせて計約三一〇万人が死亡したといわれる。

しかし、そのようなアジア太平洋戦争の惨禍をもたらした日本海軍の海軍セクショナリズムにもとづいた「自滅のシナリオ」については、海軍が創作、宣伝、流布した「海軍神話」が功を奏して、日本国民の多くには認識されないままでいる。

日本の海軍は、同一の学校（海軍兵学校・海軍大学校）を卒業した者によってのみ上層幹部を独占し、天皇の統帥権に保障されて軍国日本の特権階級を形成したのである。海軍省、軍令部にわたる要職を独占した海軍大学校卒業生（海大出）は、強いエリート意識と年功序列、成績序列の同窓意識で結ばれ、海軍の組織的利益を至上とするセクショナリズムを共有するにいたった。海軍の上層、中堅機関は、海軍官僚組織といえる階級身分制度になっており、将校はほぼ年功序列によって、一階位ずつ昇進、出世する仕組みになっている。海軍官僚組織においては、定期昇格と定期異動があり、長期間にわたり同一人物が責任をもってその職位を全うすることはない。そのために、ある幹部・指揮官が責任をもってその職責を全うできないように、また逆に、ある事件を起こしても、その職や現場を異動してしまえば、責任を追及されることはなくなる。とくに、海軍省、軍令部の最高幹部も伏見宮軍令部長・総長を例外として、頻繁に交替するために、海軍の失策、過誤について誰も責任を追及されず、処分されず、また責任を負うことのない海軍中央の集団無責任体制が形成された。

本書では、日本海軍全体が、国の命運や国家利益さらには国防よりも組織的利益を優先させた強いセクショナリズム集団であり、陸軍に対抗して海軍の軍費・軍備拡張のためには、海軍の縄張りである華中・華南で戦闘を引き起こし、膨大な戦時予算を獲得することを最優先の目的にして、「謀略・大山事件」を仕掛けて、「自滅のシナリオ」を歩みはじめたことを明らかにした。そして日中戦争の臨時軍事費を利用して航空部隊の拡充、訓練に邁進、仮想敵のアメリカ海軍・陸軍航空軍(戦後の空軍)を相手に西太平洋の制空権、制海権の争奪戦を展開できるだけの海軍航空兵力を保持するにいたった。そして緒戦は勝利できるという判断にもとづいて、アジア太平洋戦争へ突入、四年後には「自滅のシナリオ」の最終幕を迎えることになったのである。

海軍のセクショナリズムにもとづいた、航空兵力を中心とする海軍軍備拡張・増強こそが「自滅のシナリオ」となった歴史事実を解明した本書は、「はじめに」に記した「同じ過ちを将来再び繰り返さないように」歴史の教訓として「後世のために残すことである」という「今日生きている人間の大課題」にたいする筆者なりの挑戦である。

本書がその目的を達成することができたかどうかは、読者の審判を仰ぎたいと思う。

注

はじめに

(1) ＮＨＫスペシャル取材班『日本海軍４００時間の証言――軍令部・参謀たちが語った敗戦』新潮社、二〇一一年、二九〇頁

(2) 戸高一成編『[証言録] 海軍反省会1～7』、ＰＨＰ研究所、二〇〇九、二〇一一、二〇一二、二〇一三、二〇一四、二〇一五年。ＮＨＫスペシャル取材班『日本海軍４００時間の証言――軍令部・参謀たちが語った敗戦』新潮社、二〇一一年。澤地久枝・半藤一利・戸高一成『日本海軍はなぜ過ったか――海軍反省会四〇〇時間の証言より』岩波書店、二〇一一年

(3) 笠原十九司『日中全面戦争と海軍――パナイ号事件の真相』青木書店、一九九七年

(4) 豊田隈雄『戦争裁判余録』泰生社、一九八六年

(5) 笠原十九司「大山事件の真相――日本海軍の「謀略」の追及」（『年報日本現代史』編集委員会『年報日本現代史』第17号、現代史料出版、二〇一二年）

(6) 日本海軍航空史編纂委員会編『日本海軍航空史（1）用兵篇』、同（2）軍備篇、同（3）制度・技術篇、同（4）戦史篇、時事通信社、一九六九年。海空会編『海鷲の航跡――日本海軍航空外史』原書房、一九八二年。海空会編『海軍航空年表――「海鷲の航跡」別冊』原書房、一九八二年

(7) 海空会編『海鷲の航跡――日本海軍航空外史』原書房、一九八二年、五五九～五六三頁

第1章　海軍が仕掛けた大山事件

(1) ＮＨＫスペシャル取材班『日本海軍４００時間の証言――軍令部・参謀たちが語った敗戦』新潮社、二〇一一

年、八九頁
(2)「河辺虎四郎少将回想応答録」『現代史資料(12) 日中戦争4』みすず書房、一九六五年、四一四頁
(3) 防衛庁防衛研修所戦史室『戦史叢書　支那事変陸軍作戦〈1〉』朝雲新聞社、一九七五年、二〇二頁
(4) 中攻会『海軍中攻史話集』(非売品)、一九八〇年、二二四頁
(5) 巌谷二三男『中攻――海軍中型攻撃機　その技術発達と壮烈な戦歴』原書房、一九七六年、二七頁
(6) 防衛庁防衛研修所戦史室『戦史叢書　中国方面海軍作戦〈1〉』朝雲新聞社、一九七四年、二四八頁
(7) 昭三会『海軍回顧録』(非売品)、一九七〇年、一九〇頁
(8) 防衛庁防衛研修所戦史室『戦史叢書　中国方面海軍作戦〈1〉』朝雲新聞社、一九七四年、二五二頁
(9) 同前、二六〇頁
(10) 防衛庁防衛研修所戦史室『戦史叢書　支那事変陸軍作戦〈1〉』朝雲新聞社、一九七五年、二二二頁
(11) 同前、二二二～二二四頁
(12) 井本熊男『支那事変作戦日誌』芙蓉書房出版、一九九八年、一四六頁
(13) 原田熊雄『西園寺公と政局　第六巻』岩波書店、一九五一年、四三頁
(14) 風見章『近衛内閣』中公文庫、一九八二年、六九頁
(15) 伊藤隆・劉傑編『石射猪太郎日記』中央公論社、一九九三年、一六七、一八二頁
(16) 前掲『支那事変陸軍作戦〈1〉』二四五、二四六頁
(17) 楊天石『找尋真実的蔣介石――蔣介石日記解読　上』山西人民出版社、二〇〇八年、二三一頁
(18) 外務省『日本外交文書　日中戦争　第一冊』六一書房、二〇一一年、八七～九三頁
(19) 笠原十九司「大山事件の真相――日本海軍の「謀略」の追及」(『年報日本現代史』第17号「軍隊と地域」現代史料出版、二〇一二年)
(20) 鹿山譽編著『海軍陸戦隊』(私家版)、一九九六年
(21) 新居格編『支那在留日本人小学生綴方現地報告』第一書房、一九三九年、八一頁

(22) 同前、四四頁
(23) 戴峰・周明『1937 中日淞滬戦役』知兵堂(台北)、二〇一一年、二一頁
(24) 大山日記刊行委員会『上海海軍特別陸戦隊殉職海軍大尉 大山勇夫の日記』(非売品)、一九八三年
(25) 中国第二歴史档案館編『抗日戦争正面戦場 上』江蘇古籍出版社、一九八七年、二五二頁
(26) 重村実「大山事件の真相」(昭三会編集委員会『海軍回顧録』(非売品)、一九七〇年
(27) 原国民党将領抗日戦争親歴記『八一三淞滬抗戦』中国文史出版社、一九九二年、四一頁
(28) 防衛庁防衛研修所戦史室『戦史叢書 中国方面海軍作戦〈1〉』朝雲新聞社、一九七四年、三〇九頁
(29) 笠原十九司『日中全面戦争と海軍――パナイ号事件の真相』青木書店、一九九七年、六一頁
(30) 檜山良昭『暗号を盗んだ男たち――人物・日本陸軍暗号史』光人社NF文庫、一九九四年
(31) 前掲『中国方面海軍作戦〈1〉』三一〇頁
(32) 国民党中央常任委員会『中常第五〇次会議(一九三七年八月一二日)速記録』(台北、中国国民党史委員会所蔵)
(33) 笠原十九司「国民政府軍の構造と作戦――上海・南京戦を事例に」(中央大学人文科学研究所編『民国後期中国国民党政権の研究』中央大学出版部、二〇〇五年、所収)
(34)『現代史資料9 日中戦争2』みすず書房、一九六四年、一九九頁
(35) 同前
(36) 同前、一九八頁
(37) 鹿山譽『海軍陸戦隊』(私家版)、一九九六年、二五頁
(38) 上法快男編『軍務局長武藤章回想録』芙蓉書房、一九八一年、一一三頁
(39) 国会図書館憲政資料室所蔵「近衛文麿関係文書」(マイクロフィルム、リール第1巻に所収)
(40) 大山日記刊行委員会『上海海軍特別陸戦隊殉職海軍大尉 大山勇夫の日記』(非売品)、一九八三年、二二九頁

第2章　南京渡洋爆撃――「自滅のシナリオ」の始まり

(1) NHKスペシャル取材班、前掲書、一〇八頁。
(2) 「第一航空戦隊戦闘ノ大要　軍艦加賀」(防衛省防衛研究所図書館所蔵資料)
(3) 防衛庁防衛研修所戦史室『戦史叢書　支那事変陸軍作戦〈1〉』朝雲新聞社、一九七五年、二六二頁
(4) 防衛庁防衛研修所戦史室『戦史叢書　中国方面海軍作戦〈1〉』朝雲新聞社、一九七四年、三一七頁
(5) 同前、三三八頁
(6) 生出寿『【不戦海相】米内光政』徳間書店、一九八九年、七〇～七一頁
(7) 原田熊雄『西園寺公と政局　第六巻』岩波書店、一九五一年、六八、七三頁
(8) 生出寿『【不戦海相】米内光政』徳間書店、一九八九年、八六頁
(9) 「隠忍を捨てて断乎膺懲、今暁・政府重大声明、緊急閣議で遂に一決」『東京朝日新聞』一九三七年八月一五日付
(10) 防衛庁防衛研修所戦史室『戦史叢書　中国方面海軍作戦〈1〉』朝雲新聞社、一九七四年、三四三頁
(11) 土屋誠一「支那事変発生」(安藤信雄編纂『海軍中攻史話集』中攻会、非売品)、一九八〇年、一二四～一二七頁
(12) 河本広中「中攻緒戦時の憶い出」(安藤信雄編纂『海軍中攻史話集』中攻会、非売品)、一九八〇年、一〇七頁
(13) 「昭和十二年八月十六日　蘇州攻撃戦闘概報　木更津海軍航空隊」(防衛省防衛研究所図書館所蔵)
(14) 河本広中「中攻緒戦時の憶い出」(安藤信雄編纂『海軍中攻史話集』中攻会、非売品)、一九八〇年、一〇八頁
(15) 源田實『海軍航空隊始末記――發進篇』文藝春秋新社、一九六一年、一九五頁
(16) 笠原十九司「国民政府軍の構造と作戦」(中央大学人文科学研究所編『民国後期中国国民党政権の研究』中央大学出版部、二〇〇五年)
(17) 中国国民党中央委員会党史委員会編『中華民国重要史料初編――対日抗戦時期　緒編(三)』台北、一九八一年、三八〇頁
(18) 龔業悌『抗戦飛行日記』長江文芸出版社、二〇一一年、一一九頁

(19) 笠原十九司「国民政府軍の構造と作戦」(中央大学人文科学研究所編『民国後期中国国民党政権の研究』中央大学出版部、二〇〇五年)、二六八頁
(20) 周斌・鄒新奇編『中国的天空——中国空中抗日実録』鳳凰出版社、二〇〇九年、一三頁。韋鼎峙『抗日空戦』河中文化実業、二〇〇五年、二七頁
(21) 井上成美伝記刊行会『井上成美』井上成美伝記刊行会、一九八二年、資料編、一七七頁
(22) 防衛庁防衛研修所戦史室『戦史叢書　海軍航空概史』朝雲新聞社、一九七六年、四八頁
(23) 源田實『海軍航空隊始末記——發進篇』文藝春秋新社、一九六一年、一六四頁
(24) 今川福雄「第一聯合航空隊の思い出」(安藤信雄編纂『海軍中攻史話集』中攻会、非売品)、一九八〇年、一九五頁
(25) 日本海軍航空史編纂委員会『日本海軍航空史(4)戦史篇』時事通信社、一九六九年、七五二頁
(26) 河本広中「中攻緒戦時の憶い出」(安藤信雄編纂『海軍中攻史話集』中攻会、非売品)、一九八〇年、一〇五頁
(27) 源田實『真珠湾作戦回顧録』文春文庫、一九九八年、二四二頁
(28) 森史朗『海軍戦闘機隊　1　開戦前夜』R出版、一九七三年、三頁
(29) 源田實『海軍航空隊始末記——發進篇』文藝春秋新社、一九六一年、一六四頁
(30) 堀越二郎『零戦——その誕生と栄光の記録』角川文庫、二〇一二年、一〇頁
(31) 同前、一五頁
(32) 防衛庁防衛研修所戦史室『戦史叢書　支那事変陸軍作戦〈1〉』朝雲新聞社、一九七五年
(33) 土屋誠一「支那事変発生」(安藤信雄編纂『海軍中攻史話集』中攻会、非売品)、一九八〇年、一三三頁
(34) 戸高一成監修『日本海軍士官総覧』(海軍義済会編『海軍義済会名簿(昭和十七年七月一日調)』復刻版)、柏書房、二〇〇三年、四二四頁
(35) 高木義賢『支那事変少年軍談　南京総攻撃』大日本雄弁会講談社、一九三八年、二〇八頁
(36) 和田秀穂『海軍航空史話』明治書院、一九四四年、二一二頁
(37) 「第七二回帝国議会衆議院議事速記録号外」(『帝国議会・衆議院議事速記録・六九』東京大学出版会)

(38) 田中新一『支那事変記録　其の二』防衛省防衛研究所図書館所蔵資料
(39) 防衛庁防衛研修所戦史室『戦史叢書　海軍軍戦備〈1〉』朝雲新聞社、一九六九年、付表「支那事変海軍省所轄臨時軍事費科目別一覧表」より作成
(40) 日本海軍航空史編纂委員会編『日本海軍航空史(4)戦史篇』時事通信社、一九六九年、七六七頁
(41) 同前、七七二頁

第3章　海軍はなぜ大海軍主義への道を歩みはじめたのか

(1) 戸髙一成『[証言録]海軍反省会3』PHP研究所、二〇一二年、一三五頁。同『[証言録]海軍反省会2』PHP研究所、二〇一一年、三一一頁
(2) 生出寿『【帝国海軍】軍令部総長の失敗』徳間書店、一九八七年、六七頁
(3) 麻田貞雄『両大戦間の日米関係――海軍と政策決定過程』東京大学出版会、一九九三年、「第四章　日本海軍と軍縮(一九二一～三〇年)」
(4) 野村實『天皇・伏見宮と日本海軍』文藝春秋、一九八八年。池田清『海軍と日本』中公新書、一九八一年
(5) 佐薙毅「第十一航空隊編成の経緯と作戦構想」(安藤信雄編纂『海軍中攻史話集』中攻会、非売品)、一九八〇年、四三頁
(6) 野村實『天皇・伏見宮と日本海軍』文藝春秋、一九八八年、一四三、一四九頁
(7) 麻田貞雄『両大戦間の日米関係――海軍と政策決定過程』東京大学出版会、一九九三年、一八一、一八九頁
(8) 生出寿『【帝国海軍】軍令部総長の失敗』徳間書店、一九八七年、九八頁
(9) 中村政則『昭和の歴史2　昭和恐慌』小学館、一九八二年、一七一頁
(10) 麻田貞雄『両大戦間の日米関係――海軍と政策決定過程』東京大学出版会、一九九三年、二〇六～二一一頁
(11) 纐纈厚『近代日本政軍関係の研究』岩波書店、二〇〇五年、二九九頁
(12) 宮野澄『不遇の提督　堀悌吉』光人社、一九九〇年、一一九頁

(13) 廣瀬彦太編『堀悌吉君追悼録』(非売品)、一九五九年、四二四頁
(14) 吉見義明『従軍慰安婦』岩波新書、一九九五年、一五頁
(15) 伊藤隆他編『続・現代史資料5　海軍　加藤寛治日記』みすず書房、一九九四年、一五四頁
(16) 同前、一六六頁
(17) 生出寿『【帝国海軍】軍令部総長の失敗』徳間書店、一九八七年、一五五頁
(18) 防衛庁防衛研修所戦史室『戦史叢書　海軍航空概史』朝雲新聞社、一九七六年、六一頁
(19) 生出寿『【帝国海軍】軍令部総長の失敗』徳間書店、一九八七年、二九頁
(20) 『現代史資料8　日中戦争1』みすず書房、一九六四年、三五五頁
(21) 同前、三五六頁
(22) 同前、三六一頁
(23) 防衛庁防衛研修所戦史室『戦史叢書　海軍軍備戦〈1〉』朝雲新聞社、一九六九年、一六五頁。日本海軍航空史編纂委員会編『日本海軍航空史(1)用兵篇』時事通信社、一九六九年、二六一頁
(24) 日本海軍航空史編纂委員会編『日本海軍航空史(3)制度・技術篇』時事通信社、一九六九年、四七七頁
(25) 新名丈夫『海軍戦争検討会議記録――太平洋戦争開戦の経緯』毎日新聞社、一九七六年、二一四〜二一七頁
(26) 前掲『海軍航空概史』五八頁
(27) 日本海軍航空史編纂委員会編『日本海軍航空史(1)用兵篇』時事通信社、一九六九年、一二一頁、新名丈夫『海軍戦争検討会議記録』毎日新聞社、一九七六年、二一八頁
(28) 源田實『海軍航空隊始末記――發進篇』文藝春秋新社、一九六一年、一四二頁
(29) 北海事件については、『現代史資料8　日中戦争1』みすず書房、一九六四年、「三七　北海事件報告(南遣部隊司令部)」「三八　北海(支那)事件経過概容(昭和十一年八月〜昭和十二年一月)(軍令部第二課)」に所収された史料、ならびに防衛庁防衛研修所戦史室『戦史叢書　中国方面海軍作戦〈1〉』朝雲新聞社、一九七四年、一九九〜二〇一頁より

（30）出雲水兵射殺事件については、防衛庁防衛研修所戦史室『戦史叢書　中国方面海軍作戦〈1〉』朝雲新聞社、一九七四年、二〇四～二一三頁より

第4章　パナイ号事件――〝真珠湾攻撃への序曲〟

（1）戸高一成編『［証言録］海軍反省会1』PHP研究所、二〇〇九年、三一五頁
（2）「第七一回帝国議会衆議院議事速記録第二号」（『帝国議会・衆議院議事速記録　六九』東京大学出版会）
（3）「国際正義実現のため我等今敢然起つ　首相、街頭へ第一声」『東京朝日新聞』一九三七年九月一二日付
（4）田中利幸『空の戦争史』講談社現代新書、二〇〇八年、五四頁
（5）二連空機密第九八号「南京空襲部隊戦闘詳報」別紙第三、別紙第四（防衛省防衛研究所図書館戦史史料、②支那事変39）
（6）源田實『海軍航空隊始末記――發進篇』文藝春秋新社、一九六一年、二〇八頁、二〇六頁
（7）二連空機密第九八号「南京空襲部隊戦闘詳報」（防衛省防衛研究所図書館戦史史料、②支那事変39）
（8）『海陸軍大空爆戦記』（雑誌『日の出』新潮社、一九三八年新年特別号第一付録）、八一頁
（9）周斌・鄒新奇編著『中国的天空――中国空中抗日実録』鳳凰出版社、二〇〇九年、一四三頁。龔業悌『抗戦飛行日記』長江文芸出版社、二〇一一年、一三六頁
（10）安藤信雄編纂『海軍中攻史話集』中攻会（非売品）、一九八〇年、一八一頁
（11）神立尚紀『零戦最後の証言――海軍戦闘機と共に生きた男たちの肖像』光人社NF文庫、二〇一三年、八七～九〇頁
（12）前掲『海軍中攻史話集』、二一二頁
（13）奥宮正武『真珠湾までの五十年――真実の「太平洋戦争」前史』PHP研究所、一九九五年、三一八頁
（14）源田實『海軍航空隊始末記――發進篇』文藝春秋新社、一九六一年、二二八頁
（15）同前、二二九頁

(16) 堀越二郎『零戦――その誕生と栄光の記録』角川文庫、二〇一二年、七七頁
(17) 同前、四二頁
(18) 同前、二二二頁、二三七頁
(19) 南京事件調査研究会編訳『南京事件資料集 ①アメリカ関係資料編』青木書店、一九九二年、二二二頁
(20) 『海陸軍大空爆戦記』(雑誌『日の出』新潮社、一九三八年一月号第一付録)、八九、九〇頁
(21) 南京事件調査研究会編訳『南京事件資料集 ①アメリカ関係資料編』青木書店、一九九二年、二四頁
(22) 歴史学研究会編『太平洋戦争史3 日中戦争Ⅱ』青木書店、一九七二年、四一頁
(23) 外務省編纂『日本外交年表竝主要文書 下』日本国際連合協会、一九五五年、三七〇頁
(24) 南京事件調査研究会編訳『南京事件資料集 ①アメリカ関係資料編』青木書店、一九九二年、二五頁
(25) 軍令部第一部甲部員・横井大佐「支那事変機密記録」(防衛省防衛研究所図書館戦史史料、②支那事変159)
(26) グルー文書(ハーバード大学・ホートン図書館所蔵)より。南京事件調査研究会編訳『南京事件資料集 ①アメリカ関係資料編』青木書店、一九九二年、二六～二七頁に所収
(27) 防衛庁防衛研修所戦史室『戦史叢書 支那事変陸軍作戦〈1〉』朝雲新聞社、一九七五年、三一一頁
(28) 同前、三一二頁
(29) 外務省『日本外交文書 日中戦争 第三冊』六一書房、二〇一一年、一六一七頁
(30) 海軍省海軍軍事普及部編『支那事変に於ける帝国海軍の行動』(復刻版)、鵬和出版、一九八五年、五八頁
(31) 昭和一二年一二月一三日受信 支那方面艦隊参謀長から次官・次長宛 機密電報第二二七番電「米艦PANAY爆撃事件経過」(東京大学社会科学研究所所蔵 島田俊彦文書――海軍軍令部関係資料〈支那事変関係重要綴米艦「パネー号」撃沈事件〉)
(32) 奥宮正武『日本海軍航空隊戦史――さらば海軍航空隊』朝日ソノラマ、一九七九年
(33) 同前、一一七頁
(34) 笠原十九司『日中全面戦争と海軍――パナイ号事件の真相』青木書店、一九九七年

(35) 奥宮正武『日本海軍航空隊戦史――さらば海軍航空隊』朝日ソノラマ、一九七九年、一一九～一二三頁

(36) 南京事件調査研究会編訳『南京事件資料集 ①アメリカ関係資料編』青木書店、一九九二年、五三頁

(37) 山本悌一朗『海軍魂――若き雷撃王村田重治の生涯』光人社NF文庫、一九九六年、一九六頁

(38) 南京事件調査研究会編訳『南京事件資料集 ①アメリカ関係資料編』青木書店、一九九二年、七〇頁

(39) Joseph C. Grew's DIARY, December 13, 1937. (JOSEPH C. GREW PAPER, Harvard University Houghton Library)

(40) 「支那事変関係一件 艦船被害関係 外国の部」所収の「外務省調査局『米艦パナイ』号事件」(昭和二一年一月複製)、八頁。外務省外交史料館所蔵外務省記録A-1-1-0-30-37-2。

(41) 前掲 Joseph C.Grew's DIARY, December 13, 1937.

(42) 「誠意をもって処理・米砲艦パネー号事件」『読売新聞』一九三七年一二月一四日付

(43) 奥宮正武『日本海軍航空隊戦史――さらば海軍航空隊』朝日ソノラマ、一九七九年、一二四頁

(44) 源田實『海軍航空隊始末記――發進篇』文藝春秋新社、一九六一年、二五〇頁

(45) 昭和一二年一二月一八日受信 支那方面艦隊参謀長から次官宛 機密電報第三一五番電「官房機密電第二四七番電の件」(東京大学社会科学研究所所蔵 島田俊彦文書――海軍軍令部関係資料)

(46) 「支那事変関係一件 艦船被害関係 外国の部」所収の「外務省調査局『米艦パナイ』号事件」(昭和二一年一月複製)、一一～一二頁

(47) 「第一連合航空隊事変日誌」支艦隊長官発信 着信支艦隊 支艦隊機密第二七二番電 昭和一二年一二月一六日(防衛省防衛研究所図書館所蔵史料 ②支那事変36)

(48) 会同の議事録は、Minutes of the Meeting held at the American Embassy on December 23, 1937, to hear the report of the Japanese Army and Navy investigators on the Bombing and Sinking of the U.S.S.PANAY として一九三八年一月六日付でグルー大使からアメリカ国務省に報告されたものである。原文はアメリカ、ワシントンの国立公文書館のマイクロフィルムに収録されている。ここでは、山本昌雄編著『帝国海軍マサカ物語(4) パナイ

号事件に見る五十六次官手品の数々――虚構の軍神』東京図書出版会、二〇〇一年、一四九～一八〇頁に掲載されている編者の訳文より一部修正して引用した。
(49)「支那事変関係一件　艦船被害関係　外国の部」所収の「外務省調査局『米艦パナイ』号事件」(昭和一二年一月複製)、五八～六一頁
(50) 同前、六六～六九頁
(51) 同前、八〇頁
(52) 笠原十九司「第七章　日中戦争とアメリカ国民意識――パナイ号事件・南京事件をめぐって」(中央大学人文科学研究所『日中戦争――日本・中国・アメリカ』中央大学出版部、一九九三年)
(53) ウォルド・ハインリックス「アメリカ海軍と対日戦略」(細谷千博他編『日米関係史　開戦に至る十年』第2巻、東京大学出版会、新装版、二〇〇〇年)、一八四頁
(54) 故大西瀧治郎海軍中将伝刊行会『大西瀧治郎』(非売品)、一九五七年、二七頁
(55) 防衛庁防衛研修所戦史室『戦史叢書　ハワイ作戦』朝雲新聞社、一九六七年、七九頁
(56) 源田實『真珠湾作戦回顧録』文春文庫、一九九八年、一三頁
(57) 同前、一八五～一九五頁
(58) 同前、二六五頁
(59) 山本悌一朗『海軍魂――若き雷撃王村田重治の生涯』光人社NF文庫、一九九六年、一〇八頁

第5章　海軍の海南島占領と基地化――自覚なきアジア太平洋戦争への道

(1) 戸高一成編『[証言録]海軍反省会3』PHP研究所、二〇一二年、二五、三九頁
(2) 原田熊雄『西園寺公と政局　第六巻』岩波書店、一九五一年、一八七頁
(3) 前掲『戦史叢書　支那事変陸軍作戦〈1〉』四七五～四七六頁。前掲『西園寺公と政局』二〇六～二〇八頁。大杉一雄『日中十五年戦争史』中公新書、一九九六年、三一三～三一八頁

(4) 前掲『戦史叢書　支那事変陸軍作戦〈1〉』四七九頁
(5) 岡田春生『黄土に挺身した人達の歴史　新民会外史・前編』五稜郭出版社、一九八六年、三三一頁
(6) 大江志乃夫『徴兵制』岩波新書、一九八一年、一四四頁
(7) 『帝国議会・衆議院議事録　七〇』東京大学出版会、一七頁
(8) 内田健三・金原左門・古屋哲夫編『日本議会史録　3』第一法規、一九九〇年、二九〇頁
(9) 防衛庁防衛研修所戦史室『戦史叢書　海軍軍戦備（1）』朝雲新聞社、一九六九年、付表六「支那事変海軍省所管臨時軍事費科目別一覧表」より作成
(10) 同前、六四二頁、「海軍生徒及び選修学生の採用数の推移」より作成
(11) 大濱徹也・小沢郁郎編『帝国陸海軍事典』同成社、一九八四年、九九頁より作成
(12) 日本海軍航空史編纂委員会『日本海軍航空史（4）戦史篇』時事通信社、一九六九年、三〇八～三一四頁
(13) 防衛庁防衛研修所戦史室『戦史叢書　中国方面海軍作戦〈2〉』朝雲新聞社、一九七五年、一一二頁
(14) 日本海軍航空史編纂委員会編『日本海軍航空史（4）戦史篇』時事通信社、一九六九年、七六八頁
(15) 防衛省防衛研究所図書館所蔵『昭和十二年第一航空戦闘の大要　軍艦加賀』（②支那事変89）
(16) 防衛省防衛研究所図書館所蔵『第一航空戦隊戦闘経過概容竝に戦訓所見』（②支那事変48）
(17) 防衛省防衛研究所図書館所蔵『高雄航空隊戦闘詳報』（②支那事変54）
(18) 龔業悌『抗戦飛行日記』長江文芸出版社、二〇一一年。韋鼎峙『抗日空戦』河中文化実業（台北）、二〇〇五年。周斌・鄒新奇編著『中国的天空——中国空中抗日実録』鳳凰出版社、二〇〇九年
(19) 日本海軍航空史編纂委員会編『日本海軍航空史（1）用兵篇』時事通信社、一九六九年、一三頁
(20) 巌谷二三男『中攻——海軍中型攻撃機　その技術発達と壮烈な戦歴』原書房、一九七六年
(21) 同前、一三五頁
(22) 防衛庁防衛研修所戦史室『戦史叢書　中国方面陸軍航空作戦』朝雲新聞社、一九七四年
(23) 巌谷二三男『中攻——海軍中型攻撃機　その技術発達と壮烈な戦歴』原書房、一九七六年、一三五頁

(24) 防衛省防衛研究所図書館所蔵『支那事変第十二、十四航空関係綴(二)』(②支那事変41)に収録
(25) 防衛省防衛研究所図書館所蔵『南支航空部隊戦闘詳報 其ノ一～其ノ六』(②支那事変66)
(26) 同前に収録
(27) 防衛省防衛研究所図書館所蔵『南支航空部隊戦闘詳報 其ノ一～其ノ六』(②支那事変66)
(28) 海軍省海軍軍事普及部『支那事変に於ける帝国海軍の行動(続)(漢口攻略後より海南島上陸迄)』五八頁、(海軍省海軍軍事普及部編『支那事変に於ける帝国海軍の行動』(復刻版、鵬和出版、一九八五年)
(29) 防衛省防衛研究所図書館所蔵『海南警備府関係綴』(昭和十六年～十八年)(④陸上部隊45)
(30) 『海軍中攻史話集』(非売品)、一九八〇年、一六八～一七〇頁
(31) 防衛省防衛研究所図書館所蔵『空母加賀 支那事変関係記録』(②支那事変90)
(32) 山本悌一朗『海軍魂――若き雷撃王村田重治の生涯』光人社NF文庫、一九九六年、二二七頁
(33) 蘇智良・侯桂芳・胡海英『日本対海南的侵略及其暴行』上海辞書出版社、二〇〇五年
(34) 沈雲龍主編近代中国史料叢刊続編第七十一輯 海南抗戦三十周年記念会編印『海南抗戦紀要(上)(下)』文海出版社印行、一九七〇年
(35) 張一平・程暁華『海南抗日闘争史稿』南方出版社/海南出版社、二〇〇八年
(36) 防衛省防衛研究所図書館所蔵『海南警備府戦時日誌』『海南部隊戦闘詳報』(④戦闘詳報・戦時日誌643～674)。同『海南島敵匪情況 昭和十六年七月』(②支那事変271)、『海南警備府関係綴(昭和十六年～十八年)』(④陸上部隊45)
(37) 笠原十九司『日本軍の治安戦――日中戦争の実相』岩波書店、二〇一〇年
(38) 藤原彰「海南島における日本海軍の「三光作戦」」(『季刊 戦争責任研究』第24号、一九九九年夏季号)は海南島における海軍の治安粛正作戦の全体を詳述している。
(39) 長谷川清伝刊行会『長谷川清傳』(非売品)、一九七二年、二九四～二九六頁
(40) 同前、二九七頁
(41) キム・チョンミ「日本占領下の海南島における強制労働①――強制連行・強制労働の歴史の総体的把握のため

に」(『季刊　戦争責任研究』第27号、二〇〇〇年春季号)、七二頁

(42) 同前、七二頁

(43) 金子美晴「中国海南島における戦時性暴力被害と裁判及びその支援について」(『季刊　戦争責任研究』第64号、二〇〇九年夏季号)、三五頁

(44) 蘇智良・侯桂芳・胡海英『日本対海南的侵略及其暴行』上海辞書出版社、二〇〇五年、二三〇頁

(45) 「昭和一四年二月一三日　わが方の海南島占領をめぐる有田・アンリ会談につき外務省発表」(外務省編纂『日本外交文書　日中戦争　第三冊』六一書房、二〇一一年、一八四七頁)

(46) 日本国際政治学会・太平洋戦争原因研究部編『太平洋戦争への道　第六巻　南方進出』朝日新聞社、一九六三年、一二頁

(47) 昭和一四年三月三一日付、有田外務大臣より在仏国宮崎臨時代理大使宛「新南群島のわが領土への編入を在仏本邦仏国大使に通告について」(外務省編纂『日本外交文書　日中戦争　第三冊』六一書房、二〇一一年、一八四八頁)

(48) 昭和一四年四月七日付、有田外務大臣より在仏国宮崎臨時代理公使宛(同前、一八五〇頁)。昭和一四年四月九日付、在仏国宮崎臨時代理公使より有田外務大臣宛(同前、一八五一頁)

(49) 日本国際政治学会・太平洋戦争原因研究部編『太平洋戦争への道　第六巻　南方進出』朝日新聞社、一九六三年、一五頁

(50) 外務省編纂『日本外交文書　日中戦争　第三冊』六一書房、二〇一一年

(51) 昭和一四年三月二五日付、在米国堀内大使より有田外務大臣宛「米国の対日感情悪化およびその改善につき意見具申」(同前、二二五七頁)

(52) 前掲『太平洋戦争への道　第六巻　南方進出』、一六頁

(53) 昭和一四年五月一八日付、有田外務大臣より在本邦グルー米国大使宛(外務省編纂『日本外交文書　日中戦争　第三冊』六一書房、二〇一一年、二二六一頁)

(54) 昭和一四年五月二九日付、在米国堀内大使より有田外務大臣宛(同前、二二六二頁)

(55) 昭和一四年六月五日付、在米国堀内大使より有田外務大臣宛（同前、二二六四頁）
(56) 昭和一四年七月一三日付、在米国堀内大使より有田外務大臣宛（同前、二二六七頁）
(57) 昭和一四年七月一四日付、在米国堀内大使より有田外務大臣宛（同前、二二六八頁）
(58) 昭和一四年七月一九日付、在米国堀内大使より有田外務大臣宛（同前、二二七二頁）
(59) 昭和一四年七月二七日付、在米国堀内大使より有田外務大臣宛（同前、二二七六頁）
(60) 「昭和一四年七月二〇日　重慶空爆被害への米国抗議に関する日本政府声明」（同前、二〇七九頁）
(61) 日本国際政治学会・太平洋戦争原因研究部編『太平洋戦争への道　第六巻　南方進出』朝日新聞社、一九六三年、二九三頁
(62) 同前、三〇五頁
(63) 「蔣委員長対日寇占領海南島談話」（沈雲龍主編近代中国史料叢刊続編第七十一輯　海南抗戦三十周年記念会編印『海南抗戦紀要（上）』文海出版社印行、一九七〇年、一〜二頁）

第6章　決意なきアジア太平洋戦争開戦への道

(1) ＮＨＫスペシャル取材班『日本海軍４００時間の証言――軍令部・参謀たちが語った敗戦』新潮社、二〇一一年、一〇七頁
(2) 戦争と空爆問題研究会編『重慶爆撃とは何だったのか――もうひとつの日中戦争』（高文研、二〇〇九年）による。なお、重慶爆撃については、防衛庁防衛研修所戦史室『中国方面陸軍航空作戦』（朝雲新聞社、一九七四年）および前田哲男『新訂版　戦略爆撃の思想――ゲルニカ・重慶・広島』（凱風社、二〇〇六年）参照
(3) 土田哲夫「第6章　中国抗日戦略と対米『国民外交工作』」（石島紀之・久保亨編『重慶国民政府史の研究』東京大学出版会、二〇〇四年）参照
(4) 戦争と空爆問題研究会編『重慶爆撃とは何だったのか――もうひとつの日中戦争』高文研、二〇〇九年
(5) 重慶市政協学習及文史委員会・西南師範大学重慶大轟炸研究中心編著『重慶大轟炸』西南師範大学出版社、二

○○二年。曾小勇・彭孝詢『重慶大轟炸　1938-1943』湖北人民出版社、二〇〇五年
（6）戦争と空爆問題研究会編『重慶爆撃とは何だったのか――もうひとつの日中戦争』高文研、二〇〇九年、一三三頁
（7）龔業悌『抗戦飛行日記　1937-1938』長江文芸出版社、二〇一一年、三八八頁
（8）曾小勇・彭孝詢『重慶大轟炸　1938-1943』湖北人民出版社、二〇〇五年、六六～九一頁
（9）源田實『真珠湾作戦回顧録』文春文庫、一九九八年、八五頁
（10）井上成美伝記刊行会編集・発行『井上成美』、一九八二年、二五八～二六〇頁
（11）故大西瀧治郎海軍中将伝刊行会『大西瀧治郎』（非売品）、一九六七年、一三一頁
（12）防衛省防衛研究所図書館所蔵『昭和十五年五月十九日～六月二十八日　高雄海軍航空戦闘詳報』（②支那事変55）
（13）同前
（14）巌谷二三男『中攻――海軍中型攻撃機　その技術発達と壮烈な戦歴』原書房、一九七六年、一三九、一四〇、一四六頁
（15）防衛省防衛研究所図書館所蔵『昭和十五年五月十七日～九月五日　聯合空襲部隊司令部』（②支那事変259）
（16）曾小勇・彭孝詢『重慶大轟炸　1938-1943』湖北人民出版社、二〇〇五年、二頁
（17）戦争と空爆問題研究会編『重慶爆撃とは何だったのか――もうひとつの日中戦争』高文研、二〇〇九年、一五一頁
（18）土田哲夫「宋美齢訪米外交成功の背後――蔣家政治と心身症」（齋藤道彦編著『中国への多角的アプローチⅢ』中央大学出版部、二〇一四年）
（19）防衛庁防衛研修所戦史室『戦史叢書　中国方面海軍作戦〈2〉』朝雲新聞社、一九七五年、一四九頁
（20）壹岐春記「昭和十四年の第十三航空隊」（海軍中攻史話集編集委員会『海軍中攻史話集』（非買品、中攻会、一九八〇年）、二三五頁

(21) 源田實『真珠湾作戦回顧録』文春文庫、一九九八年、四七～五〇頁
(22) 巌谷二三男『中攻――海軍中型攻撃機　その技術発達と壮烈な戦歴』原書房、一九七六年、一三九頁
(23) 防衛庁防衛研修所戦史室『戦史叢書　中国方面海軍作戦〈2〉』朝雲新聞社、一九七五年、一五〇頁
(24) 海軍文庫監修『日本の名機』光文社文庫、一九八五年、二二～三〇頁
(25) 防衛庁防衛研修所戦史室『戦史叢書　中国方面海軍作戦〈2〉』朝雲新聞社、一九七五年、一五七頁
(26) 源田實『真珠湾作戦回顧録』文春文庫、一九九八年、二三七頁
(27) 堀越二郎『零戦――その誕生と栄光の記録』角川文庫、二〇一二年
(28) 堀越二郎『零戦の遺産――設計主務者が綴る名機の素顔』光人社NF文庫、二〇〇三年、一一五頁
(29) 源田實『真珠湾作戦回顧録』文春文庫、一九九八年、二三七頁
(30) 新名丈夫『海軍戦争検討会議記録――太平洋戦争開戦の経緯』毎日新聞社、一九七六年、一三五頁
(31) 大分県立先哲史料館編集『堀悌吉資料集　第一巻』大分県教育委員会、二〇〇六年、三一四頁
(32) 「昭和十四年六月十一日　第十三航空隊・高雄航空隊聯合中攻隊戦闘詳報　其の三（第六回重慶爆撃）（防衛省防衛研究所図書館所蔵『高雄海軍航空戦闘詳報』②支那事変54）
(33) 「昭和十五年五月二十一日　重慶攻撃戦闘詳報　高雄海軍航空隊」（防衛省防衛研究所図書館所蔵『昭和十五年五月十九日～六月二十八日　高雄海軍航空隊戦闘詳報』②支那事変55）
(34) 「昭和十五年十二月十一日　昆明攻撃戦闘詳報　高雄海軍航空隊仏印派遣隊」（防衛省防衛研究所図書館所蔵『昭和十五年十二月十一日～昭和十六年一月二十九日　高雄海軍航空隊戦闘詳報』②支那事変56）
(35) 防衛庁防衛研修所戦史室『戦史叢書　中国方面海軍作戦〈2〉』朝雲新聞社、一九七五年、二八九頁より転載
(36) 防衛省防衛研究所図書館所蔵「昭和十六年八月十日　一〇二号作戦々斗詳報　第三航空隊」
(37) AVG、米義勇航空隊については、周斌・鄒新奇編著『中国的天空――中国空中抗日実録』鳳凰出版社、二〇〇九年、一五一～一七五頁
(38) 防衛庁防衛研修所戦史室『戦史叢書　中国方面陸軍航空作戦』朝雲新聞社、一九七四年

(39)「昭和十六年八月十日　重慶A区及C区攻撃戦闘詳報　高雄海軍航空隊」(防衛省防衛研究所図書館所蔵『昭和十六年八月六日〜八月三十一日　支那事変戦闘詳報　高雄海軍航空隊』②支那事変205)
(40) ジョセフ・C・グルー、石川欣一訳『滞日十年(下)』毎日新聞社、一九四八年、二七四頁
(41) 防衛庁防衛研修所戦史室『戦史叢書　中国方面海軍作戦〈2〉』朝雲新聞社、一九七五年、二七六頁
(42) 同前、二七六頁
(43) 防衛庁防衛研修所戦史室『戦史叢書　ハワイ作戦』朝雲新聞社、一九六七年、八二〜八五頁
(44) 巌谷二三男『中攻——海軍中型攻撃機　その技術発達と壮烈な戦歴』原書房、一九七六年、一六六〜一六九頁
(45) 防衛省防衛研究所図書館所蔵『第三航空隊　戦闘詳報』第一号(昭和十六年十月二十九日〜十一月二十七日)、第二号(昭和十六年十月三十一日)、第三号(昭和十六年十一月一日)、第五号(昭和十六年十一月二十一日)(②支那事変208)
(46) 奥宮正武『海軍航空隊全史(上)』朝日ソノラマ、一九八八年、一九一頁
(47) 神立尚紀『零戦最後の証言——海軍戦闘機と共に生きた男たちの肖像』光人社NF文庫、二〇一三年
(48) 堀越二郎『零戦——その誕生と栄光の記録』角川文庫、二〇一二年、一八八頁
(49) 海軍中攻史話集編集員会『海軍中攻史話集』(非売品)中攻会、一九八〇年、二九九〜三〇一頁
(50) 防衛庁防衛研修所戦史室『戦史叢書　中国方面海軍作戦〈2〉』朝雲新聞社、一九七五年、三一四頁
(51) 巌谷二三男『中攻——海軍中型攻撃機　その技術発達と壮烈な戦歴』原書房、一九七六年、一八五頁
(52) 防衛庁防衛研修所戦史室『戦史叢書　ハワイ作戦』朝雲新聞社、一九六七年、一二一頁
(53) 淵田美津雄・中田整一『真珠湾攻撃総隊長の回想——淵田美津雄自叙伝』講談社、二〇〇七年、七九〜八一頁
(54) 新名丈夫編『海軍戦争検討会議記録——太平洋戦争開戦の経緯』毎日新聞社、一九七六年に付録として掲載
(55) 同前、二三六、二三八、二五四頁
(56) 防衛庁防衛研修所戦史室『戦史叢書　大本営陸軍部〈2〉』朝雲新聞社、一九六八年、三〇四、三〇九〜三一〇頁

（57）防衛庁防衛研修所戦史室『戦史叢書　中国方面海軍作戦〈2〉』朝雲新聞社、一九七五年、二八八頁
（58）南部仏印進駐については、防衛庁防衛研修所戦史室『戦史叢書　中国方面海軍作戦〈2〉』（朝雲新聞社、一九七五年）の「第一編第四章七　南部仏印進駐」および同『戦史叢書　大本営陸軍部大東亜戦争開戦経緯〈4〉』（朝雲新聞社、一九七四年）の「第十七章　独ソ開戦――「関特演」と南部仏印進駐」を参照
（59）福田茂夫「第二編　アメリカの対日参戦（一九四一年）」（日本国際政治学会・太平洋戦争原因研究部編『太平洋戦争への道　第七巻　日米開戦』一九六三年、朝日新聞社）
（60）同前、四〇三頁
（61）新名丈夫編『海軍戦争検討会議記録――太平洋戦争開戦の経緯』毎日新聞社、一九七六年、一四一～一四三頁
（62）福田茂夫前掲論文、四一〇頁
（63）防衛庁防衛研修所戦史室『戦史叢書　大本営陸軍部大東亜戦争開戦経緯〈4〉』朝雲新聞社、一九七四年、四九〇頁
（64）防衛庁防衛研修所戦史室『戦史叢書　大本営陸軍部〈2〉』朝雲新聞社、一九六八年、四二五頁
（65）新名丈夫編『海軍戦争検討会議記録――太平洋戦争開戦の経緯』毎日新聞社、一九七六年、一三九頁
（66）防衛庁防衛研修所戦史室『戦史叢書　大本営陸軍部〈2〉』朝雲新聞社、一九六八年、六一七頁
（67）山本悌一朗『海軍魂――若き雷撃王村田重治の生涯』光人社NF文庫、一九九六年、八六頁

おわりに

（1）NHKスペシャル取材班『日本海軍400時間の証言――軍令部・参謀たちが語った敗戦』新潮社、二〇一一年、一一二頁
（2）同前、一〇八頁
（3）同前、六九頁
（4）新名丈夫編『海軍戦争検討会議記録――太平洋戦争開戦の経緯』毎日新聞社、一九七六年、八頁

（5）角田順「第一編　日本対米開戦（一九四〇年～一九四一年）」（日本国際政治学会・太平洋戦争原因研究部『太平洋戦争への道　第七巻　日米開戦』朝日新聞社、一九六三年）、一七〇頁
（6）新名丈夫前掲書、一六九頁
（7）生出寿『【帝国海軍】軍令部総長の失敗』徳間書店、一九八七年、二九頁
（8）戸谷由麻『東京裁判――第二次大戦後の法と正義の追求』みすず書房、二〇〇八年、二〇六頁
（9）軍令部参謀たちの東京裁判対策についてはＮＨＫ取材班前掲書の「第五章　戦犯裁判　第二の戦争」（内山拓よりまとめた。宇田川幸大「東京裁判と日本海軍――審理過程と弁護側の裁判対策に着目して」（日本史研究会編集『日本史研究』609号、二〇一三年五月）参照
（10）東京裁判における海軍の秘密工作については、拙稿「日本の戦争責任「免責」の歴史構造」（『季刊　戦争責任研究』第70号、二〇一〇年一二月）、二二二、二三三頁による

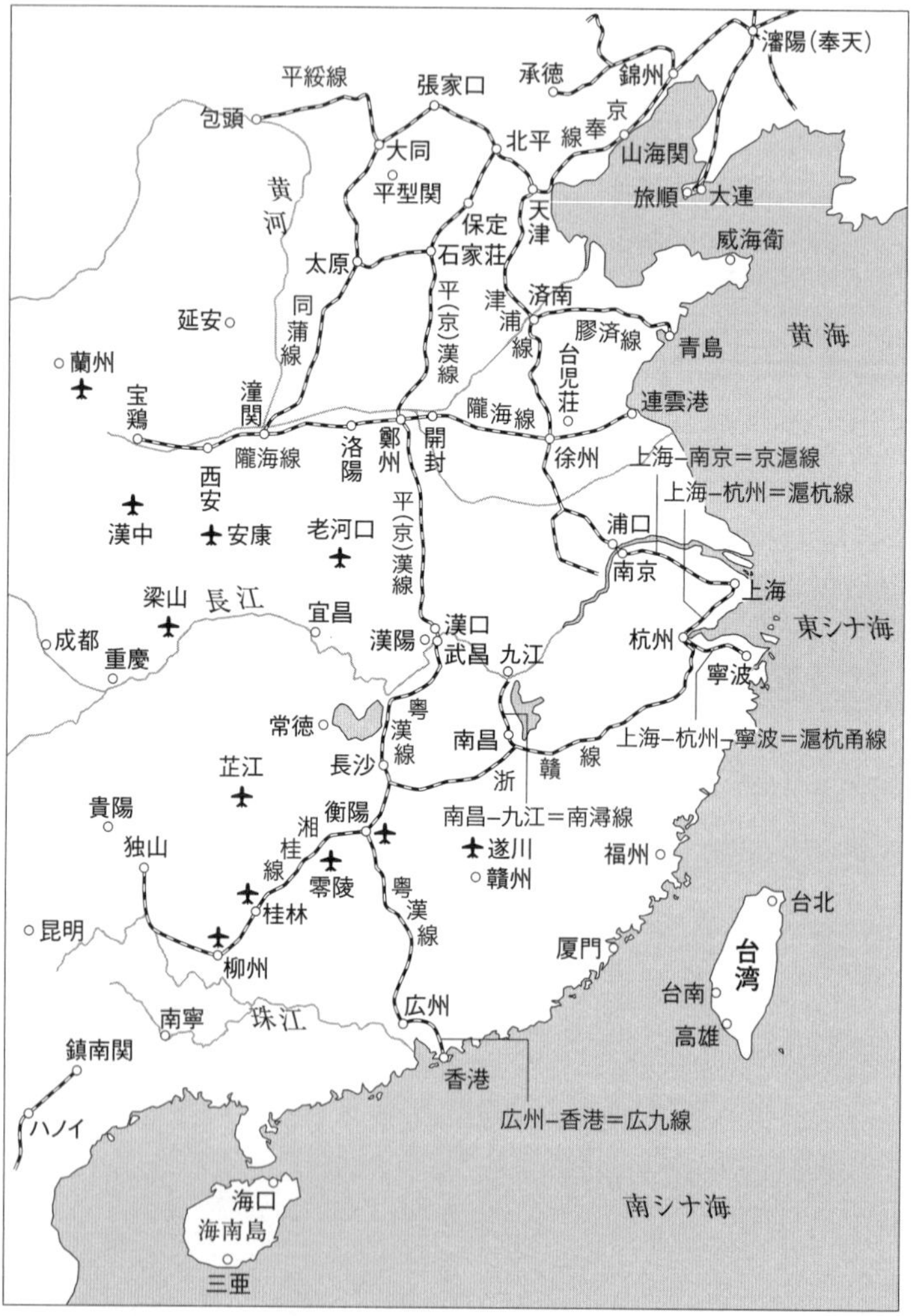

地図5　日中戦争時の中国の鉄道と都市（✈は中国軍飛行場［一部に付した］）

表9　日中戦争期海軍航空隊機主要爆撃箇所一覧

防衛庁防衛研修所戦史室『戦史叢書　中国方面海軍作戦〈1〉』、防衛庁防衛研修所戦史室『戦史叢書　中国方面海軍作戦〈2〉』、日本海軍航空史編纂委員会編『日本海軍航空史（4）戦史篇』、海軍省海軍軍事普及部『支那事変に於ける帝国海軍の行動』、『海陸軍大空爆戦記』（雑誌『日の出』昭和一三年新年号第一付録）、防衛省防衛研究所図書館所蔵「空母加賀　第一航空戦隊戦闘詳報」、同「木更津海軍航空隊戦闘詳報」、「高雄海軍航空隊戦闘詳報」、「南支航空部隊戦闘詳報」などから筆者が作成。

①一九三七年（八月一四日〜一二月三一日）

月・日	主要爆撃箇所
8・14	杭州、広徳、筧橋、喬司
15	南京、南昌、上海、筧橋、杭州、喬司、嘉興、紹興
16	南昌、句容、揚州、嘉興、虹橋
17	海寧、蚌埠、淮陰、上海
18	上海、衡陽、吉安、南通、南翔、崑山
19	南京
20	漢口、広徳、九江
21	上海、徐州、揚州、九江、漢口、筧橋
22	上海、南京、江陰、南昌、安慶
23	上海、南京、安慶、寧波、南通
24	南京、寧波、崑山、嘉定、太倉、安慶
25	上海
26	南昌、南京
27	南京、上海
28	上海、広徳、蕪湖、昆明、崑山
29	広徳、蘇州、杭州、松江
30	徐州、上海
31	広東〈白雲〉、梅県、汕頭、韶関、龍巌、漳州、筧橋、嘉興、建甌
9・1	上海、真茹、黄墩、松江
2	上海、真茹
3	上海、喬司、厦門
4	上海、海州、広東
5	上海
6	上海、広徳、汕頭、厦門
7	蘇州、広徳、嘉興、杭州
8	上海、汕頭、崑山、松江
9	上海、杭州、長興、汕頭、潮州
10	上海
11	上海、媽宮
12	筧橋、恵州、蘇州、嘉興、上海
13	龍華、杭州、上海
14	杭州、南翔、大場鎮

15 広東
16 上海、広東、汕頭、潮州、掲陽
17 上海〈紅橋〉
18 上海、筧橋
19 南京、句容、柳州、桂林、海州、徐州
20 南京、徐州、海州、蘇州、広徳
21 広東〈天河、白雲〉、太原、従化、連雲港、虎門
22 広東、南京、徐州、済寧、淮陰、袞州
23 広東、兗州、南昌、漢口、江陰
24 漢口、南昌、漢陽、海口
25 上海、広東、南京、江陰、漢口
26 杭州、広東、上海、広徳、寧波、浙贛鉄道
27 広東、南京、楽昌、上海、粤漢鉄道
28 広徳、南京、広東、蕪湖、杭州、句容、徐州、海州、海口、瓊州
29 広東、上海、淮陰、広徳、蘇州、済寧、徐州
30 上海、杭州、南翔、寧波、諸曁
10・1 上海、広東、江陰、南昌、蚌埠、寧波、海州、台庄、棗庄、安慶
2 上海、江陰、広東、津浦鉄道
3 南翔、江陰、安慶、広東、崑山、嘉興、津浦鉄道
4 南翔、嘉定、津浦鉄道
5 上海、南京、蕪湖、揚州、津浦鉄道
6 広東〈天河〉、南京、蕪湖、安慶、広徳、蘇州、無錫、虹橋、粤漢鉄道、揚州、黄埔、津浦鉄道、隴海鉄道
7 広東、徐州、臨清、韶関、粤漢鉄道、津浦鉄道、黄埔
8 株州、広東、英徳、津浦鉄道、粤漢鉄道
9 広東、韶関、兌州、英徳、泰安、虎門

10 徐州、広東、従化、津浦鉄道、隴海鉄道
11 広東、上海、南昌、嘉定、太倉、蘇州、浙贛鉄道、粤漢鉄道
12 広東、上海、南京、蕪湖、南昌、広徳、嘉定、常熟、松江、順徳、粤漢鉄道
13 衡陽、南京、南翔、合肥、嘉興、杭州、常州、徐州、南宮、津浦鉄道、隴海鉄道
14 南京、上海、衡陽、合肥、蚌埠、韶関、呉江、滬杭甬鉄道、広九鉄道、鎮江、常州、津浦鉄道、禹城
15 上海、杭州、滁県、広九鉄道、呉興鉄道、新寧鉄道、銅鼓州
16 南京、崑山、上海、合肥、無錫、嘉定、滬杭甬鉄道
17 上海、南京、馬涇鎮、漢口、蘇州、呉興鉄道、京滬鉄道、津浦鉄道、滬杭甬鉄道
18 南京、津浦鉄道、上海、漢口、広西、真茹、滬杭甬鉄道、京滬鉄道
19 南京、蘇州、上海、無錫、松江、京滬鉄道、滬杭甬鉄道、広九鉄道、津浦鉄道
20 上海、虹橋、南昌、南京、衡陽、京滬鉄道、滬杭甬鉄道、広九鉄道
21 上海、南京、隴海鉄道、京滬鉄道、津浦鉄道、広九鉄道、滬杭甬鉄道
22 南京、上海、韶関、安慶、津浦鉄道、隴海鉄道、粤漢鉄道、広九鉄道、新寧鉄道
23 南京、広東、上海、安慶、常州、無錫、南昌、漢口、隴海鉄道、粤漢鉄道、広九鉄道、新寧鉄道
24 上海、漢口、広東、南京、粤漢鉄道、新寧鉄道
25 上海、広東、津浦鉄道、隴海鉄道、新寧鉄道

26	上海、南京、句容、厦門、広東、杭州、広徳、津浦鉄道、隴海鉄道
27	上海
28	上海、蘇州、津浦鉄道、隴海鉄道
29	上海、松江、南翔、太倉、崑山、常熟、蘇州、建徳
30	上海、蘇州、崑山、太倉、常熟
31	上海、福州
11・1	上海、広東、帰徳、隴海鉄道、広九鉄道、津浦鉄道
2	上海、松江、蘇州、南翔、隴海鉄道、広九鉄道
3	上海、広東、衡陽、津浦鉄道、隴海鉄道、広九鉄道、粤漢鉄道
4	上海、海城、広九鉄道、粤漢鉄道
5	上海、杭州
6	松江、上海、広東
7	松江
8	崑山、嘉興、津浦鉄道、隴海鉄道
9	上海、嘉興
10	南京、蘇州、上海、無錫、松江、滁県、厦門、漳州、京滬鉄道、滬杭甬鉄道、広九鉄道、津浦鉄道
11	上海、厦門、南京、隴海鉄道、津浦鉄道
12	上海、無錫、江陰、蕭山、津浦鉄道
13	上海、済陽、白茆口、常熟、衡陽、蘇州、厦門
14	蘇州、済陽、常熟、無錫、衡陽、厦門
15	黄河、上海、常州、南京、揚州
16	蘇州、上海
20	蘇州、無錫
21	周家口
22	無錫、常州、南京、周家口
23	宜興、広徳、丹陽、津浦鉄道、隴海鉄道
24	広東〈天河、虎門〉、常州、無錫、南京、韶関、洛陽、厦門、津浦鉄道、隴海鉄道、粤漢鉄道
25	常州、宜興、南京、洛陽、津浦鉄道、粤漢鉄道、広九鉄道
26	広徳、粤漢鉄道、広九鉄道、広東〈白雲〉、従化、津浦鉄道、隴海鉄道
27	丹陽、西安、粤漢鉄道、広九鉄道、津浦鉄道
28	鎮江、粤漢鉄道、広九鉄道、広東〈天河、白雲〉、肇県
29	溧水、溧陽、粤漢鉄道、広徳、洛陽
30	蕭山、江陰
12・1	江陰、広九鉄道
2	南京、広東〈天河、白雲〉、広九鉄道
3	南京、江陰、天生港、隴海鉄道、広九鉄道、粤漢鉄道
4	南京、滁県、蘭州、江陰、粤漢鉄道、広九鉄道
5	南京、杭州、滁県、広東〈天河〉、粤漢鉄道、広九鉄道
6	南京、蕪湖、津浦鉄道、上海、漢口、広西、真茹、滬杭甬鉄道、粤漢鉄道、広九鉄道
7	蕪湖、南京、潼関、安慶、津浦鉄道、隴海鉄道、広九鉄道、粤漢鉄道
8	南京、靖江、粤漢鉄道、広九鉄道
9	南昌、南京、津浦鉄道、粤漢鉄道、広九鉄道
10	南京、広東、韶関、衢州
11	南京、洛陽
12	西安、南昌、韶関、粤漢鉄道、従化
13	南京、南昌、吉安、衢州

14	南昌、合肥、蚌埠、紹興
15	蚌埠、粤漢鉄道、九江鉄道、諸暨、瀘州
17	粤漢鉄道、広東〈天河、白雲〉
18	粤漢鉄道、広東〈天河、白雲〉
19	九江、粤漢鉄道、梧州
20	九江、粤漢鉄道、広九鉄道、新寧鉄道
21	蘭州、広九鉄道、新寧鉄道
22	南昌、粤漢鉄道、広九鉄道、広三鉄道、周家口
25	南雄、英徳、白石、石灘、海州、襄陽、粤漢鉄道
26	徐州、兗州、沙口圩、白石、粤漢鉄道、広九鉄道、新寧鉄道
27	安慶、合肥、蚌埠、兗州、徐州、沂州、沂水、南雄、沙口圩
28	兗州
29	粤漢鉄道、広九鉄道
30	石龍、白石、徐州、沂州、海州、袞州、洛陽、粤漢鉄道、新寧鉄道
31	広東〈白雲〉、広九鉄道

② 一九三八年　（ ）内は攻撃兵力、作戦、戦闘、撃墜機の数

月・日	主要爆撃箇所
1・1	広九鉄道、粤漢鉄道、白雲飛行場
2	南昌・安慶・従化の各飛行場、広九鉄道、粤漢鉄道（二機）
3	徐州、隴海鉄道
4	漢口飛行場、粤漢鉄道（二一機）
5	粤漢鉄道
6	漢口・武昌・南昌の各飛行場、粤漢鉄道（一四機）
7	南昌（ソ連製I－16機二十数機と空中戦、八機撃墜、一〇機爆破）
8	南寧飛行場、粤漢鉄道（南寧初空襲、戦闘機十数機と空中戦、七機撃墜）
9	南昌・南寧の各飛行場、粤漢鉄道（I－16機と空中戦、七機）
10	膠済鉄道、玉山・南城・衢州の各飛行場、柳州（柳州初空襲、戦闘機三機と空中戦、二機撃墜、数機爆破）
11	漢口飛行場、海州（一二機）
12	粤漢鉄道、南昌飛行場
13	粤漢鉄道
14	粤漢鉄道
15	南昌・孝感の各飛行場
16	粤漢鉄道
17	粤漢鉄道
18	粤漢鉄道
19	海州、錦厦
20	徐州、錦厦
21	徐州、粤漢鉄道
22	衢州飛行場、粤漢鉄道
23	徐州、碭山
24	宜昌・寧波・衢州・白雲の各飛行場、海州（宜昌初空襲、一六機）
25	厦門・天河の各飛行場

26	南京・衢州の各飛行場、粤漢鉄道（三機）
27	漢口・南昌・衢州の各飛行場（一五機）
28	粤漢鉄道
29	海州飛行場
30	広東、黄浦
31	三水、錦厦
2・1	玉山飛行場、寧波
2	厦門島
3	広東、厦門島、粤漢鉄道
4	広東、立水、汕頭、粤漢鉄道
5	広東、粤漢鉄道
6	麗水飛行場
8	漢口・漢陽・宜昌・麗水の各飛行場、広三鉄道（七機）
9	襄陽・安慶・南陽・長沙の各飛行場、広九鉄道（長沙初空襲、戦闘機一五機と空中戦、七機）
11	武昌
12	錦厦、星子、九江付近
13	粤漢鉄道、広九鉄道、広之鉄道
14	英徳、粤漢鉄道、広九鉄道
16	粤漢鉄道、、広九鉄道、広三鉄道
17	宜昌、長沙、粤漢鉄道、広九鉄道、天河飛行場（一機）
18	粤漢鉄道、広九鉄道、衡陽・重慶・漢口・玉山の各飛行場（重慶初空襲、二五機）
19	広九鉄道
20	広九鉄道
21	粤漢鉄道、広九鉄道、白雲・天河・衡陽・宜昌・吉安の各飛行場（衡陽にてカーチスホーク四機と空中戦、二二機）
22	粤漢鉄道、広九鉄道、新寧鉄道、虎門飛行場
23	粤漢鉄道、広九鉄道、吉安飛行場（六機）
24	粤漢鉄道、広九鉄道、厦門・南雄・福州・漳州・衢州・玉山・麗水の各飛行場（水偵一八機で南雄飛行場爆撃、敵戦闘機一五、六機と空中戦、八機撃墜、四機爆破、格納庫四棟破壊、日本軍機の被害二機）
25	梧州・南昌・麗水・建甌の各飛行場（四三機）
26	広九鉄道、粤漢鉄道、新寧鉄道、天河・白雲・虎門・漳州・南城・衢州・温州の各飛行場
27	天河・衢州・韶関・玉山の各飛行場（一機）
28	粤漢鉄道、天河・従化・襄陽の各飛行場（襄陽にて戦闘機一二機と空中戦、一機）
3・1	粤漢鉄道、天河・白雲・虎門の各飛行場
2	粤漢鉄道、広三鉄道
8	漳州飛行場、隴海鉄道
9	粤漢鉄道
10	錦厦
11	広九鉄道
13	南鄭飛行場
14	南昌・南鄭・漢口・衢州の各飛行場、沂州、台児荘、広九鉄道（漢口・南昌の各飛行場を夜間空爆、四ヵ所炎上）
15	吉安・麗水・福州・梅県の各飛行場、粤漢鉄道、広九鉄道、南昌、漢口（南昌・漢口を夜間攻撃、戦闘機三機と空中戦）
16	漢口・福州・従化の各飛行場、粤漢鉄道、沂州（漢口と南昌を夜間爆撃、戦闘機三機と空中戦、五機、

八ヵ所炎上）
17　南昌・安慶・吉安の各飛行場、粤漢鉄道（一一機）
18　衢州・南城の各飛行場、粤漢鉄道、広九鉄道、英徳（二機）
19　広九鉄道、宜昌（宜昌を夜間爆撃）
27　漢口・武昌・安慶の各飛行場、粤漢鉄道（駅を爆破）
28　南雄飛行場、粤漢鉄道
29　粤漢鉄道
30　虎門、漳州、粤漢鉄道
31　琶江口、粤漢鉄道
4・1　吉安・福州の各飛行場、新寧鉄道、広三鉄道、粤漢鉄道
2　粤漢鉄道
3　韶関飛行場、虎門、固成、中山
4　固始・駐馬店・麗水の各飛行場、粤漢鉄道（一〇機）
7　宜昌・信陽・天河・白雲・従化の各飛行場、厦門島（信陽からの帰途、戦闘機七機と空中戦、三機）
8　従化・天河の各飛行場、沂州、厦門島（一〇機）
9　梅県・漳州の各飛行場、粤漢鉄道、海州
10　粤漢鉄道、長沙、厦門島、白雲飛行場
11　従化・梅県・龍巌の各飛行場、粤漢鉄道
12　麗水・寧波・南昌・漢口・福州・建甌・漳州・潮州の各飛行場（南昌と漢口は夜間爆撃）
13　衢州・福州・温州・漳州・天河・白雲の各飛行場、海州（白雲飛行場でグラジエーター戦闘機二十数機と空中戦、一五機撃墜、日本軍機の艦戦三機被害）
14　天河・白雲の各飛行場、広九鉄道、錦厦
15　南昌飛行場、粤漢鉄道、広九鉄道

16　粤漢鉄道、広九鉄道
17　漢口・白雲の各飛行場、粤漢鉄道、沂州、広東
18　孝感・漢口・武昌の各飛行場、粤漢鉄道、沂州
19　粤漢鉄道、広九鉄道
21　大通、広九鉄道
23　粤漢鉄道
24　文登、粤漢鉄道
25　衢州飛行場、粤漢鉄道
27　隴海鉄道、福州飛行場、龍巌（高雄航空隊初作戦、三機爆破）
28　梅県・龍巌・従化の各飛行場、隴海鉄道（三機）
29　漢口・白雲・従化の各飛行場、漢陽（中攻一八機と艦戦二七機で、漢口上空にて、I-15、I-16、カーチスホーク等計八十余機と大空中戦、五一機を撃墜、日本軍機の損害四機）
30　衢州・長汀の各飛行場、帰徳
5・1　粤漢鉄道
2　粤漢鉄道、隴海鉄道
3　徐州、蕪湖
4　隴海鉄道、粤漢鉄道
5　宿県、固鎮、蒙城、広東
6　郯城、英徳
7　隴海鉄道、粤漢鉄道
8　宿県、阜寧、隴海鉄道、粤漢鉄道
9　宿県、新安鎮
10　徐州、厦門島
11　津浦鉄道、龍巌・長汀・福州・建甌・天河・白雲の各飛行場

12	津浦鉄道、天河・白雲の各飛行場
13	梅県・龍巌・長汀・天河の各飛行場、徐州
14	粤漢鉄道、隴海鉄道、漳州・潮州・高要の各飛行場
15	隴海鉄道、天河・福州・漳州の各飛行場、碭山
16	梅県・龍巌・建甌・白雲の各飛行場、広九鉄道、徐州
17	粤漢鉄道、高要飛行場、徐州
20	東連島、連雲港
21	駐馬店
22	広九鉄道、海州
23	駐馬店
24	淮陰、淮安、潁州、大沙河鎮、泗陽
25	南陽・襄陽・老河口の各飛行場、粤漢鉄道、広九鉄道、海州（一機）
26	玉山・麗水・龍巌・温水・浦城・南城の各飛行場、粤漢鉄道（四機）
27	広九鉄道、広東
28	南雄・広昌・寧波・諸賢・南城・贛県の各飛行場、粤漢鉄道、海州
29	広東、海州
30	福州・浦城・建甌・麗水・衢州・玉山・湖潭・寧波の各飛行場、広東
31	漢口、粤漢鉄道、白雲飛行場（艦戦三〇機が漢口上空で敵機I-15、新鋭ベランカ戦闘機等五〇機と空中戦、二〇機を撃墜破）
6・1	粤漢鉄道
2	南雄飛行場
3	浦城・建甌・長汀・龍巌の各飛行場
4	安慶・九江の各飛行場、広九鉄道
5	玉山・麗水・南雄・白雲の各飛行場、広東、広九鉄道、粤漢鉄道、南陽（一二機）
6	広東
7	広東、天河飛行場
8	天河飛行場、粤漢鉄道
9	白雲・韶関・建甌・浦越・龍巌・長汀・広昌の各飛行場、広九鉄道
12	粤漢鉄道、広九鉄道、従化飛行場、福州
13	福州・恵安・建甌の各飛行場
14	広東、粤漢鉄道、福州・恵安・建甌・桂林の各飛行場（桂林初空襲、地上十数機攻撃）
15	襄陽、信陽飛行場、馬当鎮（大型二機）
16	広東、天河飛行場、龍南、淮安、淮陰、楽昌（楽昌で戦闘機一一機と空中戦、三機撃墜、日本軍機の被害三機）
17	新寧鉄道、海口〈海南島〉
18	馬頭鎮、福州、韶関、海口
19	馬頭鎮、粤漢鉄道、広九鉄道、海南島
20	龍巌・梅県・龍南の各飛行場、広九鉄道
21	馬頭鎮、建甌・南城・広昌・長汀・梧州の各飛行場、粤漢鉄道、広九鉄道
22	広東、白雲飛行場、粤漢鉄道、汕頭
23	揚子江岸、福州、馬尾、汕頭、広東
24	揚子江岸、乗昌、韶関、広九鉄道、瓊州〈海南島〉、汕頭
25	揚子江岸、岐寧
26	南昌、揚子江岸、広九鉄道、梅県、潮州、海南島（中攻一八、艦戦三〇の計四八機で南昌飛行場爆撃、

I－15機二〇機、I－16機一五機と空中戦、一九機撃墜、二機爆破）
27 南昌飛行場、揚子江岸
28 安慶、南昌（中南支航空部隊、中攻一八、艦戦二三の計四一機による南昌飛行場の協同爆撃、二機撃墜、三機爆破）
29 安慶付近、海州、吉安、広九鉄道、粤漢鉄道（一機撃墜）
30 広東
7・1 九江上流艦艇、粤漢鉄道、福州、汕頭（敵艦威寧ほか一隻損傷）
2 長江岸、青陽、粤漢鉄道、汕頭、潮州（敵爆撃機長江上襲来）
3 長江上、安慶、田家鎮艦艇（航空部隊敵機と空中戦、一五機、砲艦一隻撃沈）
4 南昌（中南支航空部隊の中攻二七、艦戦二三の計五〇機により南昌を爆撃、四〇機撃墜、九機爆破）
5 太湖付近（ジャンク十余隻爆破）
6 長江上、建甌、福州
7 衡陽、福州、粤漢鉄道、三水（衡陽飛行場の地上機一二機爆破）
8 安慶、武穴、粤漢鉄道（二機）
9 南昌、衡陽飛行場、家田鎮（四機爆破）
10 田家鎮、信陽、襄陽、老河口、虎門
11 田家鎮、粤漢鉄道、広九鉄道
12 武昌・漢口・宜昌・永修・玉山の各飛行場、田家鎮、広東、漳州（敵艦二隻爆破）
14 漢口・南昌の各飛行場（中攻九機で漢口飛行場を黎明爆撃、中攻八機で、南昌飛行場夜間爆撃、一〇機爆破、各飛行場で二機と空中戦、一機撃墜）
15 南昌飛行場、九江下流（南昌飛行場の一五機爆破）
16 漢口飛行場、蘄水、海口（海口上空で空中戦、一〇機撃墜、三機爆破）
17 粤漢鉄道、広九鉄道、南昌飛行場、九江、獅子山、広東（中攻一八、艦戦七の計二五機で南昌飛行場を黎明爆撃、七機爆破）
18 南昌飛行場、九江下流粤漢鉄道（八機撃墜、一九機銃爆撃、南郷大尉機飛行場に着陸、敵機を焼き、愛機とともに砕け散る）
19 広九鉄道、漢口飛行場、武昌、蛇山、黄石磯上流、粤漢鉄道（中攻二七、艦戦一二、艦偵＝神風一、計四〇機により武漢地区爆撃、二機撃墜、一機爆破、一〇機損傷、運貨船二隻爆沈、二隻損傷）
20 岳陽艦船、粤漢鉄道（軍艦二隻爆沈、四隻大破、運送船一隻爆破）
21 広九鉄道、京漢鉄道、信陽、九江付近、粤漢鉄道（軍用船一隻、ジャンク二十数隻爆破）
22 漢口、孝感飛行場、荊門、宜昌、長沙、広九鉄道、粤漢鉄道（三機爆破）
23 長沙飛行場、九江鉄道、粤漢鉄道（長沙飛行場の地上四機爆破）
24 粤漢鉄道
26 九江付近（砲艇一隻爆沈）
27 粤漢鉄道、南潯鉄道、漢口、武穴付近（二機撃墜）
28 田家鎮、南昌
29 大通

31	九江（砲艇三隻炎上、ジャンク十数隻爆沈）
8・1	九江上流、新洲、九江下流陣地（砲艦三隻、砲艇三隻、ジャンク数隻爆沈、砲艦三隻大破）
2	京漢鉄道、信陽、広九鉄道、長江岸（運送船一隻爆沈）
3	漢口、九江上流、黄石、彭沢（航空部隊漢口上空にて、グラジエーター戦闘機を主としたI-16機、カーチスホークを含む五十余機と空中戦、多大の戦果をあげる。三二機撃墜、七機爆破、砲艦一隻、砲艇一隻破砕）
4	南昌、南潯鉄道、長江沿岸（ジャンク十数隻爆破）
5	黄石港、田家鎮、洋山磯、広九鉄道
6	漢口、麗水、玉山、粤漢鉄道、黄石港、鄂城、洋山磯陣地（中攻二六機により漢口飛行場を爆撃、一五機爆破、汽船二隻爆撃）
7	南昌
8	鄂城付近、田家鎮、広東（軍用船一隻爆破）
9	吉安飛行場、樟樹鎮、太湖西方、蘄春、広東、粤漢鉄道、広九鉄道、白雲飛行場（軍用船一隻爆破）
10	広東、粤漢鉄道、鄂城（水雷艇一隻爆破）
11	漢口、武昌、漢陽、黄石港、梧州、高要、粤漢鉄道、広九鉄道（中攻三六、艦戦一二の計四八機により武漢地区爆撃、空中戦なし）
12	武漢三鎮、黄石港、粤漢鉄道、広九鉄道、九江（中攻四二、艦戦二三、艦爆一一、艦爆一八の計九四機により武漢地区の軍事施設爆撃、空中戦なし、九江上空で空中戦、五機撃墜、汽艇一隻、ジャンク四隻爆破）
13	漢口、吉安、南昌、陽春、玉山、寧波、麗水、黄州、蘄春、粤漢鉄道、広九鉄道（汽船一隻爆破、ジャンク数隻爆破）
14	香山、粤漢鉄道
15	孝感、九江、粤漢鉄道（二機撃墜）
16	武漢三鎮、長江岸陣地、白雲飛行場、粤漢鉄道
17	長沙、長江岸陣地、粤漢鉄道
18	衡陽飛行場、宝慶、鄂城、粤漢鉄道、広九鉄道（衡陽飛行場を襲い敵機撃墜、一六機撃墜、一二機爆破、軍用船一隻撃沈、来襲機四機撃墜）
19	瑞昌、徳安、星子、武穴、田家鎮、粤漢鉄道、広九鉄道（ジャンク撃沈）
20	粤漢鉄道
21	武昌、長江岸陣地
22	株州、長江岸陣地、粤漢鉄道
23	株州、長江岸陣地、粤漢鉄道、広九鉄道
24	宜昌飛行場、瑞昌、粤漢鉄道、広九鉄道（中攻三〇機、宜昌爆撃、敵機見ず）
25	長沙、吉安、南昌、梧州、粤漢鉄道
26	長沙、瑞昌、粤漢鉄道
27	瑞昌、廬山、南雄飛行場、粤漢鉄道
28	瑞昌陣地
29	京山、赤湖、粤漢鉄道
30	長沙、廬山西方、赤湖西方、郴県飛行場、韶関飛行場、南雄（長沙飛行場を空襲、I-15機三機と空中戦、南雄空襲、三機撃退、格納庫破壊、地上三機大破、一七機撃墜、日本軍機二機失う）
31	長沙方面、赤湖、廬山西方、江北戦線、株州、粤漢鉄道、豊順

9・1　長江岸陣地、徳安付近、粤漢鉄道、広九鉄道
2　長江岸陣地、粤漢鉄道、梧州飛行場（梧州飛行場の地上機一五機を撃破）
3　廬山方面、粤漢鉄道
4　瑞昌、馬廻嶺、広済、粤漢鉄道
5　岳州、信陽、南昌、広済、馬廻嶺、粤漢鉄道、徳安、瑞昌
6　南昌、寧郷、徳安、瑞昌、粤漢鉄道
7　漕家鎮、蘄水、瑞昌陣地、九江上流（九江上空に来襲せる敵重爆撃六機中三機撃墜）
8　武穴陣地、吉安飛行場
9　玉山飛行場、長江岸陣地、粤漢鉄道
10　江岸陣地、京漢鉄道、粤漢鉄道、広九鉄道
11　南昌、光山、長江岸陣地、広九鉄道
12　長江岸陣地、瑞昌、高城南西、高城飛行場
13　広済、羅山、孫鉄舗、南城、南寧、梧州・柳州の各飛行場（戦闘機四機と空中戦、三機撃墜、地上機十数機爆破）
14　武穴、広済、劉公河陣地
15　田家鎮、蘄水、武穴、馬鞍山、瑞昌陣地
16　木石橋、黄土橋、大楓林、沙幅嶺陣地、粤漢鉄道
17　長江岸部隊、梧州、桂林・柳州・虎門の各飛行場
18　粤漢鉄道、柳州飛行場（地上機一五機爆破）
19　梧州、南寧、粤漢鉄道（鉄橋爆破）
21　南昌、長江南北方、欽県〈広西省〉
22　中支一帯、欽県、武鳴、南寧、粤漢鉄道、蘭渓鎮（黄石港上流で軍艦一隻爆沈）
23　中支一帯、欽県、源潭
24　宋埠、青陽
25　蘄春、田家鎮、陽春・通山・貴陽の各飛行場（機艇、ジャンク群四十数隻爆破）
26　田家鎮、半壁山、柳州・桂林両飛行場、京漢鉄道、粤漢鉄道
27　桂林、柳州、武鳴飛行場
28　昆明、信陽、長江岸陣地、白雲・天河・従化の各飛行場（昆明発空襲、戦闘機一五、六機と空中戦、六機撃墜、地上四機爆破、八機炎上、日本軍機一機失う）
30　長江岸陣地、田家鎮
10・3　浙贛鉄道、樟樹鎮、粤漢鉄道、広九鉄道
4　梁山飛行場、重慶飛行場、孝感・襄陽・老河口の各飛行場（梁山飛行場初空襲、戦闘機二十数機と空中戦を交えて敵機七機撃墜、九機爆破、三機爆破）
5　漢口付近、通山付近、京漢鉄道（漢口付近でI-16機六機と空中戦、二機撃墜）
6　広東付近、虎門砲台、広九鉄道
8　衡陽飛行場、長江方面、平楽、桂林、粤漢鉄道（衡陽飛行場を夜間三波攻撃実施、格納庫、地上機数十機爆破、兵舎一七棟爆破）
9　衡陽、粤漢鉄道、天河飛行場（中攻二一機で衡陽を夜間爆撃）
10　粤漢鉄道、広九鉄道、衡陽飛行場、長江方面（中攻二四機で衡陽の新旧両飛行場を月明爆撃、数ヵ所炎上、敵戦闘機と空中戦、日本軍機二機撃墜される）
11　浙贛鉄道〈金華、玉山〉、長江方面、粤漢鉄道、南昌（台北基地より中攻一四機、南昌飛行場の日没時

	攻撃、格納庫、兵舎、駅を爆破）
12	中支方面、粤漢鉄道、広九鉄道、広三鉄道
13	粤漢鉄道、広九鉄道、恵州（戦車八十余台、汽艇二隻爆破）
14	恵州、博羅、増城、黄渓頭陣地、広九鉄道
15	恵州、陸豊、増城方面、石灰窰、黄石港、京漢鉄道、粤漢鉄道
16	粤漢鉄道、広九鉄道沿線、博羅、従化
17	京漢鉄道、粤漢鉄道、徳安、石灰窰、南雄、楽昌、韶関飛行場
18	南支戦区、漢口（鹿屋航空隊中攻一二機、漢口飛行場爆撃、大型九機、小型約二〇機を爆破、戦闘機六機と空中戦、二機撃墜）
19	粤漢鉄道、天河・白雲・従化の各飛行場
20	粤漢鉄道〈衡陽〉、南支戦区、翁源、増城
21	南支戦区、長江沿岸、江北方面
22	漢口、武昌、梁山飛行場（中攻一八機により梁山飛行場爆撃、五機撃墜、八機爆破、中攻三六機で漢口・武昌を攻撃するも敵機見ず、駅を爆破）
23	武昌、白壽山、南壽鉄道〈南昌駅〉、南支戦区（中攻三六機、武昌を攻撃するも敵機見ず、軍事施設、駅を爆撃）
24	武昌、長江、漢口（漢口飛行場を夜間爆撃、戦闘機三機と空中戦、格納庫二棟、飛行所内五ヵ所炎上）
25	粤漢鉄道、潭州付近（魚雷艇炎上）
26	三水方面
27	三水方面
28	翁源、英徳、梧州、陸豊、東江、西江陣地
30	翁源、益埠
31	翁源、英徳
11・1	中支＝安慶、成圩、長沙、南支＝翁源、英徳、紫金、西江、粤漢鉄道
2	南支＝陸豊、河源、翁源、英徳
3	中支＝城陵磯、千州、臨湘螺、岳陽、粤漢鉄道、南支＝陸豊、英徳、河源
4	中支＝荊州、襄陽、崇陽、平江、長沙、南支＝河源、連平、英徳、北江、西江
5	中支＝宜豊、沙洋鎮、梁山飛行場、崇陽、平江、南江、豊場、南昌、宜昌飛行場（梁山飛行場強襲、敵戦闘機群二〇機と空中戦、一五機を撃墜、爆破三機、不時着三機）
6	南支＝英徳、、海豊、連平
8	中支＝芷江、衡陽、成都、重慶、成都西方、南支＝宝安、連平、英徳、、翁源、衡陽飛行場（中支部隊と策応〕（中支方面の飛行場を攻撃し、大空中戦を展開、安延少佐指揮機は成都上空で五機と交戦、二機撃墜、八機爆破、一部は重慶飛行場を急襲、一機を撃墜、計五機撃墜、二四機爆破、芷江飛行場で一六機と空中戦、九機撃滅、七機爆破、日本軍機の二機被害）
9	中支＝浙贛鉄道、南昌、衡陽、寧国（衡陽飛行場の二機爆破）
10	中支＝瀏陽、英徳飛行場、臨湘、岳陽、南支＝海豊、陸豊
11	中支＝金華駅、公安、常徳、桃源、石首付近、江上、南支＝大平、清遠、平岡

12 中支＝粤漢鉄道、黄沙駅、通城南方、南支＝南寧、百色、武寧、等広
13 中支＝金華駅、衡陽、宜昌、荊門、桃源、石首
14 中支＝浙贛鉄道、蘭渓、義烏、岳州・衡陽間、石首西北、修水、平江、太平、常徳、南支＝四海、南雄飛行場
15 中支＝成都、南支＝南寧（成都上空で、小谷・林田少佐指揮機は一〇機と交戦、一機撃墜、六機爆破）
16 中支＝粤漢鉄道、株州、衡山、長沙、南支＝龍州、柳州
17 中支＝宜昌、平江、芷江飛行場、南支＝百色、南寧（芷江飛行場の三機爆破）
18 中支＝宜昌、長沙、朱亭、南支＝河源、陸豊
19 南支＝翁源、連県、賀県、桂平
20 中支＝宜昌、南支＝武鳴、南寧、賀県北方、西湾炭鉱
21 中支＝沔陽、峰口、周家口、南支＝桂林（周家口飛行場の大型機一機、小型機約一〇機爆破、艦戦一二、艦攻一九の計三一機、桂林飛行場を爆撃、地上機六機粉砕、七機大破）
22 中支＝周家口、南支＝仏岡、鬱林（周家口でカーチスホーク三機、I－16機二機と空中戦、日本軍機一機失う）
23 中支＝衡陽飛行場、沔陽、沙湖鎮、南支＝粤漢鉄道、韶関駅、楽昌
24 中支＝洛陽、粤漢鉄道〈長沙〉、南支＝礬石水道、龍州（洛陽飛行場を爆撃、六機を爆破、二機を破壊）
26 中支＝宜昌、浙贛鉄道、宜風鎮、粤漢鉄道、衡陽、南支＝浮蓮崗、赤崗、河源、陸豊
27 中支＝宜昌、西安、粤漢鉄道、淥口駅、株州駅、石壁口、南支＝四会、広寧、南村、杭頭
29 中支＝宜昌、棗陽、樊城、南支＝広寧、珠江江岸、員岡、大石
12・1 北支＝龍口、大辛店、新浦鎮
2 南支＝桂林
3 中支＝玉山飛行場、吉安飛行場、南支＝西江方面、高要西方
4 北支＝蘭州、中支＝宜昌、南支＝西江（蘭州飛行場のソ連機一四機を爆破、三機を破壊、I－16機二機と空中戦）
5 中支＝鞏県、南支＝柳州飛行場、高要（約七〇〇〇人の工員を擁し機銃、飛行機部品製造中の兵器工場を爆撃、潰滅的損害を与える）
7 中支＝隴海鉄道〈潼関駅〉、南支＝桂平、貴県、北江方面、清遠
8 南支＝粤漢鉄道、楽昌、英徳、清遠
9 中支＝南昌、南支＝全県駅、西江方面、水口墟（南昌において、I－15機、カーチスホーク機計三〇機と空中戦、撃墜一二機、爆破一二機、日本軍機の被害一機）
12 中支＝西安、南昌（西安を日没時爆撃、I－16機と空中戦、二機撃墜、一機爆破、南昌飛行場を爆撃、I－16機と空中戦、七機撃墜、三機爆破）
13 中支＝南昌、南支＝山水、陽江、粤漢鉄道、沙口圩
14 北支＝芝罘、登州、北雲台南西、中支＝南昌、南支＝粤漢鉄道、沙口圩（南昌飛行場の地上機一九機を爆

	破、戦闘機十数機と空中戦、一四機撃墜）
18	南支＝陽江、陽春、陸豊、西江方面、水口墟、高要、粤漢鉄道、沙口圩、北海
19	南支＝粤漢鉄道、英徳、沙口圩
22	中支＝南昌、周家口（南昌の新旧両飛行場爆撃、地上約三〇機中、一三機爆破、I-16を主体とする戦闘機と空中戦、撃墜一三機）
24	南支＝桂林市、青胆江方面、赤坳埠、新品
25	北支＝埒子口、中支＝襄陽（襄陽飛行場のソ連機を四機爆破、I-16機二機と空中戦）
27	北支＝陽江、南支＝柳州飛行場（艦戦九、艦攻九、水偵二の計二〇機、柳州飛行場を爆撃、野中・新郷大尉指揮機、地上の敵機一機爆破）
29	中支＝西安、南支＝桂林（西安飛行場の一機爆破）
30	中支＝洛陽、南支＝陽江方面（洛陽飛行場の四機爆破）
31	南支＝応海寨荷役場、台山、揺子口、登州、梧州、封州

③一九三九年

（　）内は攻撃兵力、作戦、戦闘、戦果等

月・日	主要爆撃箇所
1・2	北支＝南雲台山東麓、中正街、中支＝南昌（北支の敗敵拠点爆撃、中攻一一機、艦戦一五機の計二六機で南昌飛行場爆撃、爆撃高度六〇〇メートルより大型機一機爆破、戦闘機六機と空中戦、撃墜一機）
4	中支＝漢口（中攻二二、艦戦一三の計三五機、漢口を空襲、I-16およびカーチスホーク計十数機と交戦しつつ、地上二〇機を爆撃、一七機炎上爆破、四機撃墜）
8	中支＝衡陽（中支の軍事施設爆撃）
9	北支＝登州
10	南支＝新海駅、銀洲湖、香山、青葦江、北海、南寧、化県、梅村、呉州（南支の軍事施設、軍事交通運輸施設爆撃）
11	南支＝桂林、吉安、塘運駅
12	中支＝株州駅、衡陽飛行場、南支＝桂林、鬱林兵営、香山
13	南支＝香山（南支方面を偵察攻撃）
15	中支＝南陽飛行場、南支＝貴県停車場、電白港
16	南支＝北海、欽県
17	南支＝貴県
18	南支＝欽県、陽江
19	中支＝粤漢鉄道、株州駅、駅家湾駅、南支＝貴県、陽江方面
20	中支＝南陽飛行場、醴陵駅、杉板舗駅、南支＝鬱林、北海（北海付近の敵兵三〇〇名を銃撃潰走させる）
21	南支＝汕頭、潮州、陽江、電白江、東興
22	中支＝馬鞍山
23	中支＝南陽
24	南支＝貴県
25	南支＝漂江、新海上流、禄歩（禄歩にて慶雲型敵測量船撃沈）

27 南支＝新会、江門
29 南支＝欽県（欽県市内敵陣地爆撃）
30 南支＝南寧市、陽江江岸
31 中支＝浙贛県、樟樹鎮駅、港浦塘市駅、南支＝韶関
2・2 中支＝浙贛鉄道、璜渓子駅、南支＝西江、潭江、電白
4 中支＝万県、南支＝貴陽
5 中支＝当陽市、浙贛鉄道、樟樹鎮、東郷駅、南支＝貴県、宜山
7 南支＝北海、欽州
8 南支＝北海、欽州、龍州
10 南支〈海南島〉＝海口、瓊州、秀英砲台、南渡江（海南島にて敵前上陸部隊を掩護爆撃）
11 南支＝海南島、雷州半島（海南島、雷州半島の要地を攻撃）
12 南支＝北海、廉州（北海廉州方面偵察攻撃）
13 南支＝澄邁湾、澹県（海南島攻撃）
14 北支＝射陽河下流、南支〈海南島〉＝文昌、瓊東、文教、万寧、陵水、新村（海軍陸戦隊が海南島三亜港に進入、奇襲上陸を掩護爆撃、敵の砲台、諸要地を攻撃）
15 北支＝登州付近、中支＝南陽、屏風山（青島航空部隊、敵兵舎を爆撃、大損害を与える）
16 北支＝射陽河、中支＝浙贛鉄道、南支＝海南島（青島航空部隊は射陽河上流両岸の敵陣地攻撃、航空部隊は、浙贛鉄道金華駅を爆撃、線路に大損害を与える。他航空部隊は、海南島の定安南方、陵水城内の敵要地爆撃）
17 南支＝海南島、雷州半島（海南島、雷州半島の敵兵営、塹壕を攻撃）
20 中支＝宜昌飛行場（宜昌飛行場の偵察攻撃、滑走路爆破）
21 中支＝諸城南方、平江北方、鄱陽湖北部、長湖、大窖、宜昌、南陽荊門（青島航空部隊は諸城南方の敵遊撃隊を爆撃、航空部隊は中支方面の敵拠点、軍事施設、軍用船艇群を爆破、大損害を与える）
22 中支＝鎮海、台州（鎮海砲台および台州を攻撃、大打撃を与える）
25 南支＝福州、厦門、汕頭、雷州（南支一帯を攻撃し、敵の軍用船艇、軍事施設に大打撃を与える）
27 南支＝珠江、北海、高徳各方面（北海高徳の軍用船艇を爆撃、大型一隻撃沈、三隻に損害）
28 北支＝海州、淮陰、南支＝海豊、陸豊
3・1 北支＝灌河、淮安、双港子、洞水口、中支＝玉山飛行場、浙贛鉄道、南支＝汕頭、長楽、潮州（灌河遡行部隊に協力、敵の拠点、軍用船艇群を重爆撃、大損害を与える。南支の北江閉塞部隊、海南島陸戦部隊に協力）
2 北支＝阜寧、洞水口
3 南支＝興化、龍渓、泉州（南支の偵察攻撃）
4 南支＝雷州半島（艦載機隊は雷州半島の軍需倉庫群爆撃）
5 北支＝漣水南東、南支＝雷州城（艦載機は旧黄河渡河中の敵を攻撃、一部を全滅させる）
6 北支＝阜寧方面、中支＝廉州（廉州の敵陣地および陽江岸の軍用艇、造船所を爆撃、大損害を与える）

7 北支＝阜寧、東坎鎮、場塞鎮、溝安墩、五新港、中支＝牌石鎮付近（阜寧付近の敵拠点を爆撃、軍用自動車四台粉砕、艦載機隊は敵の拠点その他を爆撃）

8 北支＝塩城、射祭家橋〈射陽河左岸〉、東坎鎮、寨鎮、中支＝宜昌城、南支＝厦門島対岸、漳州、泉州、海安（敵の軍用発動機船、残敵を爆撃、宜昌城内に大損害を与える。南支方面の敵陣地、軍用船艇群を爆撃）

9 北支＝射陽河沿岸

10 南支＝金牌砲台（金牌砲台を爆撃、珠江部隊の軍用船艇掃討戦に協力）

11 北支＝射陽河沿岸、南支＝雷州、福州、泉州

12 南支＝雷州、廉州（雷州城内、廉州城内外を爆撃）

13 北支＝阜寧および海州付近、南支＝修水、楽平（阜寧付近の補給部隊を有する敵約一個大隊を銃爆撃、鄱陽湖東岸攻略戦に協力、修水南岸の敵陣地を偵察攻撃）

14 北支＝射陽河方面、中支＝徐家舗、老爺廟、都昌、宜昌、鹿角、南支＝厦門方面、潮陽水道

15 北支＝塩城付近、中支＝平江、浙贛鉄道（平江を攻撃、敵軍司令部その他へ潰滅的損害、浙贛鉄道交通機関を攻撃）

16 中支＝都昌、東郷、羅坊、熊家山、豊城、貴渓、七陽（中支方面の敵陣地、浙贛鉄道交通機関を爆撃、貨車、線路に大打撃を与える）

17 中支＝大鶏山、小鶏山、吉安、揚家鎮、襄陽、宜昌城

18 中支＝呉城方面、浙贛鉄道

19 中支＝呉城方面、南支＝海門（海門にて荷役中の軍用汽艇を爆撃、擱坐させる）

20 中支＝呉城方面、南支＝温州、雷州半島

21 中支＝呉城方面、鄱陽湖方面、南支＝福州

22 南支＝泉州、興化、洛陽、北海、海南島（泉州、興化方面の敵軍事施設、軍用汽艇を爆撃、北海付近を偵察、冠頭角砲台を爆撃、廉州爆撃）

23 中支＝呉城、修水、南昌

24 中支＝修水、桂家芥、豊城、浙贛鉄道、南支＝北海（強風低雲を冒して修水西岸の敵陣地を攻撃、浙贛鉄道の軍用貨車数十輛を爆撃、大損害を与える）

25 中支＝潦水および南潯鉄道付近

26 中支＝万家埠および爾羅湖付近、南支＝万寧方面、興隆〈海南島〉、潮州方面、汕頭、廉城、大林市付近（南支航空隊は、海南島興隆で道路破壊中の敵兵十数名を銃撃、汕頭、潮州方面を偵察攻撃、廉州城内外を爆撃、大林市掃討戦に協力、敵の軍用貨物等を攻撃、大損害を与える）

28 中支＝浙贛鉄道、南支＝龍雲、南閭嶺、嶺口小攬、廉州

29 中支＝梁山、万県、浙贛鉄道、樵舎、南支＝嶺門、新呉市、欽県、白龍尾（長駆、梁山〈四川省〉の軍事施設を爆撃、北海市東方の機銃陣地を爆撃、その他の軍事施設を攻撃して各所に火災を起こさせ、大損害を与える）

30 南支＝中子山、嶺口、楽羅

31 中支＝浙贛鉄道、建昌飛行場、吉安、撫州、滁槎、李家渡対岸、袁州、南支〈海南島〉＝点屯昌、南門、鳥波、楓木、嶺口（海南島の敵拠点を攻撃）

4・1 南支＝南寧、嶺口、揚美墟

2 北支＝萊州付近、南支＝嶺門、嶺口、甲子市

3 北支＝塩城付近、中支＝湯家牌、新橋、黄沙街

4 北支＝東台北方、中支＝衡陽、長沙（中支の航空部隊は、衡陽敵軍事施設を襲い大損害を与え、長沙の軍事施設や南昌以東の交通機関を爆破）

5 北支＝東台、中支＝随県、南昌方面、浙贛鉄道（北支の敵拠点、中支の敵密集部隊、軍事施設を爆撃、南昌方面の敵陣地、浙贛鉄道を攻撃）

6 中支＝衡陽、浙贛鉄道、玉山・吉安の各飛行場、南支＝柳州飛行場、南寧南方（中支において浙贛鉄道交通機関、飛行場の偵察攻撃、南支において柳州飛行場を襲い、格納庫などに大損害を与え、柳州城内の軍需倉庫群を爆砕炎上させ、南寧南方の鉄橋を爆破）

7 北支＝平度東方、中支＝芷江飛行場、吉安、浙贛鉄道、南支＝龍州、潭州（中支の敵飛行場を攻撃、滑走路を中心に大損害を与え、南支では敵軍事施設を攻撃）

8 北支＝海陽付近、中支＝広信、南支＝昆明飛行場、賓陽（南支においては、長駆、昆明を襲い、敵飛行場、兵舎、飛行機を攻撃、敵約一七機と猛烈な空中戦を演じて、大戦果を収めて全機無事帰還、地上機損害炎上一五機、爆破二〇機、撃墜四機、不確実二機）

9 北支＝東台飛行場、海陽付近、南支＝珠江方面（青島航空部隊は、東台飛行場を攻撃、地上の敵大型機一機を爆破炎上、格納庫を一棟大破、兵器工場を有する海陽付近の敵部落を爆破、敵機爆破一機）

10 中支＝浙贛鉄道、東郷、貴渓

12 南支＝海南島（土来方面、澄万方面陸軍部隊の掃討作戦に協力、橋頭市敵本部を爆撃）

13 中支＝鄱陽湖東岸、走馬坂、南陵、西岸橋、宜昌、大通、青陽、南支＝蒙自、廉州、江口（中支において、鄱陽湖方面の敵拠点、軍需品倉庫などを攻撃、南支においては、蒙自飛行場を攻撃、敵の地上機を炎上、破壊し大型輸送機を迫蹦山腹に不時着させる、敵機炎上四機）

14 南支＝欽県

15 中支＝招遠付近、南支＝龍州、温州、馬尾

16 南支＝薄鰲、洋浦付近、温州、定海

17 南支＝福州、金牌門砲台

18 南支＝埫頭砲台（艦艇の福州沖密輸商船抑留に協力、埫頭砲台汽艇および機雷堰を爆撃）

20 中支＝廉州、南支＝温州付近（廉州を爆撃し、城内外に大損害を与え、艦載機は温州市街の軍事施設を爆撃）

21 北支＝平度東方、中支＝芷江、南支＝福州、金門島対岸、陵水（厦門、海南島方面の敵軍事施設を爆撃）

22 中支＝内郷・麗水・建甌・玉山・衢県の各飛行場、貴渓、鎮海、寧波、温州、海門

23 中支＝高安県、建甌飛行場、浙贛鉄道、南支＝甌江、温州、厦門、陵水付近（中支では高安県城付近陣地、建甌飛行場、金華市内の兵営を爆撃、南支では温州方面を偵察攻撃し、厦門島対岸、海南島方面を爆撃）

24 南支＝温州付近

25 南支＝福州、金牌・長門両砲台、七里街

26 中支＝南昌付近、鎮海、寧波、宏遠砲台、温州、南

支＝温州、珠江方面

27 中支＝汀州・贛州の両飛行場、南昌、鎮海、南支＝台州、温州、長門砲台、汕頭付近

28 中支＝撫河、羅渓、進賢、李河渡、高安、宜宝、寧波、南支＝台州、温州、福州

29 中支＝南昌、新村墟、南支＝台州、黄巌、海門、温州、瑞安

30 中支＝宝慶、寧郷、辰谿、幽蘭、青山湖、高安、南支＝楽安（大挙して宝慶の軍事施設その他を爆撃、艦載機隊は海南島の遊撃隊の拠点を攻撃、大火災を起こす）

5・1 中支＝棠飽、三陽、東郷・豊城の両県城、寧波、南支＝福州付近

2 中支＝西村、汪村〈高郵市北方〉、新村墟〈南昌南方〉、村前街〈高安西北〉、寧波、南支＝福州付近

3 中支＝重慶、奉新南方、荏港、大王廟、新村墟、万舎街、紹興、南支＝福州（中攻四五機により重慶を爆撃、敵戦闘機約三〇機と空中戦を演じ、その約一〇機を撃墜［確実五機以上］、日本軍機の二機敵弾のため火災を起こし、自爆・戦死を遂げる）【重慶五三大空襲】

4 北支＝塩城、中支＝重慶、吉安・玉山の両飛行場、新村墟、金華、南昌方面、南支＝汕頭、潮州、泉州（重慶を薄暮爆撃、大損害を与え、爆撃後敵機四機と交戦、これを撃退する。中南支方面の敵拠点その他を爆撃）【重慶五四大空襲】

5 南支＝汕頭、泉州

6 南支＝汕頭、潮州、陵水〈海南島〉（南支方面の軍事施設を爆破し、海南島陵水方面陸戦隊の戦闘に協力）

7 中支＝襄陽、南陽、西安、宜昌

8 中支＝南昌方面、南支＝延平、福州および嶺肚、南濫、嶺門〈海南島〉（湖口および南昌方面の敵拠点を爆撃して多大の戦果を収め、海南島敵拠点を爆撃、陸軍部隊嶺門攻略戦に協力、撃墜一機）

9 中支＝三江口、羅渓市、進賢、大平関、石潤舗、揚家山付近、寧波、南支＝永安、泉州、厦門島、徐聞、嶺門、南濫方面

10 北支＝萊陽付近、中支＝涂翼、松湖街、大平関、汀露渠飛行場、鎮海砲台

11 北支＝萊陽付近

12 中支＝重慶、衡陽、寧波、南支＝漳州、海靖、蒿嶼、抗里保停営〈海南島〉、逐渓〈雷州半島〉（重慶夜間爆撃決行、敵戦闘機四機と空中戦、一機撃墜、江北軍事施設に大損害を与える）

13 北支＝威海衛付近、中支＝玉山飛行場、紹興、南昌、南支＝漳州、蒿嶼、集美、保停営、万肖、楽安、南豊〈海南島〉、万山島、陽光、逐渓

14 北支＝棲家県付近、中支＝寧波、紹興、南支＝漳州、南安、楽安、万寧、海門島砲台、那大、南豊、汕頭、潮州、漳江、台山

15 北支＝棲家県城外、中支＝広昌・吉安両飛行場、彭沢、大平関官橋、南支＝永安、蒿嶼、那大、南豊、楽安、万寧

16 中支＝南昌、撫河、大平関、南支＝石尾、蒿嶼、吾貫

17 中支＝大平関、新村墟、王家、南支＝汕頭、馬尾、銅山営（陸軍部隊の大平関付近および南昌方面の掃

討戦に協力）
18 南支＝汕頭、湖陽、福州、馬尾、電白港東方
19 北支＝芝罘付近、南支＝逐渓、雷州半島、（艦載機隊は芝罘付近の敵拠点一〇ヵ所を爆撃、雷州半島を偵察攻撃、日本軍機一機は地上砲火のため敵弾を受け、敵陣に突入自爆、撃墜一機）
20 北支＝福山楼、霞間、葛家集、馮家集〈文登の西南〉、中支＝新村墟、南支＝逐渓、厦門、鼓浪嶼島、北海、福州
21 中支＝撫河、高郵市、繁昌、南支＝陵水、黄流、楽安
22 中支＝繁昌、新村墟、撫州、高郵市、鎮海、南支＝厦門付近、温州、昌江、北黎、陵水
23 南支＝泉州、永春、温州、黄華村兵営、淇澳島対岸
24 南支＝龍巌飛行場、汕頭、潮陽、昌江〈海南島〉、淇澳島対岸
25 北支＝招遠東北方、中支＝重慶、広陽壩飛行場、培陵、新村墟、鎮海、南支＝興化、泉州、圭嶼、温州、海門（中攻二六機により重慶を薄暮爆撃、敵戦闘機四機と空中戦を演じてその一機を撃墜、日本軍機も高角砲により一機失う。広陽壩飛行場に対しては前後二回にわたり夜間攻撃を実施、敵の自爆一機、また北支、中南支方面を攻撃）
26 中支＝新村墟、南支＝集美、福州
27 南支＝千家、潭江、西江
28 南支＝福州・泉州の間、興化（南支方面を偵察攻撃、閩江にて敵軍用汽艇一隻撃沈）
29 北支＝莱陽、南支＝福州、感恩（福州攻撃を反復し、敵師団司令部、陸地測量部等を爆撃、二回にわたり海南島感恩を攻撃、大損害を与える）
30 南支＝長門・金牌両砲台、万寧、北黎
31 北支＝日照、南支＝恵安、興化、角尾、石碼、福州
6・1 北支＝海陽、莒県、日照、中支＝慈谿、寧波、南支＝漳州、石碼、泉州
2 北支＝塩城北端の兵営
3 北支＝東台の新無線台、中支＝寧波
4 中支＝撫州、萍郷、貴渓、広信、河口鎮、南支＝感恩、上杭、意渓〈潮州の北五キロ〉
5 北支＝塩城、中支＝吉安、泰和、紹興、岡上街、南支＝梅県、興寧、保停営
6 南支＝南寧、鬱江（南寧の軍事施設を爆撃して多大な戦果を収める。鬱江において軍用汽艇を攻撃、炎上させる）
7 北支＝夾倉鎮、中支＝恩施、万県、鎮海（中攻三六機により重慶爆撃に出撃するも天候不良により、陽動隊九機は恩施を爆撃、二七機は引き返す）
8 北支＝莒県、中支＝撫村、新村墟、鎮海、南支＝温州、泉州、台州、海門方面、石城〈雷州半島〉
9 北支＝九里波、三庄、沈畦、劉家庄、中支＝恩施、重慶、衡陽飛行場、玉山、鷹潭、南支＝金牌門、温州、台州、海門、黄華村および磐石下流桟橋付近、南寧、和楽（中攻三六機、悪天候を冒し第五次重慶攻撃を決行、軍事施設に大損害を与える。爆撃後来襲した敵戦闘機五機と空中戦を交えこれを撃退）
10 中支＝麻伍市、拓林市付近、鎮海、広遠砲台付近
11 中支＝重慶、成都（中攻二七機成都第一次攻撃、中攻二七機重慶第六次攻撃をおこない、敵軍事施設を

爆撃して両所に大火災を起こさせ、空中戦にて敵機を撃墜する。敵機成都にて四機、重慶にて二機撃墜、三機確実）
12 中支＝余姚、吉安、泰和
13 北支＝石臼所、鹿島口、中支＝迸源、常徳、吉安、贛州、南昌方面、南支＝南寧、閩江、金牌門・閩安鎮各砲台、汕頭方面（中攻二七機重慶爆撃に出撃するも天候不良のため常徳へ変更）
14 北支＝芝罘、威海衛付近、中支＝吉安、浦城、白水湾、清江、新淦付近、慈谿、南支＝閩江、金牌門・閩安鎮の各砲台、和楽
15 中支＝河口鎮、麻伍市、高安県城、南支＝福州
16 北支＝石臼所、日照、南支＝万寧付近（艦載機隊は石臼所、日照方面の敵拠点を爆撃し、安東街付近の部落の敵兵を銃爆撃、潰滅させる。航空部隊は浙贛鉄道攻撃および陸軍部隊の南昌方面作戦に協力、福州の偵察攻撃をおこない、長門砲台の砲座を破壊）
17 南支＝万寧付近
19 中支＝紹興市内
20 南支＝興寧、梅県、潮汕、詔安、陸豊、楽安〈海南島〉（航空部隊は海南島方面の敵拠点を爆撃）
21 南支＝埼碌砲台
22 中支＝象山、新村墟
23 中支＝舟山島、南支＝潮汕地方、南安、長汀、運平、舗前、林吾
24 中支＝常徳、湘陰、雲都、建昌、南豊、撫州、奉新、南支＝贛州、韶州、藍口、留隍、水口圩、梅県
25 北支＝日响、中支＝舟山島、南支＝南雄、南安、汀州、韶州、留隍、豊順、梅県、感恩〈海南島〉、麗水、建寧、鎮海
26 南支＝潮州、留隍、豊順方面
27 南支＝福州
28 中支＝奉節、鎮海砲台、南支＝潮州、興寧、楽安
29 中支＝南陽、内郷飛行場周囲、鎮海・白鶏山砲台、南支＝熨斗島
30 中支＝梁山・巫山両飛行場、梅荘、南支＝温州、福州、興化
7・1 中支＝海門、福州
2 南支＝定海、海南島
3 中支＝羅渓、荏港、南支＝福州、沙県、延平、大成市〈新英南方〉、興寧東北部
4 中支＝南匯、泰和、南支＝三都澳、福安、南辰、新英南西一〇浬、楽安北東
5 北支＝萊陽、招遠、中支＝重慶、広陽壩飛行場、浙贛鉄道、南匯、蟹浦鎮、紹興、鎮海、奉化、南支＝蕉嶺、崖県北方（中攻六機、三波にわたり重慶夜間爆撃、その他各地の敵拠点、軍事施設を爆撃し、多大の損害を与える）
6 北支＝濤落鎮、中支＝重慶、荏港、漸嶺、紹興、余姚、南支＝熨斗島、金牌門砲台、建甌、延平、陸豊北方（前後二回にわたり重慶夜間爆撃を実施し、二ヵ所を炎上させ、広陽壩飛行場の一部を爆破し、南支においても敵陣地砲台を攻撃する）
7 中支＝南昌、奉新、鎮海、威遠砲台、浙江、台州兵舎、南支＝福清および福州付近
8 北支＝龍口、招遠付近、中支＝下賦策、南支＝柳州

飛行場、桂林方面、金牌門・長門砲台、温州江口、埼頭山

9　北支＝威海衛付近、南支＝埼頭山、畳石

10　中支＝黄巌、南支＝磨刀

11　中支＝河口鎮、賽塘、南支＝金牌門砲台（金牌門砲台を攻撃、砲六門、中西門および兵舎一棟を爆破、付近の敵軍用艇三隻銃撃、甫頭の陸上倉庫二棟を爆砕）

12　中支＝巴東、巫山、浙贛鉄道、南昌付近、南支＝延平、福州方面、川石島、銅山、詔安、樟州付近（中攻二六機重慶の薄暮爆撃に出撃するも天候不良のため巴東、巫山へ変更）

13　中支＝浙贛鉄道、南昌付近、南支＝福安、漳江下流、湄州浦、羅源、興化、東山、台州、海門（南方閉塞部隊の作戦に呼応をして三都湾より銅山湾にいたる沿岸一帯を偵察爆撃し、敵軍事施設、漳江下流大型軍用汽艇一隻［約二〇〇トン］を爆砕、湄州浦にて一〇〇トン級軍用汽艇一隻を大破させる）

15　中支＝南昌方面、南支＝柳州、桂林、臨高、万寧、東山街、詔安、汕頭付近

16　北支＝威海衛付近

17　中支＝新村墟付近、南支＝北黎

18　南支＝北黎、汕尾

19　北支＝威海衛付近、中支＝玉山、吉安、贛州

20　北支＝威海衛付近、中支＝南昌方面、南支＝汕尾、海豊

21　中支＝南昌付近、南支＝宜山、龍州鎮、南寧、鎮南関、枚利、寧明

22　中支＝南昌付近、南支＝柳州、南寧、鎮南関

23　中支＝芷江、吉安、南支＝羅源、沙埕、桂林、柳州

24　中支＝重慶、豊城、樟樹鎮、塔壁、通城南東方、南支＝汕頭、潮州、海南島南部、横門、金牌門砲台（中攻九機により第九回重慶爆撃を実施し、三波にわたり夜間爆撃、敵戦闘機五機と交戦、二ヵ所を炎上させる。豊城市江岸の軍需倉庫群、江水路交通線その他の軍事施設を偵察攻撃）

25　中支＝巴東、帰州、巫山、撫河右岸、荏港南方、南支＝塘頭〈海南島〉

26　北支＝海陽北西方兵器工場、南支＝梧州、潮州

27　北支＝威海衛付近、中支＝撫河東岸、南門嶺程坊、南支＝掲揚、湯坑、豊順、潮州、北海、博口、高州

28　中支＝撫河東岸、善坊街、南支＝潮州北東

29　中支＝進賢、海荘、胡子華、南支＝興寧、潮州

30　中支＝宜城、光化、進賢、樟樹鎮、賓陽、丁橋墟、南寧、武鳴、石尾

31　北支＝威海衛付近、中支＝重慶、三陽、南支＝桂林、柳州、石獅、漳州、石碼、蓮塘〈汕頭北西方〉、潮州、登塘、防城（中攻九機により二波にわたり第一〇回重慶夜間空襲を実施し、敵の照射、砲撃を冒して軍事施設および広陽壩飛行場に大損害を与え、敵戦闘機五機と交戦、敵機撃墜一機）

8・1　南支＝鬱林、貴県、横県、南寧、興寧、榴隍、電光山砲台、淡水、電白、化県

2　北支＝江蘇省北部沿岸、阜寧対岸、文登、中支＝重慶、南支＝寧明、龍州、南寧、鎮南関、漳州、白浦口、松下海口（中攻一八機、二隊に分かれ二回にわたり第一一回重慶夜間爆撃を実施、敵戦闘機数機と空中

戦、敵軍事施設および飛行場に大損害を与える）

3 中支＝重慶、梁口、鷹潭、南支＝南寧、寧明、鎮南関、豊順、掲揚砲台、和楽（二隊に分かれ、第一二回重慶夜間爆撃を敢行、敵戦闘機数機と空中戦、敵飛行場および軍事施設に大損害を与える）

4 中支＝重慶、柳州、安福、賽塘、南支＝桂林、南寧、漳州、鎮南関、雷州（第一三回重慶夜間攻撃を敢行、敵の軍事施設および飛行場に大損害を与え、敵戦闘機五、六機と交戦、熾烈な照射砲撃を受けるも全機無事帰還）

5 中支＝建陽、南支＝鎮南関、潮州

6 南支＝海門、崖県、武鳴、田東墟、留隍

7 南支＝台州、海門湾、温州、興寧、抱善〈海南島〉

8 北支＝威海衛南西方、中支＝鎮海、蟹浦鎮、南支＝潮州、台州、海門、廉州

9 北支＝威海衛、中支＝奉化〈浙江〉、南支＝海門、青田、甌江、潮州西方

10 中支＝奉化

11 中支＝湖口付近、南支＝海澄、楓渓〈潮州西方〉、古巷、漳州、石尾、馬港

12 北支＝登州、大辛店、龍口方面、南支＝漳州、石尾、馬港、鬱林、福州、金牌門砲台

13 北支＝登州、大辛店、龍口方面、中支＝高信、南郷、泰和、南支＝留隍

14 中支＝贛江水路、双港口、進賢、前坊街、南支＝柳州、壽州、大成市、興寧、留隍、潮州北西方、和楽、寧明、南寧

15 中支＝田尾付近、南支＝英徳、潯州、龍州、北海、保平〈海南島〉

16 中支＝慈谿、観海衛、南支＝龍州、北海

17 南支＝憑祥、鎮南関、和楽、昌江

18 中支＝辰州、南支＝烏石港、雷州、逐渓、石城、化県

19 中支＝嘉定、南支＝海晏、閉橋、保平（中攻三五機で遷都準備中といわれる成都南方五〇浬の嘉定爆撃）

20 中支＝広信、撫河、南支＝漳州水道、興寧、湯坑

21 中支＝広信、麗水、南支＝興寧、水口圩、烏石港

22 中支＝広信、河口鎮、南支＝鎮南関、憑祥、桃山

23 中支＝小龍坎、南支＝南寧、銅山、烏石港（中攻二七機で第二の重慶として建設中の小龍坎を薄暮爆撃、敵戦闘機五、六機と空中戦）

24 中支＝麗水、南支＝銅山対岸、興寧、留隍、湯坑、桂林、柳州、南寧

25 中支＝小龍坎、甌江、広信、南支＝南寧、龍州（中攻四五機で小龍坎を夜間爆撃）

26 南支＝龍州、鎮南関、樟林南方、銅山島、桂林、柳州、南寧

27 南支＝鳳翔市、龍門

28 中支＝小龍坎、南支＝宜山、龍州、烏石港、南寧、明江（中攻四五機で小龍坎の夜間攻撃を実施、敵戦闘機三機と空中戦、軍事施設および工業地帯に大損害を与える）

29 南支＝武鳴、南寧、五塘（武鳴および南寧を攻撃し、敵の軍用自動車を銃爆撃して七台を粉砕、軍需倉庫に大損害を与える）

30 中支＝白市駅、宜昌、広陽壩飛行場、南支＝柳州、南寧、遷江、憑祥、鎮南関（月明を利用し大挙二回

にわたり白市駅および敵飛行場の夜間攻撃を敢行、数ヵ所を炎上させる）

31 中支＝黄湖畔、香口鎮、南支＝銅山、亭郷

9・1 中支＝梁山・広陽壩・白市駅の各飛行場、万県、南支＝大乗墟〈柳州の南西〉、賓州、海南島〈秀英、和楽〉、石城、大坎〈昌江東方〉（中攻三九機により、白市駅・梁山の飛行場を夜間爆撃）

2 南支＝貴県、化県、梅麓

3 中支＝小龍坎、奉節、南支＝潯州、賓州、大坎、雷州（中攻三九機により小龍坎を夜間爆撃、敵戦闘機と空中戦）

4 中支＝小龍坎、南支＝柳州、南寧、賓州、鬱林、貴県、潮州

5 南支＝潮汕

6 南支＝海南島北部、古港、登塘街〈潮州西方〉

7 南支＝横門、潮汕（横門作戦に協力のほか、潮汕地方陸軍部隊に協力、敵陣地および敵兵を銃爆撃して多大の戦果を収める）

8 南支＝香山、潮州

9 中支＝株州、南支＝龍州、潮汕地方

10 中支＝贛江、吉安、蓮花、南支＝横門、大亜湾、澳頭港、潮州、瑠隍

11 中支＝瀘州、巴東、来鳳（中攻三五機により重慶上流の瀘州爆撃、敵機を見ず、中攻二七機、来鳳を爆撃する、敵機見ず）

12 中支＝海門水道、塘埠、西頭、恩施、万県、南支＝横門、鬱林、貴県、内陸〈広東省〉、老隆、潮州、銅山、漳浦

13 中支＝海門水道、南支＝横門、龍州、憑祥、求口、汕尾、潮汕

14 南支＝龍州、憑祥、潮州西方、龍渓、厦門付近

15 中支＝白雲山〈徳安付近〉、南支＝宜山、賓州、龍州、石山〈海南島〉、平面関、潮州西方、厦門付近

16 北支＝海陽北方、中支＝奉新、南支＝憑祥、平面関、海南島、潮州西方

17 南支＝潮州西方

18 北支＝灌河、射陽河、中支＝高安、南支＝南寧、抉陽、永安、興化、漳浦

19 北支＝灌河、中支＝徳安、南支＝澳門、永安、興化、漳浦、潮州、掲陽、河源

20 中支＝海門水道北岸、泥湖、灰埠、上高、江口埠、荒山、鼓山、辰州、辰谿、南支＝海門、厦門付近

21 中支＝上高、三都、彭山、徳安、南支＝福州付近、潮汕、瑠隍、碣石、大洋州、汕尾

22 中支＝九仙陽、徳安、南支＝古田、延平、沙県、閩江江口砲台、湖仙、横門

23 北支＝湘州・龍口・灌河・射陽河各付近、塩城、中支＝湘陰、柿渓口、柳林渓、三都、武寧、九汕湯、洋湖、梁口、修水、黄土橋および営田付近、南支＝海壇島、内陸、永泰、福州、湖州、珠江湾、甲子、汕尾

24 中支＝常徳・辰州・修水・徳安・営田・鹿角各付近、南支＝内陸・潮州・横門・陵水各付近

25 北支＝龍口付近、中支＝石街・赤崗山・九仙湯各付近、湘江方面、南支＝南寧、陵水渓、麗水、台州、雲和、温州、甌江、瑞安、河頭

26 中支＝興化、修水方面

27	中支＝石街、甘坊付近、南支＝楓渓、古港
28	中支＝広陽壩飛行場、梁山、奉節、南支＝南寧、潮州（中攻二八機、広陽壩飛行場を夜間爆撃、敵戦闘機五機と空中戦、中攻三六機で梁山・遂寧両飛行場に対し夜間空爆を敢行し、大損害を与える）
29	北支＝海陽、龍口付近、中支＝遂寧・梁山・広陽壩の飛行場、我橋、石街方面、南支＝龍州、鎮南関、憑祥、潮州（各方面の敵飛行場および軍事施設を爆撃、大損害を与える）
30	北支＝海陽、龍口付近、中支＝奉節・巫山・恩施の各飛行場、甘坊、南支＝龍州、平面関、藤橋、隴隍、湯坑（中攻三九機、白市駅爆撃に出撃するも悪天候のため恩施などに変更）
10・1	中支＝成都方面〈鳳凰山、遂寧、太平寺、巴東〉、株州、我橋、甘坊、武穴、龍坪、南支＝陵水、横門（大挙して成都方面の空襲を敢行、濛気を冒して各飛行場を爆撃し、地上照射砲火を受け、敵戦闘機三機と交戦し、その軍事施設を爆撃する）
2	北支＝海陽、龍口付近、中支＝宜賓飛行場、瀘州、修水、石街、三都、高郵県、南支＝潮州、陵水（中攻四一機、宜賓飛行場の夜間攻撃をおこない、大打撃を与える）
3	中支＝三都、武寧、宜昌・恩施・来鳳・芷江・衡陽の各飛行場、小龍坎、南支＝林屋辺、潮州（中支方面の敵使用基地とおぼしき各飛行場を攻撃し、小龍坎に対し夜間攻撃を決行、工場地帯に火災を起こす）
4	北支＝萊陽方面、中支＝白市駅・広陽壩の各飛行場、三都・修水・大力街各付近、下新鎮濯港、南支＝潮州（中攻三九機により、白市駅・広陽壩飛行場の夜間爆撃）
5	中支＝白市駅・宝慶・芷江の各飛行場、修水、黄梅付近、興化、南支＝黄健、饒平方面、龍門兵舎
6	中支＝黄梅、南支＝黄門・黄健・饒平・龍門付近
7	北支＝牟平南東、中支＝張家辺西方、白市駅、粤漢鉄道〈楽昌―宜章間〉、南支＝潮州西方、梅県、豊順方面、北海
8	北支＝牟平、龍口付近、中支＝九仙湯付近、涸舗街、大金舗、富甸、沙溝鎮、粤漢鉄道〈株州駅、鉄橋〉、南支＝桂林・武鳴の各飛行場、龍州、鎮南関
9	中支＝芷江・衡陽・零陵・宝慶・吉安・広昌の各飛行場、南支＝湘桂鉄道〈全県駅、興安駅、霊川〉、龍州
10	中支＝自流井、恩施、衡陽、沅江、汚池街付近、撫州県、高郵東方、南支＝南丹、柳州、鎮南関、龍州方面
11	中支＝零陵・衡陽・宝慶・芷江・南陽・内郷の各飛行場、南支＝鎮南関、南寧方面
12	南支＝都安、武鳴飛行場、南丹北西、海口南方、雷州半島〈石城、梅林鹿、高州〉、屯坑、銭岡
13	北支＝龍口・萊州・漣水各付近、中支＝梁山、南川、辰鶏、辰州、三都方面、南支＝潮汕（中攻三六機により梁山飛行場爆撃、中攻一八機により南川飛行場爆撃）
14	北支＝射陽河、阜寧、塩城方面、南支＝霊山、湘桂鉄道、全県、宜山、東江付近、鬱林、貴県、龍州（湘桂鉄道、全県および宜山方面を攻撃、敵の軍需倉庫群、軍用汽艇に大打撃を与える）

15 北支＝龍口、萊陽付近、射陽河、阜寧、塩城方面、中支＝零陵・芷江両飛行場、帰州、来鳳、恩施飛行場、南支＝上金、龍州、寧明、黄坡、甲子港、潮汕（中攻三五機により零陵・芷江両飛行場爆撃、敵機見ず）

16 中支＝黄梅領、将軍廟、呉家橋、周家漂、零陵・芷江両飛行場、南支＝龍州、鎮南関、太平、寧明、憑祥、平面関、潮汕付近

17 中支＝零陵・芷江両飛行場、南支＝南寧、上金付近、麗江

18 南支＝霊山、潮汕

19 北支＝招遠南西、中支＝宝応、安慶付近、南支＝潮汕

20 中支＝宝応、南支＝北海

22 南支＝龍門、江口、北海南方

23 南支＝平安、潯州

24 中支＝奉節、霊山、遂寧、巫山、南陽、内郷飛行場、南支＝海門、台州、温州、沙埕港、三門港方面（中攻四五機で成都夜間爆撃に出撃、天候不良のため奉節、遂寧、巫山に変更）

25 中支＝宝応、辰州付近、南支＝台州、黄巌、温州、沙埕港、寧徳、福寧、林福、青田、龍州、鎮南関、寧明

26 中支＝宝応、安慶付近、南支＝南寧、扶南、温州、瑞安、龍門江

27 中支＝宝応、廟前街、南支＝寧総、三都灣、海壇対岸、新昌

28 中支＝合肥、宝応付近、南支＝湄州、寧徳、新昌付近

29 中支＝安慶北方、南支＝馬港〈厦門北東〉、黄崗

30 中支＝広徳、香口鎮

31 中支＝麗水・建甌・玉山・吉安の各飛行場、香口鎮、内郷、南陽飛行場、南支＝海壇、南灣北方〈柘林、黄崗〉

11・1 中支＝監利付近、玉山飛行場、香口鎮、南支＝興化、禧城、電白、博賀、霊山、武利圩

2 北支＝芝罘付近、中支＝監利、慈利、香口鎮、彭沢、南支＝武鳴、電白、水東市、北海、欽州方面（中支において敵の不時着機を捜索、監利、慈利において一機ずつ爆破し、中南支方面の兵舎、倉庫群を爆破炎上させる、敵機爆破二機）

3 中支＝益揚、南陽、南支＝柳州飛行場、北海、陽江、電白

4 中支＝成都〈温江・鳳凰山飛行場〉、吉安、広昌、香口鎮、南支＝柳州、電白、陽江、龍門江（中攻七二機による成都方面敵航空基地の昼間攻撃を敢行、敵戦闘機約四〇機と空中戦、敵の十数機を大破炎上させたほか、敵機数機を撃墜し、日本軍機も一三空司令機をふくむ四機が自爆を遂げる。南支では敵軍需倉庫群および軍用船艇群を爆砕する、敵機爆破八、撃墜二、日本軍機自爆二）

5 中支＝祁陽、零陵対岸、冷水灘付近、芷江飛行場、香口鎮、南支＝都了飛行場、鎮南関、憑祥、龍州、寧明

6 北支＝芝罘南方、中支＝贛州、香口鎮、南支＝桂林飛行場、貴県、隆安、果徳、龍門江

7 中支＝衡陽、零陵、香口鎮、衢県、南支＝寧明、龍州、感恩

8 中支＝香口鎮、南支＝美台、加来、都安

10 中支＝高郵、南支＝武鳴、憑祥、周市、龍州、寧明

11 中支＝高郵、南支＝貴県、南東、電白、水東、博賀港

12 南支＝高州、梅麓
14 北支＝莱山方面
15 南支＝北海方面〈魚洪江〉
17 中支＝呉城鎮、来鳳、恩施飛行場、南支＝坊城、魚洪江付近
18 中支＝宝応、望直港、安豊鎮、南支＝欽州
20 南支＝南寧、浽湪、扶南、大崗墟、北海、廉州
21 南支＝獅子口、南寧、太平、横県、賓州、欽州、貴県、永淳、冠頭角
22 南支＝南寧南東、獅子口、武鳴飛行場、鬱江、横県
23 南支＝南寧南東方（全力を挙げて陸軍部隊の南寧攻略戦に協力、敵に殲滅的打撃を与え、百色飛行場を爆撃して大戦果を収め、陸軍各部隊間の連絡に寄与する）
24 北支＝大株柳方面、南支＝武鳴・都安の両飛行場
25 中支＝西安飛行場、彭沢付近
26 中支＝西安、芷江飛行場、感陽、南支＝黄果樹
27 南支＝那麗圩、八増
28 中支＝蘭州、南支＝丁橋墟〈賓陽南西七浬〉、陸屋圩〈欽州東方〉、霊山（中攻三三機により二七日夕刻より二八日未明にわたり、蘭州夜間攻撃を敢行、市街軍事施設ならびに東西両飛行場に大損害を与える）
29 中支＝南陽、内郷飛行場、南支＝南寧北方、八塘、鬱江方面
30 中支＝蘭州、西安（中攻三九機により二九日夜半より三〇日午前にわたり連続蘭州を攻撃、一部は西安をも空襲し、夜間攻撃においては敵戦闘機三機と空中戦を交え、昼間攻撃においては蘭州市街ならびに東飛行場の滑走路その他に大損害を与える。また本攻撃中、敵四機挑戦し来るもこれを撃攘して無事基地に帰還す）

12・1 中支＝蘭州（中攻三八機により蘭州飛行場爆撃、敵戦闘機二〇機と空中戦、九機撃墜）
18 中支＝梁山（敵戦闘機と空中戦、五、六機撃墜）
19 中支＝恩地、南川、梁山、宜賓（梁山で敵戦闘機二〇機と空中戦、宜賓飛行場の地上機一〇機を爆破）
20 中支＝衡陽、吉安、芷江（中攻二五機により出撃、敵戦闘機五機と空中戦、地上機二機爆破）
22 南支＝柳州（中攻二七機出撃、敵数機と空中戦、地上機二機爆破）
25 中支＝芷江（第三連合航空隊の中攻二七機、南支より出撃、空中戦により四機撃墜）
26 中支＝蘭州（【百号作戦】により、第二連合航空隊中攻二七機が蘭州爆撃、敵戦闘機一五機と空中戦、四機撃墜、日本軍機も一機被害、第一連合航空隊中攻三六機も蘭州爆撃）
28 中支＝蘭州（【百号作戦】により、第一連合航空隊・第二連合航空隊の中攻六三機、蘭州爆撃）
29 南支＝桂林（第三連合航空隊中攻二三機、桂林爆撃、敵戦闘機二二機と空中戦、二機撃墜）
30 南支＝柳州（第三連合航空隊艦戦一三機、柳州爆撃、敵戦闘機四〇機と空中戦一四機撃墜、日本軍機の被害一機）
31 南支＝柳州（第三連合航空隊中攻二七機、柳州飛行場爆撃、五機爆破）

④一九四〇年　（　）内は爆撃兵力、作戦、戦闘、戦果等

月・日	主要爆撃箇所
1・3	宝慶飛行場（第二連合航空隊中攻二四機出撃、七機爆撃）
4	蒙自飛行場（第三連合航空隊中攻二七機、戦闘機五機と空中戦）、滇越鉄道の七番鉄橋（高雄航空隊中攻一二機）
10	桂林飛行場（第三連合航空隊中攻二七、艦戦二六、陸偵二の計五五機出撃、陸偵が刻々状況を報告、戦闘機三〇機と空中戦、一六機撃墜、九機爆破）
4・11	桂林飛行場（第三連合航空隊中攻、地上機二機爆破）
12	芷江飛行場（第二連合航空隊中攻、出撃）
21	宜賓飛行場（第二連合航空隊中攻二七機、陸偵一機により夜間爆撃、七ヵ所炎上）
25	白市駅飛行場（第二連合航空隊中攻二七機、陸偵一機により照明弾を利用した夜間爆撃）
30	広陽壩・白市駅・梁山の各飛行場（第二連合航空隊中攻九機がそれぞれ夜間爆撃）
5・9	昆明飛行場（第三連合航空隊中攻二八機、陸偵一機出撃、戦闘機五機と空中戦、一機撃墜、五機破壊）
18	成都飛行場（【百一号作戦開始】、第二連合航空隊中攻一九機、第一連合航空隊中攻九機による照明弾を利用した夜間爆撃、一一、二機と空中戦、破壊五機）
19	成都飛行場（第一連合航空隊中攻九機、第二連合航空隊中攻九機による夜間爆撃、戦闘機四、五機と空中戦）
20	宜賓・成都・梁山の各飛行場（第一連合航空隊中攻一八機、第二連合航空隊中攻一一機に、陸偵一機による夜間爆撃、六、七機と空中戦、大型機二機、小型機七機破壊、日本軍機も被害一機、七ヵ所炎上）
21	梁山・広陽壩・白市駅の各飛行場（第二連合航空隊中攻二七機、陸偵二機による梁山昼間攻撃、地上機大型二機、小型七機破壊、日本軍機一機被害、第一連合航空隊中攻四六機、広陽壩・白市駅の夜間爆撃、敵戦闘機約十機と空中戦、三機撃墜）
22	白市駅・広陽壩の各飛行場（第一連合航空隊中攻二七機、第二連合航空隊中攻二八機、陸偵二機、第十五航空隊中攻二六機により夜間爆撃、戦闘機三、四機と空中戦、二機撃墜、一二機破壊）
26	白市駅飛行場（第二連合航空隊・第十五航空隊中攻五九機、陸偵三機により地上機六機爆破）、小龍坎（第一連合航空隊中攻三六機、空中戦により五機撃墜）
27	重慶・北碚新村（第二連合航空隊中攻三一機）、重慶・浮回関（第一連合航空隊中攻三六機）、重慶・磁器口（第十五航空隊中攻二七機）（この日、中攻が計九四機出撃）
28	重慶・川東地区（第二連合航空隊中攻三二機、陸偵三機）、重慶・江北地区（第十五航空隊中攻二六機）、広陽壩飛行場（第一連合航空隊中攻三六機、一二機と空中戦をおこない、一機撃墜）
29	重慶・磁器口（第二連合航空隊中攻二四機、陸偵三

	機、敵戦闘機八機と空中戦）、重慶・浮回関（第一連合航空隊中攻三六機、戦闘機一四、五機と空中戦、二機撃墜）
30	広陽壩飛行場（第十五航空隊中攻三七機、陸偵三機）
6・6	遂寧飛行場（第二連合航空隊・第十五航空隊中攻五四機、第十五航空隊の中攻一機、敵戦闘機と衝突）、梁山・白市駅の飛行場（第一連合航空隊中攻）
10	重慶（第二連合航空隊・第十五航空隊中攻五三機、二二機と空中戦、撃墜一〇機、日本軍機の二機被害）
11	重慶（第二連合航空隊・第十五航空隊中攻五二機、敵機一〇機と空中戦、三機撃墜）、重慶（第一連合航空隊中攻二七機、敵機一五機と空中戦［大部分はカーチスホーク］、撃墜六機、日本軍機に被害一機）
12	重慶（第二連合航空隊・第十五航空隊中攻五二機、戦闘機八機と空中戦、敵戦闘機を約二時間上空に行動させた後、飛行場爆撃、成功する）
16	重慶（第二連合航空隊・第十五航空隊中攻機、I-17機を含む七機と空中戦）、重慶（第一連合航空隊中攻二七機）
17	広陽壩・白市駅の飛行場（第二連合航空隊・第十五航空隊中攻五〇機による夜間爆撃）、広陽壩飛行場（第一連合航空隊中攻二七機による薄暮爆撃）
24	重慶・石馬州飛行場（第二連合航空隊・第十五航空隊中攻五三機、石馬州飛行場に着陸後、四機爆破）、重慶（第一連合航空隊中攻三六機）
25	白市駅飛行場（第一連合航空隊三六機、第二連合航空隊・第十五航空隊中攻五三機、敵戦闘機一九機と空中戦、六機爆破）、梁山飛行場（爆破四機）
26	白市駅飛行場（第二連合航空隊・第十五航空隊中攻五二機、第一連合航空隊中攻三六機、一五機と空中戦）
27	重慶（第一連合航空隊・第二連合航空隊・第十五航空隊中攻九〇機）
28	重慶（第一連合航空隊・第二連合航空隊・第十五航空隊中攻八六機、一五機と空中戦、二機撃墜）
29	白市駅飛行場（第一連合航空隊・第二連合航空隊・第十五航空隊中攻九〇機、五機と空中戦）
7・4	重慶（第二連合航空隊・第十五航空隊中攻五三機）、遂寧飛行場（第一連合航空隊中攻三六機）
5	自流井、綦江（第二連合航空隊・第十五航空隊中攻五〇機）、綦江（第一連合航空隊中攻三六機）
8	重慶（第一連合航空隊・第二連合航空隊・第十五航空隊中攻九〇機）
9	重慶（第一連合航空隊・第二連合航空隊・第十五航空隊中攻七一機）
16	重慶（第二連合航空隊・第十五航空隊中攻五四機）
28	南川、万県（第一連合航空隊・第二連合航空隊・第十五航空隊中攻九〇機）
31	重慶（第二連合航空隊・第十五航空隊中攻五四機、戦闘機二〇機と空中戦）、重慶・涪州（第一連合航空隊中攻三六機）
8・2	瀘県、北碚（第二連合航空隊・第十五航空隊中攻五四機）、隆昌（第一連合航空隊中攻三六機）
9	重慶、海棠渓（第一連合航空隊・第二連合航空隊・第十五航空隊中攻九〇機）
11	重慶（第一連合航空隊・第二連合航空隊・第十五航

	空隊中攻九〇機、敵戦闘機が落下傘爆弾使用、日本軍機被害一機）
12	自流井（第一連合航空隊・第二連合航空隊・第十五航空隊中攻九〇機）
16	合江、瀘県（第二連合航空隊・第十五航空隊中攻五三機）
17	富順・氷川、重慶、万県、衡陽（第一連合航空隊・第二連合航空隊・第十五航空隊中攻九〇機）
19	重慶・石馬州飛行場（第一連合航空隊・第二連合航空隊・第十五航空隊中攻九〇機、零式艦戦［零戦］、初進攻、敵戦闘機離陸逃避）
20	白市駅飛行場（第一連合航空隊・第二連合航空隊・第十五航空隊中攻九〇機、敵機見ず）
23	弾子石、海棠渓（第一連合航空隊・第二連合航空隊・第十五航空隊中攻九〇機）
9・3	広安、順慶（第一連合航空隊・第二連合航空隊・第十五航空隊中攻九〇機）
12	李家花園（第二連合航空隊中攻二七機、艦戦［零戦］一三機、中攻三機が夜間爆撃）
13	重慶（中攻三機夜間爆撃）、重慶（第二連合航空隊中攻二七機、艦戦［零戦］一三機、攻撃隊はいったん引き揚げの態をなした後再突入して戦闘機を捕捉する。撃墜二七機）
14	重慶（第二連合航空隊中攻三機、夜間爆撃）、重慶（第二連合航空隊中攻二七機）
15	重慶（第二連合航空隊中攻三機、夜間爆撃）、重慶（第二連合航空隊中攻二七機、艦爆・艦攻数機は宜昌基地を使用して出撃）

16	重慶、南温泉（第二連合航空隊中攻三〇機、艦爆・艦攻数機）
30	昆明（第三連合航空隊中攻二七機、敵戦闘機一二機と空中戦）
10・4	成都（第二連合航空隊中攻二七機、艦戦［零戦］八機、零戦隊着陸攻撃および銃撃、六機撃墜、二三機爆破）
5	成都（第二連合航空隊中攻二七機、艦戦［零戦］七機、爆破一〇機）
6	重慶（第二連合航空隊中攻二六機）
7	昆明（第三連合航空隊中攻二七機、艦戦［零戦］数機、ハノイ進出と同時に実施、撃墜一〇機、破壊八機）
10	北碚（第二連合航空隊中攻二七機）、重慶（第二連合航空隊艦戦［零戦］三機、艦偵一機）
12	成都（第二連合航空隊中攻二七機）
13	万県（第二連合航空隊中攻二七機、天候不良のため重慶から目標を変更）、昆明（第三連合航空隊中攻二七機、艦戦［零戦］）
16	重慶（第二連合航空隊中攻三機、夜間爆撃）
17	重慶（第二連合航空隊中攻二七機）
25	重慶（第二連合航空隊中攻二七機、艦戦［零戦］三機、艦爆・艦攻数機、日本軍機艦爆一機被害）
26	重慶（第二連合航空隊中攻二七機）、圻峡（第二連合航空隊艦戦［零戦］八機、空中戦において一〇機撃墜）
27	成都（第二連合航空隊中攻二一機）
11・12	昆明（第三連合航空隊、敵機を見ず）
13	昆明（第十四航空隊中攻九機）

12・1	重慶（第二連合航空隊艦戦［零戦］九機）、筒旧（第十四航空隊、錫工場爆破）
11	昆明飛行場（高雄航空隊中攻三機、第十四航空隊中攻三機、艦戦・艦爆数機）、梁山飛行場（第十二航空隊）
12	梁山飛行場（第十二航空隊）、祥雲飛行場〈雲南省〉（第十四航空隊の艦戦［零戦］により、二二機撃墜）
13	阿迷、筒旧、長陽（第十四航空隊艦爆）、筒旧（高雄航空隊中攻九機）
14	昆明（第十四航空隊艦爆、艦戦）、功県橋（高雄航空隊中攻九機により橋梁爆破）
15	功県橋（高雄航空隊中攻八機により橋梁爆撃時煙幕展張）
16	功県橋（高雄航空隊中攻九機により橋梁爆破）
18	昆明（第十四航空隊艦爆・艦戦）
22	蒙自（第十四航空隊艦爆・艦戦）、筒旧（高雄航空隊中攻一二機）
29	成都（第十二航空隊艦戦［零戦］一一機、艦偵・艦攻により二九機撃墜、二九機破壊）
30	成都（第十二航空隊艦戦［零戦］一二機、成都飛行場群攻撃、三三機撃破）

⑤一九四一年

（　）は攻撃兵力、作戦、戦闘、戦果等

月・日	主要爆撃箇所
1・2	昆明飛行場（高雄航空隊中攻一二機、敵機を見ず）、昆明発電所（第十四航空隊艦戦［零戦］・艦爆）
3	昆明自動車群（第十四航空隊艦戦・艦爆）、功県橋（高雄航空隊、破壊のまま放置され、交通途絶）
5	功県橋（高雄航空隊中攻九機、第十四航空隊艦戦二機、艦爆一一機、命中するも橋梁落下せず）
14	重慶・合川飛行場（第十二航空隊、敵機を見ず）
19	功県橋（高雄航空隊中攻九機、命中するも橋梁落下せず）
20	筒旧工場（第十四航空隊艦爆八機）
22	功県橋、昆明駅（中攻九機、艦爆八機、艦戦二機）
23	功県橋（中攻九機、橋梁の四分の一を爆砕）、昆明（艦爆六機、艦戦三機）
29	昆明軍事学校（艦戦・艦爆）、昆明（中攻九機）
2・4	合川飛行場（第十二航空隊、敵機見ず）
7	功県橋（中攻二七機、命中）
9	恵通橋（中攻二五機、陸偵一機）
12	功県橋（中攻二七機、艦爆・艦戦、爆破）
21	昆明（艦戦・艦爆）、恵通橋（中攻二六機、命中）
22	恵通橋（中攻二六機、命中）、筒旧（艦爆・艦戦）
26	昆明（艦戦・艦爆）、恵通橋（中攻二七機、陸偵四機、艦戦）
27	恵通橋（中攻二五機、陸偵一機）、筒旧（艦爆・艦戦）
3・09	昆明（艦爆・艦戦）
10	昆明飛行場（高雄航空隊中攻・艦戦一二機、敵機見ず）
14	成都基地群（第十二航空隊艦戦一二機、陸偵二機、

艦攻一〇機、空中戦により二七機撃滅、七機破壊）
18 重慶、磁器口（第十二航空隊艦戦・艦攻）
20 遂寧飛行場（第十二航空隊艦戦・艦攻、敵機見ず）、昆明飛行場（高雄航空隊中攻、敵機見ず）
4・29 恩施（第二十二戦闘隊中攻）
5・3 重慶（第二十二戦闘隊・第十二航空隊中攻五四機、艦戦）
9 重慶（第二十二戦闘隊・第十二航空隊中攻五四機、艦戦）
10 重慶（第二十二戦闘隊中攻）
16 重慶（第二十二戦闘隊・第十二航空隊中攻五四機、艦戦）
20 宜賓（第二十二戦闘隊・第十二航空隊中攻・艦戦により爆破数機）、梁山飛行場（第十二航空隊艦攻、敵機見ず）、蘭州飛行場
21 梁山飛行場（第二十二戦闘隊中攻二七機、敵機見ず）
22 成都飛行場（第二十二戦闘隊・第十二航空隊中攻二七機、艦戦、撃墜二機、爆破九機）、梁山・万県・宝鶏飛行場（第十二航空隊艦戦、敵機見ず）、蘭州飛行場（第二十二戦闘隊中攻二七機、爆破二機）
26 天水飛行場（第十二航空隊艦戦、撃墜五機、破壊一八機）、南鄭飛行場（第二十二戦闘隊・第十二航空隊中攻・艦戦、敵機見ず）
27 蘭州・咸陽飛行場（第二十二戦闘隊・第十二航空隊、敵機破壊二機）
29 西林〈広西省西部〉（第十四航空隊）
6・1 重慶（第二十二戦闘隊中攻）、昭通飛行場〈雲南省〉（第十四航空隊、敵機破壊九機）、北盤江吊橋〈昆明、貴陽間の黔滇公路上〉（第十四航空隊、爆破）
2 重慶（第二十二戦闘隊中攻二七機）、北盤江吊橋（第十四航空隊、橋脚破壊）
3 北盤江吊橋（第十四航空隊、橋脚破壊）
5 重慶（第二十二戦闘隊中攻二四機、夜間爆撃）
8 重慶（第二十二戦闘隊中攻、重慶において一九四〇年九月一三日以来の空中戦、撃墜一機）、北盤江吊橋（第十四航空隊、橋完全落下）
9 東関〈貴州省〉（第十四航空隊）
10 重慶、磁器口（第二十二戦闘隊・第十二航空隊中攻・艦戦）
11 重慶・石馬州飛行場（第二十二戦闘隊中攻）
14 重慶（第二十二戦闘隊中攻）
15 重慶（第二十二戦闘隊中攻）、広南〈雲南省〉（第十四航空隊）
16 梁山飛行場（第二十二戦闘隊中攻）
18 蘭州飛行場（第二十二戦闘隊・第十二航空隊中攻、敵機見ず）
22 成都、蘭州、涼州、興安（敵機見ず）、広元・天水・雅安飛行場（第二十二戦闘隊・第十二航空隊中攻五四機、艦戦、撃墜四機、破壊二機）
23 成都、広元、天水、松藩、興安、宜賓、蘭州、西寧（第二十二戦闘隊・第十二航空隊中攻五四機、艦戦、宜賓において七機銃撃炎上、その他敵機見ず）
28 重慶、忠州（第二十二戦闘隊中攻）
29 重慶（第二十二戦闘隊中攻二一機、第十二航空隊中攻二七機）、柳州（第十四航空隊）
30 重慶（第十二航空隊中攻五〇機）、北盤江吊橋（第

	十四航空隊）
7・2	昆明、霑益、尋甸（第十四航空隊）
4	重慶（第二十二戦闘隊中攻二七機）、梁山飛行場（第二十二戦闘隊中攻二六機、夜間爆撃）
5	重慶・広陽壩飛行場（第二十二戦闘隊中攻二一機、夜間爆撃）、昆明（第十四航空隊）
6	重慶（第二十二戦闘隊中攻二七機、夜間爆撃）
7	重慶（第二十二戦闘隊中攻一七機）、重慶（第二十二戦闘隊中攻二七機、夜間爆撃）
8	重慶、浮回関（第二十二戦闘隊中攻）
10	浮回関、弾子石（第二十二戦闘隊中攻五四機）
18	重慶（第二十二戦闘隊中攻二七機）
27	成都（【一〇二号作戦開始】、第二十一戦闘隊・第二十二戦闘隊・第十二航空隊中攻・艦戦、敵機見ず）
28	重慶、瀘県、自流井（第二十一戦闘隊・第二十二戦闘隊中攻約一〇〇機、敵戦闘機一二機と空中戦、三機撃墜）
29	重慶、自流井、南川（第二十一戦闘隊・第二十二戦闘隊中攻約一〇〇機）
30	重慶（第二十一戦闘隊・第二十二戦闘隊・高雄航空隊中攻約一三〇機）
8・8	重慶、涪州（第二十二戦闘隊中攻二七機）
9	重慶（中攻約一〇〇機による昼夜爆撃）
10	重慶（第二十二戦闘隊中攻二〇機、薄暮、夜間爆撃）
11	成都飛行場（第十二航空隊・高雄航空隊中攻二七機、艦戦、敵戦闘機五機撃墜、一六機爆破）
12	磁器口、忠州、合州（中攻）
13	重慶（中攻）、昆明（第十四航空隊）
14	重慶（中攻一三五機、一五時間にわたる連続爆撃）、昆明（第十四航空隊）
22	重慶（中攻一三五機による連続爆撃）
23	磁器口、涪州、小龍坎・嘉定等（中攻一三五機による連続爆撃）
30	重慶（中攻約八〇機、米砲艦ツツイラ号の至近に不規弾一発落下、実害なし〈ツツイラ号事件〉）
31	重慶、成都、西昌（中攻八〇機、艦戦、敵機見ず）
9・1	重慶（【一〇二号作戦打ち切り】）
13	三合、八塞〈貴州省〉（第十四航空隊）
15	貴陽（第十四航空隊）

あとがき

私の名前の十九司《とくし》は昭和十九年四月生まれの意味であり、司は「し」と読ませ、四月の四とかけてある。私は戦争末期の出生であるが、戦争のことはまったく記憶にはなく、生活体験の記憶において戦後世代のトップに属する。

そんな私も、小学校卒業のころまでは、零戦にあこがれ、将来はパイロットになることを夢見ていた。小学校時代にノートの空き頁に描いていたのは、零戦の雄姿であり、戦艦大和であり武蔵であり、軍馬だった。

小学生の私は、戦時中の日本でまことしやかに流布していたと思われるつぎのような話を信じていた。零戦の日本人のパイロットの瞳は黒いので視力がすぐれて遠くまでよく見え、いっぽうアメリカの戦闘機のパイロットの瞳は青いので、視力は日本人より劣っていた。そのため、空中戦において、零戦のパイロットはアメリカのパイロットより早く敵機を発見していちはやく雲上に上昇して敵の視界から消え、近距離になって上空から急降下して敵機に機銃弾を浴びせ、撃墜したという話である。

パイロットになることを夢見ていた私は、昆布を食べると黒髪同様、瞳も黒くなるということで昆布、若布を食べることを心がけた。また、遊びでは、仲間のうちで誰が一番早く、遠くから来る人や自転車を発見することができるかという「敵機発見競争」を、眼を皿のようにしてやったこともあった。

いっぽう、夜の睡眠中に見る恐ろしい夢のパターンは決まっていて、くり返してよく見た。それは、少年の私が魚とりに出かけていて、田圃や野原で、アメリカの艦載戦闘機グラマンから機銃掃射される目に遭う夢である。それで、グラマン機に狙われたら、怖さを我慢して、猛スピードで機銃掃射をしてくるグラマン機に向かって懸命に走った。機銃弾と一瞬交差するかたちにして運よく弾が当たらなければ、グラマン機が反転して再度狙ってくる間に橋の下や土管に隠れて、グラマン機をやり過ごすことができたからだ。もしもグラマン機に背を見せて逃げようとしたならば、追撃されて恰好の標的にされ、射殺されることになると、思っていた。たぶん大人たちから聞いた話であろう。

恐ろしい夢は、アメリカ人パイロットの顔も見える低空で、機銃掃射をしてくるグラマン機に向かって走っていく恐怖の絶頂で、自分の叫び声で目が覚めたものである。

中学校に進学して、近眼となり、眼鏡をかけるようになったため、パイロットになりたいという少年時代の夢ははかなく破れた。今でも、靖国神社の遊就館の入り口に展示された零戦を見ると、美しい戦闘機だなと、少年時代の憧憬がよみがえってくるのを覚える。

私のような零戦への憧憬は、戦中、戦後の日本人の男子に広く共通した思いであろう。その零戦がどのような歴史背景で誕生することになったのかを究明し、いっぽう零戦の登場が日本海軍のアジア太平洋戦争への「自滅のシナリオ」を歩ませる、ひとつの役割を果たすことになった現実の歴史について解明したのが本書である。

筆者は、戦後五〇年を契機に、『日中全面戦争と海軍――パナイ号事件の真相』（青木書店、一九九七年）を執筆して、海軍が日中戦争を全面化したことを明らかにし、さらにアメリカでは「真珠湾への序曲」「日米戦争への序曲」といわれたパナイ号事件の全貌と影響を解明することによって、日中戦争が日米戦争へと連続していった歴史の側面に注目した。

同書は、筆者が、日本海軍の戦争責任を究明しようとした第一弾であったのにたいし、本書は、奇しくも戦後七〇年の年に、日本海軍の戦争責任をさらに全面的に究明しようとした第二弾となった。前書では、大山事件（一九三七年八月九日）を「拡大派の「謀略のシナリオ」を見るようなタイミングの良さ」で発生したと指摘するにとどまっているが、本書では、「知能犯の海軍」による、謀略事件であったことを明らかにすることができた。私が大山事件を問題にし、海軍が仕掛けた謀略事件であったことを明らかにしなければ、歴史的には海軍の「完全犯罪」が成立してしまうことになったのではないか。

それにしても、大山事件は海軍が仕掛けた謀略であったという歴史の真相が、戦後七〇年にもなる今日まで、歴史家やジャーナリストをふくめて解明されてこなかったのが不思議である。本書で明らかにしたように、海軍が日中戦争を全面化させ、陸軍ではなく、海軍が「自滅のシナリオ」の結末として、日本を「日米戦争へと引っ張っていった」歴史事実の解明が、なぜ本格的になされてこなかったのだろうか。

歴史書としておそらく初めて、大山事件が海軍によって仕掛けられた謀略であることを明らかにした本書にたいして、さまざまな批判と反論が寄せられることが予想される。そのなかで、もっとも問題にされるのが、上官の上海海軍特別陸戦隊司令官大川内伝七少将から大山勇夫中尉に直接伝えられたと想定される「口頭密命」について、当事者の証言や文書記録がないではないか、ということではないかと思われる。

「口頭密命」に関して、発案・命令者は長谷川清第三艦隊司令長官、海軍首脳として知っていたと思われる人物として、米内光政海相、山本五十六海軍次官、伏見宮軍令部総長の名前をあげておいたが、「口頭密命」については、戦後になっても海軍首脳の誰からも「自白」「告白」「告発」されることがなかった。本書の「はじめに」に記した海軍は「知能犯」であったことが見事に証明されたといえよう。

そこで、裁判に例えれば、本書は、犯人の「自白」がないままに、「状況証拠」ならびに「傍証」にもとづいて、「有罪」判決を下したのと同じになる。しかし、本書を読んでいただけば分かるように、大山事件が海軍によって仕掛けられた謀略事件であった事実は、本書が提示した「状況証拠」と「傍証」の記録史料によって十分に立証されたのではないかと、自負している。おそらく今後とも「口頭密命」の直接史料は発見されることはないと思われる。

歴史研究者としての筆者は、三人の恩師にめぐまれた。大学の講座やゼミをとおした教授と学生・院生の関係ではなく、いずれも私的な関係にもとづいたものである。一人は中国近代史研究者の野澤豊先生で、先生ご夫妻の学恩にたいして拙著『第一次世界大戦期の中国民族運動――東アジア国際関係に位置づけて』（汲古書院、二〇一四年）をご霊前に捧げさせていただいた。もう一人は、日中戦争史研究の恩師で軍事史・日本近現代史が専門の藤原彰先生で、先生の学恩にたいして拙著『日本軍の治安戦――日中戦争の実相』（岩波書店、二〇一〇年）をご霊前に捧げさせていただいた。

本書は、もう一人の恩師である荒井信一先生と故人になられた奥様の知子様に捧げさせていただきたいと思う。荒井先生は、前掲拙著『日中全面戦争と海軍――パナイ号事件の真相』の「あとがき」に記したように、筆者がパナイ号事件ならびに日中戦争と海軍について研究を開始するきっかけを与えてくださった。『空爆の歴史――終わらない大量虐殺』(岩波新書、二〇〇八年)を著しているように、先生は現在のアメリカ無人爆撃機の問題にいたるまで、世界史における空爆戦争を研究し、「終わらない大量虐殺」にたいする批判をつづけている。筆者はそうした先生の著作や言説から多くを学んできた。

本書は、荒井先生の学恩にたいして、「教え子」を自称する筆者が、この歳になって提出する卒業論文のようなものである。

本書に記したように、大山事件は海軍が仕掛けた謀略事件であったことを解明するうえで、「口頭密命」に言及した釜賀一夫の話は決定的に重要であった。その話を記憶していて証言してくださった武藤徹さん、武藤さんを紹介してくださった長谷川順一さんに感謝したい。長谷川さんは、自身で収集した貴重な史料を快く提供してくださった。

また上海在住の親友の陳寧さんとお父様の大江南北雑誌社社長陳揚さんならびに奥様の孫立娟さんには、筆者が大山事件の現場、第二次上海事変の戦跡を調査してまわったときに大変お世話になった。記して感謝したい。

末尾となったが、本書の執筆の機会を与えてくださった平凡社第一書籍編集部次長の松井純さんと編集者の土居秀夫さんに、衷心より感謝申し上げたい。土居さんには拙著『南京事件論争史――日本人は史実をどう認識してきたか』(平凡社新書、二〇〇七年)の出版に際し大変お世話になったが、本書についても、地図や表の作成、写真の掲載などの面倒な編集作業をお願いすることになった。あらためてお礼申し上げたい。

戦後七〇年の二〇一五年立夏　笠原十九司

［著者略歴］

笠原十九司（かさはら とくし）

1944年、群馬県に生まれる。東京教育大学大学院修士課程文学研究科東洋史学専攻中退。都留文科大学名誉教授。学術博士（東京大学）。専門は中国近現代史、日中関係史。著書に、『アジアの中の日本軍——戦争責任と歴史学・歴史教育』（大月書店）、『南京難民区の百日——虐殺を見た外国人』（岩波現代文庫）、『日中全面戦争と海軍——パナイ号事件の真相』（青木書店）、『南京事件』（岩波新書）、『南京事件と日本人——戦争の記憶をめぐるナショナリズムとグローバリズム』（柏書房）、『体験者27人が語る南京事件——虐殺の「その時」とその後の人生』（高文研）、『南京事件論争史——日本人は史実をどう認識してきたか』（平凡社新書）、『「百人斬り競争」と南京事件——史実の解明から歴史対話へ』（大月書店）、『日本軍の治安戦——日中戦争の実相』（岩波書店）、『第一次世界大戦期の中国民族運動——東アジア国際関係に位置づけて』（汲古書院）など多数がある。

海軍《かいぐん》の日中戦争《にっちゅうせんそう》 アジア太平洋戦争への自滅のシナリオ

2015年6月17日　初版第1刷発行

著　者　笠原十九司
発行者　西田裕一
発行所　株式会社平凡社
〒101-0051 東京都千代田区神田神保町3-29
電話 03-3230-6593（編集）
03-3230-6572（営業）
振替 00180-0-29639

装幀者　間村俊一
カヴァー写真　鬼海弘雄
DTP　平凡社制作
印刷　株式会社東京印書館
製本　大口製本印刷株式会社

ISBN978-4-582-45448-2 C0021
NDC分類番号210.74 四六判（19.4cm） 総ページ480